普通高等教育电气类特色专业系列教材

电力系统分析基础

主 编 滕 云

副主编 程 祥 隋玉秋

李学斌 李家珏

科学出版社

北 京

内 容 简 介

本书分 4 篇，共 15 章。第 1 篇包括第 1～4 章，介绍电力系统的基本概念，电力的生产方式，电力系统网络、电源和负荷的数学模型；第 2 篇包括第 5～9 章，介绍电力系统潮流的简单计算，复杂电力系统潮流的计算机算法，电力系统的有功功率及频率调整和无功功率及电压调整，电力系统的经济运行；第 3 篇包括第 10～12 章，介绍电力系统对称故障分析，电力系统元件的序阻抗和等值电路，电力系统不对称故障分析；第 4 篇包括第 13～15 章，介绍电力系统稳定性的基本概念，电力系统的静态及暂态稳定性。

本书可作为普通高等学校电气工程及其自动化专业、自动化专业及相关专业的教材，也可作为成人(函授)高等教育、高职高专教育的教材，还可供从事电力系统工作的工程技术人员参考。

图书在版编目（CIP）数据

电力系统分析基础／滕云主编. —北京：科学出版社，2017.8
普通高等教育电气类特色专业系列教材
ISBN 978-7-03-054045-4

Ⅰ. ①电⋯　Ⅱ. ①滕⋯　Ⅲ. ①电力系统-系统分析-高等学校-教材　Ⅳ. ①TM711

中国版本图书馆 CIP 数据核字（2017）第 182773 号

责任编辑：余　江　张丽花／责任校对：郭瑞芝
责任印制：赵　博／封面设计：马晓敏

斜 学 出 版 社 出版
北京东黄城根北街 16 号
邮政编码：100717
http://www.sciencep.com

北京华宇信诺印刷有限公司印刷
科学出版社发行　各地新华书店经销

＊

2017 年 8 月第　一　版　开本：787×1092　1/16
2025 年 5 月第五次印刷　印张：19 1/4
字数：461 000
定价：69.00 元
（如有印装质量问题，我社负责调换）

前　言

本书为高等院校"电力系统分析"课程的教材。在取材方面，力求讲清基本概念和基本理论，并注意介绍国内外先进科学技术和本学科的发展方向。在保证学科系统性和完整性的同时，也适当介绍我国电力系统的现状和有关技术政策。通过本书四大篇幅的叙述，循序渐进地对电力系统进行分析，对读者掌握和应用有关内容有很大的帮助。

在本书编写过程中，编者结合了在沈阳工业大学讲授课程的教学经验，参考了国内外有关书籍，并吸取了相关书籍的使用经验。本书适用于不同层次、不同类型的院校，满足学科发展和人才培养的需求。

本书分 4 篇，共 15 章。

第 1 篇主要介绍电力系统的基本概念和必要的基础知识，包括 4 章。第 1 章为电力系统的基本概念，第 2 章为电力的生产方式，第 3 章为电力网络的数学模型，第 4 章为电力系统电源和负荷的数学模型。

第 2 篇主要对电力系统的运行状况进行更全面的分析，其核心是潮流计算，包括 5 章。将电力系统看成是电能生产、输送、分配和消费的统一整体，根据安全、优质和经济供电的要求，进行系统在正常稳态运行的分析计算，并研究对其运行状态进行调整和改善的原理与方法。其中，第 5 章为电力系统潮流的简单计算，第 6 章为复杂电力系统潮流的计算机算法，第 7 章为电力系统的有功功率和频率调整，第 8 章为电力系统的无功功率和电压调整，第 9 章为电力系统的经济运行。

第 3 篇是将电路分析的方法应用于电力系统的短路电流计算，包括 3 章。系统中的各元件，被当作电路元件来处理，并用等值电路代替，电流电压是分析计算的基本物理量。其中，第 10 章为电力系统对称故障（三相短路）分析，第 11 章为电力系统元件的序阻抗和等值电路，第 12 章为电力系统不对称故障分析。

第 4 篇主要讲述电力系统的稳定性，对突然短路后的暂态现象的物理分析，功率是分析计算的基本物理量，其重点是发电机功率特性的分析计算，包括 3 章。其中，第 13 章为电力系统稳定性的基本概念，第 14 章为电力系统静态稳定性，第 15 章为电力系统暂态稳定性。

本书第 1～5 章、第 14 章由滕云编写，第 10～13 章由程祥编写，第 7～9 章由隋玉秋编写，第 6 章由李学斌编写，第 15 章由李家珏编写。全书由滕云任主编。

由于编者的水平有限，书中难免有不妥之处，还请读者批评和指正。

编　者

2017 年 6 月

目　　录

第　1　篇

第　2　篇

第 3 篇

第 4 篇

第 1 篇

第1章　电力系统的基本概念

1.1　电力系统发展历史

19 世纪 70 年代，电力的发明和应用掀起了第二次工业化高潮，成为世界发生的三次科技革命之一，从此电力改变了人们的生活。20 世纪出现的大规模电力系统是人类工程科学史上最重要的成就之一。它将自然界的一次能源通过发电动力装置转化成电力，再经输电、变电和配电将电力供应到各用户，电力系统与人们的生产、生活、科学技术研究和社会文明的建设息息相关，已成为现代文明社会的重要物质基础。

中国电力系统发展已有一百多年，随着装机容量不断增加、输电电压不断提高、并网面积不断扩大，中国电力技术已经站在世界电力技术的前列。新能源的使用、超/特高压线路的建设以及智能电网的实施不断推动着电力系统迈向高效化、绿色化、智能化。

1.1.1　世界电力发展简史

1600 年，英国的吉尔伯特发现摩擦琥珀可以生电，他把经过摩擦后能吸引小物体的物体称为"electric"，意思是"琥珀体"，这就是西文中"电"的词根来源。

1800 年，伏特发明第一个化学电池，人们开始获得连续的电流，这是人类迈向电气化时代的开始。这时电的使用只有发电和用电，没有变电、输电和配电环节。

1866 年，德国的西门子制成第一台使用电磁铁的自激式发电机，标志着制造大容量发电机技术的突破，也为早期电力系统的形成奠定了基石。随着电机制造技术的发展和电能应用范围的扩大，生产对电的需要的迅速增长，发电厂应运而生。

1882 年，爱迪生在纽约建成世界上第一座正规发电厂，为附近居民供电，这也是最早出现的配电线路。

1882 年，德普勒在慕尼黑博览会上展示了一条 1～2kV 电压、57km 的直流输电线路。这是输电线路的开始，但是由于线路损耗较大，用户使用过高电压不方便，难以推广。

同年，法国的高兰德和英国的吉布斯制成了第一台 3000V/100V 的二次发电机，即早期的变压器，推动了交流系统的建立。

1885 年，特斯拉发明多相电流和多相传电技术，即现在全世界广泛应用的 50～60Hz 交流电传送电力的方法。

1891 年，法国劳芬水电站至德国法兰克福的三相高压输电线路建成，这是世界上第一条交流高压输电系统。此后不过 10 年左右，交流输电技术中便几乎全部采用了三相制。

1893 年，芝加哥世博会上威斯汀豪斯用两台多相交流电机为整个展区供电。从此交流系统取代直流系统进入人类社会，为电力工业的兴起及扩大电能应用提供了巨大的推动力。

1913 年，全世界的年发电量达 500 亿 kW·h，电力工业已作为一个独立的工业部门，进入人类的生产活动领域。

1925 年，美国制成第一台 10 万 kW 的汽轮发电机组，机组容量的增加大力推动了电力工业的发展。

1934 年，美国建成的大古力水电站于 1951 年完成装机容量 197.4 万 kW，是当时世界上最大的水电站。

1935 年，美国首次将输电电压等级从 110～220kV 提高到 287kV，出现了超高压输电线路。

1954 年，苏联建成世界上第一座核电站奥布灵斯克核电站，发电量 5000kW。核电站开始在全世界兴起。

1954 年，瑞典本土与哥特兰岛之间建成世界第一个±100kV 商用海底直流电缆输电工程，高压直流输电开始走入人们的视线。

1959 年，苏联建成 500kV，长 850km 的三分裂导线输电线路。

1985 年，苏联首次建成 1150kV 的特高压输电线路，输电距离 890km，标志着电力系统迈向特高压级别。

2010 年，中国的向家坝-上海±800kV 输电工程投运，这是世界上第一个特高压直流输电工程，同时也是电流最大、容量最大、距离最长的直流工程。至今，世界已有 100 多项直流输电工程投运，电力系统进入交、直流混合输电阶段。

今天，电力系统为人类生活各行各业提供电能，已经成为生产、生活中不可或缺的一部分。从太空上看地球，世界各地的灯光点亮夜空，构成一幅绚丽的图案。

1.1.2 中国电力系统发展简史

1879 年 5 月，上海虹口装设的直流发电机供电弧光灯在外滩点燃，是中国使用电照明的开始。

1882 年，上海电光公司在上海乍浦路创建了中国第一个发电厂，当时仅供附近照明用电，没有高压线路。到 1897 年已建成 5 条供路灯的输电线路，1900 年线路全长已达 18km，用电缆架空敷设，输电电压最高达 2500V，全市有 12 个配电站。这是中国最早形成的输配电网。

1897 年，第一家由中国人在上海创办的电厂——南市电厂建成。在此期间，武昌、唐山、大沽、杭州、苏州、长沙等地，一批官办、商办电厂陆续出现。当初的南市电厂如今已成为上海世博会的"未来城市馆"。

1912 年建成的昆明石龙坝水电站是我国第一座水电站，并从此水电站至昆明万钟街变电所，架设了中国最早的一条 22kV 中压输电线路。这台机组历经 100 年至今仍在运行。新中国成立前中国电网的发展多是在日军占领下的东北、华北地区，其间分别建成了 44kV、66kV、110kV、154kV 的输电线路。到 1949 年底，全国 35kV 及以上输电线路仅 6475km，变电容量 346 万 kV·A。

1954 年，从丰满水电站到虎石台变电所，由我国自行设计、施工的第一条 220kV 高压输电线路建成，全长 369.25km。国内电力系统开始蓬勃发展。

1975 年，西藏羊八井地热电站始建，1986 年总装机容量 1.3 万 kW，是迄今为止我国最大的地热电站。

1981 年，我国自行设计、施工，全套国产设备的全国第一条 500kV 平顶山姚孟电厂——武昌凤凰山变电所的超高压输电线路投入运行，我国成为世界第八个拥有这种超高压线路的国家。1985 年，全国年发电总量已达 4000 亿 kW·h，装机容量为 8000 万 kW，升至世界第 5 位。

1989 年，我国第一条 ±500kV 直流输电线路(葛洲坝—上海，1080km)建成并投入运行，形成我国第一个跨大区的联合电力系统。

2009 年，我国第一条交流特高压输电线路——晋东南至北荆门 1000kV 特高压交流输电线路正式投入运行。

2010 年，我国自主设计建设的世界第一条特高压直流输电线路——云南楚雄至广东增城 ±800kV 特高压直流输电线路正式竣工投产，是迄今世界直流输电领域电压等级最高的项目。

2011 年，宁东—山东 ±660kV 直流输电工程实现双极投运，这是目前世界上首个 ±660kV 电压等级的直流输电工程，也是我国新电压等级自主化水平最高的直流输电工程。

我国的电力系统发展起步晚、速度快。今天，不管在技术研究还是设备制造方面，都已经走在世界电力科技的前列。

1.1.3 电力工业的发展趋势

1. 可再生能源发电

随着节能减排、绿色环保的理念深入人心，电力工业也在迈向绿色化。不断涌现的可再生能源发电方式是避免资源枯竭、实现可持续发展的有效方式，也是解决偏远地区用电的有效途径。

截至 2016 年初，全球已有 173 个国家制定了可再生能源发展目标，146 个国家出台了支持政策。世界有多个城市、社区以及企业率先展开迅速壮大的"100%可再生能源"行动，在推动全球能源转型中发挥着至关重要的作用。图 1.1 为大规模光伏发电站和风力发电场。

视频

图 1.1　大规模光伏发电站和风力发电场

2. 分布式电源和主动配电网

分布式发电指为满足终端用户的特殊要求，接在用户侧附近的小型发电系统。分布式发电与储能装置的联合系统即为分布式电源。微电网将分布式电源、负荷、储能装置及控制等结合，形成一个单一可控的独立供电系统。微电网与配电网或互联运行，或独立运行，当配电网出现故障而微电网与其解列时，仍能维持微电网自身的正常运行。

主动配电网(Active Distribution Networks，ADN)主要由分布式电源、储能装置、负载状态估测和管理系统等组成，并通过变电站和上一级电网连接。分布式电源相对于传统的大型集中式发电机组而言，是位于用户侧，能够优先满足用户自身需求，且具有独立运行或接入配电网能力的电源。直接接入配电网也决定了分布式电源的功率要远远小于集中式的大型发电机组。分布式电源可能是多种多样的，包括使用传统化石能源的柴油机发电、微型燃气轮机，以及使用可再生能源和新型能源的小水电、地热发电、风力发电、光伏发电、光热发电、燃料电池发电、生物质发电等。分布式发电的接入是主动配电网最显著的特征，CIGRE C6.11 工作组的调查表明，正是分布式发电可预见的持续发展使配电网向主动型转变，并将被广泛的接受。

储能装置的种类很多，主要包括抽水蓄能、飞轮储能、压缩空气储能、蓄电池储能、超级电容储能、超导线圈储能等。能量的储存形式有机械能、电化学能、电能等，不管是哪一种形式的能量的大量和长期储存，至今为止对人类都是难题。满足要求的能量储存容量、密度、效率储能系统，对世界可再生能源和分布式发电的快速发展具有重要意义。

在主动配电网中除了有传统意义上的、一般的用电负载之外，还有一类能与配电网管理系统互动的主动需求(Active Demand)负载，配电网管理系统可以根据这类用户的要求(包括价格等)做出最优的调度，达到网损小、电价低，称为基于用户的配电网需求方管理方式，即需求侧管理。

配电网状态估测系统的任务是收集配电网各处传感器的信息，通过计算能够掌握配电网各个局部和整体的状态，为配电网管理系统提供管理的依据。

配电网管理系统通过收集各个分布式电源、储能装置的报价信息，对其输出有功/无功功率发出指令，通过本地控制器控制分布式系统的运行，以达到配电网整体的优化管理。主动电网区别于传统配电网的重要特征之一，就是对网上的每一要素(分布式电源、储能装置等)做到可知、可控，通过主动的管理实现电压的协调控制、对潮流的管理、故障时的网络重构等。

相对于传统配电网，主动配电网的特点主要有：①主动配电网可以接入分布式电源；②主动配电网可以运行在并网和孤岛两种模式下；③当电网发生故障时，分布式电源可以对电网起到支撑的作用；④主动配电网具有数据采集和通信功能；⑤主动配电网可以对分布式电源、负载的电压、潮流等进行主动的管理；⑥当电网发生故障时，主动配电网可以对网络进行再构建。

分布式电源的接入是主动配电网最大的特点，它为可再生能源的利用打开了大门，这与今后能源发展的大趋势适应，有助于环境保护、经济的可持续发展。分布式电源在距离上更接近负载，可以就近为其提供电力，这对于减少线路损耗、提高功率因数、改善用户端电压等都是有利的。尤其是当分布式电源接入配电网末端时，可以改善末端的电能质量。当电网发生故障时，分布式电源对电网的支撑作用，有利于故障的恢复，可以提高供电可靠性。由于主动配电网能运行在并网和孤岛两种模式下，当电网发生故障时主动配电网也可以不依赖电网而独立运行，这也提高了供电的可靠性。主动配电网的孤岛运行模式还适用于远离电网的离岛、边远地区，减少了长距离输电的投资和线路损耗。主动配电网对潮流进行积极的管理也可以使得网络的负荷降低，在不增加配电网硬件投资的情况下，提高配电网的容量，提高设备利用率和投资效益。

分布式电源的接入也为配电网带来了很多问题。分布式电源的供电往往是波动的、不连续的，如风力发电、光伏发电都会受到季节、时间、气象的影响，而且发电量的预测精度较差。分布式电源接入的位置和发电量的变化，使潮流的方向、大小都不同于传统配电网而难以把握。作为分布式电源的接口，大量电力电子装置的接入也给配电网带来谐波、电磁干扰等电能质量问题。为了实现配电网的主动管理，还需要投资建设通信等基础设施。因此主动配电网必须应对挑战，解决分布式电源大量接入后的继电保护、潮流管理、电压控制、电能质量管理、供电可靠性等问题。

3. 智能电网

2001 年，美国电力科学研究院(EPRI)提出智能电网(Smart Grid)的概念：利用传感器对发电、输电、配电、供电等关键设备的运行状况进行全面的实时监控，然后把获得的数据通过网络系统进行收集、整合，最后通过数据的分析、挖掘，对整个电力系统运行实现优化管理。

2007 年，美国能源部西北太平洋国家实验室完成了一项智能电网试验。试验结果显示：建设现代化的智能电网将使美国每年能耗降低 10%，温室气体排放量减少 25%，并节省 800 亿美元新建电厂的费用。

2008 年，在美国科罗拉多州的波尔得这个拥有 94000 多人的小城市，建成了全美洲乃至全世界的第一个智能电网城市。

2009 年，特高压输电技术国际会议在北京召开。会议期间，国家电网公司在世界范围内率先提出坚强智能电网发展战略，并全面启动相关研究和实践。2009 年因此成为我国乃至世界智能电网发展元年。坚强智能电网发展战略是与世界经济、科技发展潮流相吻合的。

2010 年，中国科学院第十五次院士大会上，确定追求智能发展成为一种新的趋势和潮流，这种潮流在不断创造新的经济增长点、新的市场、新的就业形态。智能电网正是智能发展潮流在能源领域的体现。

《中国电力与能源》书中指出："智能电网是全球范围内智能发展趋势深入推进的突出标志，同时也是正在孕育发展的新一轮能源变革的重要特征。"发展智能电网，已成为抢占未来低碳经济制高点的重要战略措施，而中国率先提出并全面启动智能电网战略，让中国在发展低碳经济的道路上先行一步。坚强智能电网战略的提出，还与全球对能源供应、发展新能源的诉求密切相关。

人类社会进入 21 世纪以来，能源短缺、资源紧张、气候变化等问题日益突出，全球在能源安全、能源效率、能源环境等方面面临重大挑战。通过坚强智能电网的建设，在全国范围优化配置能源资源，并大幅提高电力系统接纳新能源的能力，正是该项战略对如何保障能源安全、促进新能源发展的有力回应。

1.1.4　电力市场与能源互联网

1. 电力市场

20 世纪 80 年代开始，世界上许多国家陆续进行着电力工业的市场化改革，其主要目标是打破传统电力工业的垄断运营模式，厂网分开，开放电网。实现竞争，进而降低发电成本，提高服务质量，促进电力工业的发展。到目前为止，这种电力市场的改革还未能建立非常成功的样板，各种模式都还处在不断探索、不断完善的过程中。

1) 世界各国的电力市场化进程

近百年来，电力行业在世界各国都是传统的垄断性行业。电力市场化的目的是打破垄断，促进竞争。因此，电力行业是电力市场化改革的对象，各国的政府是推动者，走向电力市场的第一步几乎都是各国的政府以立法的形式强制电力工业重组。

实行电力市场化最早的国家是智利，起步于 20 世纪 70 年代末。1982 年智利正式颁布了新的电力法，以法律的形式确立了输电系统向所有发电厂及用户开放的原则，打破了地区垄断，正式启动了合同电力交易及实时电力交易的方式，把电力企业推向了竞争市场。

英格兰电力市场化开始于 1987 年政府颁布的《电力法》，并于 1990 年 4 月撤销了垄断经营的中央发电局(CEGB)，将发电、输电、配售电的功能分开，按国家电网公司，3 个发电公司和 12 个地区售电公司的模式运作。

澳大利亚政府在 1991 年成立了国家电网局以推动电力市场。后来正式建立了国家电网管理委员会来监管电网运营。1992 年该委员会颁布了"国家电网规约"，规定 3 万 kW 以上的发电厂和 1 万 kW 以上的用户都可以作为规约的成员单位自由地在国家电网进行交易。

瑞典的电力市场化过程开始于 1990 年，但关键性的一步是瑞典议会在 1994 年通过了新的《电力法案》，并于 1995 年元月颁布实施。

美国电力市场化由 1992 年乔治·布什总统批准的《能源法案》开始，以电网开放为标志。

2) 我国的电力工业改革

我国电力工业改革的总体目标是打破垄断，引入竞争，提高效率，降低成本，健全电价机制，优化资源配置，促进电力发展。推进全国联网，构建政府监管下的政企分开、公平竞争、开放有序、健康发展的电力市场体系。

为了引入竞争，2002 年 3 月，全国电网组建为国家电网公司和南方电网公司。在发电环节引入竞争机制，实现"厂网分开"，成立了中国华能集团公司、中国大唐集团公司、中国华电集团公司、中国国电集团公司和国家电力投资集团公司等五大发电集团公司，它们成为市场的主要参与者，并受国家能源局的监管。电力监管机构统一履行全国的电力监管职责。其监管对象主要包括发电企业、输电企业、供电企业和电力用户。目前，发电环节已经初步形成竞争格局。2016 年，我国开展售电侧改革试点工作，全国成立了近千家电网终端售电企业。

3）电力市场化进程的主要研究内容

虽然电力市场已经有所进展，但是在市场结构、电价体系和交易机制等方面仍缺乏必要的理论和方法。而且世界各国由于政治和经济体制的不同，很难相互借鉴，更不能照搬。我国电力市场需要研究的问题有以下几个方面。

（1）电力市场的结构和运营模式。除了厂网分开，输电网服务是电力市场不同于其他商品市场的关键部分。它包含若干个要素，这些要素的不同组合将形成不同的电力市场结构。如何构成适合我国国情的电力市场，使之适于过渡、易于操作、利于竞争、便于监督等是非常关键的问题。

（2）电价理论。电价理论是电力市场的核心理论之一，它包括电能成本、输电成本、辅助服务成本等的量化和分摊。

（3）交易形式。电力交易可以采取双边合同和竞价上网的形式。但是电力市场以何种形式为主，或这两种形式各占多大份额，也是电力市场需要研究的关键问题。

（4）电力市场运营的分析与模拟。为了在瞬息万变的电力市场运营条件下对电力系统的运行情况，特别是运行的安全性和可靠性及时做出判断，需要开发一个高效的、综合性的电力市场运营分析、模拟和评估系统。

2. 能源互联网

随着电压等级提升、联网规模扩大、自动化程度增强，世界电网发展已经进入坚强智能电网发展阶段，而全球能源互联网是坚强智能电网发展的高级阶段。能源互联网的核心就是以清洁能源为主导，以特高压电网为骨干网架，各国各洲电网广泛互联，能源资源全球配置，各级电网协调发展，各类电源和用户灵活接入的坚强智能电网。

全球能源互联网是基于全球能源观，统筹全球能源资源开发、配置和利用的重要载体。依托先进的特高压输电和智能电网技术，构建连接北极地区风电基地、赤道地区太阳能发电基地和各洲大型可再生能源基地与主要负荷中心的全球能源互联网，打造网架坚强、广泛互联、高度智能、开放互动的全球能源配置平台，能够有力推动世界能源的可持续发展。

构建全球能源互联网主要包括洲内联网、洲际联网和全球互联三个发展阶段：第一阶段，2020 年前推动形成共识，到 2030 年启动大型清洁能源基地建设，加强洲内电网互联；第二阶段，到 2040 年，各洲主要国家电网实现互联，"一极一道"等大型能源基地开发和跨洲联网取得重要进展；第三阶段，到 2050 年，基本建成全球能源互联网，逐步实现清洁能源占主导的目标。

构建全球能源互联网，需要全球范围的紧密合作、破除壁垒，建立相互依存、互信互利的组织机制，建成高效运转的运行机制和市场机制，实现政府、企业、社会和用户的广泛参与及合作多赢，保障全球能源互联网安全经济运行，并可以带来显著的环境效益、经济效益和社会效益。在全球能源互联网加快发展情景下，预计 2050 年全球清洁能源比重达到 80%，能够保障能源可持续供应，并有效控制全球碳排放、降低供电成本、取得跨洲联网、拉动经济等综合效益。

全球能源互联网推动能源发展方式转变，使能源发展摆脱资源、时空和环境约束，实现清洁能源的高效开发、利用，推动清洁能源成为主导能源，让人人享有充足能源供应。推动经济发展方式转变，促进经济向创新驱动、全面协调、质量提升方向转型，为世界经济发展注入新活力，带来新繁荣。其发展将深刻影响人类的生产生活方式，社会发展质量、社会管理效率和自然环境水平都将获得大幅提升，创造人类的美好新生活。

3. 特高压交直流输电

高压直流输电(High Voltage Direct Current，HVDC)是利用直流电路具有无感抗、容抗也不起作用、无同步问题等优点而采用的大功率远距离直流输电，常用于海底电缆输电，非同步运行的交流系统之间的联络等方面。高压直流输电具有线路输电能力强、损耗小、两侧交流系统不需同步运行、发生故障时对电网造成的损失小等优点，特别适合用于长距离点对点大功率输电。同时在一些不适用于传统交流连接的场合，它也被用于独立电力系统间的连接。

特高压(Ultra High Voltage，UHV)是指±800kV 及以上直流和 1000kV 及以上交流电压等级。特高压电网建设，是构建全球能源互联网的重要和关键组成部分。

特高压输电具有远距离、大容量和低损耗等特点，是我国西电东送的主要途径。从特高压的发展格局上看，我国 2011～2015 年特高压规划为建设"三横三纵一环网"特高压骨干网架，把内蒙古、陕西、河北的风电、煤电通过三条纵向的特高压通道送往华北、华中和华东地区；把北部的煤电和西南的水电，通过三条横向特高压通道送往华北、华中和长三角地区，形成西电东送、北电南送的资源配路格局。截至 2015 年，我国完成了两条示范工程特高压线路和"三交四直"的建设，西北地区(包括甘肃、内蒙古和新疆等)初显战略布局。但是输电容量远不足以完成全部西电东送的要求，2016～2020 年特高压建设进一步向西北倾斜。

2016～2020 年，我国将重点优化西部(西北+川渝藏)、东部("三华"+东北三省+内蒙古)两个特高压同步电网，形成送、受端结构清晰的"五横五纵"29 条特高压线路的格局。

跨区输电规模从目前的 1.1 亿 kW 提高到 3.7 亿 kW，特高压建设线路长度和变电容量分别达到 8.9 万 km 和 7.8 亿 kW。

1.2 我国电力系统发展概述

1.2.1 我国的发电资源分布

我国具有丰富的能源资源。水力资源的蕴藏量(不包括台湾)为 676GW，居世界首位，其中可利用的资源约有 378GW，主要集中在西南和西北，包括长江、金沙江、澜沧江、怒江和红水河的中上游以及黄河的上游。煤、石油和天然气资源也很丰富。煤的预测量约为4500Mt，其中90%集中在陕西、山西及内蒙古。可利用的风力、太阳能资源主要分布在东南沿海、新疆、甘肃、内蒙古东部和东北。这些优良的自然条件为我国电力工业的发展提供了物质基础。

根据全国900多个气象站对陆地上离地10m高度资料进行估算，全国平均风功率密度为100W/m^2，风能资源总储量约32.26亿kW，可开发和利用的陆地上风能储量有2.53亿kW，近海可开发和利用的风能储量有7.5亿kW，共计约10亿kW。如果陆上风电年上网电量按等效满负荷2000小时计，每年可提供5000亿kW·h电量，海上风电年上网电量按等效满负荷2500小时计，每年可提供1.8万亿kW·h电量，合计2.3万亿kW·h电量。我国风能资源丰富，开发潜力巨大，必将成为未来能源结构中一个重要的组成部分。

太阳能是一种清洁的、环保的可再生能源。太阳能发电成为目前备受关注的焦点之一。

我国属于太阳能资源丰富的国家之一，全国总面积2/3以上地区年日照时数大于2000小时，年辐射量在5000MJ/m^{2}以上。据统计资料分析，我国陆地面积每年接收的太阳辐射总量为$3.3\times10^3\sim8.4\times10^3$MJ/m^2，相当于$2.4\times10^4$亿吨标准煤的储量。

1.2.2 我国电力系统发展现状

从1882年上海建立了第一个发电厂，到1949年，全国的总装机容量仅有185万kW，年发电量为43亿kW·h。到1998年的全国装机容量达2.7729亿kW，年发电量为11577亿kW·h，分别是1949年的150倍和269倍，当时已跃居世界第二位。

截至2016年底，全国发电装机容量已经达到约16.5亿kW。其中，火电10.5388亿kW、水电3.3211亿kW、风电1.4864亿kW、太阳能发电0.7742亿kW、核电0.3364亿kW。图1.2为2016年我国电力系统装机容量的组成图。

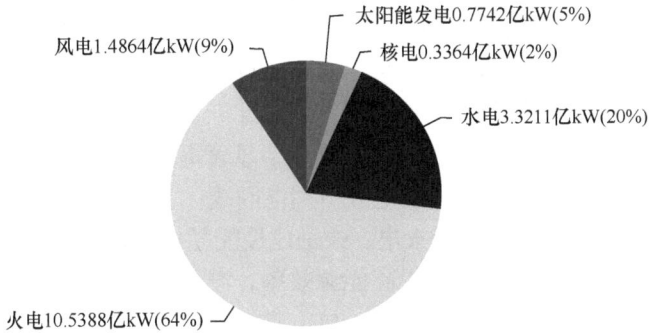

图1.2 2016年我国电力系统装机容量的组成

2016年，我国全年发电量59111亿kW·h。其中火力发电量43958亿kW·h，水力发电量10518亿kW·h，核能发电量2127亿kW·h，风力发电量2113亿kW·h。

图1.3为近年来我国电力装机容量图。

截至2016年底，全国电力装机的十大省份分别是：内蒙古1.1044亿kW、山东1.0942亿kW、广东1.0452亿kW、江苏1.0160亿kW、四川0.9108亿kW、云南0.8442亿kW、浙江0.8331亿kW、新疆0.7751亿kW、山西0.7640亿kW、河南0.7218亿kW。

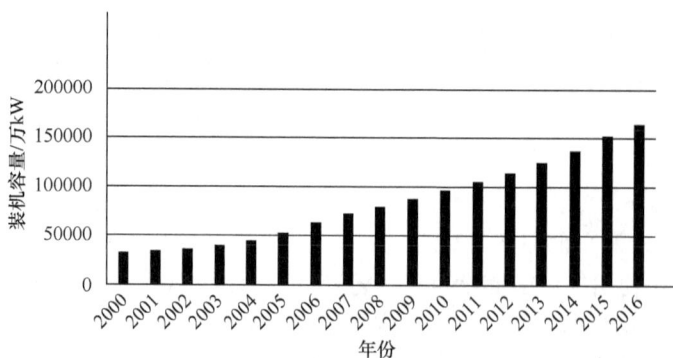

图 1.3 近年来我国电力装机容量

截至 2016 年底，全国火电装机十大省份分别是：山东 9540 万 kW、江苏 8727 万 kW、广东 7742 万 kW、内蒙古 7609 万 kW、河南 6431 万 kW、山西 6329 万 kW、浙江 6062 万 kW、安徽 4915 万 kW、河北 4510 万 kW、新疆 4376 万 kW。

全国核电装机 3364 万 kW，其中广东 938 万 kW、福建 762 万 kW、浙江 657 万 kW、辽宁 448 万 kW、广西 217 万 kW、江苏 212 万 kW、海南 130 万 kW。

全国并网太阳能发电 7742 万 kW，十大太阳能发电大省分别是：新疆 934 万 kW、甘肃 686 万 kW、青海 682 万 kW、内蒙古 638 万 kW、江苏 546 万 kW、宁夏 526 万 kW、山东 455 万 kW、河北 443 万 kW、安徽 345 万 kW、浙江 338 万 kW。

全国并网风电 1.5 亿 kW，全国十大风电省份分别是：内蒙古 2557 万 kW、新疆 1776 万 kW、甘肃 1277 万 kW、河北 1188 万 kW、宁夏 942 万 kW、山东 839 万 kW、山西 771 万 kW、云南 737 万 kW、辽宁 695 万 kW、江苏 561 万 kW。

全国水电装机达到 3.3 亿 kW(含抽水蓄能 2669 万 kW)，全国十大水电省份分别是：四川 7246 万 kW、云南 6096 万 kW、湖北 3663 万 kW、贵州 2089 万 kW、广西 1663 万 kW、湖南 1553 万 kW、广东 1410 万 kW、福建 1304 万 kW、青海 1192 万 kW、浙江 1154 万 kW。

目前，我国电力系统的华北、华中、华东、东北、西北、南方六个区域各级电网网架不断完善，配电网供电能力、供电质量和装备水平显著提升，智能化建设取得突破，农村用电条件得到明显改善，全面解决了无电人口用电问题。

我国电力发展方针是：优化发展火电，鼓励建设能耗低、大容量的高效环保发电机组，推进节能减排，积极发展热电联产，提高能源效率，减少对环境的污染；积极开发水电，促进水电的科学经济利用；加快发展核电，核电是清洁高效能源，污染少、温室气体接近零排放，是优化能源结构的优先选择；大力发展风电和可再生能源；加强电网建设，立足于节约发电资源，以确保安全为基础，实现更大范围的资源优化配置。加快区域和省级输电网架建设，提高电力资源综合利用效率以及区域电网间与省电网间电力电量的交换和相互支持能力，发挥大电网在市场备用、电力电量互补、水火互济等方面的效益，提高电网整体的运行效率。

预计到 2020 年，全社会用电量将达到 6.8 万亿～7.2 万亿 kW·h，全国发电装机容量为 20 亿 kW，人均装机突破 1.4kW，人均用电量 5000kW·h 左右，接近中等发达国家水平，电能占终端能源消费比重达到 27%。

根据国家关于非化石能源消费比重达到 15% 的要求,预计到 2020 年,我国非化石能源发电装机达到 7.7 亿 kW 左右,发电量占比提高到 31%,气电装机达到 1.1 亿 kW 以上,占比超过 5%,其中热电冷多联供 1500 万 kW。煤电装机预计控制在 11 亿 kW 以内,占比降至约 55%。抽水蓄能电站装机达到 4000 万 kW 左右,常规水电装机达到 3.4 亿 kW。风电装机达到 2.1 亿 kW 以上,其中海上风电 500 万 kW 左右;太阳能发电装机达到 1.1 亿 kW 以上,其中分布式光伏 6000 万 kW 以上,光热发电 500 万 kW。核电装机达到 5800 万 kW。生物质发电装机达到 1500 万 kW 左右。

不断增强资源配置能力。预计 2020 年"西电东送"输电能力达到 2.7 亿 kW。

根据国家要求,在未来一定时期内,热电联产机组和常规煤电灵活性改造规模分别达到 1.33kW 与 8600 万 kW 左右。新建燃煤发电机组平均供电煤耗低于标煤 300g/(kW·h)。现役燃煤发电机组经改造平均供电煤耗低于 310g/(kW·h)。火电机组二氧化硫和氮氧化物排放总量均力争下降 50% 以上,燃煤机组二氧化碳排放强度下降到约 865g/(kW·h),电网综合线损率控制在 6.5% 以内。

不断加强调峰能力建设,提升系统灵活性。抽蓄电站 2020 年装机达到 4000 万 kW 左右。三北地区热电机组灵活性改造约 1.33 亿 kW,纯凝机组改造约 8200 万 kW;其他地方纯凝改造约 450 万 kW。改造后,增加调峰能力 4600 万 kW,其中三北地区增加 4500 万 kW。

加快充电设施建设,促进电动汽车发展。努力建成适度超前、车桩相随、智能高效的充电基础设施体系,满足电动汽车的充电需求。

深化电力体制改革,完善电力市场体系。组建相对独立和规范运行的电力交易机构,建立公平有序的电力市场规则,初步形成功能完善的电力市场,深入推进简政放权。

有序推进电力体制改革。核定输配电价。尽快完成分电压等级核定电网企业准许总收入和输配电价,逐步减少电价交叉补贴。加快建立规范明晰、水平合理、监督有力、科学透明的独立输配电价体系。建立健全电力市场体系。建立标准统一的电力市场交易技术支持系统,积极培育市场主体,完善交易机构,丰富交易品种。

我国在电力系统发展规模和方式上,大体可以分为以下几个阶段:20 世纪 50 年代以前为城市电网发展阶段,20 世纪 60 年代逐渐形成以省为单位的电力系统(即省网),20 世纪 70~90 年代为区域电力系统(区域电网)发展阶段,20 世纪 90 年代以后为区域电网之间的互联阶段并逐步形成全国统一电网。2016 年后,我国电力发展进入全球能源互联网时代。

1.3 电力系统的基本组成及其特性

1.3.1 电力系统的基本组成

1. 电力系统的组成

现代电力系统各主要环节相互间的联系如图 1.4 所示。其中,锅炉和反应堆分别将化学能与核能转化为热能,汽轮机又将热能转化为机械能,水轮机则直接将水能转化为机械能,发电机将机械能转化为电能,风机和光伏电池将风能与光能转化为电能,而变压器和电力线路则变换、输送、分配电能。电动机、电热电炉、电灯等消耗电能，在这些设备中，电能又分别转化为机械能、热能、光能等。

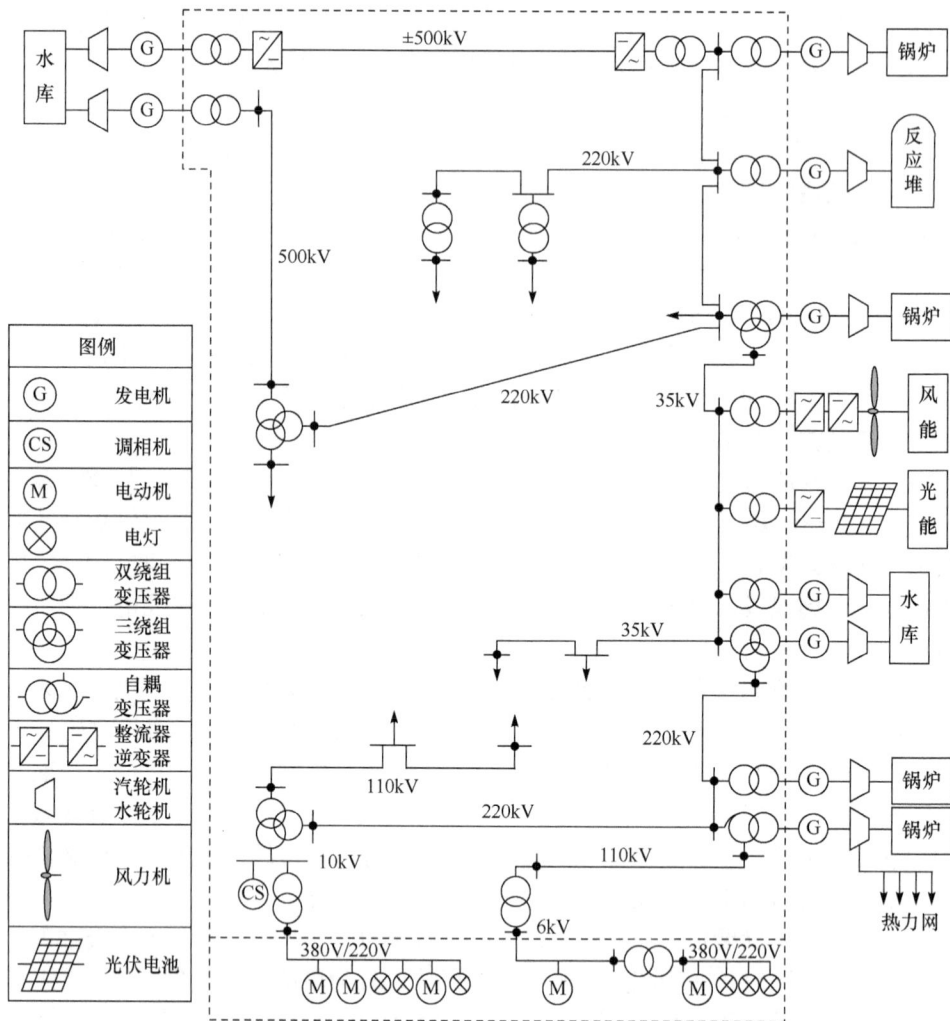

图 1.4 动力系统、电力系统和电力网络示意图

广义的电力系统应该是由锅炉、反应堆、汽轮机、水轮机、发电机、风力机、光伏电池等生产电能的设备，变压器、电力线路等变换、输送、分配电能的设备，电动机、电热电炉、电灯等各种消耗电能的设备，以及未示于图 1.4 中的测量、保护、控制装置乃至能量管理系统所组成的统一整体，是一个十分庞大而复杂的研究对象。

在输送电能的过程中，为了满足不同用户对供电经济性和可靠性的要求，也为了满足远距离输电的需要，常需要采用多种电压等级输送电能。而将发电厂中的发电机、升压和降压变电所、输电线路及电力用户组成的电气上相互连接的整体，即图 1.4 所示的广义电力系统中全部虚线所框出的部分，称为电力系统。它包括了发电、输电、配电和用电的全过程。

由于电力系统的设备大都是三相的，它们的参数也是对称的，一般将三相电力系统用单线图表示。电力系统中用于电能输送和分配的部分，即图 1.4 所示的广义电力系统中 380V/220V 母线上部虚线所框出的部分，包括不同电压等级的升压和降压变电所、不同电压等级的输电线路，称为电力网络或电网。发电厂的动力部分，即火电厂的锅炉和汽轮机、水电厂的水轮机、核电厂的反应堆和汽轮机等，与电力系统组成的整体称为动力系统。如图 1.4 所示是动力系统、电力系统和电力网络的示意图。

变电所分为枢纽变电所、中间变电所、地区变电所和终端变电所。枢纽变电所一般都处于电力系统各部分的中枢位置，容量很大，地位重要，连接电力系统高压和中压的几个部分，汇集多个电源，电压等级为 330kV 及以上；中间变电所处于发电厂和负荷的中间，此处可以转送或抽出部分负荷，高压侧电压为 220～330kV；地区变电所是一个地区和城市的主要变电所，负责给地区用户供电，高压侧电压为 110～220kV；终端变电所一般都是降压变电所，高压侧电压为 35～110kV，只供应局部地区的负荷，不承担转送负荷功率的任务。

电力网按电压等级和供电范围可分为地方电力网、区域电力网与高压输电网。35kV 及以下、输电距离几十千米以内、多给地方负荷供电的，称为地方电力网，又称为配电网，它的主要任务是向终端用户配送满足一定电能质量要求和供电可靠性要求的电能；电压为 110～220kV，多给区域性变电所负荷供电的，称为区域电力网；330kV 及以上的远距离输电线路组成的电力网称为高压输电网。区域电力网和高压输电网统称为输电网，它的主要任务是将大量的电能从发电厂远距离传输到负荷中心，并保证系统安全、稳定和经济地运行。

2. 电力系统的基本参数

对一个电力系统的初步认识往往应先了解其基本参量和结线图。描述一个电力系统的基本参量有总装机容量、年发电量、最大负荷、额定频率和最高电压等级，结线图则有地理结线图和电气结线图。分别简述如下。

1) 总装机容量

电力系统的总装机容量指该系统中实际安装的发电机组额定有功功率的总和，以千瓦 (kW)、兆瓦(MW)、吉瓦(GW)计。

2) 年发电量

电力系统的年发电量指该系统中所有发电机组全年实际发出电能的总和，以兆瓦·时 (MW·h)、吉瓦·时(GW·h)、太瓦·时(TW·h)计。

3) 最大负荷

最大负荷一般指规定时间，如一天、一月或一年内，电力系统总有功功率负荷的最大值，以千瓦(kW)、兆瓦(MW)、吉瓦(GW)计。

4) 额定频率

按国家标准规定，我国所有交流电力系统的额定频率均为 50Hz。国外则有额定频率为 60Hz 或 25Hz 的电力系统。

5) 最高电压等级

所谓某电力系统的最高电压等级，是指该系统中最高电压等级电力线路的额定电压，以千伏(kV)计。

6) 地理结线图

电力系统的地理结线图主要显示该系统中发电厂、变电所的地理位置，电力线路的路径，以及它们相互间的联结。因此，由地理结线图可获得对该系统的宏观印象。但由于地理结线图上难以表示各主要电机、电器间的联系，对该系统的进一步了解，还需阅读其电气结线图。

1.3.2 电力系统的电压等级

当传输功率一定时，所采用的输电电压越高，则线路流过的电流越小，因而所需要的导线截面越小，而且线路电阻中的功率损耗和线路上的电压降落也越小。但是，电压越高对绝缘的要求也越高，从而使杆塔、变压器和断路器所需的投资越大。可以想象，对应于一定的传输功率和输送距离，将有一个最佳的输电电压。然而，在实际电力系统中有大量的输电和配电线路，它们输送功率的大小和距离各不相同，不可能、也没有必要对它们分别采用不同的"最佳电压"。特别是从设备制造的经济性和运行维护的方便性来说，需要对设备进行规格化和系列化，而不宜有过多的额定电压等级。为此，世界各国都规定一定数量的标准电压，这些标准电压通常称为电压等级，或称为标称电压或者网络额定电压，有的还称为用电设备额定电压，它们的含义完全相同。对于公共交流电力系统，我国在 GB/T 156—2007《标准电压》中的推荐值列于表 1.1 中。

这里需要特别强调以下两点。

(1) 所有的系统标称电压(电压等级、电网额定电压、用电设备额定电压)都是指线电压而不是相电压。

(2) 系统标称电压并不是发电机和变压器的额定电压，这由表 1.1 可以清楚地看出，其原因将在后面解释。

表 1.1 1kV 以上的系统标称电压及发电机、变压器额定电压

系统标称电压 /kV	发电机额定电压 /kV	变压器额定电压/kV*	
		一次侧绕组	二次侧绕组
3	3.15	3.0/3.15	3.15/3.3
6	6.3	6.0/6.3	6.3/6.6
10	10.5	10.0/10.5	10.5/11.0
—	13.8	13.8	—
—	15.75	15.75	—
—	18.0	18.0	—
20	20.0	20.0	—
—	24.0	24.0	—
—	26.0	26.0	—
35	—	35	38.5

系统标称电压 /kV	发电机额定电压 /kV	变压器额定电压/kV*	
		一次侧绕组	二次侧绕组
66	—	66	72.6
110	—	110	121
220	—	220	242
330	—	330	345/363
500	—	500	525/550
750	—	750	788/825
1000	—	1000	1050/1100

*在 GB/T 156—2007《标准电压》中推荐的高压直流输电系统标称电压为±500kV 和±800kV 两种。

图 1.5 是设备额定电压与电网额定电压之间关系的解释图。实际上，各种电气设备都是以它自己的额定电压进行设计和制造的，当这些设备正好在其额定电压下运行时，可以获得比较好的性能和效率，并保证预期的寿命。但是在实际电力系统运行过程中，线路和变压器通过电流后会产生电压降落，使系统中各点的实际运行电压都不相同，一些地方电压较高而另一些地方电压较低。为了使设备的额定电压尽量接近其实际运行电压，应该对经常运行于电压较高处的设备采用稍高一些的额定电压，而对经常运行于电压较低处的设备采用稍低一些的额定电压。这就是发电机和变压器所采用的额定电压与电网额定电压不同的原因。具体来说，由于用电设备一般希望运行电压与其额定电压之差最好不要超过±5%，这就要求线路上的电压降落最好不要超过 10%，从而可以让线路始端电压比电网额定电压高出约 5%，而线路末端电压不致低于电网额定电压的 95%，如图 1.5 所示的 a 和 b 之间线路上的电压分布情况。显然，考虑到发电机有可能经过线路供给负荷，这种情况下发电机通常的运行电压将比电网额定电压高出 5%左右，这就是将发电机的额定电压取得比电网额定电压高 5%的原因，参阅表 1.1 中的第 2 列。注意，其中的额定电压 13.8kV、15.75kV、18.0kV、24.0kV 和 26.0kV 只作为大容量发电机专用，没有相应的电网额定电压。

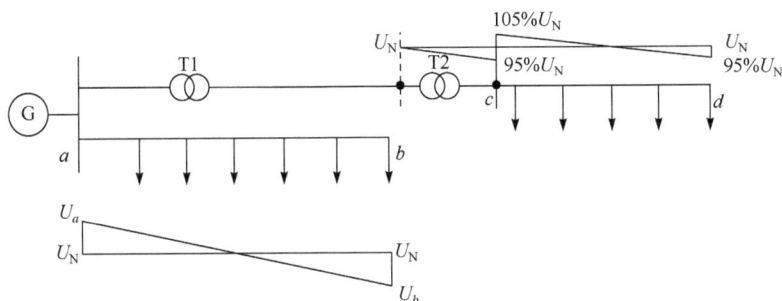

图 1.5　设备额定电压与电网额定电压之间关系的解释

对于某些变压器来说，一次侧的额定电压有两种可供选用，一种是与相应的电网额定电压相等，另一种是与发电机的额定电压相等，如表 1.1 中的第 3 列所示。其原因是变压器的一次侧绕组从发电机或电网中接收电能，它的处境与用电设备相当，因此其额定电压理应与用电设备的额定电压相同；考虑到有些变压器的一次侧绕组可能直接与发电机相连或者比较靠近发电机，这种情况下一次侧的额定电压应与发电机的额定电压相同。由于发电机最高的额定电压为 35kV，因此，当绕组电压在 35kV 及以上时，一次侧的额定电压只有一种。变压器二次侧的额定电压也有两种。由于变压器的二次侧绕组向负荷供电，它的处境与发电机相当，因此，二次侧的额定电压至少应比电网额定电压高出 5%；但考虑到变压器的额定电压是指其空载时的电压，带负荷后绕组本身存在电压降落，如图 1.5 中变压器 T2 的情况所示，而为了补偿这一电压降落，使其输出电压仍然能够高出电网额定电压，所以一些变压器二次侧的额定电压比电网额定电压高出 10%。

为了清楚起见，举一个具体的例子。对于连接 110kV 和 10kV 的变压器来说，两侧的额定电压可以是 10kV/121kV 或者 10.5kV/121kV，也可以是 110kV/10.5kV 或者 110kV/11kV，前两种主要用作从 10kV 到 110kV 的升压变压器，后两种主要用作从 110kV 到 10kV 的降压变压器，而 110kV/10kV 变压器即一侧额定电压为 110kV 而另一侧额定电压为 10kV 的变压器，其不是标准变压器。

实际上，变压器的高压侧绕组常设置一定数量的分接头(即抽头，三绕组变压器的中压侧绕组上也有)，以便根据实际需要加以选用。

在表 1.2 所列的电压等级中，3kV 限于工业企业内部采用，10kV 是最常用的城乡配电电压，而只当负荷中高压电动机所占比重很大时才用 6kV 作为配电电压。习惯上将 110kV 和 220kV 称为高压，330kV、500kV 和 750kV 称为超高压，而 1000kV 以上则称为特高压。对于直流输电线路来说，±800kV 称为特高压。目前我国已建成 1000kV 的特高压交流输电线路和 ±800kV 的特高压直流输电线路，并已投入运行。

显然，对于不同的电压等级，所适宜的输送功率和输送距离将各不相同。表 1.2 列出了不同电压等级下架空输电线路输送功率和输送距离的大致范围，在一定程度上可以用作参考。

表 1.2 不同电压等级下架空输电线路输送功率和输送距离的大致范围

线路电压/kV	输送功率/MW	输送距离/km
10	0.2~2	6~20
35	2~10	20~50
110	10~50	50~150
220	100~500	100~300
330	200~800	200~600
500	1000~1500	150~850
750	2000~2500	500~1500
1000	3000~6000	1000~3000

1.3.3 电力系统特点和基本要求

1. 电能生产、输送、消费的特点

电能也是商品，和其他商品一样，也有其生产、输送和消费。但电能及其生产、输送和消费，却有极明显的特殊性。

1) 电能与国民经济各个部门之间的关系都很密切

由于电能与其他能量之间转化方便，宜于大量生产、集中管理、远距离输送、自动控制，使用电能较其他能量有显著优点，各部门都广泛使用电能。电能供应的中断或减少将影响国民经济的各个部门。

2) 电能不能大量储存

电能的生产、输送和消费实际上是同时进行的，即发电设备任何时刻生产的电能必须等于该时刻用电设备消费与输送中损耗电能之和，而且这一数值还随时间不断变化。

3) 生产、输送、消费电能各环节所组成的统一整体不可分割

由于电能不能大量储存，必须保持电能生产、输送、消费流程的连续性，由这些环节组成的统一整体——电力系统，是不可分割的。

4) 电能生产、输送、消费工况的改变十分迅速

发电机、变压器、电力线路、用电设备的投入或退出都在一瞬间完成，且电能从一处输送至另一处所需的时间以 $10^{-6} \sim 10^{-3}$s 计，所以电能生产、输送、消费工况的改变十分迅速。

5) 对电能质量的要求颇为严格

电能质量的好坏指电源电压的大小、频率和波形能否满足要求。电压的大小、频率偏离要求值过多或波形因谐波污染严重而不能保持正弦时，都可能导致产生废品、损坏设备，甚至大面积停电。因此，对电压大小、频率的偏移以及谐波分量都有一定限额。而且，由于系统工况时刻变化，这些偏移量和谐波分量是否总在限额之内，需经常监测，要求颇严。

2. 对电力系统运行的基本要求

根据电能生产、输送、消费的特殊性，对电力系统的运行有如下几点基本要求。

1) 保证可靠、持续供电

供电的中断将使生产停顿、生活混乱，甚至危及人身和设备安全，形成十分严重的后果。停电给国民经济造成的损失远远超过电力系统本身的损失。因此，电力系统运行首先要满足可靠、持续供电的要求。

按对供电可靠性的要求将负荷分为三级。

第一级负荷：对这一级负荷中断供电，将造成人身事故、设备损坏，将产生废品，使生产秩序长期不能恢复，人们生活发生混乱等；

第二级负荷：对这一级负荷中断供电，将造成大量减产，使人们生活受到影响等；

第三级负荷：所有不属于第一、二级的负荷，如工厂的附属车间、小城镇等。

对第一级负荷要保证不间断供电；对第二级负荷，如有可能，也要保证不间断供电。

此外，还有为数极少或持续时间很短的特殊重要负荷要求绝对可靠地不间断供电。

2) 保证良好的电能质量

电能质量包含电压质量、频率质量和波形质量三个方面。电压质量和频率质量一般都以偏移是否超过给定值来衡量，例如，给定的允许电压偏移为额定值的−5%～5%，给定的允许频率偏移为−0.5(或−0.2)～0.2(或 0.5)Hz 等。波形质量则以畸变率是否超过给定值来衡量。所谓畸变率(或正弦波形畸变率)，是指各次谐波有效值平方和的方根值与基波有效值的百分比。给定的允许畸变率常因供电电压等级而异，例如，以 380V、220V 供电时为 5%；以 10kV 供电时为 4%；等等。

对电压和频率质量的保证，我国电力工业部门多年来早已有要求，并已将其作为考核电力系统运行质量的重要内容之一。所谓保证波形质量，就是指限制系统中电流、电压的谐波，而其关键则在于限制各种换流装置、电热电炉等非线性负荷向系统注入的谐波电流。至于限制这类谐波电流的方法，则有更改换流装置的设计、装设滤波器、限制不符合要求的非线性负荷的接入等。

3) 保证系统运行的经济性

电能生产的规模很大，消耗的一次能源在国民经济一次能源总消耗中占的比重约为1/3，而且电能在变换、输送、分配时的损耗绝对值也相当可观。因此，降低每生产一度电所消耗的能源和降低变换、输送、分配时的损耗，有极重要的意义。在这方面，又有两个考核电力系统运行经济性的重要指标，即煤耗率和线损率。所谓煤耗率，是指每生产 1kW·h 电能所消耗的标准煤重，以 g/(kW·h)为单位，而标准煤则是指含热量为 29.31MJ/kg 的煤。所谓线损率或网损率，是指电力网络中损耗的电能与向电力网络供应电能的百分比。

为保证系统运行的经济性，应开展系统经济运行工作，使各发电厂所承担的负荷能合理分配。例如，使水力发电厂能充分利用水能，避免弃水；使火力发电厂中经济性能好的机组多发电，差的机组少发电，并避免频繁开停机组；使功率在系统中合理分布以降低电能在变换、输送、分配中的损耗；等等。

4) 对生态环境的有害影响尽可能小

随着环境保护问题日益为人们关注，对电能生产过程中的污染物质(飞灰、灰渣、废水、氧化硫、氧化氮等)排放量进行严格限制，已成为对电力系统运行的基本要求。同时，大力发展可再生能源替代化石能源，加快推进能源互联网进程，都是建设环境友好型电力系统的重要举措。

1.4 本书主要内容

电力系统分析是一门专业课，主要系统地讲述电力系统运行状况分析计算的基本原理和方法。

当电力系统中各种发电、变电、输配电及用电设备之间的相互连接情况已经确定时，电力系统的运行状态由一些运行变量(亦称为运行参数)的变化规律来描述。这些运行变量包括功率、频率、电压、电流、磁链、电动势以及发电机转子间的相对位移角等。

电力系统运行状态一般可区分为稳态和暂态。实际上，由于电力系统存在各种随机扰动(如负荷变动)因素，绝对的稳态是不存在的。在电力系统运行的某一段时间内，如果运行参数只在某一恒定的平均值附近发生微小的变化，就称这种状态为稳态。稳态还可以分为正常稳态、故障稳态和故障后稳态。正常稳态是指正常三相对称运行状态，电力系统在绝大多数的时间里处于这种状态。

电力系统暂态一般是指从一种运行状态到另一种运行状态的过渡过程。在暂态中，所有运行参数都发生变化，有些则发生激烈的变化。此外，运行参数发生振荡的运行状态，也是一种暂态。

对电力系统运行状态的分析研究，除了对运行中的电力系统进行实际观测和必要的模拟试验，大量采用的方法是把待研究的系统状态用数学方程式描述出来，运用适当的数学方法和计算工具进行分析计算。描述系统状态的数学方程式，反映了各种运行变量间的相互关系，有时也称为系统的数学模型。

反映运行中电力系统各元件或其组合的物理特性的参数，如各种元件的电阻、电感(或电抗)、电容(或电纳)、时间常数、变压器的变比以及系统的输入阻抗、转移阻抗等，称为系统参数。系统参数主要取决于元件的结构特点，也同其额定参数密切相关。元件的额定参数(如额定电压、额定电流、额定容量、额定功率因数、额定频率等)反映了对元件结构的设计要求，同时也规定了元件所适用的运行条件。无论对电力系统进行何种状态的分析研究，系统参数的计算都是必不可少的。

根据高等院校少学时"电力系统分析"课程的教学要求，本书将课程的主要内容分为4个部分，即4篇。第1篇主要介绍电力系统的基本概念和必要的基础知识。第2篇主要对电力系统的运行状况进行更全面的分析，其核心是潮流计算。将电力系统看成是电能生产、输送、分配和消费的统一整体，根据安全、优质和经济供电的要求，进行系统在正常稳态运行的分析计算，并研究对其运行状态进行调整和改善的原理与方法。第3篇是将电路分析的方法应用于电力系统的短路电流计算。在这里，系统的各元件(包括发电设备和用电设备)被当作电路元件来处理，并用等值电路代替，电流电压是分析计算的基本物理量。第4篇主要讲述电力系统的稳定性，对突然短路后的暂态现象的物理分析，功率是分析计算的基本物理量，其重点是发电机功率特性的分析计算。

第2章 电力的生产方式

2.1 电力生产过程

发电厂的生产过程实质上是将一次能源转换成电能(二次能源)的过程。所谓一次能源是指直接取自自然界而没有经过加工转换的各种能量和资源,包括煤、石油、天然气、油页岩、核能、太阳能、水能、风能、波浪能、潮汐能、地热能、生物质能和海洋温差能等。一次能源可以进一步分为可再生能源和非再生能源两大类。可再生能源包括太阳能、水能、风能、生物质能、波浪能、潮汐能、海洋温差能等,它们在自然界可以循环再生。非再生能源包括煤、石油、天然气、油页岩、核能等,它们不能再生,用一点就少一点。

按照所使用一次能源种类的不同,发电厂可以分为以煤、石油、天然气为燃料的火力发电厂、利用水能发电的水力发电厂,利用核能发电的核电厂,利用风能、太阳能、潮汐能、地热能、生物质能发电的电厂等,它们统称为新能源发电厂。由于节约非再生能源和环境保护的需要,大力发展新能源发电势在必行。为了促进可再生能源的开发利用,增加能源供应,改善能源结构,保障能源安全,保护环境,实现经济社会的可持续发展,我国制定了《可再生能源法》,并于2006年1月1日起实施。近几年,我国在风力发电、太阳能发电、生物质能发电等方面发展迅速,特别是风力发电,截至2016年底,并网总量已居世界第一。

下面将简要介绍火力发电厂、水力发电厂、核电厂、风力发电场和光伏发电站的主要生产过程。

2.1.1 火力发电厂

根据所使用燃料的不同。火力发电厂(简称火电厂或火电站)分为燃煤、燃油和燃气等不同的类型。我国煤炭资源比较丰富,因此,燃煤火电厂是目前主要的火电厂。按原动机种类的不同,火电厂分又为汽轮机发电厂、蒸汽机发电厂、内燃机发电厂和燃气轮机发电厂等。目前,大容量的火电厂多为汽轮机发电厂。根据作用的不同,火电厂可分为单纯发电的电厂和既发电又供热的电厂,前者一般采用凝汽式汽轮机—发电机组,故又称为凝汽式火电厂,后者称为供热式发电厂(简称热电厂)。下面主要介绍凝汽式火电厂的生产过程。

所有火电厂的能量转换过程都是燃料的化学能→热能→机械能→电能。因此,火电厂主要组成部分为:①锅炉及附属设备,将燃料的化学能转化为热能;②汽轮机及附属设备,将热能转化为机械能;③发电机及励磁机,将机械能转化为电能。

燃煤凝汽式火电厂的生产过程如图2.1所示。

水和蒸汽是热能转化为机械能的主要介质。净化后的水被加热变成高温高压的过热蒸汽，进入汽轮机进行膨胀做功，推动汽轮机转子转动，将热能转化为机械能。

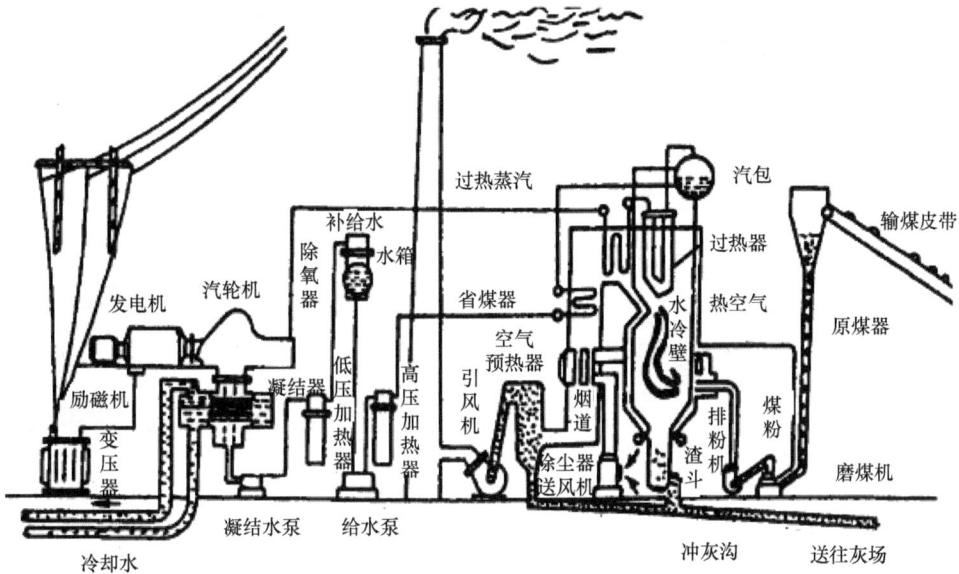

图 2.1 燃煤凝汽式火电厂的生产过程示意图

汽轮机转子带动发电机转子旋转，在发电机内将机械能转化成电能。发电机发出的电能自己或经过变压器升压后送入电网。

为了提高热效率，火电厂均尽量提高蒸汽的温度和压力，向高参数、大容量、低能耗机组发展。目前国际上最大的汽轮发电机组单机容量达 130 万 kW。

火电厂的优点是布局比较灵活，影响其输出功率和发电量的因素较少，建设周期短且一次性投资比水力发电厂和核电厂小得多。其缺点是火电机组启动时间较长(几小时到几十小时)，因而不宜经常启停，而且为了避免锅炉燃烧不稳定，燃煤火电机组的最小技术输出功率较高(额定出力的 50%～60%)，从而限制了其负荷调节能力。特别是火电厂的排放物中包含大量的硫氧化物、氮氧化物、二氧化碳和飞灰等，对环境污染严重。

2.1.2 水力发电厂

水力发电厂(简称水电厂或水电站)的能量转化过程只有两次：水的位能→机械能→电能，所以在能量转化过程中的损耗小，发电效率比火电厂高。

水电厂发出的功率 P(kW)取决于上下游的水位差 H(或称水头，单位为 m)、通过水轮机的流量 Q(m^3/s)以及水轮发电机组的效率，即

$$P=9.8QH\eta$$

因此，为了充分利用水力资源，水电厂往往需要修建拦河坝等水工建筑物以形成集中的水位差，并依靠大坝形成具有一定容积的水库，以调节河水流量。

水电厂可以分为坝式、引水式和抽水蓄能式等类型。

坝式水电厂主要依靠拦河筑坝来集中落差以提高河段的水位，形成发电水头。根据厂房位置的不同，坝式水电厂又分为坝后式和河床式两种。

坝后式水电厂的厂房建在坝的下游，坝后式水电厂结构如图 2.2 所示。水库中的水经过压力水管进入螺旋形蜗壳，推动水轮机转子旋转，将水能转化成机械能。坝后式水电厂适合于高、中水头的情况。

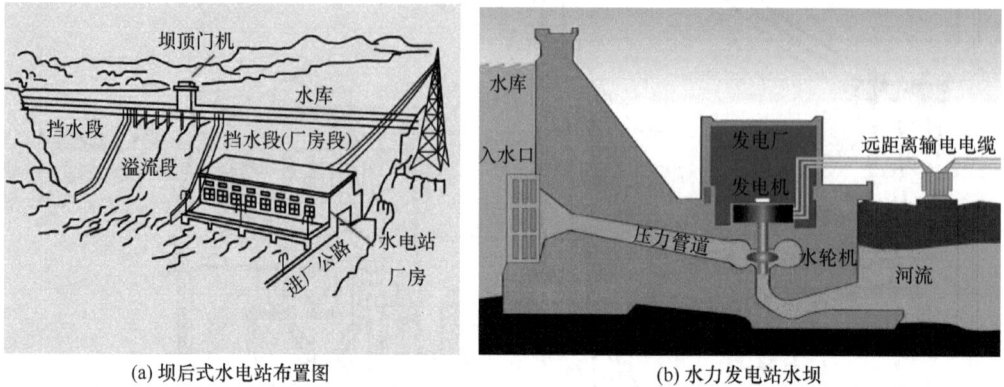

(a) 坝后式水电站布置图   (b) 水力发电站水坝

图 2.2 坝后式水电厂示意图

河床式水电厂的厂房和坝体连在一起，厂房本身也起到挡水的作用，而水流直接由厂房进水口引入水轮机。

引水式水电厂一般建在河流具有高落差的地段，在急流河道处修建低堰，由引水渠形成水头，将水通过压力水管流入水轮机，引水式水电厂示意图如图 2.3 所示。

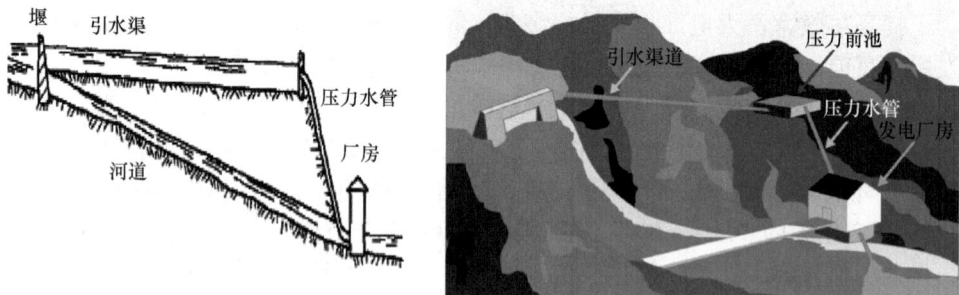

图 2.3 引水式水电厂示意图

抽水蓄能电厂是一种特殊形式的水电厂，它具有上、下两个水库，既可以作为电源，又可以作为负荷。抽水蓄能电厂作为电源时，用上水库中所储蓄的水进行发电，使机组以水轮机-发电机方式运行，以满足系统高峰负荷期间的功率需求，抽水蓄能电站如图 2.4 所示。抽水蓄能电厂作为负荷时，使机组以电动机-水泵方式运行，将下水库中的水抽回到上水库，以便发电时再度使用。这种既能吸收电能又能发出电能的电厂对于系统的频率调整、水火电互补、调峰填谷以及事故备用都可以起到十分重要的作用。为此，近年来抽水蓄能电厂的规划和建设大大加快，截至 2009 年 8 月，我国已建成抽水蓄能电厂 20 座，总装机容量 1184.5 万 kW，在建的有 17 座，总容量 1308 万 kW，其发展潜力很大。

图 2.5 所示为长江三峡水利枢纽和水电厂图。总的来说，水电厂的生产过程比火电厂简单得多，所需运行维护人员很少，且易于实现全盘自动化。水电厂不消耗燃料，无污染，

电能成本比火电厂低得多。此外，水力机组的效率较高，承受负载变化的性能较好，故在系统中的运行方式较为灵活，且水力机组启动迅速，在系统发生事故时能有效地发挥后备作用。水力发电厂的运行方式受到气象、水文等条件的影响，有丰水期、枯水期之别，发电功率不如火电厂稳定，从而增加了电力系统运行的复杂性。

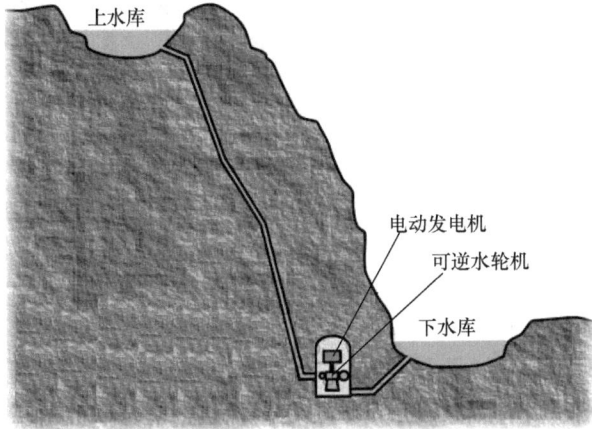

图 2.4　抽水蓄能电站

图 2.5　长江三峡水利枢纽和水电厂

2.1.3　核电厂

将原子核裂变或者聚变释放出来的核能转变为电能的电厂称为核电厂或原子能发电厂。由于控制核聚变还存在技术障碍，因此目前商业运营的核电厂都利用核裂变反应。核裂变是一个原子核分裂成几个原子核的变化，只有一些质量非常大的原子核如铀、钍等才能发生核裂变。这些原子的原子核在吸收一个中子以后会分裂成两个或者更多质量较小的原子核，同时放出 2～3 个中子和很大的能量，它们又能使别的原子核接着发生核裂变，形成链式反应。1g 铀-235 完全核裂变后释放出来的能量相当于完全燃烧 2.5t 标准煤。

核电厂的能量转换过程是，核燃料的裂变能→热能→机械能→电能。它的发电过程与火力发电厂过程相似，只是其热能来自于核燃料的裂变，以核反应堆代替火电厂中的锅炉。按反应堆慢化剂的不同，核电厂可以分为轻水堆型、重水堆型和石墨气冷堆型等。

目前，世界上的核电厂大多为轻水堆型，它又分为压水堆和沸水堆两种，生产过程示意图如图 2.6 所示。

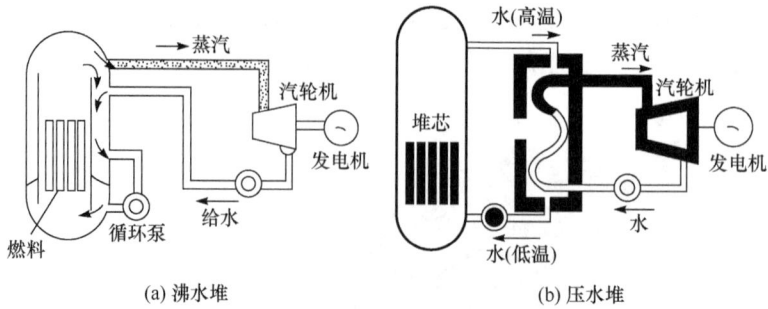

图 2.6　轻水堆核电厂生产过程示意图

　　沸水堆核电厂的生产过程是冷却剂(水)在循环泵的作用下由堆芯下部进入反应堆，它在沿堆芯上升的过程中从燃料棒周围得到热量从而变成蒸汽和水的混合物，再经过汽水分离器和蒸汽干燥器，用分离出来的蒸汽推动汽轮发电机组。压水堆核电厂具有两个循环系统，它的生产过程是：高压(120～160 个大气压)冷却剂在主泵的作用下进入反应堆，将核裂变放出的热能带出并进入蒸汽发生器，然后由主泵送回反应堆，形成一回路循环系统。在蒸汽发生器中，通过传热管将冷却剂所带的热量传递给管外的水使它沸腾而产生高温高压蒸汽，它推动汽轮发电机组发电后在冷凝器中凝结成水，再由泵送入加热器(图 2.6(b)中未画出)，重新加热后送回蒸汽发生器，形成二回路循环系统。

　　由于压水堆核电厂中一回路系统与二回路系统完全隔离，分别形成密闭的循环系统，因此汽轮机不受放射性的污染而更加安全和容易维修。我国的核电厂以压水堆型为主。

　　图 2.7 为核电厂外观图。核能是有望长期使用的能源，从已探明的能源储量来看，地球上可开发的核燃料所提供的裂变能可供人类使用几千年，核聚变能则几乎是用之不竭。然而，石油和天然气在今后几十年内将被用完，煤炭也只能再用几百年。因此，核电厂的迅速发展对解决世界能源问题有着重大的意义。为了调整我国的能源结构，"十二五"规划和 2020 年电力发展的基本方针已由适度发展核电转变为积极发展核电。截至 2016 年底，我国在建的核电机组 24 台，总装机容量 2672 万 kW，居世界第一位；运行的核电机组 30 台，总装机容量 2831 万 kW，居世界第 5 位。两者合计，目前我国在运、在建核电机组 54 台，机组总数位居世界第三，仅次于美国和法国。

图 2.7　核电厂外观

2.1.4 风力发电场

风能是洁净的可再生能源，因此，在能源日益紧缺和对环境保护日益重视的今天，世界各国都在大力推进风力发电的发展。我国风能资源丰富，总储藏量约 32 亿 kW，可用于发电的开发容量约 12.5 亿 kW，居世界首位。2016 年，我国的风电装机容量已达 1.68 亿 kW，位居世界第一。

风力发电厂将风能通过风力机转化为机械能来驱动发电机发电，风力发电机组结构示意图如图 2.8 所示。目前风力机的单机容量为兆瓦级，所采用的发电机有常规的异步发电机、双馈型异步发电机和同步发电机。

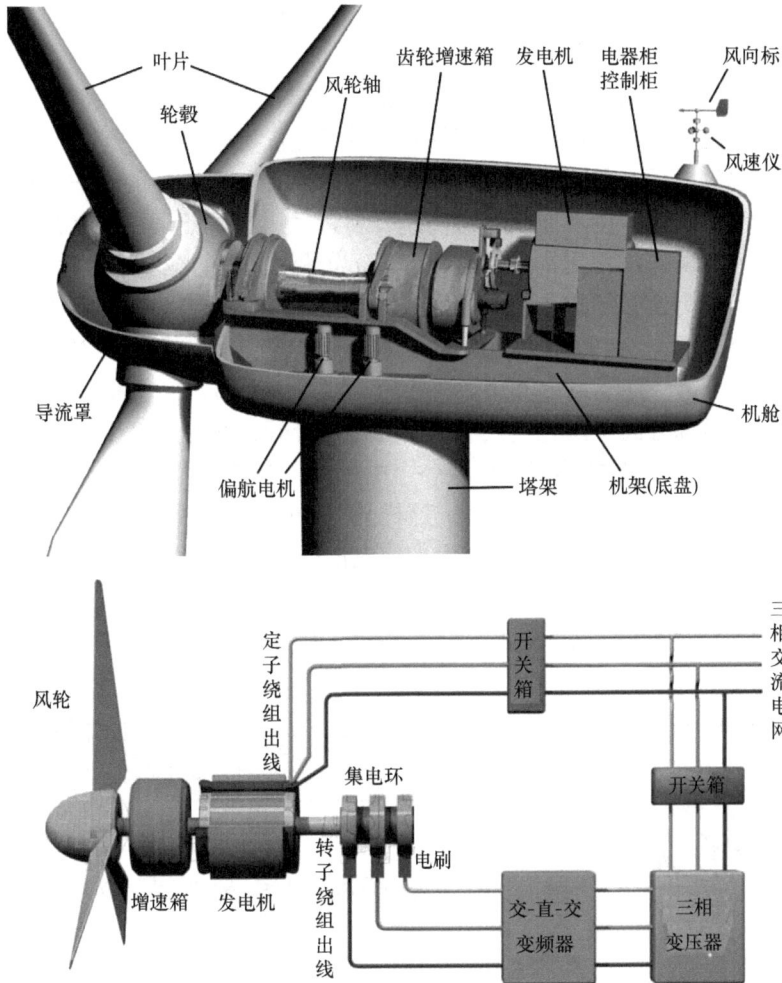

图 2.8 风力发电机组结构示意图

由于风的能量与风速的三次方成正比，风力发电机组的输出功率将随着风速的频繁波动而不断变化，因此风电场的并网必然给系统带来许多新的问题。这些问题包括并网过程对电网的冲击，风速变化对系统功率平衡和频率变化的影响等。因此，含有大量并网风电的电力系统在规划和运行时，必须充分注意风电的波动性和不确定性对系统带来的影响。

2.1.5 光伏发电站

在众多的能源之中，太阳能也具有独特的优势。首先储量非常丰富，太阳的内部由于不断进行核聚变等多种复杂的反应，可连续产生 3.9×10^{23} kW 的能量，这些能量以光波和热辐射的形式对外传播，虽然经过辐射之后损失了巨大的能量，到达地球的能量只有其本身的几十亿分之一，但对于人类和地球而言，这部分能量仍然相当可观。在我国，太阳能资源非常丰富，尤其是西北部的一些开阔地区，有些地方年日照达 3000h 以上，我国在 1958 年开始研究光伏发电技术，近十年光伏电池的产量和技术都得到了迅猛的发展，各大光伏电站也都相继投入运行。太阳能发电的主要方式为光热发电和光电发电两种。光热发电是用反光镜集热来产生蒸汽，再用汽轮机来发电；光电发电是用光电池直接将太阳能转化为电能。光电发电是利用半导体截面的光生伏特效应而将光能直接转化为电能的一种技术。这种技术的关键元件是太阳能电池。太阳能电池经过串联后进行封装保护可形成大面积的太阳电池组件，再配合上功率控制器等部件就形成了光伏发电装置。

光伏电池的物理原理是基于半导体的光伏效应，原理与二极管的工作原理相似。常规下，物体的分子结构中电子围绕原子核做高速旋转运动，当本征半导体材料受到光照时，会由于物质的热运动而打破物质本身的热平衡，而为了使其中的载流子能够产生定向运动，实现光能转化为电能，就必须掺入杂质使之成为杂质半导体，将两种不同的杂质半导体相对接，就会形成重要机制 PN 结。光照射半导体材料时会产生电子-空穴对，即电子可以脱离自己的位置留下空穴，变成自由电子。两者的电性是相反的，空穴带正电，电子带负电，在运动中会被势垒电场分离，因此空穴和电子会逐渐分开，在光照作用下空穴移向 P 区，电子移向 N 区，这样就会在外部端子产生一个电压差，在 PN 结开路的情况下，有开路电压出现，可以通过外电路的作用产生电流，这样只要光照不断，电池就可以一直产生电流，这就是光生伏特效应的基本原理。图 2.9 为光伏电池的等效电路图。

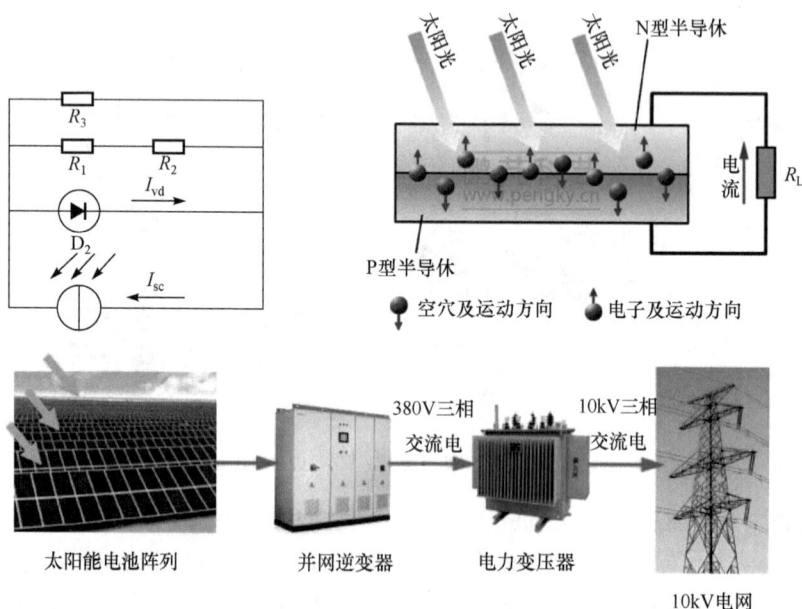

图 2.9 光伏电池的等效电路

2.2 电力系统结线和中性点运行方式

2.2.1 电力系统的接地

为了保证电力网络或电力设备的正常运行和工作人员的人身安全，人为地使电力网及其某个设备在某一特定地点通过导体与大地进行良好的连接，称为接地。这种接地包括：工作接地、保护接地、保护接零、防雷接地和防静电接地等。

1) 工作接地

为了保证电气设备在正常或发生故障情况下可靠地工作而采取的接地，称为工作接地。工作接地一般都是通过电气设备的中性点来实现的，所以又称为电力系统中性点接地。例如，电力变压器或电压互感器的中性点接地就属于工作接地。我国电力网络目前所采用的中性点接地方式主要有4种：不接地、经消弧线圈接地、直接接地和经电阻接地等。

2) 保护接地

将一切正常工作时不带电而在绝缘损坏时可能带电的金属部分(如各种电气设备的金属外壳、配电装置的金属构架等)接地，以保证工作人员接触时的安全，这种接地称为保护接地。保护接地是防止触电事故发生的有效措施。

3) 保护接零

在中性点直接接地的低压电网中，把电气设备的外壳与接地中性线(也称零线)直接连接，以实现对人身安全的保护作用，称为保护接零或简称接零。

4) 防雷接地

为消除大气过电压对电气设备的威胁，而对过电压保护装置采取的接地措施称为防雷接地。把避雷针、避雷线和避雷器通过导体与大地直接连接均属于防雷接地。

5) 防静电接地

对生产过程中可能积蓄电荷的设备，如油罐、天然气罐等所采取的接地，称为防静电接地。

2.2.2 电力系统中性点运行方式

星形连接变压器或发电机的中性点，即电力系统的中性点的运行方式，是一个十分复杂的问题，它关系到绝缘水平、通信干扰、接地保护方式、电压等级、系统结线等很多方面。

中性点的运行方式主要分两类，即直接接地和不接地(或非直接接地)。直接接地系统供电可靠性低。这种系统中一相接地时，出现了除中性点的另一个接地点，构成了短路回路，接地相电流很大，为了防止损坏设备，必须迅速切除接地相甚至三相。不接地系统供电可靠性高，但对绝缘水平的要求也高。这种系统中一相接地时，不构成短路回路，接地相电流不大，不必切除接地相，但这时非接地相的对地电压却升高为相电压的 $\sqrt{3}$ 倍。在电压等级较高的系统中，绝缘费用在设备总价格中占相当大比重，降低绝缘水平带来的经济效益很显著，所以一般采用中性点直接接地方式，而以其他措施提高供电可靠性。反之，在电压等级较低的系统中，一般采用中性点不接地方式以提高供电可靠性。在我国，110kV

及以上的系统中性点直接接地，60kV 及以下的系统中性点不接地。在国外，由于通常采用有备用结线方式，供电可靠性有保障，60kV 及以下的系统中性点往往也直接接地。

1) 中性点直接接地

当中性点直接接地系统(又称大接地电流系统)中发生接地短路时，将出现很大的零序电压和电流，利用零序电压、电流来构成接地短路的保护，具有显著的优点，这种方式广泛应用在 110kV 及以上电压等级的电网中。

2) 中性点非直接接地

中性点不接地、中性点经消弧线圈接地、中性点经电阻接地等系统，统称为中性点非直接接地系统。在中性点非直接接地系统(又称小接地电流系统)中发生单相接地时，由于故障点电流很小，而且三相之间的线电压仍然保持对称，对负荷的供电没有影响，因此，一般情况下都允许该系统再继续运行 $1 \sim 2h$。在此期间，其他两相的对地电压要升高 $\sqrt{3}$ 倍，为了防止故障进一步扩大造成两点或多点接地短路，就应及时发出信号，以便运行人员查找发生接地的线路，采取措施予以消除。这也是采用中性点非直接接地运行的主要优点。

3) 中性点经消弧线圈接地的补偿方式

隶属于中性点非直接接地方式的还有中性点经消弧线圈接地，所谓消弧线圈，其实就是电抗线圈，由于导线对地有电容，中性点不接地系统中一相接地时，接地点接地相电流属于容性电流，而且随着网络的延伸，电流也越加增大，以至于完全有可能使接地点电弧不能自行熄灭并引起弧光接地过电压，甚至发展成严重的系统性事故。为避免发生上述情况，可在网络中某些中性点处装设消弧线圈。由图 2.11 可见，由于装设了消弧线圈，构成了另一回路，接地点接地相电流中增加了一个感性电流分量，它和装设消弧线圈前的容性电流分量相抵消，减小了接地点的电流，使电弧易于自行熄灭，提高了供电可靠性。一般认为：当 $3 \sim 6kV$ 网络的容性电流超过 30A 时，或 10kV 网络的容性电流超过 20A 时，或 $35 \sim 60kV$ 网络的容性电流超过 10A 时，中性点应装设消弧线圈。图 2.10 为中性点不接地时的一相接地图，图 2.11 为中性点经消弧线圈接地时的一相接地图。

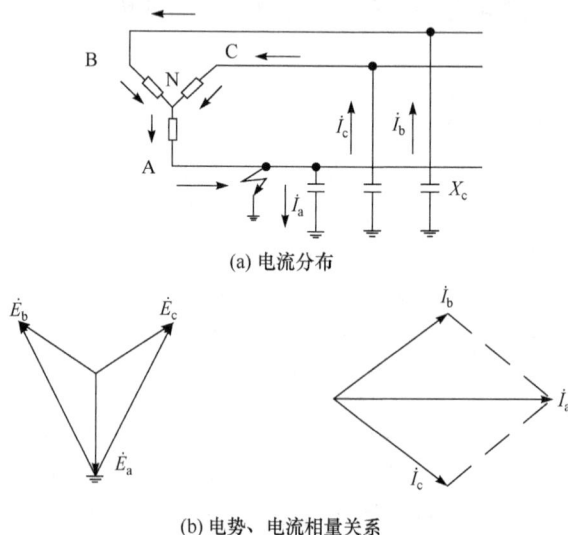

(a) 电流分布

(b) 电势、电流相量关系

图 2.10　中性点不接地时的一相接地图

(a) 电流分布

(b) 电势、电流相量关系

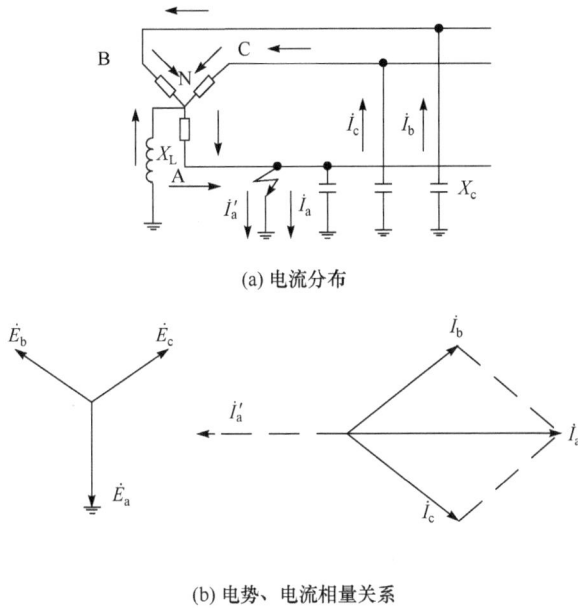

图 2.11　中性点经消弧线圈接地时的一相接地图

中性点经消弧线圈接地时，又有过补偿和欠补偿之分。所谓过补偿，指图 2.11 中的感性电流 $\dot{I}_a'$ 大于容性电流 $\dot{I}_a$ 时的补偿方式；所谓欠补偿，则是指感性电流 $\dot{I}_a'$ 小于容性电流 $\dot{I}_a$ 时的补偿方式。实践中，一般都采用过补偿。

此外，目前正在研究的中性点经非线性电阻接地的方案，也可能是一个有前途的方案。

2.2.3　电力系统典型接线方式

现实生活中的电力系统接线往往十分复杂。但仔细分析这些地理接线图又可发现，尽管十分复杂，却可将它们看作若干个简单系统的复合。尤其是这些系统中的 500kV 或 330kV 网络，由于它们本身接线简洁，更易于分解。分解所得的简单系统，大致可分为无备用接线和有备用接线两类。无备用接线包括单回路放射式、干线式和链式网络，无备用接线方式如图 2.12 所示。有备用接线包括双回路放射式、干线式、链式、环式和两端供电网络，有备用接线方式如图 2.13 所示。

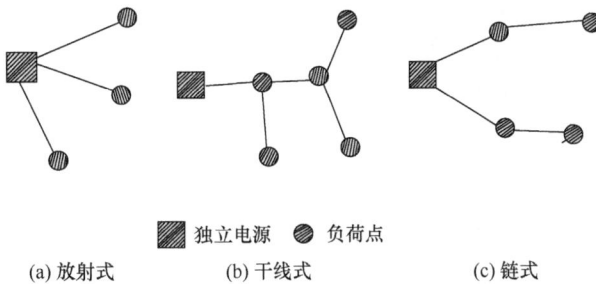

▨ 独立电源　⬤ 负荷点

(a) 放射式　　　　(b) 干线式　　　　(c) 链式

图 2.12　无备用接线方式

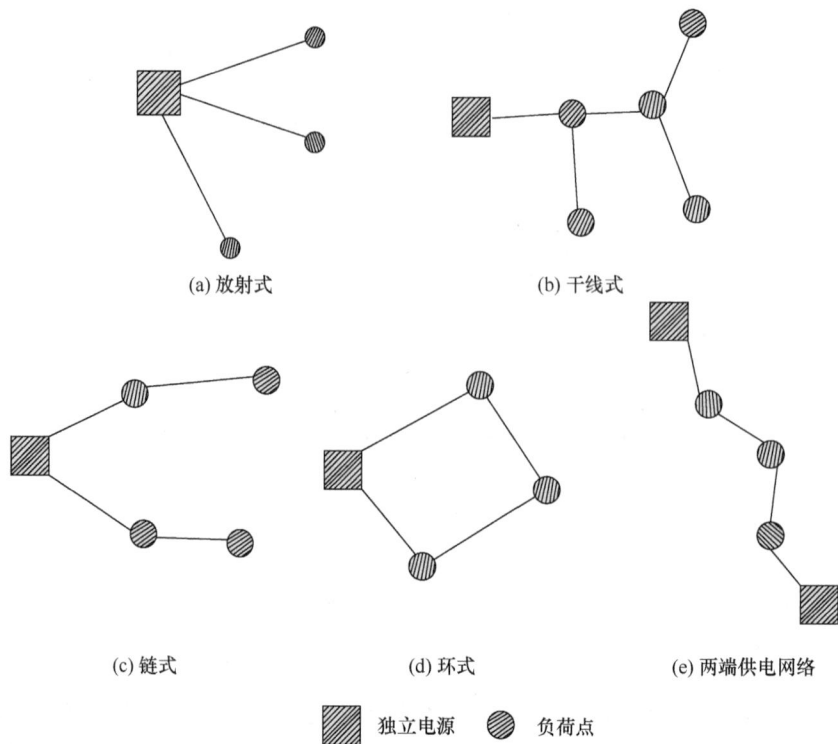

(a) 放射式　　　　　(b) 干线式

(c) 链式　　　　　(d) 环式　　　　　(e) 两端供电网络

▨ 独立电源　　● 负荷点

图 2.13　有备用接线方式

无备用接线的主要优点在于简单、经济、运行方便，主要缺点是供电可靠性差。因此，这种接线不适用于一级负荷占很大比重的场合。但在一级负荷的比重不大，并可为这些负荷单独设置备用电源时，仍可采用这种接线。这种接线方式之所以适用于二级负荷是由于架空电力线路已广泛采用自动重合闸装置，而自动重合闸的成功率相当高。

有备用接线中，双回路的放射式、干线式、链式网络的优点在于供电可靠性和电压质量高，缺点是可能不够经济。因双回路放射式接线对每一负荷都以两回路供电，每回路分担的负荷不大，而在较高电压级网络中，往往由于避免发生电晕等原因，不得不选用大于这些负荷所需的导线截面积，以致浪费有色金属。干线式或链式接线所需的断路器等高压电器很多。有备用接线中的环式接线有与上列接线方式相同的供电可靠性，但却比它们经济，缺点为运行调度较复杂，且故障时的电压质量差。有备用接线中的两端供电网络最常见，但采用这种接线的先决条件是必须有两个或两个以上的独立电源，而且它们与各负荷点的相对位置又决定了采用这种接线的合理性。

接线方式需经仔细比较后方能确定。所选接线除保证供电可靠，有良好的电能质量和经济指标，还应保证运行灵活和操作时的安全。

第3章 电力网络的数学模型

3.1 电力线路的参数和数学模型

3.1.1 电力线路简介

电力线路按结构可分架空线路和电缆线路两大类别。

架空线路由导线、避雷线、杆塔、绝缘子和金具等构成，如图 3.1 所示。电缆线路由导线、绝缘、包护、填充等构成，如图 3.2 所示。

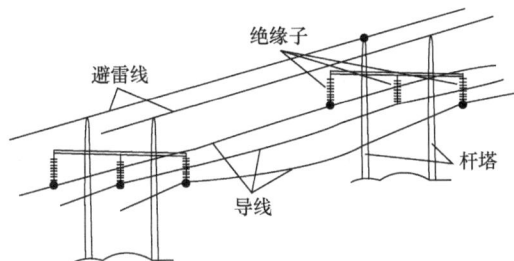

(a) 架空线路示意图

(b) 架空线路实物图

图 3.1 架空线路

1. 架空线路的导线和避雷线

导线主要由铝、钢、铜等材料制成，在特殊条件下也使用铝合金。避雷线则一般用钢线。由于多股线优于单股线，架空线路多采用绞合的多股导线，其结构见图 3.3。由于多股铝线的力学性能差，往往将铝和钢组合起来制成钢芯铝线。它是将铝线绕在单股或多股钢线外层作为主要载流部分，并且机械荷载由钢线和铝线共同承担。

线路电压超过 220kV 时，为减小电晕损耗或线路电抗，常需采用直径很大的导线。但就载流容量而言，却又不必采用过大的截面积。较理想的方案是采用分裂导线。

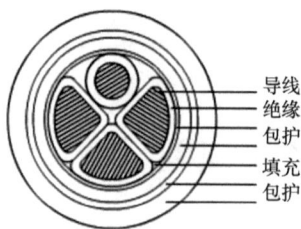

图 3.2 电缆(截面)

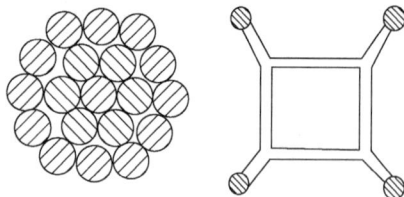

图 3.3 多股导线和分裂导线

分裂导线，又称复导线，就是将每相导线分成若干根，相互间保持一定距离。例如，分成 2~4 根，每根相距 400~450mm。这种分裂可使导线周围的电场、磁场发生很大变化，减少电晕和线路电抗，但与此同时，线路电容也将增大。

2. 关于架空线路的换位问题

和电机绕组的换位相似，架空线路的三相导线也要换位。但架空线路的换位是为了减少三相参数的不平衡。例如，长度为 50~250km 的 220kV 架空线路，有一次整换位循环和不换位相比较，由于三相参数不平衡而引起的不对称电流，前者仅为后者的 1/10。所谓整换位循环，指一定长度内有两次换位而三相导线都分别处于三个不同位置，完成一次完整的循环，如图 3.4 所示。

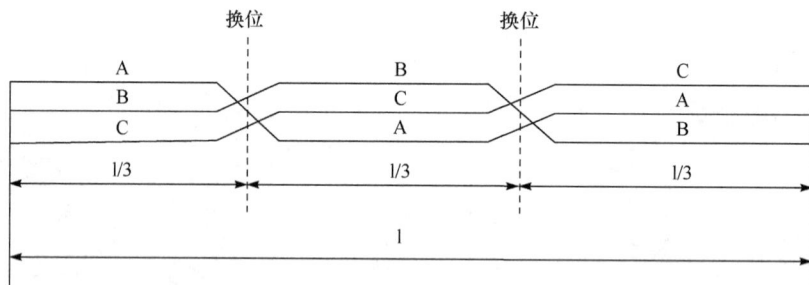

图 3.4 一次整换位循环

换位的方式有两种：滚式换位和换位杆塔换位。滚式换位如图 3.5 所示。这种换位方式最常用，已在我国 110kV 及以上线路上广泛使用，运行情况良好。运用换位杆塔换位时，布线很复杂，跳线、绝缘子串和横担数很多，它只用于滚式换位有困难的地方。

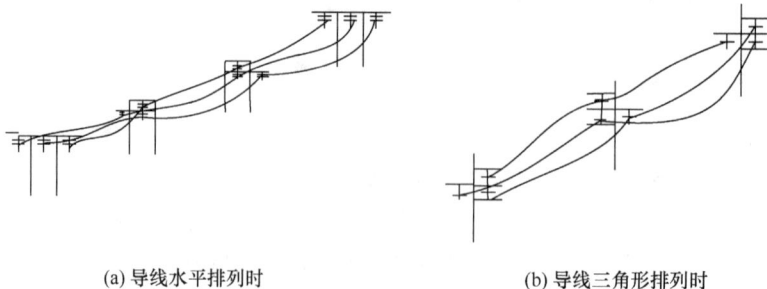

(a) 导线水平排列时

(b) 导线三角形排列时

图 3.5 滚式换位

按规定，在中性点直接接地的电力系统中，长度超过 100km 的架空线路都应换位。但随着电压等级的升高，换位所遇到困难也越加增多，以致对某些超高压线路，如 500kV 电压级线路，不得不采取不换位的架设方案。显然，采取这种方案的代价是必须面对由于线路三相参数不平衡而带来的一系列问题，其中包括对其他系统的危害。例如，通信系统可能无法工作，甚至工作人员的人身安全都受到威胁。因此，换位与否是一个必须慎重对待的问题。

3. 电缆线路

电缆线路的造价较架空线路高，电压越高，二者差别越大，且检修电缆线路费工费时，但电缆线路不需在地面上架设杆塔，占用土地面积少；供电可靠，极少受外力破坏；对人身较安全；等等。因此，在大城市、发电厂和变电所内部或附近以及穿过江河、海峡时，往往采用电缆线路。

20～35kV 电压等级电力线路常用电缆构造，如图 3.6 所示。它的特点是每根芯线绝缘后分别包铝(铅)层屏蔽电场，最后组成电缆。110kV 及以上电压等级的线路采用充油电缆，有单芯和三芯之分。这种电缆的最大特点是导体中空、内部充油。

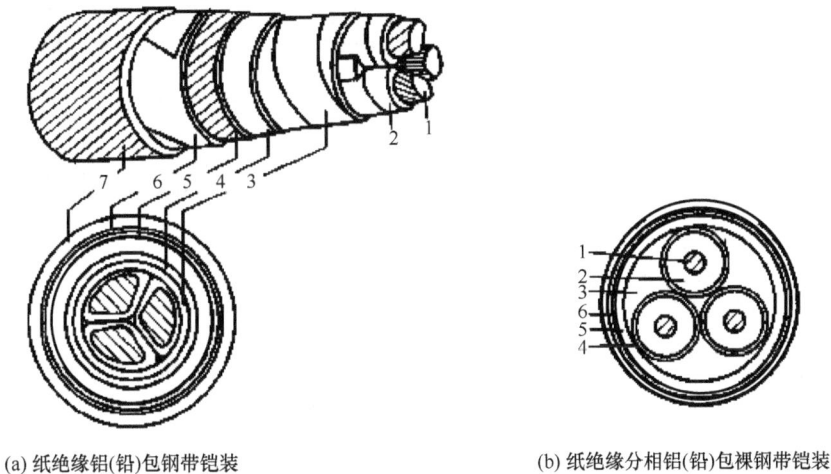

(a) 纸绝缘铝(铅)包钢带铠装　　　　　　　　　(b) 纸绝缘分相铝(铅)包裸钢带铠装

图 3.6　常用电缆构造

1-导体；2-相绝缘；3-带绝缘；4-铝(铅)包；5-麻衬；6-钢带铠装；7-麻被

3.1.2　电力线路的阻抗

1. 架空线路的电阻

架空线路每相单位长度的电阻为

$$r_L = \frac{\rho_L}{S_L} \tag{3-1}$$

式中，r_L 为导线单位长度的电阻(Ω/km)；ρ_L 为导线材料的电阻率(Ω·mm²/km)；S_L 为导线的额定截面积(mm²)。

在电力系统计算中，导线材料的电阻率采用下列数值：铝为 $31.5\Omega \cdot mm^2/km$，铜为 $18.8\Omega \cdot mm^2/km$。它们略大于这些材料的直流电阻率。这是因为需要计及集肤效应，而且绞线每一股线的长度略长于导线长度，而计算时采用的额定截面积又多半略大于实际截面积。钢芯铝线的电阻，由于只考虑主要载流部分为铝线部分的载流作用，可认为与同样额定截面积的铝线相同。

实际应用中，导线的电阻通常可从产品目录或手册中查得。但由于产品目录或手册中查得的通常是 $20℃$ 时的电阻值，而线路的实际运行温度又往往异于 $20℃$，必要时可按式(3-2)修正：

$$r_{Lt} = r_{L20}\left[1 + \alpha_t (t - 20)\right] \tag{3-2}$$

式中，r_{Lt}、r_{L20} 为 $t℃$、$20℃$ 时的电阻(Ω/km)；α_t 为电阻的温度系数，对于铝，$\alpha_t = 0.0036$；对于铜，$\alpha_t = 0.00382$。

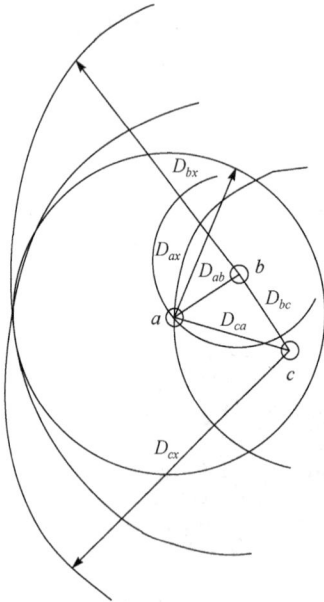

图 3.7　三相线路的磁场

2. 三相线路的电抗

任意布置的三相线路相互相距 D_{ab}、D_{bc}、D_{ca}，如图 3.7 所示。若导线半径 r 远小于 D_{ab}、D_{bc}、D_{ca}，则半径为 D_{ax} 的圆柱体内 a 相电流产生的总磁链 ψ_{aax} 为

$$\psi_{aax} = \left(2\ln\frac{D_{ax}}{r} + \frac{\mu_r}{2}\right)i_a \times 10^{-7}$$

内、外半径分别为 D_{ab}、D_{bx} 的中空圆柱体内 b 相电流产生的外部磁链 ψ_{bax} 为

$$\psi_{bax} = 2\ln\frac{D_{bx}}{D_{ab}} \times i_b \times 10^{-7}$$

内、外半径分别为 D_{ca}、D_{cx} 的中空圆柱体内 c 相电流产生的外部磁链 ψ_{cax} 为

$$\psi_{cax} = 2\ln\frac{D_{cx}}{D_{ca}} \times i_c \times 10^{-7}$$

式中，μ_r 为相对导磁系数，对空气，$\mu_r = 1$。这三部分磁链的叠加 ψ_{ax} (Wb/m)则为

$$\psi_{ax} = \psi_{aax} + \psi_{bax} + \psi_{cax}$$
$$= \left[\frac{\mu_r}{2}i_a + 2(i_a \ln D_{ax} + i_b \ln D_{bx} + i_c \ln D_{cx}) + 2\left(i_a \ln\frac{1}{r} + i_b \ln\frac{1}{D_{ab}} + i_c \ln\frac{1}{D_{ca}}\right)\right] \times 10^{-7}$$

D_{ax}、D_{bx}、D_{cx} 都无限增大时，上式就是计及 b、c 相时匝链 a 相的总磁链。由于这时 $D_{ax} \approx D_{bx} \approx D_{cx}$，且在三相对称条件下，$i_a + i_b + i_c = 0$，如再计及三相架空线路的换位、一次整换位循环中某一段的情况，上式可改写为

$$\psi_a^{(1)} = \left(2i_a \ln\frac{1}{r} + 2i_b \ln\frac{1}{D_{ab}} + 2i_c \ln\frac{1}{D_{ca}} + \frac{\mu_r}{2}i_a\right) \times 10^{-7}$$

进入第二段后，a 相导线处于原来 c 相导线的位置，b 相导线处于原来 a 相导线的位置，c 相导线处于原来 b 相导线的位置，a 相的总磁链就变为

$$\psi_a^{(2)} = \left(2i_a \ln\frac{1}{r} + 2i_b \ln\frac{1}{D_{ca}} + 2i_c \ln\frac{1}{D_{bc}} + \frac{\mu_r}{2}i_a \right) \times 10^{-7}$$

相似地，再进入第三段后，又改变为

$$\psi_a^{(3)} = \left(2i_a \ln\frac{1}{r} + 2i_b \ln\frac{1}{D_{bc}} + 2i_c \ln\frac{1}{D_{ab}} + \frac{\mu_r}{2}i_a \right) \times 10^{-7}$$

取三者的平均值作为计及换位后 a 相的总磁链，则 ψ_a (Wb/m) 为

$$\psi_a = \left[2i_a \ln\frac{1}{r} + \frac{2}{3}(i_b + i_c)\left(\ln\frac{1}{D_{ab}} + \ln\frac{1}{D_{bc}} + \ln\frac{1}{D_{ca}} \right) + \frac{\mu_r}{2}i_a \right] \times 10^{-7}$$

再因 $i_b + i_c = -i_a$，上式可改写为

$$\psi_a = \left(2\ln\frac{1}{r} + 2\ln\sqrt[3]{D_{ab}D_{bc}D_{ca}} + \frac{\mu_r}{2} \right)i_a \times 10^{-7} = \left(2\ln\frac{\sqrt[3]{D_{ab}D_{bc}D_{ca}}}{r} + \frac{\mu_r}{2} \right)i_a \times 10^{-7}$$

令 $\sqrt[3]{D_{ab}D_{bc}D_{ca}} = D_m$，$D_m$ 称三相导线的几何平均距离，简称几何均距，则 a 相(或 b、c 相)的电感 L_a、L_b、L_c (H/m) 为

$$L_a = L_b = L_c = \left(2\ln\frac{D_m}{r} + \frac{\mu_r}{2} \right) \times 10^{-7}$$

将自然对数换算为常用对数，m 换算为 km，得 L_1 (H/km) 为

$$L_1 = \left(4.6\lg\frac{D_m}{r} + \frac{\mu_r}{r} \right) \times 10^{-4}$$

再乘以 $\omega = 2\pi f$ (rad/s)，就可得最常用的电抗计算公式为

$$x_1 = 2\pi f\left(4.6\lg\frac{D_m}{r} + 0.5\mu_r \right) \times 10^{-4} \tag{3-3}$$

式中，x_1 为导线单位长度的电抗(Ω/km)；r 为导线的半径(mm 或 cm)；μ_r 为导线材料的相对导磁系数，对铝、铜等，$\mu_r = 1$；f 为交流电的频率(Hz)；D_m 为几何均距(mm 或 cm)，其单位应与 r 的单位相同。

如将 $f = 50\,\mathrm{Hz}$，$\mu_r = 1$ 代入式(3-3)，又可得

$$x_1 = 0.1445\lg\frac{D_m}{r} + 0.0157 \tag{3-4a}$$

式(3-4a)又可改写为

$$x_1 = 0.1445\lg\frac{D_m}{r'} \tag{3-4b}$$

式中，r' 常称为导线的几何平均半径，而由式(3-4a)不难得出，$r' = 0.779r$。但需指出，式(3-3)、式(3-4a)、式(3-4b)都是按单股导线的条件导得的。对多股铝线或铜线，r'/r 将小于 0.779；而钢芯铝线的 r'/r 则可取 0.95。

由于电抗与几何均距、导线半径之间为对数关系，导线在杆塔上的布置和导线截面积的大小对线路电抗没有显著影响，架空线路的电抗一般都在 0.40Ω/km 左右。在近似计算中，可就取此数值。

3. 分裂导线的电抗

分裂导线改变了导线周围的磁场分布，等效地增大了导线半径，从而减小了导线电抗。可以设想，若将每相导线分裂成很多根，并将它们布置在半径为 r_{eq} 的圆周上，则决定每相导线电抗的将不再是每根导体的半径，而是圆的半径 r_{eq}。虽然在实际应用中，由于结构上的原因，每相导线的分裂数不可能很多，但都布置在正多角形的顶点。

可以证明，每相具有 n 根的分裂导线线路电抗仍可按式(3-4a)计算，但式中的第二项应除以 n，第一项中导线的半径应以等值半径 r_{eq} 替代，其值为

$$r_{eq} = \sqrt[n]{r\left(d_{12}d_{13}\cdots d_{1n}\right)} = \sqrt[n]{rd_m^{(n-1)}} \tag{3-5}$$

式中，r 为每根导体的半径；d_{12}，d_{13}，$\cdots$，d_{1n} 为某根导体与其余 $n-1$ 根导体间的距离；d_m 为各根导体之间的几何均距。

因此，分裂导线线路的电抗为

$$x_1 = 0.1445\lg\frac{D_m}{r_{eq}} + \frac{0.0157}{n} \tag{3-6}$$

3.1.3 电力线路的导纳

1. 三相线路的电纳

任意布置的三相线路相互相距 D_{ab}、D_{bc}、D_{ca}，若导线半径 r 远小于 D_{ab}、D_{bc}、D_{ca}，则 a 相导线表面与距 a 相导线 D_{ax} 处的 x 点之间的电位差 u_{ax} 可看作三部分电位差的叠加。其中之一是 b、c 相导线不带电荷时，a 相导线本身电荷 q_a 产生电场形成了 a 相导线与 x 点之间的电位差 u_{aax}。其余两部分则分别是 a、c 相或 a、b 相导线不带电荷时，b 相或 c 相导线的电荷 q_b 或 q_c 产生电场形成了 a 相导线与 x 点之间的电位差 u_{bax} 和 u_{cax}。这些电位差分别为

$$u_{aax} = 1.8q_a\ln\frac{D_{ax}}{r}\times10^{10}$$

$$u_{bax} = 1.8q_b\ln\frac{D_{bx}}{D_{ab}}\times10^{10}$$

$$u_{cax} = 1.8q_c\ln\frac{D_{cx}}{D_{ca}}\times10^{10}$$

它们的叠加则为

$$\begin{aligned}
u_{ax} &= u_{aax} + u_{bax} + u_{cax} \\
&= 1.8\left[\left(q_a\ln D_{ax} + q_b\ln D_{bx} + q_c\ln D_{cx}\right) + \left(q_a\ln\frac{1}{r} + q_b\ln\frac{1}{D_{ab}} + q_c\ln\frac{1}{D_{ca}}\right)\right]\times10^{10}
\end{aligned}$$

D_{ax}、D_{bx}、D_{cx} 都无限增大时，上式就是计及 b、c 相时，a 相导线的绝对电位。考虑到三相对称条件下 $q_a + q_b + q_c = 0$，而且这时 $D_{ax} \approx D_{bx} \approx D_{cx}$，再考虑到三相架空线路的换位，上式可改写为

$$u_a^{(1)} = 1.8 \times \left(q_a \ln \frac{1}{r} + q_b \ln \frac{1}{D_{ab}} + q_c \ln \frac{1}{D_{ca}} \right) \times 10^{10}$$

相似地，计及 a、c 相时，b 相导线的绝对电位为

$$u_b^{(1)} = 1.8 \times \left(q_b \ln \frac{1}{r} + q_b \ln \frac{1}{D_{ab}} + q_c \ln \frac{1}{D_{bc}} \right) \times 10^{10}$$

同时计及 a、b、c 三相时，a、b 相导线之间的电位差则为

$$u_{ab}^{(1)} = u_a^{(1)} - u_b^{(1)} = 1.8 \times \left(q_a \ln \frac{D_{ab}}{r} + q_a \ln \frac{1}{D_{ab}} + q_c \ln \frac{D_{bc}}{D_{ca}} \right) \times 10^{10}$$

显然，上式实际上只表示一次整换位循环中某一段的情况。进入第二段后，a 相导线处于原来 c 相的位置，b 相导线处于原来 a 相的位置，c 相导线处于原来 b 相的位置，a、b 相导线之间的电位差就改变为

$$u_{ab}^{(2)} = 1.8 \times \left(q_a \ln \frac{D_{ca}}{r} + q_a \ln \frac{r}{D_{ca}} + q_c \ln \frac{D_{ab}}{D_{bc}} \right) \times 10^{10}$$

再进入第三段后，又改变为

$$u_{ab}^{(3)} = 1.8 \times \left(q_a \ln \frac{D_{bc}}{r} + q_b \ln \frac{r}{D_{bc}} + q_c \ln \frac{D_{ca}}{D_{ab}} \right) \times 10^{10}$$

若电荷沿线路全长均匀分布，则 $u_{ab}^{(1)} \neq u_{ab}^{(2)} \neq u_{ab}^{(3)}$，取三者的平均值进行计及换位后 a、b 相导线之间的电位差 $u_{ab}(\mathrm{V})$ 为

$$u_{ab} = 1.8 \left[q_a \left(\ln \sqrt[3]{D_{ab}D_{bc}D_{ca}} - \ln r \right) + q_b \left(\ln r - \ln \sqrt[3]{D_{ab}D_{bc}D_{ca}} \right) \right] \times 10^{10}$$

或

$$u_{ab} = 1.8 \times \left(q_a \ln \frac{D_{\mathrm{m}}}{r} + q_b \ln \frac{r}{D_{\mathrm{m}}} \right) \times 10^{10}$$

式中，D_{m} 为三相导线的几何均距。

相似地，还可得 a、c 相导线之间的电位差 u_{ac} 为

$$u_{ac} = 1.8 \times \left(q_a \ln \frac{D_{\mathrm{m}}}{r} + q_c \ln \frac{r}{D_{\mathrm{m}}} \right) \times 10^{10}$$

由于三相对称条件下，有

$$u_{ab} + u_{ac} = 3u_a$$

可得 a 相导线对中点的电位差为

$$u_a = \frac{1}{3} \times 1.8 \times \left(2q_a \ln \frac{D_{\mathrm{m}}}{r} + (q_b + q_c) \ln \frac{r}{D_{\mathrm{m}}} \right) \times 10^{10}$$

再计及 $q_b + q_c = -q_a$，又可得

$$u_a = 1.8 q_a \ln \frac{D_{\mathrm{m}}}{r} \times 10^{10}$$

从而，a 相(或 b、c 相)对中点的电容 C_a (或 C_b、C_c)(F/m)为

$$C_a = C_b = C_c = \frac{1}{1.8 \ln \dfrac{D_{\mathrm{m}}}{r} \times 10^{10}}$$

将自然对数换算为常用对数，m 换算为 km，得 C_1 (F/km)

$$C_1 = \frac{0.0241}{\lg \dfrac{D_{\mathrm{m}}}{r}} \times 10^{-6} \tag{3-7}$$

式(3-7)乘以 $\omega = 2\pi f$ (rad/s)，并取 $f = 50$Hz，就可得最常用的电纳计算公式为

$$b_1 = \frac{7.57}{\lg \dfrac{D_{\mathrm{m}}}{r}} \times 10^{-6} \tag{3-8}$$

式中，b_1 为导线单位长度的电纳(S/km)；D_{m}、r 代表意义与式(3-3)同。

显然，由于电纳与几何均距、导线半径之间也有对数关系，架空线路的电纳变化也不大，其值一般在 2.85×10^{-6} S/km 左右。

2. 分裂导线线路的电纳

分裂导线的采用也改变了导线周围的电场分布，等效地增大了导线半径，从而增大了每相导线的电纳。采用分裂导线仍可按式(3-8)计算其电纳，只是这时导线的半径应以式(3-5)确定的等值半径 r_{eq} 替代。

3. 线路的电导

线路的电导取决于沿绝缘子串的泄漏和电晕，因而与导线的材料无关。沿绝缘子串的泄漏通常很小，而电晕则是强电场作用下导线周围空气的电离现象。

既然电晕是导线周围空气的电离现象，它的产生就不仅与导线本身有关，还与导线周围空气的条件(包括空气中离子的数量、大小、电荷量以及离子的平均自由行程等一系列因素)有关，对电晕现象的分析也就难以像对其他参数的分析一样严格。

不难理解，导线周围空气之所以会电离，是由于导线表面的电场强度超过了某一临界值，以致空气中原有的离子具备了足够的动能，撞击其他不带电分子，使后者也离子化，最后形成空气的部分导电。因此，分析电晕现象首先要确定导线表面的电场强度 E_{r}。对中性点接地的单导线线路，有

$$E_{\mathrm{r}} = \frac{Q}{2\pi r \varepsilon} = \frac{U_{\varphi} C}{2\pi r \varepsilon} = \frac{U_{\varphi}}{r \ln \dfrac{D_{\mathrm{m}}}{r}} \tag{3-9}$$

式中，E_{r} 为导线表面电场强度(kV/cm)；U_{φ} 为线路相电压(kV)；C 为相对中点电容(F/m)；

ε 为空气介电常数；D_m 为几何均距(cm)；r 为导线半径(cm)。

还要确定空气开始电离时的电场强度，或电晕起始电场强度 E_{cr}。这一电场强度，经分析、综合大量试验数据后表明，可按式(3-10)计算：

$$E_{cr} = 21.4 m_1 m_2 \delta \tag{3-10}$$

式中，$\delta = \dfrac{0.00299b}{273+t}$；$E_{cr}$ 为电晕起始电场强度(kV/cm)；m_1 为考虑导线表面状况的系数，称为粗糙系数；对表面光滑的单股线，$m_1 = 1$；对绞线，推荐采用 $m_1 = 0.9$；m_2 为考虑气象状况的系数，称气象系数；在干燥或晴朗天气，$m_2 = 1$；在有雾雨、霜、暴风雨时，$m_2 < 1$；在最恶劣情况下，$m_2 = 0.8$；δ 为空气的相对密度；b 为大气压力(Pa)；t 为空气温度(℃)。

电晕起始电场强度不同于通常所说的全面电晕或可见电晕电场强度，后者较前者高。

令 $E_r = E_{cr}$ 就可解得电晕临界电压 U_{cr} 为

$$U_{cr} = E_{cr} r \ln \frac{D_m}{r} = 49.3 m_1 m_2 \delta r \lg \frac{D_m}{r} \tag{3-11}$$

式中，U_{cr} 为相电压的有效值(kV)。

采用分裂导线时，由于分裂，导线表面的(最大)电场强度改变为

$$E_r = K_m \cdot \frac{Q}{2\pi r\varepsilon} = K_m \cdot \frac{U_\varphi C / n}{2\pi r\varepsilon} = \frac{K_m}{n} \cdot \frac{U_\varphi}{r \ln \dfrac{D_m}{r_{eq}}} \tag{3-12}$$

式中，n 为分裂导线根数；K_m 为分裂导线表面的最大电场强度，即导体按正多角形排列时多角形顶点的电场强度与平均电场强度的比值 $K_m = 1 + 2(n-1)\dfrac{r}{d}\sin\dfrac{\pi}{n}$；$d$ 为分裂导线相邻两根导体之间的距离，常称分裂间距(cm)。

电晕临界电压变为

$$U_{cr} = E_{cr} r \frac{n}{K_m} \ln \frac{D_m}{r_{eq}} = 49.3 m_1 m_2 \delta r \frac{n}{K_m} \lg \frac{D_m}{r_{eq}} \tag{3-13}$$

式(3-12)、式(3-13)中的 D_m、r、r_{eq} 的代表意义与式(3-3)、式(3-5)同，但单位都为 cm。

式(3-12)、式(3-13)仅适用于三相三角排列的导线。三相水平排列时，边相导线的电晕临界电压较按式(3-11)或式(3-13)求得的高 6%，中间相则低 4%。

线路实际运行电压高于电晕临界电压时，将发生电晕。这时，每相电晕损耗功率可按式(3-14)计算：

$$\Delta P_c = K_c \left(U_\varphi - U_{cr} \right)^2 \tag{3-14}$$

式中，ΔP_c 为电晕损耗功率(kW/km)；U_φ 为线路实际运行相电压(kV)；K_c 为与空气相对密度、频率、导线的几何尺寸等有关的系数；对三角排列的单导线线路，按皮克公式，有

$$K_c = \frac{241}{\delta}(f + 25)\sqrt{\frac{r}{D_m}} \times 10^{-5}$$

既然电晕损耗功率与电压的平方成正比，可将它与泄漏损耗功率归并并近似按式(3-15)

确定线路的电导：

$$g_1 = \frac{\Delta P_g}{U^2} \times 10^{-3} \tag{3-15}$$

式中，g_1 为导线单位长度的电导(S/km)；ΔP_g 为三相线路泄漏和电晕损耗功率(kW/km)；U 为线路线电压(kV)。

在实际工程应用中，由于泄漏通常很小，而在设计线路时，就已检验了所选导线的半径能否满足晴朗天气不发生电晕的要求。因此，一般情况下都可设 $g = 0$。

3.1.4 线路参数工程计算原则

1. 同杆线路

在同一杆塔上架设两回三相线路时，每一回线路的阻抗不仅取决于该回线本身电流产生的磁场，当同一杆塔上布置两回线路时也与另一回线电流产生的磁场有关。但在实际应用中，仍可按式(3-4a)计算其电抗。这是因为两回线路间的互感在导线中流过对称三相电流时并不大，可略去不计。

在同一杆塔上架设两回三相线路时，每一回线路的电纳不仅取决于该回线本身电荷产生的电场，还与另一回线电荷产生的电场有关。但在实际应用中，当同一杆塔上布置两回线路时，仍可按式(3-8)计算其电纳口，这是因为两回线路间的互电容在线路上所带电荷三相对称时并不大，可略去不计。

2. 不换位线路

由式(3-4a)的导出过程可见，三相架空线路经整循环换位后，每相磁链仅与该相电流有关，亦即等值地消去了相间耦合，实现了三相"解耦"。若不换位，三相不可能解耦，相与相之间必然有互感。虽然三相间有耦合，但若三相电流对称，这种耦合仍很弱。因此，在近似计算中，即使线路不换位，仍可按式(3-4a)计算其电抗。

由式(3-8)的导出过程可见，三相架空线路经整循环换位后，每相对中性点的电位差仅与该相所带电荷有关，即等值地消去了相间的电容耦合，实现了三相"解耦"。若不换位，三相不可能解耦，相与相之间必然有电容。虽三相间有电容耦合，若三相电压对称，这种耦合仍很弱。因此，在近似计算中，即使线路不换位，也仍可按式(3-8)计算其电纳。

3. 电缆线路

由于电缆线路导体的截面可能不是圆形，导体周围不是空气，外部还有铝(铅)包和钢铠，因此电缆线路的阻抗很难用解析法计算。好在电缆的结构和尺寸都已系列化，这些参数可事先测得并由制造厂提供。一般地，电缆线路的电阻略大于相同截面积的架空线路，而电抗则小得多。电抗小是因为电缆三相导体间的距离远小于同样电压级的架空线路。

由于电缆线路导体的截面可能不是圆形，导体周围的介质不是空气，外部还有铝(铅)包和钢铠，所以电缆线路的导纳也难以用解析法计算。好在这些参数也可事先测得并由制造厂提供。一般地，不考虑电缆线路有电导，而它的电纳则往往远大于具有相同截面积架空线路的电纳。这是因为电缆三相导体间的距离远小于同样电压级的架空线路。

3.1.5 电力线路的数学模型

在电力系统稳态分析中的电力线路数学模型就是以电阻、电抗、电纳、电导表示它们的等值电路。在电力线路三相对称运行方式下，可用单相等值电路进行计算，则按式(3-1)、式(3-4)、式(3-8)、式(3-15)求得单位长度导线的电阻、电抗、电纳、电导后，得出电力线路单相等值电路如图 3.8 所示。

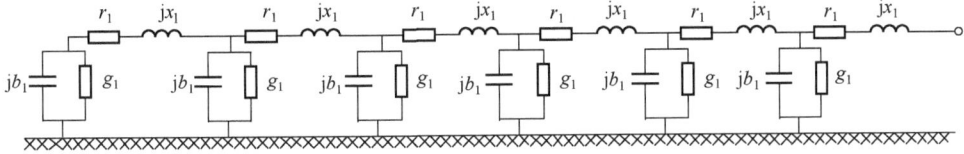

图 3.8　电力线路的单相等值电路

以单相等值电路代表三相虽已简化了不少计算，但由于电力线路的长度往往有数十乃至数百千米，若将每千米的电阻、电抗、电纳、电导都一一绘于图上，所得的等值电路仍十分复杂。何况，严格来说，电力线路的参数是均匀分布的，即使是极短的一段线段，都有相应大小的电阻、电抗、电纳、电导。换言之，即使是十分复杂的等值电路，也不能认为它可以对电力线路进行十分精确的数学描述。但好在电力线路一般不长，需分析的又往往只是它们的端点状况——两端电压、电流、功率，通常可不考虑线路的这种分布参数特性，只是在个别情况下才要用双曲函数研究具有均匀分布参数的线路。

中等及中等以下长度线路为一般线路。对架空线路，这长度大约为 300km；对电缆线路，大约为 100km。线路长度不超过这些数值时，可不考虑它们的分布参数特性，而只用将线路参数简单地集中起来的电路来表示。

在以下的讨论中，以 $R\,(\Omega)$、$X\,(\Omega)$、$G\,(S)$、$B\,(S)$ 分别表示全线路每相的总电阻、电抗、电导、电纳。显然，线路长度为 $l\,(km)$ 时

$$\left.\begin{array}{ll} R = r_1 l, & X = x_1 l \\ G = g_1 l, & B = b_1 l \end{array}\right\} \tag{3-16}$$

通常，由于线路导线截面积的选择，如前所述，以晴朗天气不发生电晕为前提，而沿绝缘子的泄漏又很小，可设 $G = 0$。

一般线路中，又有短线路和中等长度线路之分。

所谓短线路，是指长度不超过 100km 的架空线路。线路电压不高时，这种线路电纳 B 的影响一般不大，可略去。因此，这种线路的等值电路最简单，只有一个串联的总阻抗 $Z = R + jX$，如图 3.9 所示。

显然，如果电缆线路不长，电纳的影响不大，也可采用这种等值电路。

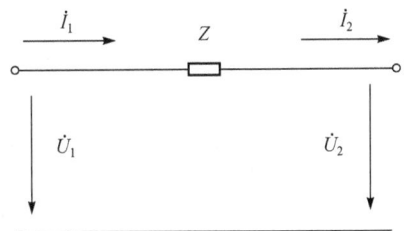

图 3.9　短线路的等值电路

所谓中等长度线路，是指长度为 100～300km 的架空线路和不超过 100km 的电缆线路。这种线路的电纳 B 一般不能略去。这种线路的 Π 形等值电路如图 3.10 所示。

在 Π 形等值电路中，除串联的线路总阻抗 $Z = R + jX$，还将线路的总导纳 $Y = jB$ 分为两半，分别并联在线路的始末端。

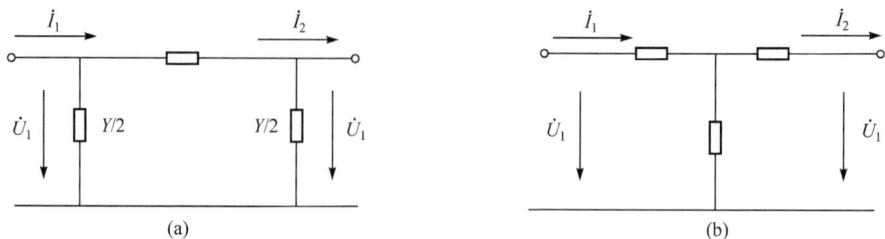

图 3.10　中等长度线路的 Π 形等值电路

3.2　变压器的数学模型

3.2.1　电力变压器简介

电力变压器是发电厂和变电所的主要设备之一。变压器的作用是多方面的，不仅能升高电压把电能送到用电地区，还能把电压降低为各级使用电压，以满足用电的需要。总之，升压与降压都必须由变压器来完成。在电力系统传送电能的过程中，必然会产生电压和功率两部分损耗，在输送同一功率时电压损耗与电压成反比，功率损耗与电压的平方成反比。利用变压器提高电压，减少了送电损失。

变压器是由绕在同一铁心上的两个或两个以上的线圈绕组组成，绕组之间是通过交变磁场联系并按电磁感应原理工作。变压器安装位置应考虑便于运行、检修和运输，同时应选择安全可靠的地方。在使用变压器时必须合理地选用变压器的额定容量。变压器空载运行时，需用较大的无功功率。这些无功功率要由供电系统供给。变压器的容量若选择过大，不但增加了初投资，而且使变压器长期处于空载或轻载运行，使空载损耗的比重增大，功率因数降低，网络损耗增加，这样运行既不经济又不合理。变压器容量选择过小，会使变压器长期过负荷，易损坏设备。因此，变压器的额定容量应根据用电负荷的需要进行选择，不宜过大或过小。

电力变压器按用途分类：升压(发电厂 6.3kV/10.5kV 或 10.5kV/110kV 等)、联络(变电站间用 220kV/110kV 或 110kV/10.5kV)、降压(配电用 35kV/0.4kV 或 10.5kV/0.4kV)。

电力变压器按相数分类：单相、三相。

电力变压器按绕组分类：双绕组(每相装在同一铁心上，原、副绕组分开绕制、相互绝缘)、三绕组(每相有三个绕组，原、副绕组分开绕制、相互绝缘)、自耦变压器(一套绕组中间抽头作为一次或二次输出)。三绕组变压器要求一次绕组的容量大于或等于二、三次绕组的容量。三绕组容量的百分比按高压、中压、低压顺序有：100/100/100、100/50/100、100/100/50，要求二、三次绕组均不能满载运行。一般三次绕组电压较低，多用于近区供电或接补偿设备，用于连接三个电压等级。自耦变压器：有升压或降压两种，因其损耗小、重量轻、使用经济，所以在超高压电网中应用较多。

电力变压器按绝缘介质分类：油浸变压器(阻燃型、非阻燃型)、干式变压器、SF6 气体绝缘变压器。

电力变压器铁心均为芯式结构。普通变压器的原、副边线圈是同心地套在一个铁心柱上，内为低压绕组，外为高压绕组。变压器在带负载运行时，当副边电流增大时，变压器要维持铁心中的主磁通不变,原边电流也必须相应增大来平衡副边电流。

在进行电力系统分析计算时,变压器的参数包括电阻、电导、电抗和电纳,这些参数要根据变压器铭牌上厂家提供的短路试验数据和空载试验数据来求取。

变压器一般是三相,在正常运行的情况下,由于三相变压器是均衡对称的电路,因此等值电路可以只用一相代表。

电力变压器及其主要组成部件如图 3.11 所示。图 3.12 为油浸式电力变压器和干式电力变压器。

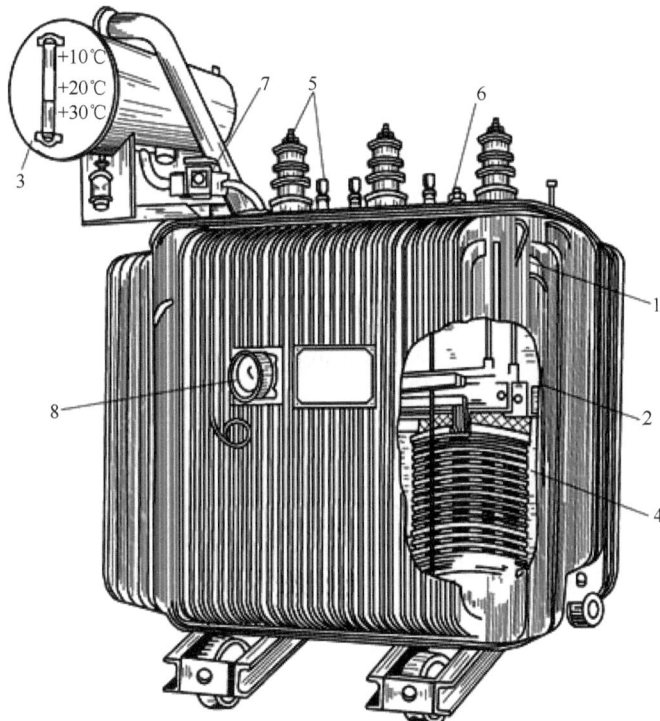

图 3.11　电力变压器

1-油箱;2-铁心;3-油位计;4-绕组;5-高低压套管;6-分接开关;7-气体(瓦斯)继电器;8-温度计

(a) 油浸式电力变压器　　　　　　　　　　(b) 干式电力变压器

图 3.12　油浸式电力变压器和干式电力变压器

3.2.2 双绕组变压器的数学模型

1. 双绕组变压器的阻抗

变压器短路损耗 P_k 近似等于额定电流流过变压器时高低压绕组中的总铜耗，即

$$P_k \approx P_{Cu}$$

而铜耗与电阻之间有如下关系：

$$P_{Cu} = 3I_N^2 R_T = 3\left(\frac{S_N}{\sqrt{3}U_N}\right)^2 R_T = \frac{S_N^2}{U_N^2}R_T$$

可得

$$P_k \approx \frac{S_N^2}{U_N^2}R_T$$

式中，U_N、S_N 以 V、V·A 为单位，P_k 以 W 为单位。如果 U_N 以 kV 为单位、S_N 以 MV·A 为单位，则可得

$$R_T = \frac{P_k U_N^2}{1000 S_N^2} \tag{3-17}$$

式中，R_T 为变压器高低绕组的总阻抗(Ω)；P_k 为变压器的短路损耗(kW)；S_N 为变压器的额定容量(MV·A)；U_N 为变压器的额定电压(kV)。

大容量变压器的阻抗中以电抗为主，即变压器的电抗和阻抗数值上接近相等，可近似认为，变压器的短路电压百分值 $U_k\%$ 与变压器的电抗有如下关系：

$$U_k\% \approx \frac{\sqrt{3}I_N X_T}{U_N} \times 100$$

从而

$$X_T \approx \frac{U_N}{\sqrt{3}I_N} \cdot \frac{U_k\%}{100} = \frac{U_k\% U_N^2}{100 S_N} \tag{3-18}$$

式中，X_T 为变压器高低压绕组的总电抗(Ω)；$U_k\%$ 为变压器的短路电压百分值；S_N、U_N 代表意义与式(3-17)相同。

2. 双绕组变压器的导纳

变压器的励磁支路以导纳表示，如图 3.13 所示。而与之对应的空载运行时的电压、电流相量图则示于图 3.14。

变压器励磁支路电导对应变压器的铁耗 P_{Fe}，变压器的铁耗与变压器的空载损耗 P_0 近似相等，电导可与空载损耗相对应。而由图 3.13(b)可见，二者之间有如下关系：

$$G_T = \frac{P_0}{1000 U_N^2} \tag{3-19}$$

式中，G_T 为变压器的电导(S)；P_0 为变压器的空载损耗(kW)；U_N 为变压器的额定电压(kV)。

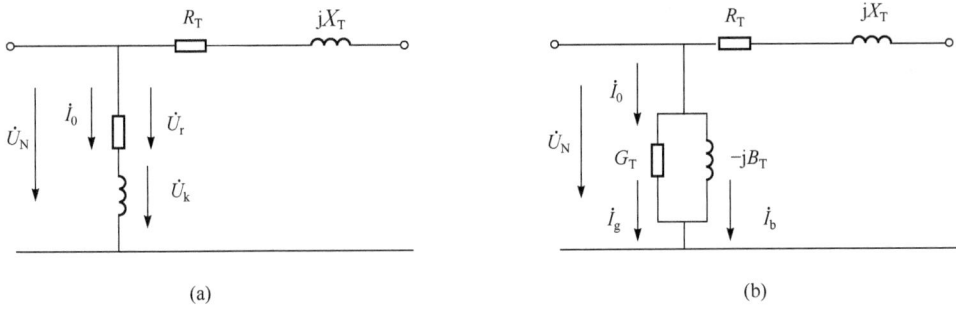

图 3.13 双绕组变压器的等值电路

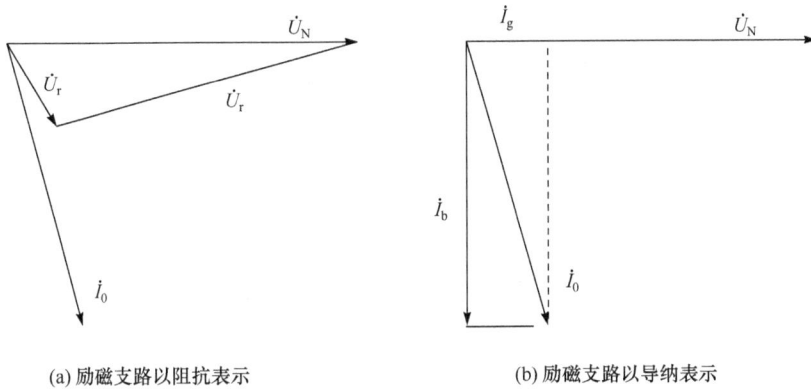

(a) 励磁支路以阻抗表示　　　　　　　　(b) 励磁支路以导纳表示

图 3.14 双绕组变压器空载运行时的相量图

由图 3.14(b)可见，变压器空载电流中流经电纳的部分 I_b 占很大比重，从而，它和空载电流 I_0 在数值上接近相等，可以 I_0 代替 I_b 求取变压器的电纳。即由于

$$I_0 = I_b = \frac{U_N}{\sqrt{3}} B_T$$

可得

$$\frac{I_0\%}{100} I_N = \frac{U_N}{\sqrt{3}} B_T$$

将 $I_N = \dfrac{S_N}{\sqrt{3}U_N}$ 代入上式，得

$$B_T = \frac{I_0\%}{100} \cdot \frac{S_N}{U_N^2} \tag{3-20}$$

式中，B_T 为变压器的电纳(S)；$I_0\%$ 为变压器的空载电流百分值；S_N、U_N 代表意义与式(3-17)相同。

求得变压器的阻抗、导纳后，即可得出变压器的等值电路。变压器的等值电路有两种，Γ形等值电路和 T 形等值电路。在电力系统计算中，通常用 Γ 形等值电路，且将励磁支路接在电源侧。这种等值电路就如图 3.13(b)所示。

3.2.3 三绕组变压器的数学模型

三绕组变压器的等值电路见图 3.15。求取三绕组变压器导纳的方法和求取双绕组变压器导纳的方法相同。

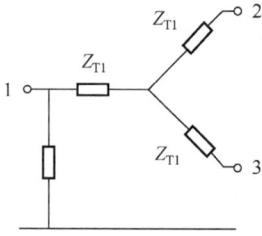

图 3.15 三绕组变压器的
等值电路

1. 三绕组变压器的电阻

三绕组变压器按三个绕组容量比的不同有三种不同类型。第一种为 100/100/100，即三个绕组的容量都等于变压器额定容量；第二种为 100/100/50，即第三绕组的容量仅为变压器额定容量的 50%；第三种为 100/50/100，即第二绕组的容量仅为变压器额定容量的 50%。运行时各绕组不能超过各自额定容量，同时第二绕组和第三绕组容量之和不能超过变压器额定容量。

电力系统中使用的三绕组变压器，制造厂给出的是三个绕组两两进行短路试验时测得的短路损耗。若该变压器属第一种类型，可由提供的短路损耗 $P_{k(1\text{-}2)}$、$P_{k(2\text{-}3)}$、$P_{k(3\text{-}1)}$ 直接按式(3-21)求取各绕组的短路损耗：

$$\left.\begin{aligned}
P_{k1} &= \frac{1}{2}\left(P_{k(1\text{-}2)} + P_{k(3\text{-}1)} - P_{k(2\text{-}3)}\right) \\
P_{k2} &= \frac{1}{2}\left(P_{k(1\text{-}2)} + P_{k(2\text{-}3)} - P_{k(3\text{-}1)}\right) \\
P_{k3} &= \frac{1}{2}\left(P_{k(2\text{-}3)} + P_{k(3\text{-}1)} - P_{k(1\text{-}2)}\right)
\end{aligned}\right\} \tag{3-21}$$

然后按与双绕组变压器相似的公式计算各绕组电阻：

$$\left.\begin{aligned}
R_{T1} &= \frac{P_{k1}U_N^2}{1000S_N^2} \\
R_{T2} &= \frac{P_{k2}U_N^2}{1000S_N^2} \\
R_{T3} &= \frac{P_{k3}U_N^2}{1000S_N^2}
\end{aligned}\right\} \tag{3-22}$$

若该变压器属第二、第三种类型，则制造厂提供的短路损耗数据是一对绕组中容量较小的一方达到它本身的额定电流，即 $I_N/2$ 时的值。这时，应首先将各绕组间的短路损耗数据归算为额定电流下的值，再运用式(3-21)和式(3-22)求取各绕组的短路损耗和电阻。例如，对 100/50/100 类型变压器，制造厂提供的短路损耗 $P'_{k(1\text{-}2)}$、$P'_{k(1\text{-}2)}$ 都是第二绕组中流过它本身的额定电流，即二分之一变压器额定电流时测得的数据。因此，应首先将它们归算到对应于变压器的额定电流：

$$\left.\begin{aligned}
P_{k(1\text{-}2)} &= P'_{k(1\text{-}2)}\left(\frac{I_N}{I_N/2}\right)^2 = 4P'_{k(1\text{-}2)} \\
P_{k(2\text{-}3)} &= P'_{k(2\text{-}3)}\left(\frac{I_N}{I_N/2}\right)^2 = 4P'_{k(2\text{-}3)}
\end{aligned}\right\} \tag{3-23}$$

然后再按式(3-21)、式(3-22)计算。

如果制造厂对三绕组变压器只给出一个短路损耗——最大短路损耗 $P_{k \cdot \max}$。所谓最大短路损耗，指两个100%容量绕组中流过额定电流，另一个100%或50%容量绕组空载时的损耗。由 $P_{k \cdot \max}$ 可求得两个100%容量绕组的电阻。然后根据"按同一电流密度选择各绕组导线截面积"的变压器设计原则，可得另一个100%容量绕组的电阻——等于这两个绕组之一的电阻；或另一个50%容量绕组的电阻——等于这两个绕组之一电阻的两倍。换言之，这时的计算公式为

$$\left.\begin{aligned} R_{T(100\%)} &= \frac{P_{k \cdot \max} U_N^2}{2000 S_N^2} \\ R_{T(50\%)} &= 2 R_{T(100\%)} \end{aligned}\right\} \tag{3-24}$$

2. 三绕组变压器的电抗

三绕组变压器按其三个绕组排列方式的不同有两种不同结构：升压结构和降压结构。升压结构变压器的中压绕组最靠近铁心，低压绕组居中，高压绕组在最外层。降压结构变压器的低压绕组最靠近铁心，中压绕组居中，高压绕组仍在最外层。

绕组排列方式不同，绕组间漏抗不同，从而短路电压也就不同。若设高压、中压、低压绕组分别为一、二、三次绕组，则因升压结构变压器的高、中压绕组相隔最远，二者间漏抗最大，从而短路电压 $U_{k(1-2)}\%$ 最大，而 $U_{k(2-3)}\%$、$U_{k(3-1)}\%$ 就较小。降压结构变压器高、低压绕组相隔最远，$U_{k(3-1)}\%$ 最大，而 $U_{k(1-2)}\%$、$U_{k(2-3)}\%$ 则较小。

排列方式虽有不同，但求取两种结构变压器电抗的方法并无不同，即由各绕组两两之间的短路电压 $U_{k(1-2)}\%$、$U_{k(2-3)}\%$、$U_{k(3-1)}\%$ 求出各绕组的短路电压：

$$\left.\begin{aligned} U_{k1}\% &= \frac{1}{2}\left(U_{k(1-2)}\% + U_{k(3-1)}\% - U_{k(2-3)}\%\right) \\ U_{k2}\% &= \frac{1}{2}\left(U_{k(1-2)}\% + U_{k(2-3)}\% - U_{k(3-1)}\%\right) \\ U_{k3}\% &= \frac{1}{2}\left(U_{k(2-3)}\% + U_{k(3-1)}\% - U_{k(1-2)}\%\right) \end{aligned}\right\} \tag{3-25}$$

再按与双绕组变压器相似的计算公式求各绕组的电抗：

$$\left.\begin{aligned} X_{T1} &= \frac{U_{k1}\% U_N^2}{100 S_N} \\ X_{T2} &= \frac{U_{k2}\% U_N^2}{100 S_N} \\ X_{T3} &= \frac{U_{k3}\% U_N^2}{100 S_N} \end{aligned}\right\} \tag{3-26}$$

3.2.4 等值变压器模型

不论采用有名制或标幺制，凡涉及多电压网络的计算，都必须将网络中所有参数和变

量归算至同一电压级。这是因为以 Γ 形或 T 形等值电路作变压器模型时，这些等值电路模型并不能体现变压器实际具有的电压变换功能。下面将介绍另一种可等值体现变压器电压变换功能的模型，它也是运用计算机进行电力系统分析时采用的变压器模型，但是运用这种模型时并不排斥手算。既然这种模型可体现电压变换，在多电压级网络计算中采用这种变压器模型后，就可不必进行参数和变量的归算，这正是这种变压器模型的主要特点之一。

设图 3.16(a)、(b)中变压器的导纳或励磁支路和线路的导纳支路都可略去；变压器两侧线路的阻抗都未经自算，即分别为高、低压侧或Ⅰ、Ⅱ侧线路的实际阻抗，变压器本身的阻抗则归在低压侧；变压器的变比为 k，其值为高、低压绕组电压之比。

显然，在这些假设条件下，若在变压器阻抗 Z_T 的左侧串联一个变比为 k 的理想变压器，如图 3.16(c)所示，其效果就如同将变压器及其低压侧线路的阻抗都归算至高压侧，或将高压侧线路的阻抗归算至低压侧，从而实际上获得将所有参数和变量都归算在同一侧的等值网络。只要变压器的变比取的是实际变比，这一等值网络是严格的。

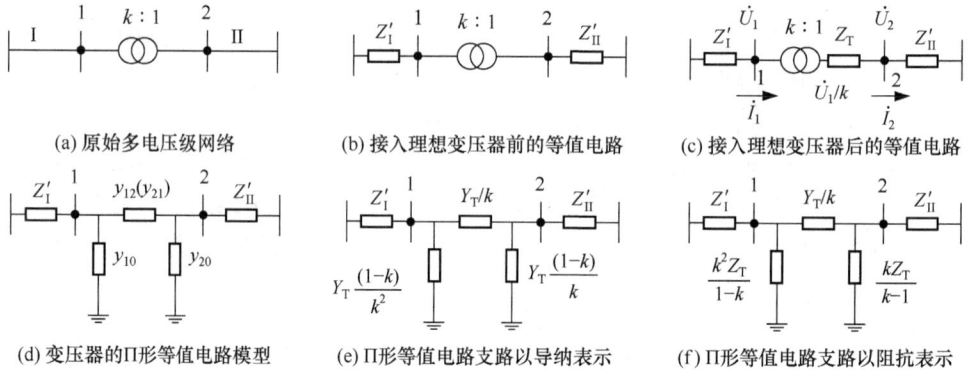

(a) 原始多电压级网络   (b) 接入理想变压器前的等值电路   (c) 接入理想变压器后的等值电路

(d) 变压器的Π形等值电路模型   (e) Π形等值电路支路以导纳表示   (f) Π形等值电路支路以阻抗表示

图 3.16　等值双绕组变压器模型

由图 3.16(c)可见，流入理想变压器的功率为 $\tilde{S}_1 = \dot{U}_1 \dot{I}_1$，流出理想变压器的功率为 $\tilde{S}_2 = \dot{U}_1 \dot{I}_2 / k$。流入、流出理想变压器的功率应相等，可得

$$\dot{U}_1 \dot{I}_1 = \dot{U}_1 \dot{I}_2 / k$$

从而有

$$\dot{I}_1 = \dot{I}_2 / k \tag{3-27}$$

此外，由图 3.16(c)可直接得

$$\dot{U}_1 / k = \dot{U}_2 + \dot{I}_2 Z_T \tag{3-28}$$

联立式(3-27)和式(3-28)可解得

$$\left. \begin{array}{l} \dot{I}_1 = \dfrac{\dot{U}_1}{Z_T k^2} - \dfrac{\dot{U}_2}{Z_T k} \\[3mm] \dot{I}_2 = \dfrac{\dot{U}_1}{Z_T k} - \dfrac{\dot{U}_2}{Z_T} \end{array} \right\} \tag{3-29}$$

设母线 1、2 之间的电路可以用Π形等值电路表示，如图 3.16(d)所示，则对于该等值电路可列出

$$\left.\begin{array}{l} \dot{I}_1 = \left(y_{10} + y_{12}\right)\dot{U}_1 - y_{12}\dot{U}_2 \\ \dot{I}_2 = y_{21}\dot{U}_1 - \left(y_{20} + y_{21}\right)\dot{U}_2 \end{array}\right\} \tag{3-30}$$

对照式(3-29)、式(3-30)，可得

$$\left.\begin{array}{l} y_{12} = y_{21} = \dfrac{1}{Z_{\mathrm{T}}k} \\ y_{10} = \dfrac{1-k}{Z_{\mathrm{T}}k^2}, \quad y_{20} = \dfrac{k-1}{Z_{\mathrm{T}}k} \end{array}\right\} \tag{3-31}$$

$y_{12} = y_{21}$ 的成立体现了无源电路的互易特性，图 3.16(d)可以成立。然后令 $1/Z_{\mathrm{T}} = Y_{\mathrm{T}}$，就可作以导纳支路表示的变压器模型如图 3.16(e)所示以及以阻抗支路表示的变压器模型如图 3.16(f)所示。

附带指出，变压器不仅有改变电压大小而且有移相功能时，其变比 k 将为复数。这时，仍可列出式(3-30)，也可求得类似式(3-31)所示的 y_{10}、y_{20}、y_{12}、y_{21}，但其中的 y_{12} 与 y_{21} 不相等，无源电路的互易特性不复存在，不能用 Π 形等值电路表示这种变压器模型，虽然这样并不影响运用这种模型进行计算。

观察图 3.16 可以发现，这种变压器模型的参数的确与变比 k 有关，表明这种模型的确体现了变压器改变电压大小的功能。但也可见，这种 Π 形等值电路中的三个支路并无物理意义可言，不同于变压器的 Γ 形或 T 形等值电路，接地支路代表励磁导纳而串联阻抗支路代表绕组电阻和漏抗。这是这种变压器模型的另一特点。正是由于这一特点，它可称为等值变压器模型，也可称变压器的 Π 形等值电路模型。

3.3 标 幺 值

3.3.1 有名制和标幺制

进行电力系统计算时，除采用有单位的阻抗、导纳、电压、电流、功率等进行运算，还可采用没有单位的阻抗、导纳、电压、电流、功率等的相对值进行运算。前者称有名制，后者称标幺制。标幺制之所以能在相当宽广的范围内取代有名制，是由于标幺制具有计算结果清晰，便于迅速判断计算结果的正确性、可大量简化计算等优点。

标幺制中，上列各量都以相对值出现，必然要有对应的基准，即所谓基准值。标幺值、有名值、基准值之间应有如下关系：

$$标幺值 = \frac{有名值（\Omega、S、kV、kA、MV\cdot A等）}{基准值（与相应有名值单位相同）} \tag{3-32}$$

按式(3-32)，并计及三相对称系统中，线电压为相电压的 $\sqrt{3}$ 倍，三相功率为单相功率的 3 倍，如果取线电压的基准值为相电压基准值的 $\sqrt{3}$ 倍，三相功率的基准值为单相功率基准值的 3 倍，则线电压和相电压的标幺值数值相等，三相功率和单相功率的标幺值数值相等。而通过运算将会发现，标幺制的这一特点也是它的一个优点。

基准值的单位应与有名值的单位相同是选择基准值的一个限制条件。选择基准值的另一个限制条件是阻抗、导纳、电压、电流、功率的基准值之间也应符合电路的基本关系。

如阻抗、导纳的基准值为每相阻抗、导纳；电压、电流的基准值为线电压、线电流；功率的基准值为三相功率，则这些基准值之间应有如下关系：

$$\left.\begin{array}{l} S_\mathrm{B} = \sqrt{3}U_\mathrm{B}I_\mathrm{B} \\ U_\mathrm{B} = \sqrt{3}I_\mathrm{B}Z_\mathrm{B} \\ Z_\mathrm{B} = \dfrac{1}{Y_\mathrm{B}} \end{array}\right\} \tag{3-33}$$

式中，Z_B、Y_B 为每相阻抗、导纳的基准值；U_B、I_B 为线电压、线电流的基准值；S_B 为三相功率的基准值。

由此可见，五个基准值中只有两个可以任意选择，其余三个必须根据上列关系派生。通常是，先选定三相功率和线电压的基准值 S_B、U_B，然后按上列关系式求出每相阻抗、导纳和线电流的基准值：

$$\left.\begin{array}{l} Z_\mathrm{B} = \dfrac{U_\mathrm{B}^2}{S_\mathrm{B}} \\[2mm] Y_\mathrm{B} = \dfrac{S_\mathrm{B}}{U_\mathrm{B}^2} \\[2mm] I_\mathrm{B} = \dfrac{S_\mathrm{B}}{\sqrt{3}U_\mathrm{B}} \end{array}\right\} \tag{3-34}$$

功率的基准值往往取系统中某一发电厂的总功率或系统的总功率，也可取某发电机或变压器的额定功率，有时也取某一个整数，如 $100\mathrm{MV \cdot A}$、$1000\mathrm{MV \cdot A}$ 等。电压的基准值往往取参数和变量都将向其归算的该级额定电压。例如，拟将参数和变量都归算至 220kV 电压侧，则基准电压就取 220kV。

3.3.2 有名值的电压级归算

无论采用有名制或标幺制，对多电压级网络，都需将参数或变量归算至同一电压级为基本级。通常取网络中最高电压级为基本级。有名值归算时按式(3-35)计算：

$$\left.\begin{array}{l} R = R'\left(k_1 k_2 k_3 \cdots\right)^2 \\ X = X'\left(k_1 k_2 k_3 \cdots\right)^2 \end{array}\right\} \tag{3-35}$$

$$\left.\begin{array}{l} G = G'\left(\dfrac{1}{k_1 k_2 k_3 \cdots}\right)^2 \\[3mm] B = B'\left(\dfrac{1}{k_1 k_2 k_3 \cdots}\right)^2 \end{array}\right\} \tag{3-36}$$

相应地，有

$$U = U'\left(k_1 k_2 k_3 \cdots\right) \tag{3-37}$$

$$I = I'\left(\dfrac{1}{k_1 k_2 k_3 \cdots}\right) \tag{3-38}$$

式中，k_1、k_2、k_3为变压器的变比；X'、G'、B'、U'、I'分别为归算前的电阻、电抗、电导、电纳及相应的电压、电流的值；R、X、G、B、U、I分别为归算后的值。

式中的变比应取从基本级到待归算级。例如，图 3.17 中，若需将 10kV 侧的参数和变量归算至 500kV 侧，则变压器 T1、T2、T3 的变比 k_1、k_2、k_3 应分别取 35/11、110/38.5、500/121，即变比的分子为基本级一侧的电压，分母为待归算级一侧的电压。

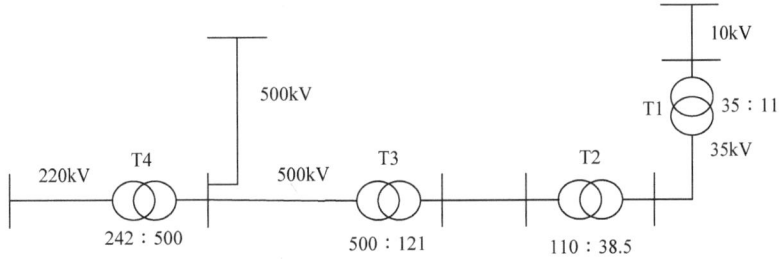

图 3.17 多电压级网络

3.3.3 标幺值的电压级归算

将网络各元件阻抗、导纳以及网络中各点电压、电流的有名值都归算到同一电压级，作为基本级，然后除以与基本级相对应的阻抗、导纳、电压、电流基准值，即

$$\left.\begin{array}{l} Z_* = \dfrac{Z}{Z_B} = Z\dfrac{S_B}{U_B^2} \\[3mm] Y_* = \dfrac{Y}{Y_B} = Y\dfrac{U_B^2}{S_B} \\[3mm] U_* = \dfrac{U}{U_B} \\[3mm] I_* = \dfrac{I}{I_B} = I\dfrac{\sqrt{3}U_B}{S_B} \end{array}\right\} \tag{3-39}$$

式中，Z_*、Y_*、U_*、I_* 为阻抗、导纳、电压、电流的标幺值；Z、Y、U、I 为归算到基本级的阻抗、导纳、电压、电流的有名值；Z_B、Y_B、U_B、I_B、S_B 为与基本级相对应的阻抗、导纳、电压、电流、功率的基准值。

将未经归算的各元件阻抗、导纳以及网络中各点电压、电流的有名值除以由基本级归算到这些量所在电压级的阻抗、导纳、电压、电流基准值，即

$$\left.\begin{array}{l} Z_* = \dfrac{Z'}{Z_B'} = Z'\dfrac{S_B'}{U_B'^2} \\[3mm] Y_* = \dfrac{Y'}{Y_B'} = Y'\dfrac{U_B'^2}{S_B'} \\[3mm] U_* = \dfrac{U'}{U_B'} \\[3mm] I_* = \dfrac{I'}{I_B'} = I'\dfrac{\sqrt{3}U_B'}{S_B'} \end{array}\right\} \tag{3-40}$$

式中，Z_*、Y_*、U_*、I_* 为阻抗、导纳、电压、电流的标幺值；Z'、Y'、U'、I' 为未经归算的阻抗、导纳、电压、电流的有名值；Z'_B、Y'_B、U'_B、I'_B、S'_B 为由基本级归算到 Z'、Y'、U'、I' 所在电压级的阻抗、导纳、电压、电流、功率的基准值。

这里，Z、Y、U、I 与 Z'、Y'、U'、I' 的关系如式(3-35)～式(3-38)所示，而 Z_B、Y_B、U_B、I_B、S_B 与 Z'_B、Y'_B、U'_B、I'_B、S'_B 的关系则为

$$\left.\begin{aligned}
Z'_B &= Z_B \left(\frac{1}{k_1 k_2 k_3 \cdots}\right)^2 \\
Y'_B &= Y_B \left(k_1 k_2 k_3 \cdots\right)^2 \\
U'_B &= U_B \left(\frac{1}{k_1 k_2 k_3 \cdots}\right) \\
I'_B &= I_B \left(k_1 k_2 k_3 \cdots\right) \\
S'_B &= S_B
\end{aligned}\right\} \tag{3-41}$$

式(3-41)最后一式表明基准功率不存在不同电压级之间的归算问题，因 $\sqrt{3} U_B I_B = \sqrt{3} U'_B I'_B$。

由式(3-39)、式(3-40)可见，这两种方法殊途同归，所得各量的标幺值毫无差别。例如，设图 3.17 中选定基本级为 500kV 级、基准功率为 1000MV·A，与这基本级对应的基准电压为 500kV；设图中 10kV 线路未经归算的阻抗为 $Z' = 0.62\,\Omega$，归算至 500kV 基本级后为

$$Z = Z'\left(k_1 k_2 k_3\right)^2 = 0.62 \times \left(\frac{35}{11} \times \frac{110}{38.5} \times \frac{500}{121}\right)^2 = 874.93\,(\Omega)$$

按第一种方法求其标幺值时，先求与 500kV 基本级对应的阻抗基准值为

$$Z_B = U_B^2 / S_B = 500^2 / 1000 = 250\,(\Omega)$$

然后将归算至 500kV 基本级的 Z 除以 Z_B，可得

$$Z_* = Z / Z_B = 874.93 / 250 = 3.50$$

按第二种方法求其标幺值时，先将基准电压由 500kV 基本级归算至线路所在的 10kV 级为

$$U'_B = U_B / \left(k_1 k_2 k_3\right) = 500 \times \left(\frac{11}{35} \times \frac{38.5}{110} \times \frac{121}{500}\right) = 13.31\,(\text{kV})$$

再求归算至 10kV 级的阻抗基准值为

$$Z'_B = U'^2_B / S_B = 13.31^2 / 1000 = 0.1772\,(\Omega)$$

最后将未经归算的 Z' 除以 Z'_B，也可得

$$Z_* = Z' / Z'_B = 0.62 / 0.1772 = 3.50$$

3.3.4 基准值改变时标幺值的换算

电力系统中各种电气设备如发电机、变压器、电抗器的阻抗参数均是以其本身额定值为基准值的标幺值或百分值给出的，而在进行电力系统计算时，必须取统一的基准值，因此要求将原来的以本身额定值为基准值的阻抗标幺值换算到统一的基准值。

若电抗 X 对应不同基准值的标幺值分别为

$$
\left.\begin{array}{l}
X_{*(\text{B})} = X \dfrac{S_{\text{B}}}{U_{\text{B}}^2} \\[3mm]
X_{*(\text{N})} = X \dfrac{S_{\text{N}}}{U_{\text{N}}^2}
\end{array}\right\}
\tag{3-42}
$$

式中，下标 B 表示统一基准值及其对应的标幺值；下标 N 表示设备额定值以及对应的标幺值。

$X_{*(\text{B})}$ 与 $X_{*(\text{N})}$ 间的转换关系为

$$
X_{*(\text{B})} = X_{*(\text{N})} \left(\frac{U_{\text{N}}}{U_{\text{B}}}\right)^2 \left(\frac{S_{\text{B}}}{S_{\text{N}}}\right) = X_{*(\text{N})} \left(\frac{U_{\text{N}}}{U_{\text{B}}}\right)\left(\frac{I_{\text{B}}}{I_{\text{N}}}\right)
\tag{3-43}
$$

发电机的铭牌参数一般给出额定电压、额定功率以及以额定值为基准值的电抗标幺值，可用式(3-43)计算其对应统一基准值的电抗标幺值。

对于变压器一般给出其额定电压、额定功率以及短路电压百分数等。其短路电压百分数和电抗标幺值的关系为

$$
U_{\text{s}}(\%) = \frac{\sqrt{3} I_{\text{N}} X_{\text{T}}}{U_{\text{N}}} \times 100\% = \frac{S_{\text{N}}}{U_{\text{N}}^2} X_{\text{T}} \times 100\% = X_{\text{T}*(\text{N})} \times 100\%
\tag{3-44}
$$

式中，X_{T} 为变压器电抗的有名值。故变压器转换为统一基准值的电抗标幺值为

$$
X_{\text{T}*(\text{B})} = \frac{U_{\text{s}}(\%)}{100}\left(\frac{U_{\text{N}}}{U_{\text{B}}}\right)^2\left(\frac{S_{\text{B}}}{S_{\text{N}}}\right)
\tag{3-45}
$$

电抗器在系统中用来限制短路电流而不是用于变换能量，故对于电抗器一般给出的是 U_{N}、I_{N} 和电抗百分数 $X_{\text{R}}(\%)$ 等参数。电抗百分数 $X_{\text{R}}(\%)$ 与标幺值间关系为

$$
X_{\text{R}}(\%) = \frac{\sqrt{3} I_{\text{N}} X_{\text{R}}}{U_{\text{N}}} \times 100\% = X_{\text{R}*(\text{N})} \times 100\%
\tag{3-46}
$$

换算为统一基准值的标幺值为

$$
X_{\text{R}*(\text{B})} = \frac{X_{\text{R}}(\%)}{100}\left(\frac{U_{\text{N}}}{U_{\text{B}}}\right)\left(\frac{I_{\text{B}}}{I_{\text{N}}}\right)
\tag{3-47}
$$

【例 3-1】 一台额定电压为 3.3kV、额定功率为 125MW、功率因数为 0.85 的发电机，其电抗标幺值为 0.18(以发电机额定电压和功率为基准值)。试计算以 3.3kV 和 100MW 为电压和功率基准值的电抗标幺值，并计算电抗的实际值。

解
$$
X_{\text{R}*(\text{B})} = \frac{X_{\text{R}}(\%)}{100}\left(\frac{U_{\text{N}}}{U_{\text{B}}}\right)\left(\frac{I_{\text{B}}}{I_{\text{N}}}\right) = 0.18\left(\frac{13.8}{13.8}\right)^2 \times \frac{100}{\dfrac{125}{0.85}} = 0.122
$$

$$
X = X_{*(\text{N})}\frac{U_{\text{N}}^2}{S_{\text{N}}} = 0.18 \times \frac{13.8^2}{\dfrac{125}{0.85}} = 0.233\,(\Omega)
$$

例题

第4章 电力系统电源和负荷的数学模型

4.1 复 功 率

由于从本章开始将涉及复功率，而复功率的表示方式目前又尚未完全统一，因此有必要在进入具体分析前，对复功率或复功率中无功功率的符号进行说明。本书中，将采用国际电工委员会推荐的约定，取 $\tilde{S} = \dot{U}\overset{*}{I} = P + jQ$，即取

$$\tilde{S} = \dot{U}\overset{*}{I} = UI\angle(\varphi_u - \varphi_i) = UI\angle\varphi$$
$$= S(\cos\varphi + j\sin\varphi) = P + jQ$$

式中，$\tilde{S}$ 为复功率；$\dot{U}$ 为电压相量，$\dot{U} = U\angle\varphi_u$；$\overset{*}{I}$ 为电流相量的共轭值，$\overset{*}{I} = I\angle -\varphi_i$；$\varphi$ 为功率因数角，$\varphi = \varphi_u - \varphi_i$；$S$、$P$、$Q$ 分别为视在功率、有功功率、无功功率。

由上式可见，采用这种表示方式时，负荷以滞后功率因数运行时所吸取的无功功率为正。以超前功率因数运行时所吸取的无功功率为负；发电机以滞后功率因数运行时所发出的无功功率为正，以超前功率因数运行时所发出的无功功率为负。

4.2 同步发电机的稳态方程式和相量图

4.2.1 隐极式发电机的相量图和功角特性

设发电机以滞后功率因数运行，其端电压相量为 $\dot{U}$，定子电流相量为 $\dot{I}$。由于隐极式同步电机直、交轴同步电抗相等，即 $x_d = x_q$，在不计发电机定子绕组电阻的简化条件下，其稳态运行时的相量图如图 4.1 所示。图中，空载电势相量 $\dot{E}_q$ 的正方向就是电压、电流的交轴(q 轴)正方向，而滞后其 $\dfrac{\pi}{2}$rad 的就是相应的直轴(d 轴)正方向；$\dot{E}_q$ 超前 $\dot{U}$ 的角度就是功率角 δ。

取直、交轴正方向分别与实、虚轴正方向相一致，则由 $\tilde{S} = \dot{U}\overset{*}{I} = P + jQ$ 可得

$$\tilde{S} = (U_d + jU_q)(I_d - jI_q) = (U_dI_d + U_qI_q) + j(U_qI_d - U_dI_q)$$

从而

$$\left.\begin{aligned} P &= U_dI_d + U_qI_q \\ Q &= U_qI_d - U_dI_q \end{aligned}\right\} \tag{4-1}$$

图 4.1 隐极式发电机的相量图

而由图 4.1 可见

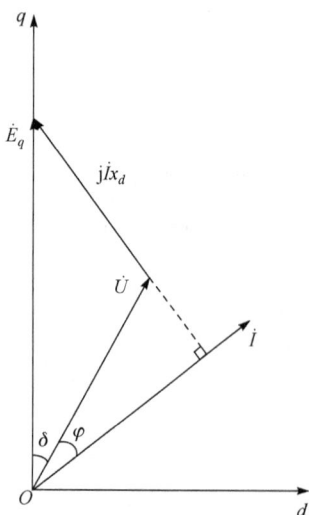

$$U_d = U \sin \delta, \quad U_q = U \cos \delta$$

$$I_d = \frac{E_q - U_q}{x_d}, \quad I_q = \frac{U_d}{x_d}$$

以此代入式(4-1)，可得

$$P = \frac{E_q U_d}{x_d} = \frac{E_q U}{x_d} \sin \delta \tag{4-2}$$

$$Q = \frac{E_q U_d}{x_d} - \frac{U_d^2 + U_q^2}{x_d} = \frac{E_q U}{x_d} \cos \delta - \frac{U^2}{x_d} \tag{4-3}$$

按式(4-2)、式(4-3)所示就是隐极式发电机的功角关系——功率与功率角 δ 的关系。而按式(4-2)、式(4-3)所作的如图 4.2 所示的曲线则称功角特性曲线。

式(4-2)、式(4-3)中，如电势、电压取线电势、线电压的有效值，以 kV 为单位，则功率为三相功率的有效值，以 MV·A 为单位；式中的同步电抗 x_d 则以 Ω 为单位；本书公式均采用这两点约定。

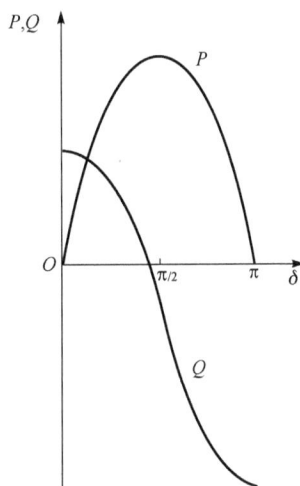

4.2.2 凸极式发电机的相量图和功角特性

设其他条件不变，只是发电机由隐极式改为凸极式，则凸极式同步电机直、交轴同步电抗不等，即 $x_d \neq x_q$，因此必须先借助一个虚构电动势 $\dot{E}_Q = \dot{E}_q - (x_d - x_q)\dot{I}_d$ 来确定交轴的正方向，进而确定正轴的正方向后，在 $\dot{E}_Q$ 的延长线上按如上关系求出空载电势 $\dot{E}_q$，从而获得如图 4.3 所示的相量图。

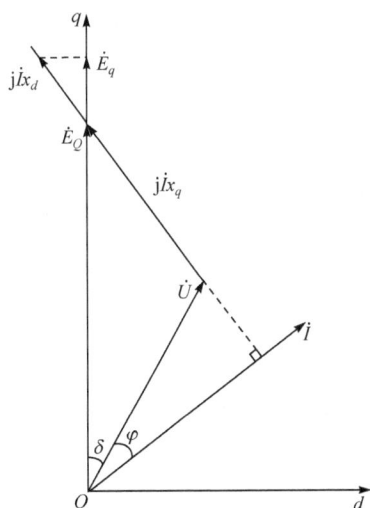

图 4.2　隐极式发电机的功角特性曲线

图 4.3　凸极式发电机的相量图

之所以要借助虚构电势 E_Q，是由于对凸极式同步电机有

$$I_d = \frac{E_q - U_q}{x_d}, \quad I_q = \frac{U_d}{x_q}$$

从而有

$$U_q = E_q - I_d x_d = E_Q - I_d x_q$$
$$U_d = I_q x_q$$

将第一式等号左右都乘以 j 后与第二式相加，整理得

$$jE_Q = (U_d + jU_q) + jx_q(I_d + jI_q)$$

即 $\dot{E}_Q = \dot{U} + jx_q \dot{I}$，这就可运用绘制图 4.1 的方法求得虚轴，即交轴的正方向，从而确定 $\dot{E}_q$ 的正方向。

将上列的 I_d、I_q 表示式代入式(4-1)，可得

$$P = \frac{E_q U_d - E_d U_q}{x_d} + \frac{U_d U_q}{x_q} = \frac{E_q U}{x_d}\sin\delta + \frac{U^2}{2}\left(\frac{1}{x_q} - \frac{1}{x_d}\right)\sin(2\delta) \tag{4-4}$$

$$Q = \frac{E_q U_q}{x_d} - \left(\frac{U_d^2}{x_d} + \frac{U_q^2}{x_q}\right) = \frac{E_q U}{x_d}\cos\delta + \frac{U^2}{2}\left(\frac{1}{x_q} - \frac{1}{x_d}\right)\cos(2\delta) - \frac{U^2}{2}\left(\frac{1}{x_q} + \frac{1}{x_d}\right) \tag{4-5}$$

式(4-4)、式(4-5)所示就是凸极式发电机的功角关系。按式(4-4)、式(4-5)就可绘出凸极式发电机的功角特性曲线,如图 4.4 所示。

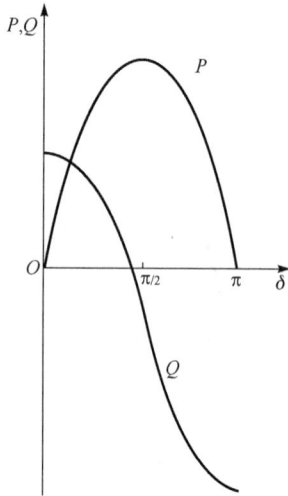

图 4.4 凸极式发电机的功角特性曲线

4.2.3 隐极式发电机的运行限额

发电机组的运行总受一定条件如定子绕组温升、励磁绕组温升、原动机功率等的约束。这些约束条件决定了发电机组发出的有功、无功功率有一定的限额。以下将介绍如何以图解法按这些约束条件确定发电机组的运行限额。

先重作图 4.1,如图 4.5(a)所示,并认为这一相量图是按发电机组的额定运行条件绘制的。然后设想图中所有相量都乘以 U_N/x_d,则不难发现,图中 OB 的长度就代表发电机的额定视在功率 S_N,从而 $OC=OB\cos\varphi_N, Ob=OB\sin\varphi_N$ 分别代表发电机的额定有功、无功功率;或 $OC=bB=O'B\sin\delta_N$ 代表 $E_{qN}U_N\sin\delta_N/x_d=P_N$,$Ob=O'b-O'O=O'B\cos\delta_N-O'O$

代表 $E_{qN}U_N\cos\delta_N/x_d - U_N^2/x_d = Q_N$。据此,就可在图 4.5(b)所示纵、横轴分别代表发电机组所发有功、无功功率的平面上确定它的运行极限。

(1) 定子绕组温升约束。定子绕组温升取决于定子绕组电流,也就是取决于发电机的视在功率。当发电机在额定电压下运行时,这一约束条件就体现为其运行点不得越出以 O 点为圆心,以 OB 为半径所作的圆弧 S。

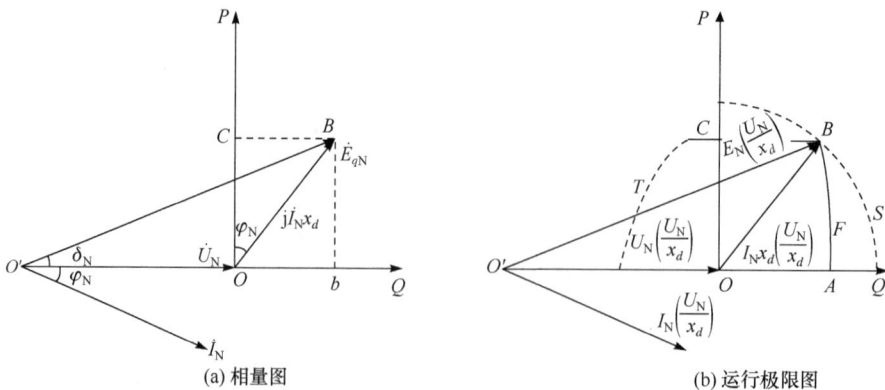

(a) 相量图 (b) 运行极限图

图 4.5 隐极式发电机组的运行极限

(2) 励磁绕组温升约束。励磁绕组温升取决于励磁绕组电流，也就是取决于发电机的空载电势。这一约束条件体现为发电机的空载电势不得大于其额定值 E_{qN}，也就是其运行点不得越出以 O' 为圆心、$O'B$ 为半径所作的圆弧 F。

(3) 原动机功率约束。原动机的额定功率往往就等于它所配套的发电机的额定有功功率。因此，这一约束条件就体现为经 B 点所作与横轴平行的直线 BC。

(4) 其他约束。其他约束出现在发电机以超前功率因数运行的场合。它们有定子端部温升、并列运行稳定性等的约束。其中，定子端部温升的约束往往最为苛刻，而这一约束条件通常都需通过试验确定，并在发电机的运行规范中给出，图 4.5(b)中的虚线 T 只是一种示意，它通常在发电机运行规范书中规定。

归纳以上分析可见，隐极式发电机组的运行极限就体现为图 4.5(b)中曲线段 OA、AB、BC 和虚线 T 所包围的面积。发电机发出有功、无功功率所对应的运行点位于这一面积内时，发电机组可保证安全运行。由此又可见，发电机只有在额定电压、电流、功率因数下运行时，视在功率才能达额定值，其容量才能最充分地利用；发电机发出的有功功率小于额定值 P_N 时，它所发出的无功功率允许略大于额定条件下的 Q_N。

例题

4.2.4 隐极式发电机的数学模型

作为电力系统中最重要的元件——发电机组在稳态运行时的数学模型却极为简单，通常以两个变量表示，即发出的有功功率 P 和端电压 U 的大小或发出的有功功率 P 和无功功率 Q 的大小。以第一种方式表示时，往往还需伴随给出相应的无功功率限额，即允许发出的最大、最小无功功率 Q_{max}、Q_{min}。这两个无功功率是通过与给定 P 相对应的点作直线平行于图 4.5(b)中横轴，该直线与线段 AB、虚线 T 相交的交点所对应的数值。

4.3 同步发电机回路电压和磁链方程

在《电机学》中曾经通过电磁过程的分析，给出了同步发电机稳态运行时的电压方程以及有关的参数。下面将从电路的一般原理来推导同步发电机的基本方程，这样可以更完整地掌握发电机的数学模型，并更清楚地理解有关参数的意义。

为建立发电机六个回路(三个定子绕组、一个励磁绕组以及直轴和交轴阻尼绕组)的方程，首先要选定磁链、电流和电压的正方向。图 4.6 给出了同步发电机各绕组位置的示意图，标出了各相绕组的轴线 a、b、c 和转子绕组的轴线 d、q。其中，转子的 d 轴(直轴)滞后于 q 轴(交轴)90°。本书中选定定子各相绕组轴线的正方向作为各相绕组磁链的正方向。励磁绕组和直轴阻尼绕组磁链的正方向与 d 轴正方向相同；交轴阻尼绕组磁链的正方向与 q 轴正方向相同。图 4.6 中也标出了各绕组电流的正方向。定子各相绕组电流

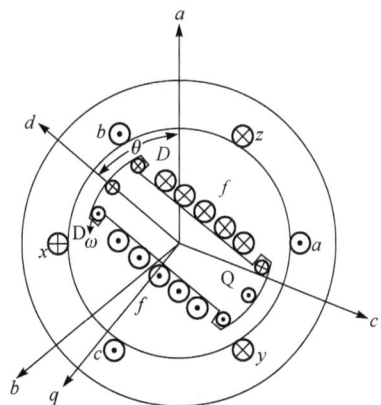

图 4.6 同步发电机各绕组位置示意图

产生的磁通方向与该相绕组轴线的正方向相反时电流为正值；转子各绕组电流产生的磁通方向与 d 轴或 q 轴正方向相同时电流为正值。图 4.7 示出各回路的电路(只画了自感)，其中标明了电压的正方向。在定子回路中向负荷侧观察，电压降的正方向与定子电流的正方向一致；在励磁回路中向励磁绕组侧观察，电压降的正方向与励磁电流的正方向一致。阻尼绕组为短接回路，电压为零。

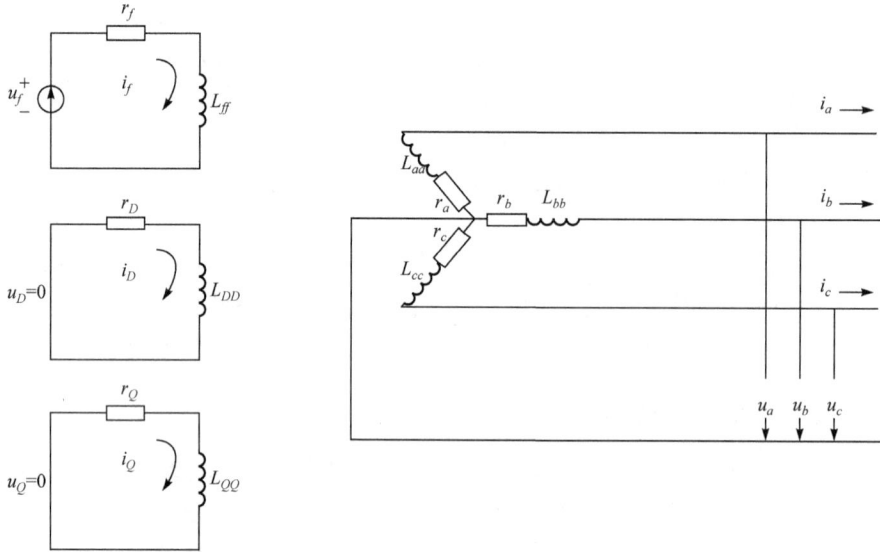

图 4.7　同步发电机各回路电路图

根据图 4.7，假设三相绕组电阻相等，即 $r_a = r_b = r_c$，可列出六个回路的电压方程：

$$
\begin{bmatrix} u_a \\ u_b \\ u_c \\ u_f \\ 0 \\ 0 \end{bmatrix} = \begin{bmatrix} r & 0 & 0 & & & \\ 0 & r & 0 & & 0 & \\ 0 & 0 & r & & & \\ \hline & & & r_f & & \\ & 0 & & & r_D & \\ & & & & & r_Q \end{bmatrix} \begin{bmatrix} -i_a \\ -i_b \\ -i_c \\ i_f \\ i_D \\ i_Q \end{bmatrix} + \begin{bmatrix} \dot{\psi}_a \\ \dot{\psi}_b \\ \dot{\psi}_c \\ \dot{\psi}_f \\ \dot{\psi}_D \\ \dot{\psi}_Q \end{bmatrix}
\tag{4-6}
$$

式中，ψ 为各绕组磁链；$\dot{\psi}$ 为磁链对时间的导数 $\dfrac{\mathrm{d}\psi}{\mathrm{d}t}$。

同步发电机中各绕组的磁链是由本绕组的自感磁链和其他绕组与本绕组间的互感磁链组合而成。它的磁链方程为

$$
\begin{bmatrix} \dot{\psi}_a \\ \dot{\psi}_b \\ \dot{\psi}_c \\ \dot{\psi}_f \\ \dot{\psi}_D \\ \dot{\psi}_Q \end{bmatrix} = \begin{bmatrix} L_{aa} & M_{ab} & M_{ac} & M_{af} & M_{aD} & M_{aQ} \\ M_{ba} & L_{bb} & M_{bc} & M_{bf} & M_{bD} & M_{bQ} \\ M_{bc} & M_{cb} & L_{cc} & M_{cf} & M_{cD} & M_{cQ} \\ \hline M_{fa} & M_{fb} & M_{fc} & L_{ff} & M_{fD} & M_{fQ} \\ M_{Da} & M_{Db} & M_{Dc} & M_{Df} & L_{DD} & M_{DQ} \\ M_{Qa} & M_{Qb} & M_{Dc} & M_{Qf} & M_{QD} & L_{QQ} \end{bmatrix} \begin{bmatrix} -i_a \\ -i_b \\ -i_c \\ i_f \\ i_D \\ i_Q \end{bmatrix}
\tag{4-7}
$$

式中，电感矩阵对角元素 L 为各绕组的自感系数，非对角元素 M 为两绕组间的互感系数。

两绕组间的互感系数是可逆的，即 $M_{ab} = M_{ba}$、$M_{af} = M_{fa}$、$M_{fD} = M_{Df}$ 等。

对于凸极机，大多数电感系数是周期性变化的，隐极机则小部分电感为周期性变化。无论是凸极机还是隐极机，如果将式(4-6)取导数后代入式(4-7)中，发电机的电压方程则是一组变系数的微分方程。用这种方程来分析发电机的运行状态是很困难的。为了方便，一般均用转换变量的方法，或者称为坐标转换的方法来进行分析。这种方法就是把 a、b、c 三个绕组的电流 i_a、i_b、i_c 和电压 u_a、u_b、u_c 以及磁链 ψ_a、ψ_b、ψ_c 经过线性变换转换成另外三个电流、三个电压和三个磁链，或者说将 a、b、c 坐标系统上的量转换成另外一个坐标系统上的量。经过上述转换后，将上述方程式(4-6)和式(4-7)变成新变量的方程，这种新方程应便于求解。当然，在求得新的变量后可利用原线性变换关系来求得 a、b、c 三个绕组的量。目前已有多种坐标转换，这里只介绍其中最常用的一种，它是由美国工程师派克(Park)在1929年首先提出的(其后不久，苏联学者戈列夫也独立地完成了大致相同的工作)，一般称为派克变换。

4.4 派克变换及 $dq0$ 坐标下的发电机基本方程

4.4.1 派克变换

派克变换就是将 a、b、c 的量经过下列变换(由于所取的系数不同，有几个不同的形式，这里介绍其中一种)，转换成另外三个量。例如，对于电流，将 i_a、i_b、i_c 转换成另外三个电流 i_d、i_q、i_0，分别称为定子电流的 d 轴、q 轴、零轴分量，即有

$$\begin{bmatrix} i_d \\ i_q \\ i_0 \end{bmatrix} = \frac{2}{3} \begin{bmatrix} \cos\theta & \cos(\theta-120°) & \cos(\theta+120°) \\ -\sin\theta & -\sin(\theta-120°) & -\sin(\theta+120°) \\ \frac{1}{2} & \frac{1}{2} & \frac{1}{2} \end{bmatrix} \begin{bmatrix} i_a \\ i_b \\ i_c \end{bmatrix} \qquad (4\text{-}8)$$

对于电压和磁链同样有类似变换关系：

$$\begin{bmatrix} u_d \\ u_q \\ u_0 \end{bmatrix} = \frac{2}{3} \begin{bmatrix} \cos\theta & \cos(\theta-120°) & \cos(\theta+120°) \\ -\sin\theta & -\sin(\theta-120°) & -\sin(\theta+120°) \\ \frac{1}{2} & \frac{1}{2} & \frac{1}{2} \end{bmatrix} \begin{bmatrix} u_a \\ u_b \\ u_c \end{bmatrix} \qquad (4\text{-}9)$$

$$\begin{bmatrix} \psi_d \\ \psi_q \\ \psi_0 \end{bmatrix} = \frac{2}{3} \begin{bmatrix} \cos\theta & \cos(\theta-120°) & \cos(\theta+120°) \\ -\sin\theta & -\sin(\theta-120°) & -\sin(\theta+120°) \\ \frac{1}{2} & \frac{1}{2} & \frac{1}{2} \end{bmatrix} \begin{bmatrix} \psi_a \\ \psi_b \\ \psi_c \end{bmatrix} \qquad (4\text{-}10)$$

式(4-8)～式(4-10)可简写为

$$\left.\begin{array}{l} i_{dq0} = \boldsymbol{P}i_{abc} \\ u_{dq0} = \boldsymbol{P}u_{abc} \\ \psi_{dq0} = \boldsymbol{P}\psi_{abc} \end{array}\right\} \tag{4-11}$$

式中，$\boldsymbol{P}$ 为式(4-8)～式(4-10)三式中的系数矩阵。

由式(4-8)不难解得其逆变换关系为

$$\begin{bmatrix} i_a \\ i_b \\ i_c \end{bmatrix} = \frac{2}{3} \begin{bmatrix} \cos\theta & -\sin\theta & 1 \\ \cos(\theta-120°) & -\sin(\theta-120°) & 1 \\ \cos(\theta+120°) & -\sin(\theta+120°) & 1 \end{bmatrix} \begin{bmatrix} i_d \\ i_q \\ i_0 \end{bmatrix} \tag{4-12}$$

对于电压、磁链有类似的逆变换关系。逆变换关系可简写为

$$\left.\begin{array}{l} i_{abc} = \boldsymbol{P}^{-1}i_{dq0} \\ u_{abc} = \boldsymbol{P}^{-1}u_{dq0} \\ \psi_{abc} = \boldsymbol{P}^{-1}\psi_{dq0} \end{array}\right\} \tag{4-13}$$

下面将电流关系式展开并说明这种变换的意义，即

$$\left.\begin{array}{l} i_d = \frac{2}{3}\Big[i_a\cos\theta + i_b\cos(\theta-120°) + i_c\cos(\theta+120°) \Big] \\ i_q = \frac{2}{3}\Big[-i_a\sin\theta - i_b\sin(\theta-120°) - i_c\sin(\theta+120°) \Big] \\ i_0 = \frac{1}{3}\big(i_a + i_b + i_c \big) \end{array}\right\} \tag{4-14}$$

零轴分量 i_0 与三相电流瞬时值之和成正比，当发电机中性点绝缘时 i_0 总为零。

三相电流对应于三相磁动势，式(4-14)中 i_d 和 i_q 分别正比于 i_a、i_b、i_c 磁动势在 d 轴和 q 轴上的分量之和。当同步发电机稳态运行时，i_d、i_q 正比于三相电流合成的幅值不变的磁动势在 d、q 轴的分量，即直、交轴电枢反应磁动势，并均为常数，即直流电流。当然，在任意暂态过程中，i_d 和 i_q 不再是常数。

由上分析，可以把 i_{abc} 向 i_{dq0} 的转换设想为将定子三相绕组的电流用另外三个假想的绕组电流代替。一个是零轴绕组（通常可以不要），另外两个假想绕组可称为 dd 和 qq，它们的轴线时刻与转子的 d 轴和 q 轴相重合。

若已知 i_d 和 i_q，则由式(4-12)知，它们在 a、b、c 轴线上的投影之和即为 i_a、i_b、i_c（当 i_0=0 时）。用 a、b、c 坐标系统和用 d、q、0 坐标系统表示的电流或电压是交直流互换的。

4.4.2　磁链方程的坐标变换

为了书写方便，将式(4-7)简写为

$$\begin{bmatrix} \boldsymbol{\psi}_{abc} \\ \boldsymbol{\psi}_{fDQ} \end{bmatrix} = \begin{bmatrix} \boldsymbol{L}_{SS} & \boldsymbol{L}_{SR} \\ \boldsymbol{L}_{RS} & \boldsymbol{L}_{RR} \end{bmatrix} \begin{bmatrix} -\boldsymbol{i}_{abc} \\ \boldsymbol{i}_{fDQ} \end{bmatrix} \tag{4-15}$$

式中，L 表示各类电感系数；下标 SS 表示定子侧各量，RR 表示转子侧各量，SR 和 RS 则表示定子和转子间各量。它们的表达式(对称阵仅写上三角)为

$$L_{SS} = \begin{bmatrix} l_0 + l_2\cos 2\theta & -[m_0 + m_2\cos 2(\theta+30°)] & -[m_0 + m_2\cos 2(\theta+150°)] \\ & l_0 + l_2\cos 2(\theta-120°) & -[m_0 + m_2\cos 2(\theta-90°)] \\ & & l_0 + l_2\cos 2(\theta+120°) \end{bmatrix}$$

$$L_{SR} = L_{RS} = \begin{bmatrix} m_{af}\cos\theta & m_{aD}\cos\theta & -m_{aQ}\sin\theta \\ m_{af}\cos(\theta-120°) & m_{aD}\cos(\theta-120°) & -m_{aQ}\sin(\theta-120°) \\ m_{af}\cos(\theta+120°) & m_{aD}\cos(\theta+120°) & -m_{aQ}\sin(\theta+120°) \end{bmatrix}$$

$$L_{RR} = \begin{bmatrix} L_f & m_r & 0 \\ & L_D & 0 \\ & & L_Q \end{bmatrix}$$

将式(4-15)进行派克变换，即将 ψ_{abc}、i_{abc} 转换为 ψ_{dq0}、i_{dq0}，可得

$$\begin{aligned}
\begin{bmatrix} \psi_{abc} \\ \hline \psi_{fDQ} \end{bmatrix} &= \begin{bmatrix} P & 0 \\ 0 & U \end{bmatrix}\begin{bmatrix} \psi_{abc} \\ \psi_{fDQ} \end{bmatrix} = \begin{bmatrix} P & 0 \\ 0 & U \end{bmatrix}\begin{bmatrix} L_{SS} & L_{SR} \\ L_{RS} & L_{RR} \end{bmatrix}\begin{bmatrix} -i_{abc} \\ i_{fDQ} \end{bmatrix} \\
&= \begin{bmatrix} P & 0 \\ 0 & U \end{bmatrix}\begin{bmatrix} L_{SS} & L_{SR} \\ L_{RS} & L_{RR} \end{bmatrix}\begin{bmatrix} P^{-1} & 0 \\ 0 & U \end{bmatrix}\begin{bmatrix} P & 0 \\ 0 & U \end{bmatrix}\begin{bmatrix} -i_{abc} \\ i_{fDQ} \end{bmatrix} \\
&= \begin{bmatrix} PL_{SS}P^{-1} & PL_{SR} \\ L_{RS}P^{-1} & L_{RR} \end{bmatrix}\begin{bmatrix} -i_{abc} \\ i_{fDQ} \end{bmatrix}
\end{aligned} \tag{4-16}$$

式中，U 为单位矩阵。

式(4-16)中系数矩阵的各分块子阵分别为

$$PL_{SS}P^{-1} = \begin{bmatrix} L_d & 0 & 0 \\ 0 & L_q & 0 \\ 0 & 0 & L_0 \end{bmatrix}$$

其中

$$\left. \begin{aligned} L_d &= l_0 + m_0 + \frac{3}{2}l_2 \\ L_q &= l_0 + m_0 - \frac{3}{2}l_2 \\ L_0 &= l_0 - 2m_0 \end{aligned} \right\} \tag{4-17}$$

$$PL_{SR} = \begin{bmatrix} m_{af} & m_{aD} & 0 \\ 0 & 0 & m_{aQ} \\ 0 & 0 & 0 \end{bmatrix}, \quad L_{RS}P^{-1} = \begin{bmatrix} \dfrac{3}{2}m_{af} & 0 & 0 \\ \dfrac{3}{2}m_{aD} & 0 & 0 \\ 0 & \dfrac{3}{2}m_{aQ} & 0 \end{bmatrix}$$

这样，经过派克变换后的磁链方程为

$$
\begin{bmatrix} \psi_d \\ \psi_q \\ \psi_0 \\ \hline \psi_f \\ \psi_D \\ \psi_Q \end{bmatrix} =
\left[\begin{array}{ccc|ccc}
L_d & 0 & 0 & m_{af} & m_{aD} & 0 \\
0 & L_q & 0 & 0 & 0 & m_{aQ} \\
0 & 0 & L_0 & 0 & 0 & 0 \\ \hline
\dfrac{3}{2}m_{af} & 0 & 0 & L_f & m_r & 0 \\
\dfrac{3}{2}m_{aD} & 0 & 0 & m_r & L_D & 0 \\
0 & \dfrac{3}{2}m_{aQ} & 0 & 0 & 0 & L_Q
\end{array} \right]
\begin{bmatrix} -i_d \\ -i_q \\ -i_0 \\ \hline i_f \\ i_D \\ i_Q \end{bmatrix}
\tag{4-18}
$$

其展开形式的定子磁链方程为

$$
\left.\begin{aligned}
\psi_d &= -L_d i_d + m_{af} i_f + m_{aD} i_D \\
\psi_q &= -L_q i_q + m_{aQ} i_Q \\
\psi_Q &= -L_0 i_0
\end{aligned}\right\}
\tag{4-19}
$$

转子磁链方程为

$$
\left.\begin{aligned}
\psi_f &= -\frac{3}{2} m_{af} i_d + L_f i_f + m_r i_D \\
\psi_D &= -\frac{3}{2} m_{aD} i_d + m_r i_f + L_D i_D \\
\psi_Q &= -\frac{3}{2} m_{aQ} i_q + L_Q i_Q
\end{aligned}\right\}
\tag{4-20}
$$

以下对新磁链方程的电感系数进行进一步分析。

(1) 电感系数均为常数。由式(4-19)第一式可见，等效绕组 dd 交链的磁链 ψ_d 为由 dd 绕组电流 i_d 产生的磁链和励磁绕组及 d 轴阻尼绕组 D 产生的互感磁链组合而成。由于 dd 绕组的轴线始终和 d 轴一致，而 d 轴向的磁导率为常数，因此等效绕组 dd 的自感系数 L_d 为常数，它和励磁绕组及 D 绕组的互感系数 m_{af}、m_{aQ} 也为常数。同理，等效绕组 qq 只和 q 轴阻尼绕组 Q 有耦合，它的自感系数 L_q 和与 Q 绕组的互感系数 m_{aQ} 均为常数。零轴等效绕组与转子绕组没有耦合。由式(4-12)知三相电流中含有相等的零轴电流，由于三相绕组在空间对称分布，三相零轴电流在转子空间的合成磁动势为零，即不与转子绕组交链，其自感系数 L_0 自然为常数。式(4-20)中各电感为常数就不用再解释了。

(2) L_d、L_q 及 L_0 的意义。如上所述，L_d 和 L_q 是直轴和交轴等效绕组 dd 和 qq 的自感系数，它们就是定子每相绕组的直轴和交轴同步电抗 x_d 和 x_q 的电感系数。

(3) 磁链方程式(4-18)中的电感系数不对称。从展开式(4-19)和式(4-20)可以清楚地看到，定子直轴磁链 ψ_d 中由励磁电流 i_f 产生的磁链其互感系数为 m_{af}，而励磁绕组磁链 ψ_f 中，由定子电流 i_d 产生的磁链其互感系数为 $3/2\, m_{af}$。等效绕组 dd 与直轴阻尼绕组间的互感以及等效绕组 qq 与交轴阻尼绕组间的互感也存在类似的情形。总之，定子等效绕组和转子绕组间的互感系数不能互易，即电感矩阵不对称。实际上，只要将变换矩阵 $\boldsymbol{P}$ 略加改造，使之成为一个正交矩阵，这种互感系数不可易的现象就不会再出现。在目前采用的变换矩阵情况下，磁链方程中互感系数不可易问题，只要将各量改为标幺值并适当选取基准值即可解决。

4.4.3 电压平衡方程的坐标变换

电压方程可简写为(设已为标幺值形式)

$$\begin{bmatrix} \boldsymbol{u}_{abc} \\ \boldsymbol{u}_{fDQ} \end{bmatrix} = \begin{bmatrix} \boldsymbol{r}_{\mathrm{S}} & 0 \\ 0 & \boldsymbol{r}_{\mathrm{R}} \end{bmatrix} \begin{bmatrix} -\boldsymbol{i}_{abc} \\ \boldsymbol{i}_{fDQ} \end{bmatrix} + \begin{bmatrix} \dot{\boldsymbol{\psi}}_{abc} \\ \dot{\boldsymbol{\psi}}_{fDQ} \end{bmatrix} \tag{4-21}$$

式中

$$\boldsymbol{r}_{\mathrm{S}} = r\boldsymbol{U}, \quad \boldsymbol{r}_{\mathrm{R}} = \begin{bmatrix} r_f & 0 & 0 \\ 0 & r_D & 0 \\ 0 & 0 & r_Q \end{bmatrix}$$

将式(4-21)进行派克变换，等号两侧各项乘 $\begin{bmatrix} \boldsymbol{P} & 0 \\ 0 & \boldsymbol{U} \end{bmatrix}$，则等号左侧为

$$\begin{bmatrix} \boldsymbol{P} & 0 \\ 0 & \boldsymbol{U} \end{bmatrix} \begin{bmatrix} \boldsymbol{u}_{abc} \\ \boldsymbol{u}_{fDQ} \end{bmatrix} = \begin{bmatrix} \boldsymbol{u}_{dq0} \\ \boldsymbol{u}_{fDQ} \end{bmatrix}$$

等号右侧第一项为

$$\begin{bmatrix} \boldsymbol{P} & 0 \\ 0 & \boldsymbol{U} \end{bmatrix} \begin{bmatrix} \boldsymbol{r}_{\mathrm{S}} & 0 \\ 0 & \boldsymbol{r}_{\mathrm{R}} \end{bmatrix} \begin{bmatrix} -\boldsymbol{i}_{abc} \\ \boldsymbol{i}_{fDQ} \end{bmatrix} = \begin{bmatrix} \boldsymbol{P} & 0 \\ 0 & \boldsymbol{U} \end{bmatrix} \begin{bmatrix} \boldsymbol{r}_{\mathrm{S}} & 0 \\ 0 & \boldsymbol{r}_{\mathrm{R}} \end{bmatrix} \begin{bmatrix} \boldsymbol{P}^{-1} & 0 \\ 0 & \boldsymbol{U} \end{bmatrix} \begin{bmatrix} \boldsymbol{P} & 0 \\ 0 & \boldsymbol{U} \end{bmatrix} \begin{bmatrix} -\boldsymbol{i}_{abc} \\ \boldsymbol{i}_{fDQ} \end{bmatrix}$$

$$= \begin{bmatrix} \boldsymbol{r}_{\mathrm{S}} & 0 \\ 0 & \boldsymbol{r}_{\mathrm{R}} \end{bmatrix} \begin{bmatrix} -\boldsymbol{i}_{dq0} \\ \boldsymbol{i}_{fDQ} \end{bmatrix}$$

等号右侧第二项为

$$\begin{bmatrix} \boldsymbol{P} & 0 \\ 0 & \boldsymbol{U} \end{bmatrix} \begin{bmatrix} \dot{\boldsymbol{\psi}}_{abc} \\ \dot{\boldsymbol{\psi}}_{fDQ} \end{bmatrix} = \begin{bmatrix} \boldsymbol{P}\dot{\boldsymbol{\psi}}_{abc} \\ \dot{\boldsymbol{\psi}}_{fDQ} \end{bmatrix}$$

由于 $\boldsymbol{\psi}_{dq0} = \boldsymbol{P}\boldsymbol{\psi}_{abc}$，对两侧求导，得

$$\dot{\boldsymbol{\psi}}_{dq0} = \dot{\boldsymbol{P}}\boldsymbol{\psi}_{abc} + \boldsymbol{P}\dot{\boldsymbol{\psi}}_{abc}$$

于是有

$$\boldsymbol{P}\dot{\boldsymbol{\psi}}_{abc} = \dot{\boldsymbol{\psi}}_{dq0} - \dot{\boldsymbol{P}}\boldsymbol{\psi}_{abc} = \dot{\boldsymbol{\psi}}_{dq0} - \dot{\boldsymbol{P}}\boldsymbol{P}^{-1}\boldsymbol{\psi}_{dq0}$$

经过运算，可得

$$\dot{\boldsymbol{P}}\boldsymbol{P}^{-1} = \begin{bmatrix} 0 & \omega & 0 \\ -\omega & 0 & 0 \\ 0 & 0 & 0 \end{bmatrix}$$

式中，ω 为转子角速度，其标幺值为 $1+s$，s 为转差率。

转子以同步转速旋转时，ω 标幺值为 1。令

$$S = \dot{P}P^{-1}\psi_{dq0} = \begin{bmatrix} 0 & \omega & 0 \\ -\omega & 0 & 0 \\ 0 & 0 & 0 \end{bmatrix}\begin{bmatrix} \psi_d \\ \psi_q \\ \psi_0 \end{bmatrix} = \begin{bmatrix} \omega\psi_d \\ -\omega\psi \\ 0 \end{bmatrix}$$

于是式(4-21)经派克变换后为

$$\begin{bmatrix} \boldsymbol{u}_{dq0} \\ \boldsymbol{u}_{fDQ} \end{bmatrix} = \begin{bmatrix} \boldsymbol{r}_S & 0 \\ 0 & \boldsymbol{r}_R \end{bmatrix}\begin{bmatrix} -\boldsymbol{i}_{dq0} \\ \boldsymbol{i}_{fDQ} \end{bmatrix} + \begin{bmatrix} \dot{\boldsymbol{\psi}}_{aq0} \\ \dot{\boldsymbol{\psi}}_{fDQ} \end{bmatrix} - \begin{bmatrix} \boldsymbol{S} \\ 0 \end{bmatrix} \tag{4-22}$$

将其展开则为

$$\begin{bmatrix} u_d \\ u_q \\ u_0 \\ \hline u_f \\ 0 \\ 0 \end{bmatrix} = \begin{bmatrix} r & 0 & 0 & & & \\ 0 & r & 0 & & 0 & \\ 0 & 0 & r & & & \\ \hline & & & r_f & 0 & 0 \\ & 0 & & 0 & r_D & 0 \\ & & & 0 & 0 & r_Q \end{bmatrix}\begin{bmatrix} -i_d \\ -i_q \\ -i_0 \\ \hline i_f \\ i_D \\ i_Q \end{bmatrix} + \begin{bmatrix} \dot{\psi}_d \\ \dot{\psi}_q \\ \dot{\psi}_0 \\ \hline \dot{\psi}_f \\ \dot{\psi}_D \\ \dot{\psi}_Q \end{bmatrix} - \begin{bmatrix} (1+S)\psi_q \\ -(1+S)\psi_d \\ 0 \\ \hline 0 \\ 0 \\ 0 \end{bmatrix} \tag{4-23}$$

如果将磁链方程式(4-18)代入式(4-23)，则此式成为以 d、q、0 坐标系统表示的同步发电机各回路电压、电流间的关系式。若 S 为常数，它就是一组常系数线性微分方程式，求解这种微分方程并不困难。在分析发电机突然短路后短路电流的变化过程时，可近似认为转子转速维持同步速度，则 $S=0$，利用式(4-23)即可求得短路电流。当研究发电机的机电暂态过程时，S 本身也是一变量，这时必须补充一个转子机械运动方程与式(4-23)一起联立求解。这样一来，方程(4-23)为非线性。在工程上往往采用一些假设，使分析简化。在第 6 章中将介绍这方面的内容。

比较式(4-18)和式(4-23)可见，新的定子电压方程与原始方程的形式有所不同，其中除具有像静止电路中一样的 ri 与 $\dot{\psi}$ 项外，还有一个附加项，$\omega\psi$ 这一项是由将空间不动的 a、b、c 坐标系统转换为与转子一起旋转的 d、q 坐标系统所引起的。$\dot{\psi}$ 项是由于磁链的变化而引起的，称为变压器电动势。在发电机稳态对称运行时，i_d、i_q、i_f 均为常数，i_D、i_Q 为零，故磁链 ψ_d、ψ_q 为常数，因此，变压器电动势 $\dot{\psi}_d = \dot{\psi}_q = 0$，$\omega\psi$ 项与转子旋转角速度 ω 成正比，称为旋转电动势，又称为发电机电动势。在发电机稳态运行时 $\omega=1$，旋转电动势与 ψ_d、ψ_q 成正比，为常数。

式(4-18)和式(4-23)共 12 个方程是由具有阻尼绕组的同步电机经过坐标转换——派克变换而得到的基本方程，或称为派克方程，其中总共包含(假定为零或常数)16 个运行变量。在定子方面有 u_d、u_q、u_0，ψ_d、ψ_q、ψ_0，i_d、i_q、i_0。在转子方面有 u_f，ψ_f、ψ_D、ψ_Q，i_f、i_D、i_Q。若研究的是三相对称的问题，则 $u_0=0$，$\psi_0=0$，$i_0=0$。这时剩下 10 个方程，13 个变量，必须给定 3 个运行变量，如 u_f、u_d、u_q，然后利用 10 个方程求得其他 10 个运行变量。

现将 10 个方程并列如下：

$$\left.\begin{aligned} u_d &= -ri_d + \dot{\psi}_d - \psi_q \\ u_q &= -ri_q + \dot{\psi}_q + \psi_d \\ u_f &= -r_f i_f + \dot{\psi}_f \end{aligned}\right\}$$

$$0 = r_D i_D + \dot{\psi}_D$$

$$0 = r_Q i_Q + \dot{\psi}_Q$$

$$\psi_d = -x_d i_d + x_{ad} i_f + x_{ad} i_D$$

$$\psi_q = -x_q i_q + x_{aq} i_Q \tag{4-24}$$

$$\psi_f = -x_{ad} i_d + x_f i_f + x_{ad} i_D$$

$$\psi_D = -x_{ad} i_d + x_{ad} i_f + x_D i_D$$

$$\psi_Q = -x_{aq} i_q + x_Q i_Q$$

对于不计阻尼绕组的情形，变量和方程均减少 4 个，其方程如下：

$$u_d = -r i_d + \dot{\psi}_d - \dot{\psi}_q$$

$$u_q = -r i_q + \dot{\psi}_q - \dot{\psi}_d$$

$$u_f = r_f i_f + \dot{\psi}_f$$

$$\psi_d = -x_d i_d + x_{ad} i_f \tag{4-25}$$

$$\psi_q = -x_q i_q$$

$$\psi_f = -x_{ad} i_d + x_f i_f$$

如果同步发电机处于稳态运行，阻尼回路不起作用；定子三相电流、电压均为对称交流，它们对应的 i_d、i_q 和 u_d、u_q 也均为常数，此外，励磁电流 i_f 也为常数，所以 ψ_d、ψ_q 和 ψ_f 也均为常数，式(4-25)变为代数方程，即

$$u_d = -r i_d - \psi_q, \quad \psi_d = -x_d i_d + x_{ad} i_f$$

$$u_q = -r i_q + \psi_d, \quad \psi_q = -x_q i_q \tag{4-26}$$

$$u_f = r_f i_f, \qquad \psi_f = -x_{ad} i_d + x_f i_f$$

以上稳态方程中的运行变量均为瞬时值，但可以很方便地将此方程转换为读者已熟悉的稳态相量关系。将式(4-26)中的 ψ_d、ψ_q 式代入 u_d、u_q 式中，得到

$$u_d = -r i_d + x_q i_q$$

$$u_q = -r i_q - x_d i_d + x_{ad} i_f = -r i_q - x_d i_d + E_q \tag{4-27}$$

式中，$E_q = x_{ad} i_f$ 为空载电动势。

由于稳态运行时定子三相电流、电压等均为正弦变化量，而且它们分别是 i_d、i_q 和 u_d、u_q 在 a、b、c 轴线上的投影。故可将 i_d、i_q 和 u_d、u_q 等当作相量。令 q 轴为虚轴、d 轴为实轴，则 i_d、u_d 均为实轴相量，i_q、u_q 均为虚轴相量，即

$$\dot{U}_d = u_d, \quad \dot{U}_q = j u_q$$

$$\dot{I}_d = i_d, \quad \dot{I}_q = j i_q$$

将式(4-27)的两式等号两侧乘以 j，式(4-27)可改写为相量形式，即

$$\dot{U}_d = -r \dot{I}_d - j x_q \dot{I}_q$$

$$\dot{U}_q = -r \dot{I}_q - j x_d \dot{I}_d + \dot{E}_q \tag{4-28}$$

两式相加后得电压、电流相量关系为

$$\dot{U}_d + \dot{U}_q = -r\left(\dot{I}_d + \dot{I}_q\right) - jx_q\dot{I}_q - jx_d\dot{I}_d + \dot{E}_q$$

即

$$\dot{U} = -r\dot{I} - jx_q\dot{I}_q - jx_d\dot{I}_d + \dot{E}_q \tag{4-29}$$

式中，$\dot{U}$ 为发电机端电压相量，$\dot{I}$ 为电流相量。

对于隐极式发电机，直轴和交轴磁阻相等，即 $x_d = x_q$，发电机电压方程为

$$\dot{U} = -r\dot{I} - jx_d\dot{I} + \dot{E}_q \tag{4-30}$$

4.5　同步发电机的转子运动方程

4.5.1　同步发电机的功角

图 4.8 所示的简单电力系统，发电机 G 通过升压变压器 T2、输电线路 L、降压变压器 T1 连接受端电力系统。假定受端系统容量相对于发电机来说是很大的，则发电机输送任何功率时，受端母线电压的幅值和频率均不变(即所谓无限大容量母线)。当送端发电机为隐极机时，可以作出系统的等值电路如图 4.8 所示。图中受端系统可以看作为内阻抗为零、电势为 $\dot{U}$ 的发电机。各元件的电阻及导纳均略去不计时，系统的总电抗为

$$X_{d\Sigma} = X_d + X_{T1} + \frac{1}{2}X_L + X_{T2} \tag{4-31}$$

由图 4.9 的相量图可知

$$IX_{d\Sigma}\cos\varphi = E_q\sin\delta \tag{4-32}$$

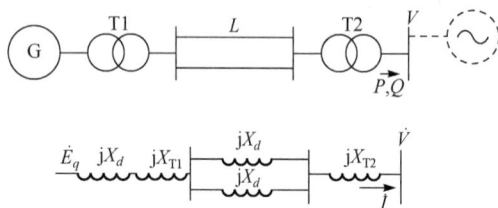

图 4.8　简单电力系统及其等值电路　　　　图 4.9　简单电力系统的相量图

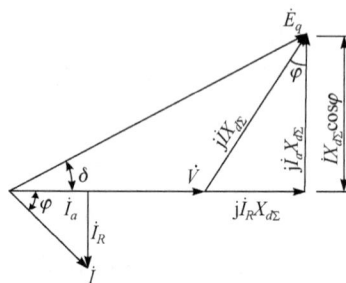

两端同时乘以 $U_G / X_{d\Sigma}$，计及发电机输出功率 $P_E = UI\cos\varphi$，便得

$$P_E = \frac{E_q U_G}{X_{d\Sigma}}\sin\delta \tag{4-33}$$

当发电机的电势 E_q 和受端电压 $\dot{U}_G$ 均为恒定时，传输功率 P_E 是角度 δ 的正弦函数 (图 4.10)角度 δ 为电势 $\dot{E}$ 与电压 $\dot{U}_G$ 之间的相位角。因为传输功率的大小与相位角 δ 密切相关，因此又称 δ 为"功角"或"功率角"。传输功率与功角的关系称为"功角特性"或"功率

特性"。

功角除了表示电势 $\dot{E}_q$ 和电压 $\dot{U}_{\mathrm{G}}$ 之间的相位差，即表征系统的电磁关系之外，还表示各发电机转子之间的相对空间位置(故又称为"位置角")。δ 随时间的变化描述了各发电机转子间的相对运动。而发电机转子间的相对运动性质，恰好是判断各发电机之间是否同步运行的依据。为了说明这个概念，绘出各发电机的转子示意图，如图 4.11 所示。在正常运行时，发电机输出的电磁功率为 $P_{\mathrm{E}} = P_0$。此时，发电机转子上作用着两个转矩(不计摩擦等因素)：一个是原动机的转矩

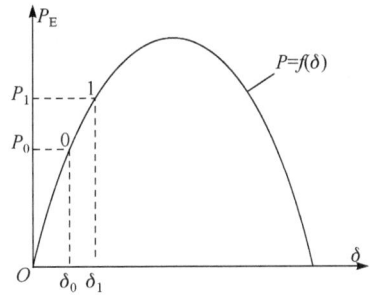

图 4.10 功角特性

M_{T} (或用功率 P_{T} 表示)，它推动转子旋转；另一个是与发电机输出的电磁功率 P_{E} 对应的电磁转矩 M_{E}，它制止转子旋转。在正常运行情况下，两者相互平衡，即 $P_{\mathrm{T}} = P_{\mathrm{E}}$。因而发电机以恒定速度旋转，且与受端系统的发电机的转速(指电角速度)相同(设为同步速度 ω_{N})，即两者同步运行。功角 $\delta = \delta_0$ (图 4.10)保持不变。设想把送端发电机和受端系统发电机的转子移到一处(图 4.11(b))，则功角 δ 就是两个转子轴线间用电角度表示的相对空间位置角。因为两个发电机电角速度相同，所以相对位置保持不变。

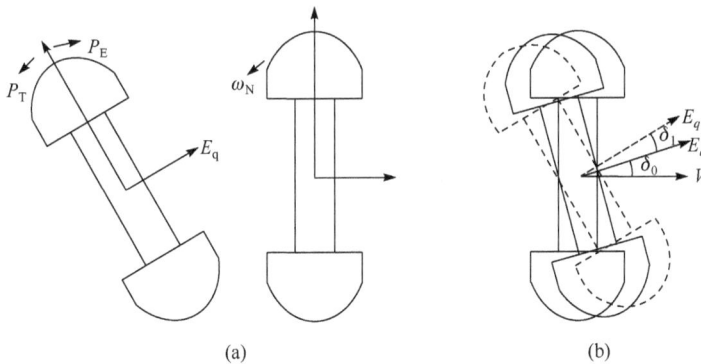

图 4.11 功角相对空间位置的概念

现在，如果增大送端发电机的原动机的功率，使 $P_{\mathrm{T}} > P_{\mathrm{E}}$ 时，则发电机转子上的转矩平衡便受到破坏。由于原动机功率大于发电机的电磁功率，所以发电机转子便加速使其转速高于受端系统发电机的转速，因而发电机转子间的相对空间位置便要发生变化，功角 δ 增大。由图 4.10 的功率特性可知，当 δ 增大时，发电机输出的电磁功率也增大，直到 $P_{\mathrm{E}} = P_{\mathrm{T}}$。此时，作用在送端发电机转子上的转矩再次达到平衡，送端发电机的转速又恢复到与受端系统发电机的转速相同，保持同步运行，功角也增大到 δ' 并保持不变。系统在新情况下稳定地运行。

4.5.2 转子运动方程

根据旋转物体的力学定律，同步发电机组转子的机械角加速度与作用在转子轴上的不平衡转矩之间有如下关系：

$$J\alpha = J\frac{\mathrm{d}\Omega}{\mathrm{d}t} = \Delta M = M_{\mathrm{T}} - M_{\mathrm{E}} \tag{4-34}$$

式中，α 为转子机械角加速度($\mathrm{rad/s^2}$)；Ω 为转子机械角速度($\mathrm{rad/s^2}$)；J 为转子的转动惯量($\mathrm{kg \cdot m^2}$)；ΔM 为作用在转子轴上的不平衡转矩(略去风阻、摩擦等损耗即为原动机机械转矩 M_T 和发电机电磁转矩 M_E 之差)($\mathrm{N \cdot m}$)；t 为时间，式(4-34)即转子运动方程。

当转子以额定转速 Ω_0(即同步转速)旋转时，其动能为

$$W_K = \frac{1}{2} J \Omega_0^2 \tag{4-35}$$

式中，W_K 为转子在额定转速时的动能(J)。

由式(4-35)得

$$J = \frac{2W_K}{\Omega_0^2}$$

代入式(4-34)中得

$$\frac{2W_K}{\Omega_0^2} \times \frac{\mathrm{d}\Omega}{\mathrm{d}t} = \Delta M \tag{4-36}$$

如果转矩采用标幺值，将式(4-36)两端同除以转矩基准值 M_B(功率基准值除以同步转速 S_B/Ω_0)，则得

$$\frac{\dfrac{2W_K}{\Omega_0^2}}{\dfrac{S_B}{\Omega_0}} \times \frac{\mathrm{d}\Omega}{\mathrm{d}t} = \frac{2W_K}{S_B \Omega_0} \times \frac{\mathrm{d}\Omega}{\mathrm{d}t} = \Delta M_* \tag{4-37}$$

式中，S_B 单位为 $\mathrm{V \cdot A}$。由于机械角速度和电角速度存在下列关系：

$$\Omega = \frac{\omega}{p} , \quad \Omega_0 = \frac{\omega_0}{p}$$

式中，p 为同步发电机转子的极对数；ω_0 为同步电角速度。

式(4-37)可改写为

$$\frac{2W_K}{S_B \omega_0} \times \frac{\mathrm{d}\omega}{\mathrm{d}t} = \frac{T_J}{\omega_0} \times \frac{\mathrm{d}\omega}{\mathrm{d}t} = \Delta M_* \tag{4-38}$$

$$T_J = \frac{2W_K}{S_B}$$

式中，T_J 为发电机组的惯性时间常数(s)。一般手册上所给出的数据均以发电机本身的额定容量为功率基准值。

发电机组的惯性时间常数的物理意义可解释如下。式(4-37)可改写为

$$T_J \frac{\mathrm{d}\Omega_*}{\mathrm{d}t} = \Delta M_*$$

式中，$\Omega_* = \Omega / \Omega_0$。令 $\Delta M_* = 1$，并将上式从 $\Omega_* = 0$ 到 $\Omega_* = 1$ 进行积分，则

$$t = \int_0^1 \frac{T_J}{\Delta M_*} \mathrm{d}\Omega_* = T_J \tag{4-39}$$

式(4-39)说明，T_J 为在发电机组转子上加额定转矩后，转子从停顿状态($\Omega_* = 0$)转到额定转速($\Omega_* = 1$)时所经过的时间。

通常制造厂家提供的发电机组的数据是飞轮转矩(或称回转力矩)GD^2，它和T_J之间的关系为

$$T_J = \frac{J\Omega_0^2}{S_B} = \frac{GD^2}{4} \times \frac{\Omega_0^2}{S_B} = \frac{GD^2}{4S_B}\left(\frac{2\pi n}{60}\right)^2 = \frac{2.74GD^2}{1000S_B}n^2 \tag{4-40}$$

式中，GD^2为发电机组的飞轮转矩($t \cdot m^2$)；S_B为发电机的额定容量($kV \cdot A$)；n为发电机组的额定转速(r/min)。

式(4-38)是转子运动方程式(4-37)的变形，它还可以用电角度来表示。在图4.12中，发电机的q轴以电角速度ω旋转(即发电机的电动势相量以ω旋转)，某一参考相量$\dot{U}$以同步电角速度ω_0旋转，它们之间的夹角为δ。当ω不等于ω_0时，δ不断变化，是时间的函数，显然有以下关系：

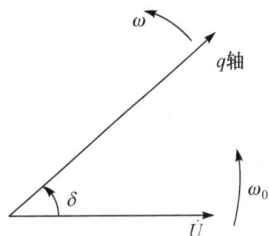

$$\left.\begin{array}{l} \dfrac{\mathrm{d}\delta}{\mathrm{d}t} = \omega - \omega_0 \\[3mm] \dfrac{\mathrm{d}^2\delta}{\mathrm{d}t^2} = \dfrac{\mathrm{d}\omega}{\mathrm{d}t} \end{array}\right\} \tag{4-41}$$

图4.12　δ和ω、ω_0的关系

将式(4-41)代入式(4-38)得

$$\frac{T_J}{\omega_0} \times \frac{\mathrm{d}^2\delta}{\mathrm{d}t^2} = \Delta M_* \tag{4-42}$$

如果考虑到发电机组的惯性较大，一般机械角速度Ω的变化不是太大，故可以近似地认为转矩的标幺值等于功率的标幺值，即

$$\Delta M_* = \frac{\Delta M}{S_B/\Omega_0} = \frac{\Delta M \Omega_0}{S_B} \approx \frac{\Delta M \Omega}{S_B} = \frac{\Delta P}{S_B} = P_{T*} - P_{E*}$$

为了书写简便，以后略去下标*，则式(4-42)演变为

$$\frac{T_J}{\omega_0} \times \frac{\mathrm{d}^2\delta}{\mathrm{d}t^2} = P_T - P_E \tag{4-43}$$

式(4-43)还可写为状态方程的形式为

$$\left.\begin{array}{l} \dfrac{\mathrm{d}\delta}{\mathrm{d}t} = \omega - \omega_0 \\[3mm] \dfrac{\mathrm{d}\omega}{\mathrm{d}t} = \dfrac{\omega_0}{T_J}(P_T - P_E) \end{array}\right\} \tag{4-44}$$

若将ω表示为标幺值，即用$\omega_* = \omega/\omega_0$，式(4-44)还可以改写为

$$\left.\begin{array}{l} \dfrac{\mathrm{d}\delta}{\mathrm{d}t} = (\omega - 1)\omega_0 \\[3mm] \dfrac{\mathrm{d}\omega_*}{\mathrm{d}t} = \dfrac{1}{T_J}(P_T - P_E) \end{array}\right\}$$

再略去下标*，则得

$$\left.\begin{array}{l} \dfrac{\mathrm{d}\delta}{\mathrm{d}t} = (\omega - 1)\omega_0 \\[3mm] \dfrac{\mathrm{d}\omega}{\mathrm{d}t} = \dfrac{1}{T_\mathrm{J}}(P_\mathrm{T} - P_\mathrm{E}) \end{array}\right\} \qquad (4\text{-}45)$$

式中，除了 t、T_J 和 ω_0 为有名值，其余均为标幺值。

前面给出的几种形式的转子运动方程，表明了电的或机械的角加速度和转子上不平衡转矩或功率的关系。在稳态运行时机械转矩或功率和发电机的电磁转矩或输出的电磁功率相等，在暂态过程中受调速器的控制。在近似分析较短时间内的暂态过程时，可以假设调速器不起作用，汽轮机的气门或水轮机的导向叶片的开度不变，即机械转矩或功率不变。

4.6 电力负荷的数学模型

4.6.1 负荷特性

负荷特性指负荷功率随负荷端电压或系统频率变化而变化的规律，因而有电压特性和频率特性之分。它们又都可进一步分为静态特性和动态特性两类。前者指电压或频率变化后进入稳态时负荷功率与电压或频率的关系；后者则指电压或频率急剧变化过程中负荷功率与电压或频率的关系。显然，由于负荷有功功率和无功功率的变化规律不同，负荷特性还分有功功率特性和无功功率特性两种。将上述三种特征相结合，就确定了某一种特定的负荷特性，如无功功率静态电压特性、有功功率静态频率特性。

负荷特性取决于各行业负荷中各类用电设备的比重。图 4.13、图 4.14 中分别作出了工业负荷的实测静态电压特性和静态频率特性。由图可见，随着电压的下降，这些负荷的有功功率和无功功率都将减小；随着频率的下降，这些负荷的有功功率仍将减小，但无功功率却将增大。综合各行业的负荷特性就可得综合负荷的特性。图 4.15 所示就是一个工业城市的综合负荷静态特性。

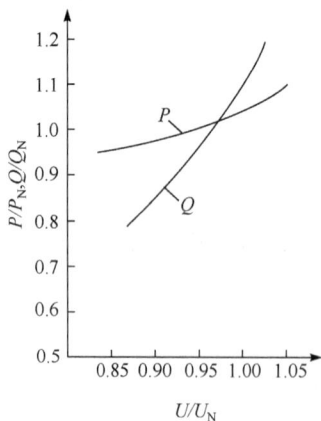

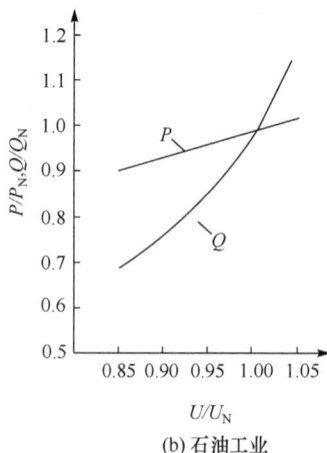

(a) 综合性中小工业　　　　　　(b) 石油工业

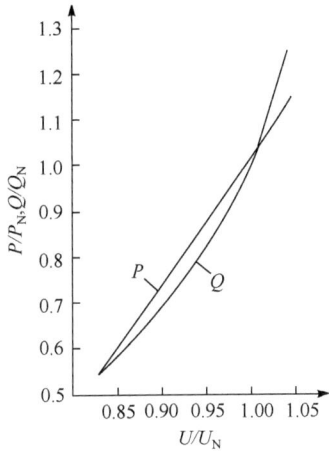

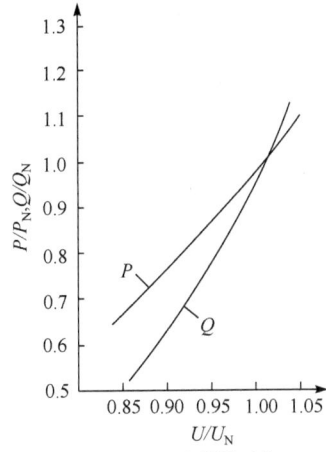

(c) 化学工业——电化厂

(d) 钢铁工业

图 4.13 几种工业负荷的静态电压特性

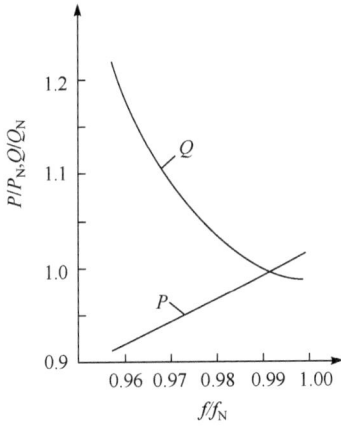

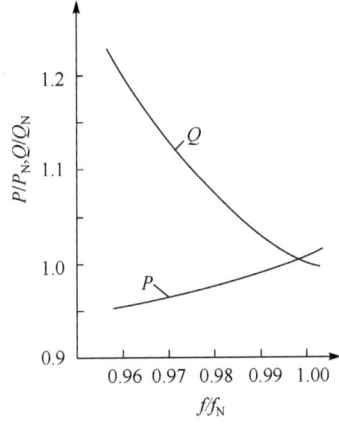

(a) 综合性中小工业

(b) 石油工业

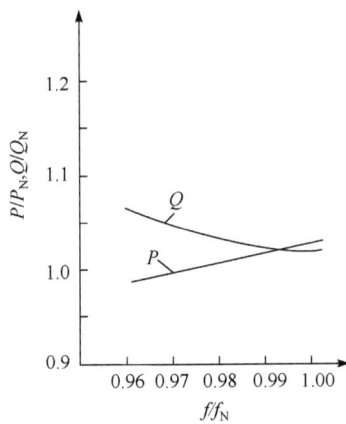

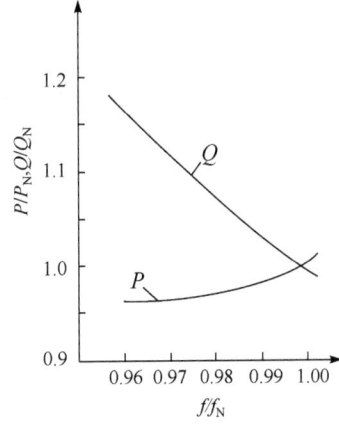

(c) 化学工业——电化厂

(d) 大型机械加工业

图 4.14 几种工业负荷的静态频率特性

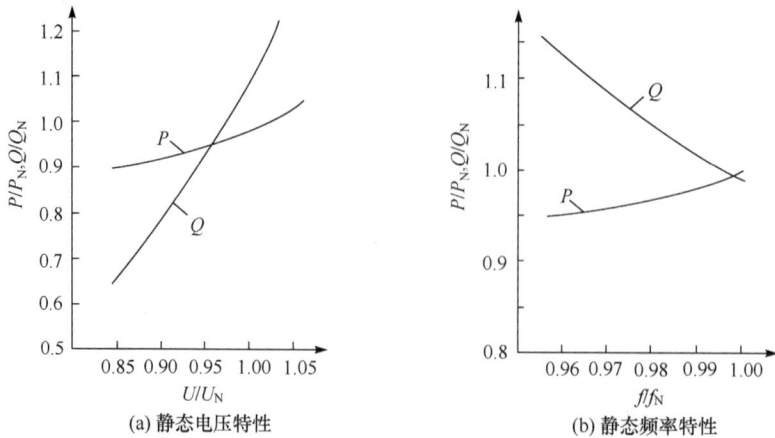

(a) 静态电压特性　　　　(b) 静态频率特性

图 4.15　工业城市综合负荷静态特性

电力网络节点电压和频率的变化直接影响接在该节点上负荷的工况，即负荷从网络吸收的功率，又反过来影响网络的状态。负荷特性即为负荷功率和节点电压及频率的关系。很明显，负荷特性对系统稳定性有相当大的影响。但是，网络节点上的负荷是由各种各样用电设备组成的综合负荷，要确定它的特性非常困难。

以下介绍三种负荷特性。

1. 恒定阻抗(导纳)

在前面讨论多机系统的发电机功率特性时即假设所有负荷均为恒定阻抗(导纳)，其数值由潮流计算的结果而得。这样实际上就是近似地认为负荷从系统吸收的功率总是正比于负荷节点电压的平方。这是最简单的处理负荷的方法。

2. 变化阻抗——异步电动机的机电特性

与同步发电机组的转子方程相似，描述异步电动机组的转子运动方程式为

$$\frac{T_J}{\omega_0} \times \frac{d\omega}{dt} = M_E - M_m \tag{4-46}$$

式中，T_J 为异步电动机组的惯性时间常数，一般约为 2s；M_m 为异步电动机拖动的机械负载的转矩；M_E 为异步电动机的电磁转矩。

异步电动机的转差率为

$$s = \frac{\omega_0 - \omega}{\omega_0} = 1 - \omega_* \tag{4-47}$$

代入式(4-46)得

$$T_J \frac{ds}{dt} = M_m - M_E \tag{4-48}$$

(1) 机械负载的转矩。被异步电动机拖动的机械，种类很多，特性不一。通常表示它们的转矩特性的计算式为

$$M_m = K\left[\alpha + (1-\alpha)(1-s)^\beta\right] \tag{4-49}$$

式中，α 为异步电动机机械负载转矩中与转速无关部分所占的比例或称为静止阻力矩；β 为机械负载转矩与转速有关的指数；K 为异步电动机的负荷率，即实际负荷与额定负荷的比值。

(2) 异步电动机的电磁转矩。如果不计异步电动机在暂态过程中的电磁暂态过程，则可以应用异步电动机稳态运行时的等值电路分析其电磁转矩。图 4.16(a)为异步电动机稳态运行时的等值电路，可简化为图 4.16(b)。由图 4.16(b)可得到通过空气隙传递到转子侧的有功功率为

$$P_{\mathrm{Ea}} = I^2 \frac{r_{\mathrm{r}}}{s} = \frac{U^2 r_{\mathrm{r}}}{(r_s + r_{\mathrm{r}} / s)^2 + (x_{s\sigma} + x_{r\sigma})^2} \times \frac{1}{s}$$

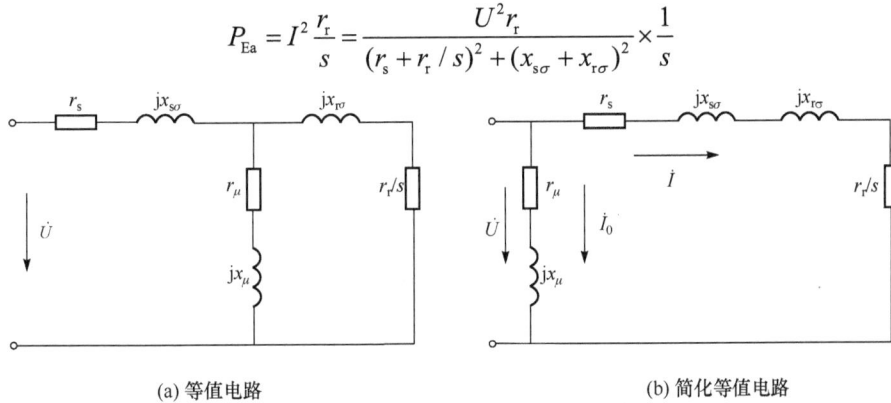

(a) 等值电路　　　　　　　　　　　　　　　(b) 简化等值电路

图 4.16　异步电动机的等值电路

转子绕组中的有功功率损耗为

$$\Delta P_{\mathrm{E}} = I^2 r_{\mathrm{r}} = \frac{U^2 r_{\mathrm{r}}}{(r_s + r_{\mathrm{r}} / s)^2 + (x_{s\sigma} + x_{r\sigma})^2}$$

因此，可转换为机械功率的电磁功率为

$$P_{\mathrm{E}} = P_{\mathrm{Ea}} - \Delta P_{\mathrm{E}} = \frac{U^2 r_{\mathrm{r}}}{(r_s + r_{\mathrm{r}} / s)^2 + (x_{s\sigma} + x_{r\sigma})^2} \times \frac{1-s}{s}$$

转子轴上的电磁转矩则为

$$M_{\mathrm{E}} = \frac{P_{\mathrm{E}}}{\omega_*} = \frac{P_{\mathrm{E}}}{1-s} = \frac{U^2 r_{\mathrm{r}}}{(r_s + r_{\mathrm{r}} / s)^2 + (x_{s\sigma} + x_{r\sigma})^2} \times \frac{1}{s} \tag{4-50}$$

忽略定子电阻，设 $r_s = 0$，求 M_{E} 对转差率 s 的偏导数，并令 $\dfrac{\partial M_{\mathrm{E}}}{\partial s} = 0$，可解得临界转差率 s_{cr}，即转矩最大时所对应的转差率为

$$s_{\mathrm{cr}} = \frac{r_{\mathrm{r}}}{x_{s\sigma} + x_{r\sigma}}$$

以及与之对应的最大转矩

$$M_{\mathrm{Emax}} = \frac{U^2}{2(x_{s\sigma} + x_{r\sigma})}$$

代入式(4-50)后可得

$$M_{\mathrm{E}} = \frac{2M_{\mathrm{Emax}}}{\dfrac{s}{s_{\mathrm{cr}}} + \dfrac{s_{\mathrm{cr}}}{s}} \tag{4-51}$$

图 4.17 示出不同端电压下的 M_E - s 曲线。

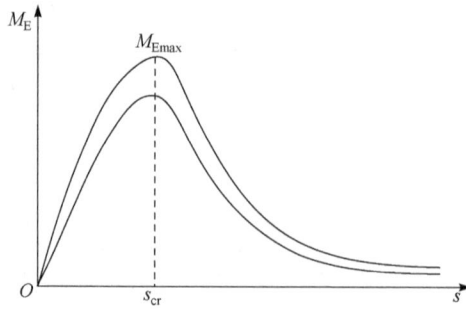

图 4.17　异步电动机的电磁转矩-转差率特性

(3) 动态过程。在正常稳态运行时异步电动机的电磁转矩与机械转矩相等，$U = U_0$(正常电压)时 M_E 的交点 a_0，相应的转差率为 s_0。这时，按图 4.16 的等值电路求得的异步电动机等值阻抗与正常运行时的等值阻抗相对应。顺便指出，图 4.18(a)中 M_m 和 M_E 理论上还有另一个交点，其对应的转差率明显大于 s_0，而且 $\dfrac{dM_E}{ds} < 0$，但该点实际是不能存在的运行点。在学习了第 14 章静态稳定基本概念后，读者就会理解上述结论。

当网络受到扰动，异步电动机端电压突然变化时，异步电动机的电磁转矩也突然变化。当端电压突然降至 U_1，在突变瞬间转差率仍为 s_0，机械转矩仍为 a_0 点，而电磁转矩则降至 a_1 点，即 M_E 和 M_m 不平衡。在不平衡转矩作用下求得转差率的变化，相应地得到异步电动机等值阻抗的变化。这就是在系统动态过程中计及异步电动机转子运动过程，从而决定转差率的变化，乃至异步电动机等值阻抗的变化。

(4) 静态特性。如果近似地认为网络电压(含异步电动机端电压)变化过程中异步电动机电磁转矩和机械转矩始终平衡，则如图 4.18(b)所示，当端电压由 U_0 降至 U_1 时转差率由 s_0 变为 s_1，即为新的电磁转矩和机械转矩特性的交点。由此，可根据不同电压方便地计算得到不同转差率、不同的等值阻抗和不同的异步电动机吸收的功率，后者即为异步电动机功率随电压变化的静态特性。

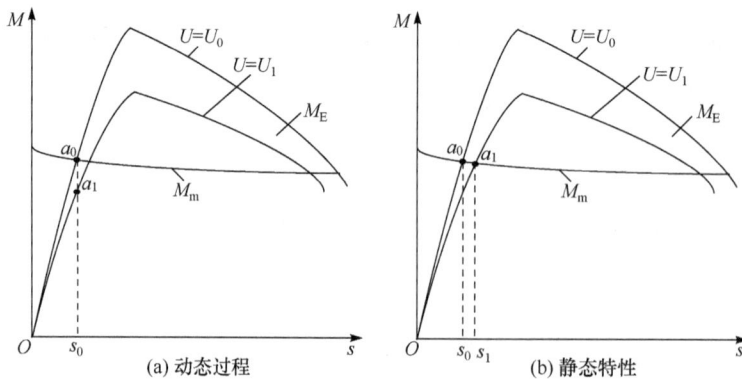

图 4.18　异步电动机端电压变化时转差率的变化

由此可见，当异步电动机端电压下降时，其转差率会增加。由电动机等值电路知，转差率的增加导致其等值电阻乃至等值阻抗减小，功率因数也会下降。如果电压降得很多，以致电磁转矩的最大值也小于机械转矩时，异步电动机会因转差率不断增加趋向停顿，而被迫停运。

实际分析计算稳定性问题时，往往只能用一台电动机等值一群电动机，所以如何确定等值电动机的参数是必须注意的问题。

4.6.2 综合负荷的数学模型

1. 综合负荷的有功功率——静态频率特性

当频率变化时，系统中的有功功率负荷也将发生变化。系统处于运行稳态时，系统中有功负荷随频率的变化特性称为负荷的静态频率特性。

根据所需的有功功率与频率的关系可将负荷分成以下几类。

(1) 与频率变化无关的负荷，如照明、电弧炉、电阻炉和整流负荷等。

(2) 与频率的一次方成正比的负荷，负荷的阻力矩等于常数的属于此类，如球磨机、切削机床、往复式水泵、压缩机和卷扬机等。

(3) 与频率的二次方成正比的负荷，如变压器中的涡流损耗。

(4) 与频率的三次方成正比的负荷，如通风机、静水头阻力不大的循环水泵等。

(5) 与频率的更高次方成正比的负荷，如静水头阻力很大的给水泵。

整个系统的负荷功率与频率的关系可以写成

$$P_L = a_0 P_{LN} + a_1 P_{LN}\left(\frac{f}{f_N}\right) + a_2 P_{LN}\left(\frac{f}{f_N}\right)^2 + a_3 P_{LN}\left(\frac{f}{f_N}\right)^3 + \cdots \tag{4-52}$$

式中，P_L 为频率等于 f 时系统的总有功负荷；P_{LN} 为频率等于额定值 f_N 时系统的总有功负荷；$a_i(i=1,2,3,\cdots)$ 为与频率的 i 次方成正比的负荷在 P_{LN} 中所占的比例，且

$$a_0 + a_1 + a_2 + a_3 + \cdots = 1$$

式(4-53)为电力系统负荷的静态频率特性的数学模型。以 P_{LN} 和 f_N 为功率和频率的基准值，可得到用标幺值表示的功率-频率特性为

$$P_{L*} = a_0 + a_1 f_* + a_2 f_*^2 + a_3 f_*^3 + \cdots \tag{4-53}$$

与频率的更高次方成正比的负荷所占的比重很小，因此可以忽略式(4-53)中频率三次方以上各项。

当频率偏离额定值不大时，忽略频率二次方以上相关项，负荷的静态频率特性常用如图 4.19 中的直线近似表示。从图中可知，当系统频率略有下降时，负荷成比例自动减小。图中直线的斜率为

$$K_L = \frac{\Delta P_L}{\Delta f}$$

称为负荷的频率调节效应系数或单位调节功率。用标

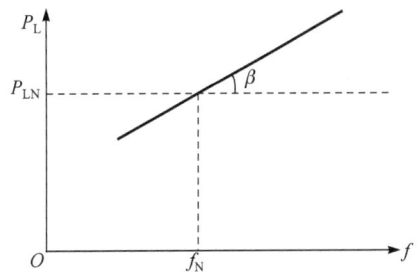

图 4.19 有功负荷的静态频率特性

幺值形式表示为

$$K_{L*} = \frac{P_{L*}}{f_*} = \frac{\Delta P_L / P_{LN}}{\Delta f / f_N} = K_L \frac{f_N}{P_{LN}}$$

K_{L*} 由系统中各类负荷所占的比重决定，不同系统或同一系统不同时刻的 K_{L*} 都可能不同。

2. 综合负荷的静态电压特性

在电力系统的稳态分析中，负荷的数学模型最简单，就是以给定的有功功率和无功功率表示。只有在对计算精度要求较高时，才需计及负荷的静态特性。

负荷的静态特性可以超越函数或多项式表示，如静态电压特性为

$$P = P_N \left(\frac{U}{U_N} \right)^p, \quad Q = Q_N \left(\frac{U}{U_N} \right)^q \tag{4-54}$$

也可为

$$\left. \begin{array}{l} P = P_N \left[a_p + b_p \left(\dfrac{U}{U_N} \right) + c_p \left(\dfrac{U}{U_N} \right)^2 + \cdots \right] \\[3mm] Q = Q_N \left[a_q + b_q \left(\dfrac{U}{U_N} \right) + c_q \left(\dfrac{U}{U_N} \right)^2 + \cdots \right] \end{array} \right\} \tag{4-55}$$

式中，P_N、Q_N 为在额定电压 U_N 下的有功功率、无功功率负荷；P、Q 为电压偏离额定值时的有功功率、无功功率负荷；p、q、a_p、a_q、b_p、b_q、c_p、c_q 为待定的系数，它们的数值可通过拟合相应的特性曲线而得。一般情况下，以含有高次项的多项式表示静态特性较以超越函数表示时适用的范围宽。

通常将特性曲线近似地用计算式表示为

$$\left. \begin{array}{l} P_L = a_p U^2 + b_p U + c_p \\ Q_L = a_q U^2 + b_q U + c_q \end{array} \right\} \tag{4-56}$$

式中，功率和电压为以正常运行状态值为基准值的标幺值，故有

$$\left. \begin{array}{l} a_p + b_p + c_p = 1 \\ a_q + b_q + c_q = 1 \end{array} \right\} \tag{4-57}$$

实际上，式(4-56)中右侧第一项代表恒定阻抗，第二项代表恒定电流，第三项代表恒定功率。

第 2 篇

第5章 电力系统潮流的简单计算

电力系统正常运行状况的分析和计算，重点在电压、电流、功率的分布，即潮流分布。目前，计算机的运用已十分广泛，这里仍适当介绍某些手算方法，以加深对物理概念的理解。

本章在电力系统的数学模型分析基础上，讨论电力线路和变压器运行状况的计算和分析，以及简单电力网络的潮流分布和控制。

5.1 电力线路和变压器运行状况的计算

5.1.1 电力线路运行状况的计算

1. 电力线路的电压降落和功率损耗

对以Π形等值电路表示的电力线路，既可运用

$$\begin{bmatrix} \dot{U}_1 \\ \dot{I}_1 \end{bmatrix} = \begin{bmatrix} \dfrac{ZY}{2}+1 & Z \\ Y\left(\dfrac{ZY}{4}+1\right) & \dfrac{ZY}{2}+1 \end{bmatrix} \begin{bmatrix} \dot{U}_2 \\ \dot{I}_2 \end{bmatrix}$$

在已知两个变量(如末端电流、电压)的情况下，求取另外两个变量(即始端电流、电压)；也可运用节点电压法或回路电流法等列出方程组后进行联立求解。另外，也可运用欧姆定律、基尔霍夫定律等直接写出有关的计算公式。另外，因为这种电路简单，也可运用欧姆定律，但所有这些方法都不免要进行复数运算，不利于手算，而手算时应采用尽可能避免复数运算的方法。

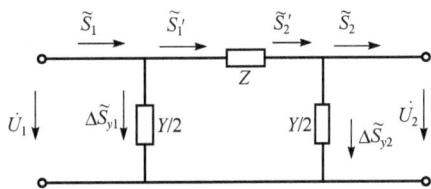

图 5.1 电力线路的电压和功率图

图 5.1 中，设末端电压为 $\dot{U}_2$，末端功率为 $\tilde{S}_2 = P_2 + jQ_2$，则末端导纳支路的功率 $\Delta\tilde{S}_{y2}$ 为

$$\Delta \tilde{S}_{y2} = \left(\frac{Y}{2}\dot{U}_2\right)^* \dot{U}_2 = \frac{\overset{*}{Y}}{2}\overset{*}{U}_2\dot{U}_2 = \frac{1}{2}(G - jB)U_2^2 = \frac{1}{2}GU_2^2 - \frac{1}{2}jBU_2^2$$
$$= \Delta P_{y2} - j\Delta Q_{y2} \tag{5-1}$$

阻抗支路末端的功率 $\tilde{S}_2'$ 为

$$\tilde{S}_2' = \tilde{S}_2 + \Delta \tilde{S}_{y2} = (P_2 + jQ_2) + (\Delta P_{y2} - j\Delta Q_{y2})$$
$$= (P_2 + \Delta P_{y2}) + j(Q_2 - \Delta Q_{y2}) = P_2' + jQ_2'$$

阻抗支路中损耗的功率 $\Delta \tilde{S}_z$ 为

$$\Delta \tilde{S}_z = \left(\frac{S_2'}{U_2}\right)^2 Z = \frac{P_2'^2 + Q_2'^2}{U_2^2}(R + jX)$$
$$= \frac{P_2'^2 + Q_2'^2}{U_2^2}R + j\frac{P_2'^2 + Q_2'^2}{U_2^2}X = \Delta P_z + j\Delta Q_z \tag{5-2}$$

阻抗支路始端的功率 $\tilde{S}_1'$ 为

$$\tilde{S}_1' = \tilde{S}_2' + \Delta \tilde{S}_z = (P_2' + jQ_2') + (\Delta P_z + j\Delta Q_z)$$
$$= (P_2' + \Delta P_z) + j(Q_2' + \Delta Q_z) = P_1' + jQ_1'$$

始端导纳支路的功率 $\Delta \tilde{S}_{y1}$ 为

$$\Delta \tilde{S}_{y1} = \left(\frac{Y}{2}\dot{U}_1\right)^* \dot{U}_1 = \frac{\overset{*}{Y}}{2}\overset{*}{U}_1\dot{U}_1 = \frac{1}{2}(G - jB)U_1^2$$
$$= \frac{1}{2}GU_1^2 - \frac{1}{2}jBU_1^2 = \Delta P_{y1} - j\Delta Q_{y1} \tag{5-3}$$

始端功率 $\tilde{S}_1$ 为

$$\tilde{S}_1 = \tilde{S}_1' + \Delta \tilde{S}_{y1} = (P_1' + jQ_1') + (\Delta P_{y1} - j\Delta Q_{y1})$$
$$= (P_1' + \Delta P_{y1}) + j(Q_1' - \Delta Q_{y1}) = P_1 + jQ_1$$

这就是电力线路功率计算的全部内容。

但在实际计算时，始端导纳支路功率 $\Delta \tilde{S}_{y1}$ 和始端功率 $\tilde{S}_1$ 都必须在求得始端电压 $\dot{U}_1$ 后方能求取。求取始端电压 $\dot{U}_1$ 的方法如下。

取 $\dot{U}_2$ 与实轴重合，如图 5.2 所示。则由

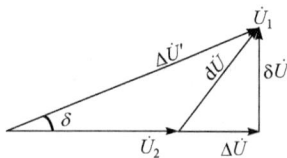

$$\dot{U}_1 = \dot{U}_2 + \left(\frac{\tilde{S}_2'}{\dot{U}_2}\right)^* Z$$

图 5.2 电力线路的电压相量图 可得

$$\dot{U}_1 = U_2 + \frac{P_2' - jQ_2'}{U_2}(R + jX) = \left(U_2 + \frac{P_2'R + Q_2'X}{U_2}\right) + j\left(\frac{P_2'X - Q_2'R}{U_2}\right)$$

再令

$$\frac{P_2'R + Q_2'X}{U_2} = \Delta U \ , \quad \frac{P_2'X - Q_2'R}{U_2} = \delta U \tag{5-4}$$

将式(5-4)改写为

$$\dot{U}_1 = (U_2 + \Delta U) + j\delta U$$

则又可得

$$U_1 = \sqrt{(U_2 + \Delta U)^2 + (\delta U)^2} \tag{5-5}$$

而图 5.2 中的相位角,或所谓功率角则为

$$\delta = \arctan \frac{\delta U}{U_2 + \Delta U} \tag{5-6}$$

由于一般情况下,$U_2 + \Delta U \gg \delta U$,可将式(5-5)按二项式定理展开,取其前两项,得

$$U_1 \approx (U_2 + \Delta U) + \frac{(\delta U)^2}{2(U_2 + \Delta U)}$$

又由于上式中第三项本身不大,可略去其分母上的 ΔU,得

$$U_1 \approx (U_2 + \Delta U) + \frac{(\delta U)^2}{2U_2} \tag{5-7}$$

对一般线路,式(5-7)已足够精确。如需进一步简化,还可略去其中第三项,即略去 δU,得

$$U_1 \approx U_2 + \Delta U = U_2 + \frac{P_2'R + Q_2'X}{U_2} \tag{5-8}$$

这就是电力线路电压计算的全部内容。

纵观式(5-1)~式(5-8),所有计算都已避免了复数乘除。

式(5-1)~式(5-8)既可用于标幺制,也可用于有名制。用有名制计算时,每相阻抗、导纳的单位为 Ω、S;以 MV·A、MW、Mvar 为单位表示三相功率和以 kV 为单位表示线电压;也可为以 MV·A、MW、Mvar 为单位表示的单相功率和以 kV 为单位表示相电压。

附带指出,采用标幺制时,功率角 δ 应以 rad 表示,因以 rad 表示的角度实际上已是标幺值。

相似于这种推导,还可获得从始端电压 $\dot{U}_1$、始端功率 $\tilde{S}_1$,求取末端电压 $\dot{U}_2$、末端功率 $\tilde{S}_2$ 的计算公式。其中,计算功率的部分与式(5-1)~式(5-4)并无原则区别,计算电压的部分则应改写为

$$\dot{U}_2 = (U_1 - \Delta U') - j\delta U'$$

$$\Delta U' = \frac{P_1'R + Q_1'X}{U_1}, \quad \delta U' = \frac{P_1'X - Q_1'R}{U_1} \tag{5-9}$$

$$U_2 = \sqrt{(U_1 - \Delta U')^2 + (\delta U')^2} \tag{5-10}$$

$$\delta = \arctan \frac{-\delta U'}{U_1 - \Delta U'} \tag{5-11}$$

且需注意,由于推导式(5-4)~式(5-6)时取 $\dot{U}_2$ 与实轴重合,而推导式(5-9)~式(5-11)时则取 $\dot{U}_1$ 与实轴重合,按式(5-4)求得的 ΔU、δU 与按式(5-9)求得的 $\Delta U'$、$\delta U'$ 不同,虽然 $(\Delta U + \delta U)$ 和 $(\Delta U' + \delta U')$ 的模数 dU,如同功率角 δ 的绝对值一样,两种计算结果没有差

别。这两种电压计算的异同示于图 5.3。

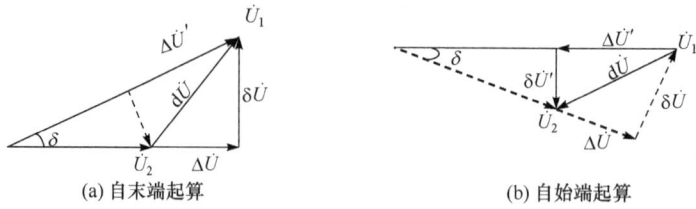

(a) 自末端起算　　　　　　(b) 自始端起算

图 5.3　计算电压的两种方法

还应指出，所有这些计算公式都是在 $\tilde{S}_2 = P_2 + jQ_2$，即线路末端负荷以滞后功率因数运行的假设下导得的。如负荷以超前功率因数运行，则有关公式中的无功功率应变号。如设 $\tilde{S}_2 = P_2 - jQ_2$，则由 $\tilde{S}_2' = (P_2 + \Delta P_{y2}) - j(Q_2 + \Delta Q_{y2}) = P_2' - jQ_2'$，将得

$$\Delta U = \frac{P_2'R - Q_2'X}{U_2} , \quad \delta U = \frac{P_2'X + Q_2'R}{U_2}$$

ΔU 可能具有负值，线路末端电压可能高于始端。

求得线路两端电压后，就可计算某些标志电压质量的指标，如电压降落、电压损耗、电压偏移、电压调整等。

所谓电压降落或线路阻抗中的电压降落是指线路始末两端电压的相量差 $(\dot{U}_1 - \dot{U}_2)$ 或 $d\dot{U}$。电压降落也是相量。它有两个分量 $\Delta\dot{U}$ 和 $\delta\dot{U}$，分别称电压降落的纵分量和横分量。

所谓电压损耗是指线路始末两端电压的数值差 $(U_1 - U_2)$。电压损耗仅有数值。而由式 (5-8) 或图 5.3 可见，电压损耗近似等于电压降落的纵分量。电压损耗常以百分值表示，即

$$电压损耗\% = \frac{U_1 - U_2}{U_N} \times 100\%$$

式中，U_N 为线路额定电压。

所谓电压偏移是指线路始端或末端电压与线路额定电压的数值差 $(U_1 - U_N)$ 或 $(U_2 - U_N)$。电压偏移也仅有数值。电压偏移也常以百分值表示，即

$$始端电压偏移\% = \frac{U_1 - U_N}{U_N} \times 100\%$$

$$末端电压偏移\% = \frac{U_2 - U_N}{U_N} \times 100\%$$

所谓电压调整是指线路末端空载与负载时电压的数值差 $(U_{20} - U_2)$。电压调整也仅有数值。不计线路对地导纳时，$U_{20} = U_1$，电压调整也就等于电压损耗，即 $U_{20} - U_2 = U_1 - U_2$。电压调整也常以百分值表示，即

$$电压调整\% = \frac{U_{20} - U_2}{U_{20}} \times 100\%$$

式中，U_{20} 为线路末端空载时电压。

求得线路两端功率，就可计算某些标志经济性能的指标，如输电效率。所谓输电效率是指线路末端输出有功功率 P_2 与线路始端输入有功功率 P_1 的比值，常以百分值表示，即

$$\text{输电效率}\% = \frac{P_2}{P_1} \times 100\%$$

因线路始端有功功率 P_1 总大于末端有功功率 P_2，输电效率总小于 100%。

虽然 P_1 总大于 P_2，但线路始端输入的无功功率 Q_1 却未必大于末端输出的无功功率 Q_2。因线路对地电纳吸取容性无功功率，即发出感性无功功率，线路轻载时，电纳中发出的感性无功功率可能大于电抗中消耗的感性无功功率，以致从端点条件看，线路末端输出的无功功率 Q_2 可能大于线路始端输入的无功功率 Q_1。

2. 电力线路上的电能损耗

电力线路的运行状况随时间而变化，线路上的功率损耗也随时间而变化。在分析线路或系统运行的经济性时，不能只计算某一瞬间的功率损耗，还必须计算某一时间段内，例如一年内，即 $24(\mathrm{h}/\mathrm{d}) \times 365(\mathrm{d}) = 8760(\mathrm{h})$ 内的电能损耗。

如一年内线路上流过的电流或线路某一端电压和有功、无功功率的变化规律已知，原则上就可计算线路的电能损耗，因它无非是若干更短时间段内电能损耗的总和。而在这些更短的时间段内，线路电流或线路某一端电压和功率可认为不变。换言之，可列出

$$\begin{aligned}
\Delta W_z &= \Delta W_{z1} + \Delta W_{z2} + \Delta W_{z3} + \cdots + \Delta W_{zn} \\
&= I_1^2 R t_1 + I_2^2 R t_2 + I_3^2 R t_3 + \cdots + I_n^2 R t_n \\
&= \left(\frac{P_1^2 + Q_1^2}{U_1^2}\right) R t_1 + \left(\frac{P_2^2 + Q_2^2}{U_2^2}\right) R t_2 + \left(\frac{P_3^2 + Q_3^2}{U_3^2}\right) R t_3 + \cdots + \left(\frac{P_n^2 + Q_n^2}{U_n^2}\right) R t_n \\
&= \sum_{k=1}^{n} I_k^2 R t_k = \sum_{k=1}^{n} \left(\frac{P_k^2 + Q_k^2}{U_k^2}\right) R t_k
\end{aligned}$$

式中，ΔW_z 为全年电能损耗；ΔW_{zk} 为每个时间段内电能损耗；I_k 为每个时间段内线路电流；P_k、Q_k、U_k 为每个时间段内线路某一端有功功率、无功功率和电压。

上式虽较严格，却因计算工作量太大而不实用。工程实践中，特别是进行规划设计时，往往用根据统计资料制定的经验公式或曲线计算电能损耗。

求得电能损耗后，就可计算另一个标志经济性能的指标——线损率或网损率。所谓线损率或网损率，如第 1 章中所述，指线路上损耗的电能与线路始端输入电能的比值。不计对地电导或不计电晕损耗时，它就指线路电阻中损耗的电能 ΔW_z 与线路始端输入电能 W_1 的比值。线损率也常以百分值表示，即

$$\text{线损率}\% = \frac{\Delta W_z}{W_1} \times 100 = \frac{\Delta W_z}{W_2 + \Delta W_z} \times 100\% \tag{5-12}$$

式中，W_2 为线路末端输出的电能。

5.1.2 电力线路运行状况的分析

已知线路的功率计算和电压计算公式并作出相应的相量图后，就可利用它们对电力线路的运行状况进行某些分析。

首先分析线路的空载运行状况。空载时，线路末端电纳中的功率 ΔQ_{y2} 属容性。末端电

压给定时，其值也为定值 $\Delta Q_{y2} = \frac{1}{2}BU_2^2$，与之对应的电流 I_{y2} 则为 $\frac{1}{2}BU_2$。它们在线路上流动时引起的电压降落纵、横分量分别为

$$\Delta U = \frac{U_2 BX}{2}, \quad \delta U = \frac{U_2 BR}{2}$$

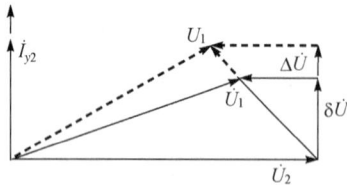

图 5.4　空载运行时的电压相量图

而这时的电压相量图则如图 5.4 所示。由图可见，这时的末端电压将高于始端电压。

设电压损耗近似等于电压降落的纵分量，则

$$\text{电压损耗}\% = \frac{U_1 - U_2}{U_N} \times 100 \approx -\frac{BX}{2} \times 100 = -\frac{b_1 x_1}{2} l^2 \times 100\%$$

即电压损耗与线路长度 l 的平方成正比。线路长度超过某一定值时，如不采取特殊的防止电压过高的措施，则当始端电压为额定值 U_N，末端电压就将超过允许值 $(1.1 \sim 1.15)U_N$。以 500kV 线路为例，设 $b_1 = 4 \times 10^{-6}$ S/km、$x_1 = 0.28\Omega$/km，则线路长度超过 420km 时，空载时的末端电压将高于 $1.1U_N$。

空载时末端电压高于始端的现象在使用电缆时尤为突出，这是因为电缆的电抗常小于架空线，而电纳却比架空线大得多。

然后分析线路的有载运行状况。如线路末端电纳中的功率已并入负荷无功功率或可以略去，则将图 5.4 推广一步，就可得末端仅有无功功率负荷 Q_2 时的电压相量图如图 5.5(a)所示。图中

$$\Delta U = \frac{Q_2 X}{U_2}, \quad \delta U = \frac{Q_2 R}{U_2}$$

从而可见，Q_2 变动时，ΔU 和 δU 也按比例变动，但它们的相对大小却保持不变，即 $\delta U / \Delta U = R/X =$ 定值。于是，随 Q_2 的变动，始端电压相量 $\dot{U}_1$ 的端点将沿图中直线 QQ 移动。QQ 与末端电压相量 $\dot{U}_2$ 之间的夹角 α 则取决于线路电阻与电抗的比值。由图还可见，负荷为纯感性无功功率时，始端电压总高于末端；但它的相位却总滞后于末端，即功率角 δ 总为负值。

将图 5.5(a)中的直线 QQ 逆时针转动90°，就是图 5.5(b)中的直线 PP。图中

$$\Delta U = \frac{P_2 R}{U_2}, \quad \delta U = \frac{P_2 X}{U_2}$$

而直线 PP 则是 P_2 变动时始端电压相量 $\dot{U}_1$ 端点的运动轨迹。由图可见，负荷为纯有功功率时，始端电压总高于并超前于末端。而且，P_2 越大，超前越多，即功率角 δ 越大。

将图 5.5(a)、图 5.5(b)合并，就可得图 5.5(c)。图 5.5(c)是末端既有有功功率也有无功功率负荷时的电压相量图。图中

$$\Delta U_P = \frac{P_2 R}{U_2}, \qquad \delta U_P = \frac{P_2 X}{U_2}$$

$$\Delta U_Q = \frac{Q_2 X}{U_2}, \qquad \delta U_Q = \frac{Q_2 R}{U_2}$$

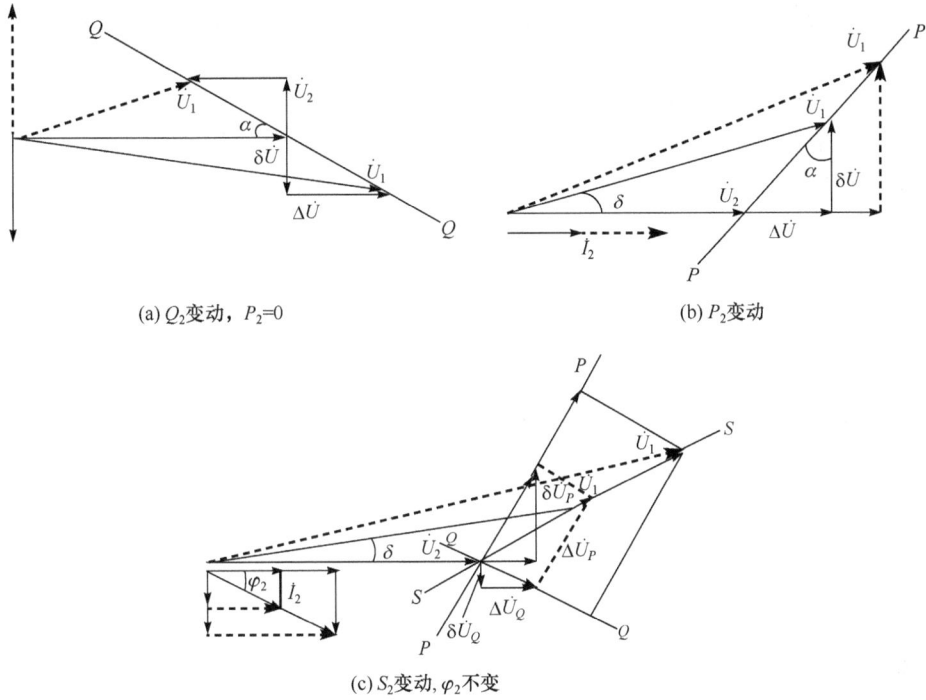

(a) Q_2变动，$P_2=0$

(b) P_2变动

(c) S_2变动，φ_2不变

图 5.5　有载运行时的电压相量图

因而，图 5.5 中的直线 SS 是负荷视在功率 S_2 变动但功率因数角 φ_2 不变时，始端电压相量 $\dot{U}_1$ 端点的运动轨迹。由图可见，这时的电压降落其实是负荷为纯有功功率和纯无功功率时电压降落的相量和。负荷具有滞后功率因数或 $Q_2 > 0$ 时，只要功率因数角 φ_2 小于 $(90° - \alpha)$ 或 $Q_2/P_2 < X/R$，始端电压仍将高于并超前于末端，但这时的功率角 δ 则较 $Q_2 = 0$ 时为小。$Q_2/P_2 < X/R$ 的条件则通常总能满足。然后令图 5.5(c) 中的 $\dot{U}_2$ 逆时针转动角 α，使 PP、QQ 线分别与纵、横轴重合，就可得图 5.6。鉴于图中电压降落 $\mathrm{d}U$ 的长度与末端视在功率 S_2 成正比，图 5.6 中的 P_2、Q_2 坐标也就以相同的比例尺分别表示末端的有功、无功功率的大小。由于图 5.6 主要用以分析电力线路末端的运行特性，常被称为电力线路的末端功率圆图，而不再被视为电压相量图。

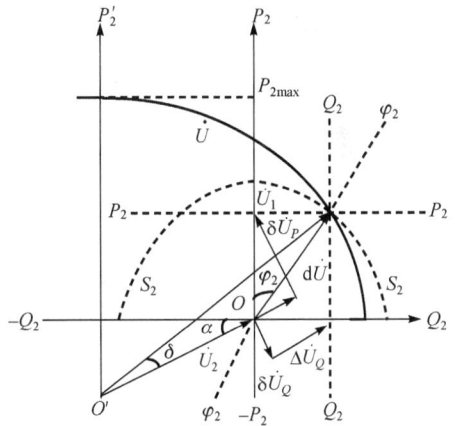

图 5.6　电力线路的功率圆图(末端)

考虑到图 5.6 中的 P_2 轴就是图 5.5 中的直线 PP，可见图中的虚线 P_2P_2 应该是负荷有功功率 P_2 为定值、无功功率 Q_2 变动时，始端电压端点的运动轨迹。相似地，虚线 $\varphi_2\varphi_2$ 应该是负荷无功功率 Q_2 为定值、有功功率 P_2 变动时始端电压端点的运动轨迹；虚线 $\varphi_2\varphi_2$ 和圆弧 S_2S_2 应该分别是负荷功率因数角 φ_2 为定值、视在功率 S_2 变动时以及视在功率 S_2 为定值、功率因数角 φ_2 变动时始端电压端点的运动轨迹。至于图中以 O' 为圆心，以 U_1 为半径的圆

弧 U 则是所谓的末端功率圆。因圆上各点的坐标分别对应于始、末端电压都为定值时，末端的有功、无功功率。

由图 5.6 可见，在始、末端电压都受到限制时，随着末端有功功率负荷的增大，负荷的功率因数也必须由滞后逐步转为超前。而且，对应于一定的两端电压，有一最大可能的 P_2 值 $P_{2\max}$。$P_{2\max}$ 常称线路功率极限，是一个仅取决于线路两端电压和线路本身阻抗的极限。但线路实际上不可能运行于这一极限，因在抵达这一极限前，导线可能已过热。除末端功率圆图外，还有始端功率圆图。但因两者的绘制方法相似，此处从略。

不难发现，电力线路的末端功率圆图与发电机组的运行极限图十分相似。图 5.6 中的圆弧 U 就对应于图 4.5 中的圆弧 F；而图 5.6 中的圆弧 S_2S_2 就对应于图 4.5 中的圆弧 S。事实上，图 5.6 与图 4.5 的差别仅源于绘制图 5.6 时计及了线路电阻，而绘制图 4.5 时略去了发电机定子绕组的电阻。

5.1.3 变压器运行状况的计算

1. 变压器中的电压降落、功率损耗和电能损耗

推导得出线路的功率计算和电压计算公式后，就可将它们套用于变压器的功率计算和电压计算(图 5.7)。

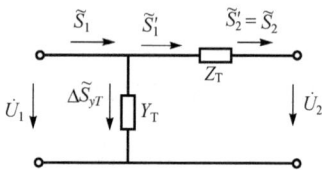

图 5.7 变压器中的电压和功率

类似式(5-2)，可列出变压器阻抗支路中损耗的功率 ΔS_{zT} 为

$$\Delta \tilde{S}_{zT} = \left(\frac{S_2'}{U_2}\right)^2 Z_T = \frac{P_2'^2 + Q_2'^2}{U_2^2}(R_T + jX_T)$$

$$= \frac{P_2'^2 + Q_2'^2}{U_2^2}R_T + j\frac{P_2'^2 + Q_2'^2}{U_2^2}X_T = \Delta P_{zT} + jQ_{zT} \quad (5\text{-}13)$$

类似于式(5-3)，可列出变压器励磁支路功率 $\Delta \tilde{S}_{yT}$ 为

$$\Delta \tilde{S}_{yT} = (Y_T \dot{U}_1)^* \dot{U}_1 = \overset{*}{Y}_T \overset{*}{U}_1 \dot{U}_1 = (G_T + jB_T)U_1^2$$

$$= G_T U_1^2 + jB_T U_1^2 = \Delta P_{yT} + jQ_{yT} \quad (5\text{-}14)$$

类似式(5-4)，可列出变压器阻抗中电压降落的纵、横分量为

$$\Delta U_T = \frac{P_2' R_T + Q_2' X_T}{U_2}, \quad \delta U_T = \frac{P_2' X_T - Q_2' R_T}{U_2} \quad (5\text{-}15)$$

类似式(5-5)，可列出变压器电源端的电压 U_1 为

$$U_1 = \sqrt{(U_2 + \Delta U_T)^2 + (\delta U_T)^2} \quad (5\text{-}16)$$

而类似式(5-6)，又可列出变压器电源端和负荷端电压间的相位角 δ_T 为

$$\delta_T = \arctan \frac{\delta U_T}{U_2 + \Delta U_T} \quad (5\text{-}17)$$

仅需注意，变压器励磁支路的无功功率与线路导纳支路的无功功率符号相反。

实际上，上列公式是用于计算变电所变压器中的功率和电压的。这是因为对变电所，

经常是负荷侧的功率为已知。而对发电厂，因经常是电源侧的功率为已知，它的变压器应从电源侧起算。这时，计算电压的公式相似于式(5-9)～式(5-11)，即

$$\Delta U'_T = \frac{P'_1 R_T + Q'_1 X_T}{U_1}, \quad \delta U'_T = \frac{P'_1 X_T - Q'_1 R_T}{U_1} \tag{5-18}$$

$$U_2 = \sqrt{(U_1 - \Delta U'_T)^2 + (\delta U'_T)^2} \tag{5-19}$$

$$\delta_T = \arctan \frac{-\delta U'_T}{U_1 - \Delta U'_T} \tag{5-20}$$

至于变压器中的电能损耗，电阻中损耗即铜耗部分；电导中损耗即铁耗部分则可近似取变压器空载损耗 P_0 与变压器运行小时数的乘积。变压器运行小时数等于一年 8760h 减去因检修等而退出运行的小时数。

如不必求取变压器内部的电压降落，可不制定变压器的等值电路而直接由制造厂提供的试验数据计算其功率损耗。为此，将式(3-17)～式(3-20)代入式(5-13)、式(5-14)，整理后得

$$\Delta P_{zT} = \frac{P_k U_N^2 S_2'^2}{1000 U_2^2 S_N^2}, \quad \Delta Q_{zT} = \frac{U_k\% U_N^2 S_2'^2}{100 U_2^2 S_N} \tag{5-21}$$

$$\Delta P_{yT} = \frac{P_0 U_1^2}{1000 U_N^2}, \quad \Delta Q_{yT} = \frac{I_0\% S_N U_1^2}{100 U_N^2} \tag{5-22}$$

对发电厂的变压器，则应有

$$\Delta P_{zT} = \frac{P_k U_N^2 S_1'^2}{1000 U_1^2 S_N^2}, \quad \Delta Q_{zT} = \frac{U_k\% U_N^2 S_1'^2}{100 U_1^2 S_N} \tag{5-23}$$

这些都是精确计算公式。如计及 $S_2 = S_2'$，并取 $S_1 \approx S_1'$、$U_1 \approx U_2 \approx U_N$，它们又可简化为

$$\Delta P_{zT} = \frac{P_k S_2^2}{1000 S_N^2}, \quad \Delta Q_{zT} = \frac{U_k\% S_N}{100} \frac{S_2^2}{S_N^2} \tag{5-24}$$

$$\Delta P_{yT} = \frac{P_0}{1000}, \quad \Delta Q_{yT} = \frac{I_0\%}{100} S_N \tag{5-25}$$

$$\Delta P_{zT} = \frac{P_k S_1^2}{1000 S_N^2}, \quad \Delta Q_{zT} = \frac{U_k\% S_N}{100} \frac{S_1^2}{S_N^2} \tag{5-26}$$

由式(5-24)、式(5-25)、式(5-26)可见，额定条件下运行时，变压器电抗中损耗的无功功率就等于以标幺值表示的短路电压乘以额定功率；电纳中损耗的无功功率则等于以标幺值表示的空载电流乘以额定功率。计算电阻和电导中损耗的有功功率时，要注意制造厂原提供的单位(kW)与电力系统计算中常取的单位(MW)之间的换算。

2. 节点注入功率、运算负荷和运算功率

求得变压器中的功率损耗后，可将变电所负荷侧的负荷功率 P_2、Q_2 与按式(5-21)和式(5-22)求得的功率损耗相加，得直接连接在变电所电源侧母线上的等值负荷功率 P_1、Q_1；或

从发电厂电源侧的电源功率 P_1、Q_1 中减去按式(5-23)、式(5-22)求得的功率损耗，得直接连接在发电厂负荷侧母线上的等值电源功率 P_2、Q_2。

等值电源功率，在运用计算机计算并将发电厂负荷侧母线看作一个节点时，又称该节点的注入功率，即电源向网络注入的功率，而与之相对应的电流则称注入电流。注入功率或注入电流总以流入网络为正。从而，等值负荷功率，即负荷从网络吸取的功率，就可看作具有负值的变电所(电源侧母线)节点的注入功率。

手算时，往往还将变电所或发电厂母线上所连线路对地电纳中无功功率的一半也并入等值负荷或等值电源功率，并分别称为运算负荷(功率)或运算(电源)功率。显然，在计算运算负荷时，若等值负荷功率属感性，应在等值负荷的无功功率中减去这部分容性电纳中的无功功率；在计算运算功率时，若等值电源功率属感性，应在等值电源的无功功率中加入这部分容性电纳中的无功功率。显然，这时的运算功率和运算负荷也可分别看作具有正值和负值的注入功率。负荷功率、等值负荷功率、运算负荷以及电源功率、等值电源功率、运算功率之间的关系如图 5.8 所示。

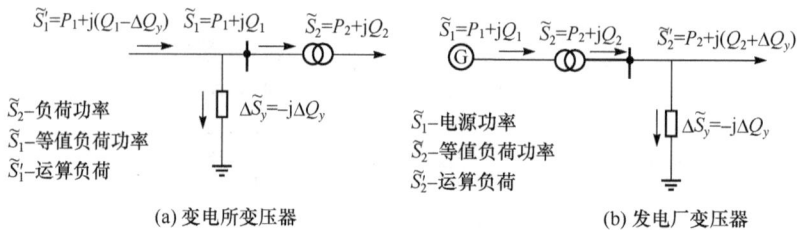

$\tilde{S}_1' = P_1 + j(Q_1 - \Delta Q_y)$　$\tilde{S}_1 = P_1 + jQ_1$　$\tilde{S}_2 = P_2 + jQ_2$　　$\tilde{S}_1 = P_1 + jQ_1$　$\tilde{S}_2 = P_2 + jQ_2$　$\tilde{S}_2' = P_2 + j(Q_2 + \Delta Q_y)$

$\Delta\tilde{S}_y = -j\Delta Q_y$　　　$\Delta\tilde{S}_y = -j\Delta Q_y$

$\tilde{S}_2$—负荷功率　　　　　　　　　　$\tilde{S}_1$—电源功率
$\tilde{S}_1$—等值负荷功率　　　　　　　　$\tilde{S}_2$—等值负荷功率
$\tilde{S}_1'$—运算负荷　　　　　　　　　　$\tilde{S}_2'$—运算负荷

(a) 变电所变压器　　　　　　　　　　(b) 发电厂变压器

图 5.8　几种负荷功率、电源功率之间的关系

以上的讨论同样适用于其他型式的变压器，如三绕组变压器、自耦变压器等。

5.2　辐射形和环形网络中的潮流分布

5.2.1　辐射形网络中的潮流分布

就潮流分布而言，辐射形网络可理解为包括图 2.12 所示的三种无备用接线网络，也包括图 5.9 所示的三种有备用接线网络。

最简单的辐射形网络如图 5.9(a)所示，它是一个只包含升、降压变压器和一段单回路输电线的输电系统，并以发电机端点为始端，这个输电系统的等值电路如图 5.9(b)所示。作图 5.9(b)时，将发电厂变压器的励磁支路移至负荷侧以简化分析。图 5.9(b)可简化为图 5.9(c)，在简化的同时，将各阻抗、导纳重新编号如图 5.9 所示。

对图 5.9(c)所示等值电路，原则上可运用节点电压法、回路电流法等列出方程式组，联立求解。例如，可列出两个独立的节点电流平衡关系式或三个独立的回路电压平衡关系式，而各节点或各回路的电流或电压已知时，它们都是线性方程式组，可直接求得解析解。但实际中，计算电力系统潮流分布时，已知的既不是电流也不是电压，而是功率-各节点注入功率。如以 $\overset{*}{S}/\overset{*}{U}$ 或 $\tilde{S}/\overset{*}{I}$ 取代这些方程式组中的电流 $\dot{I}$ 或电压 $\dot{U}$，它们就变成非线性方程式组，一般不再能直接求解解析，只能迭代求近似解。运用计算机计算时，这种迭代求解并不困难，而且也正是这样计算的。但手算时，因反复迭代解复数方程式组计算工作量很大，不宜采用这种方法。

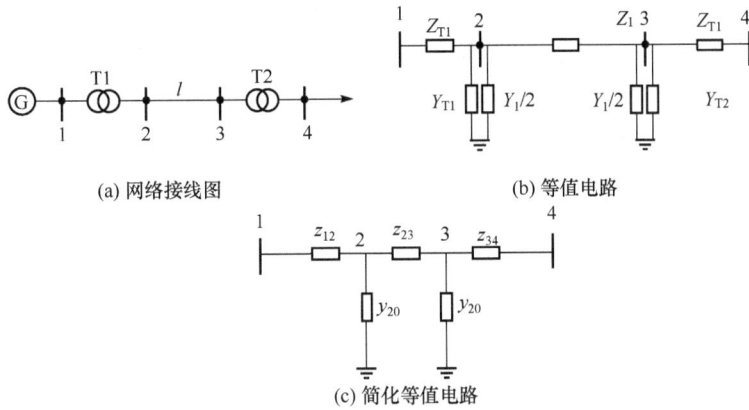

(a) 网络接线图   (b) 等值电路

(c) 简化等值电路

图 5.9　最简单辐射形网络

考虑到图 5.9(a)所示网络接线很简单，可利用已导得的计算线路、变压器中电压降落、功率损耗的公式，直接按图 5.9(c)所示等值电路，计算其潮流分布。这时，在已知母线 4 上的负荷功率 $\tilde{S}_4$，并对各母线电压没有严格要求时，可先假设一个略低于额定电压值的母线 4 电压 $\dot{U}_4$，连同已知的 $\dot{S}_4$，运用式(5-13)～式(5-17)，计算变压器 T2 中的电压降落和功率损耗。在求得母线 3 电压以和该母线上的负荷功率后，又可运用式(5-1)～式(5-6)，计算线路对地导纳支路功率和阻抗支路的电压降落、功率损耗，从而求得母线 2 电压 $\dot{U}_2$ 和该母线上的负荷功率 $\tilde{S}_2$。最后，按求得的 $\dot{U}_2$、$\tilde{S}_2$，再次运用式(5-13)～式(5-17)，计算变压器 T1 中的电压降落和功率损耗并求取母线 1 的电压 $\dot{U}_1$ 和该母线上的负荷功率 $\tilde{S}_1$。

不言而喻，这种逐段推算都是将所有参数和变量归算至同一电压等级后进行的。因此，在求得各母线电压后，还应按相应的变比将它们归算至原电压级。进行这种归算后，还应检查一次这些电压是否过多地偏离额定值。一般，电压偏移不允许大于 10%。如出现这种情况，应重新假设，重复上述全部计算过程。

有时不仅给定末端负荷功率 $\tilde{S}_4$，还给定了始端电压 $\dot{U}_1$。显然，反复推算才能获得同时满足两个限制条件的结果。推算的步骤大致是：这时的潮流计算必须首先运用假设的末端电压 $\dot{U}_4^{(0)}$ 和给定的末端功率 $\tilde{S}_4^{(0)}$ 由末端向始端逐段推算，求得始端电压 $\dot{U}_1^{(1)}$ 和功率 $\tilde{S}_1^{(1)}$；再运用给定的始端电压 $\dot{U}_1^{(0)}$ 和求得的始端功率 $\tilde{S}_1^{(1)}$ 由始端向末端逐段推算，求得末端电压 $\dot{U}_4^{(1)}$ 和功率 $\tilde{S}_4^{(1)}$；然后，再运用求得的末端电压 $\dot{U}_4^{(1)}$ 和给定的末端功率 $\tilde{S}_4^{(0)}$ 由末端向始端逐段推算，再一次求得始端电压 $\dot{U}_1^{(2)}$ 和功率 $\tilde{S}_1^{(2)}$；依次类推。不难见到，这种反复推算、逐步逼近，其实已属迭代解算的范畴。虽然在实践中，经过一次往返就可获得足够精确的结果。

这种计算步骤适用于任意辐射形网络。但网络中变电所较多时，往往先用额定电压按 5.1.3 节中介绍的方法求出等值负荷功率或运算负荷，然后再计算线路各支路的电压降落和功率损耗。而对既给定末端负荷又给定始端电压的情况，通常还进一步采用如下的简化计算步骤，即开始由末端向始端推算时，设全网电压都为额定电压，仅计算各元件中的功率损耗而不计算电压降落；待求得始端功率后，再运用给定的始端电压和求得的始端功率由始端向末端逐段推算电压降落，但这时不再重新计算功率损耗。

【例 5-1】 电力线路长 80km，额定电压为 110kV，末端联一容量为 20MV·A、变比为 110kV/38.5kV 的降压变压器。变压器低压侧负荷为 15+j11.25MV·A，正常运行时要求电压达 36kV。试求电源处母线上应有的电压和功率。计算时要求：(1)采用有名制；(2)采用标幺制，$S_B = 15MV·A$，$U_B = 110kV$。

线路采用旧标准 LGJ-120 导线，其单位长度阻抗、导纳为：$r_1 = 0.27\Omega/km$，$x_1 = 0.412\Omega/km$，$g_1 = 0$，$b_1 = 2.76 \times 10^{-6}S/km$。

归算至 110kV 侧的变压器阻抗、导纳为：$R_T = 4.93\Omega$，$X_T = 63.5\Omega$，$G_T = 4.95 \times 10^{-6}S$，$B_T = 49.5 \times 10^{-6}S$。网络接线如图 5.10 所示。

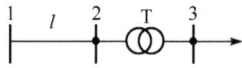

图 5.10　网络接线图

解　先分别绘出以有名制和标幺制表示的等值电路如图 5.11 所示。然后分别以有名制和标幺制计算潮流分布，如表 5.1 所示。

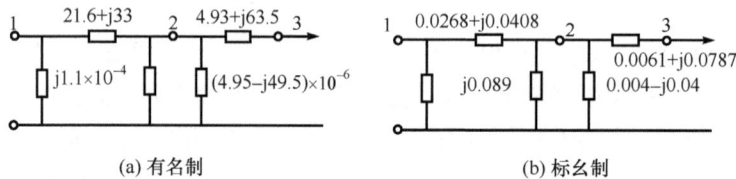

图 5.11　等值电路

表 5.1　以有名制和标幺制计算潮流分布

运用有名制计算(图 5.11(a))	运用标幺制计算(图 5.11(b))
$R_l = r_1 l = 0.27 \times 80 = 21.6\,(\Omega)$	$R_{l*} = r_1 l \dfrac{S_B}{U_B^2} = 0.27 \times 80 \times \dfrac{15}{110^2} = 0.0268$
$X_l = x_1 l = 0.412 \times 80 = 33.0\,(\Omega)$	$X_{l*} = x_1 l \dfrac{S_B}{U_B^2} = 0.412 \times 80 \times \dfrac{15}{110^2} = 0.0408$
$\dfrac{1}{2}B_l = \dfrac{1}{2}b_1 l = \dfrac{1}{2} \times 2.76 \times 10^{-6} \times 80 = 1.1 \times 10^{-4}\,(S)$	$\dfrac{1}{2}B_{l*} = \dfrac{1}{2}b_1 l \dfrac{U_B^2}{S_B} = \dfrac{1}{2} \times 2.76 \times 10^{-6} \times 80 \times \dfrac{110^2}{15} = 0.089$
$R_T = 4.93\,(\Omega)$	$R_{T*} = R_T \dfrac{S_B}{U_B^2} = 4.93 \times \dfrac{15}{110^2} = 0.0061$
$X_T = 63.5\,(\Omega)$	$X_{T*} = X_T \dfrac{S_B}{U_B^2} = 63.5 \times \dfrac{15}{110^2} = 0.0787$
$G_T = 4.95 \times 10^{-6}\,(S)$	$G_{T*} = G_T \dfrac{U_B^2}{S_B} = 4.95 \times 10^{-6} \times \dfrac{110^2}{15} = 0.004$
$B_T = 49.5 \times 10^{-6}\,(S)$	$B_{T*} = B_T \dfrac{U_B^2}{S_B} = 49.5 \times 10^{-6} \times \dfrac{110^2}{15} = 0.04$
$\tilde{S}_3 = 15 + j11.25\,(MV·A)$	$\tilde{S}_{3*} = \tilde{S}_3/S_B = (15 + j11.25)/15 = 1.00 + j0.75$
$U_3 = 36 \times 110/38.5 = 102.85\,(kV)$	$U_{3*} = U_3/U_B = \dfrac{36 \times 110}{110 \times 38.5} = 0.935$
$\Delta P_{zT} = \dfrac{P_3^2 + Q_3^2}{U_3^2} R_T = \dfrac{15^2 + 11.25^2}{102.85^2} \times 4.93 = 0.16\,(MW)$	$\Delta P_{zT*} = \dfrac{P_{3*}^2 + Q_{3*}^2}{U_{3*}^2} R_{T*} = \dfrac{1.00^2 + 0.75^2}{0.935^2} \times 0.0061 = 0.0109$

运用有名制计算(图 5.11(a))	运用标幺制计算(图 5.11(b))

$\Delta Q_{zT} = \dfrac{P_3^2 + Q_3^2}{U_3^2} X_T = \dfrac{15^2 + 11.25^2}{102.85^2} \times 63.5 = 2.11 \,(\text{Mvar})$

$\Delta U_T = \dfrac{P_3 R_T + Q_3 X_T}{U_3} = \dfrac{15 \times 4.93 + 11.25 \times 63.5}{102.85} = 7.67 \,(\text{kV})$

$\delta U_T = \dfrac{P_3 X_T - Q_3 R_T}{U_3} = \dfrac{15 \times 63.5 - 11.25 \times 4.93}{102.85} = 8.71 \,(\text{kV})$

$U_2 = \sqrt{(U_3 + \Delta U_T)^2 + (\delta U_T)^2}$
$\quad = \sqrt{(102.85 + 7.67)^2 + 8.71^2} = 110.86 \,(\text{kV})$

不计 δU_T 时，有

$U_2 = U_3 + \Delta U_T = 102.85 + 7.67 = 110.52 \,(\text{kV})$

$\delta_T = \arctan \dfrac{\delta U_T}{U_3 + \Delta U_T} = \arctan \dfrac{8.71}{110.52} = 4.51°$

$\Delta P_{yT} = G_T U_2^2 = 4.95 \times 10^{-6} \times 110.52^2 = 0.06 \,(\text{MW})$

$\Delta Q_{yT} = B_T U_2^2 = 49.5 \times 10^{-6} \times 110.52^2 = 0.6 \,(\text{Mvar})$

$\tilde{S}_2 = P_2 + jQ_2 = (P_3 + \Delta P_{zT} + \Delta P_{yT}) + j(Q_3 + \Delta Q_{zT} + \Delta Q_{yT})$
$\quad = (15 + 0.16 + 0.06) + j(11.25 + 2.11 + 0.6)$
$\quad = 15.22 + j13.96 \,(\text{MV} \cdot \text{A})$

$\Delta Q_{yl2} = \dfrac{1}{2} B_l U_2^2 = 1.1 \times 10^{-4} \times 110.52^2 = 1.34 \,(\text{Mvar})$

$\tilde{S}_2' = P_2 + j(Q_2 - \Delta Q_{yl2}) = 15.22 + j(13.96 - 1.34)$
$\quad = 15.22 + j12.62 \,(\text{MV} \cdot \text{A})$

$\Delta P_{zl} = \dfrac{P_2'^2 + Q_2'^2}{U_2^2} R_l = \dfrac{15.22^2 + 12.62^2}{110.52^2} \times 21.6 = 0.691 \,(\text{MW})$

$\Delta Q_{zl} = \dfrac{P_2'^2 + Q_2'^2}{U_2^2} X_l = \dfrac{15.22^2 + 12.62^2}{110.52^2} \times 33.0 = 1.056 \,(\text{Mvar})$

$\Delta U_l = \dfrac{P_2' R_l + Q_2' X_l}{U_2} = \dfrac{15.22 \times 21.6 + 12.62 \times 33.0}{110.52} = 6.74 \,(\text{kV})$

$\delta U_l = \dfrac{P_2' X_l - Q_2' R_l}{U_2} = \dfrac{15.22 \times 33.0 - 12.62 \times 21.6}{110.52} = 2.08 \,(\text{kV})$

不计 δU_l 时，有

$U_1 = U_2 + \Delta U_l = 110.52 + 6.74 = 117.26 \,(\text{kV})$

$\delta_l = \arctan \dfrac{\delta U_l}{U_2 + \Delta U_l} = \arctan \dfrac{2.08}{117.26} = 1°$

$\Delta Q_{yl1} = \dfrac{1}{2} B_l U_1^2 = 1.1 \times 10^{-4} \times 117.26^2 = 1.512 \,(\text{Mvar})$

$\tilde{S}_1 = P_1 + jQ_1 = (P_2' + \Delta P_{zl}) + j(Q_2' + \Delta Q_{zl} - \Delta Q_y e_1)$
$\quad = (15.22 + 0.691) + j(12.62 + 1.056 - 1.512)$
$\quad = 15.91 + j12.16 \,(\text{MV} \cdot \text{A})$

$\Delta Q_{zT*} = \dfrac{P_{3*}^2 + Q_{3*}^2}{U_{3*}^2} X_{T*} = \dfrac{1.00^2 + 0.75^2}{0.935^2} \times 0.0787 = 0.141$

$\Delta U_{T*} = \dfrac{P_{3*} R_{T*} + Q_{3*} X_{T*}}{U_{3*}} = \dfrac{1.00 \times 0.0061 + 0.75 \times 0.0787}{0.935} = 0.0697$

$\delta U_{T*} = \dfrac{P_{3*} X_{T*} - Q_{3*} R_{T*}}{U_{3*}}$
$\quad = \dfrac{1.00 \times 0.0787 - 0.75 \times 0.0061}{0.935} = 0.0793$

$U_{2*} = \sqrt{(U_{3*} + \Delta U_{T*})^2 + (\delta U_{T*})^2}$
$\quad = \sqrt{(0.935 + 0.0697)^2 + 0.0793^2} = 1.008$

不计 δU_{T*} 时，有

$U_{2*} = U_{3*} + \Delta U_{T*} = 0.935 + 0.0697 = 1.005$

$\delta_{T*} = \arctan \dfrac{\delta U_{T*}}{U_{3*} + \Delta U_{T*}} = \arctan \dfrac{0.0793}{1.005} = 0.0787$

$\Delta P_{yT*} = G_{T*} U_{2*}^2 = 0.004 \times 1.005^2 \approx 0.004$

$\Delta Q_{yT*} = B_{T*} U_{2*}^2 = 0.04 \times 1.005^2 \approx 0.04$

$\tilde{S}_{2*} = P_{2*} + jQ_{2*} = (P_{3*} + \Delta P_{zT*} + \Delta P_{yT*}) + j(Q_{3*} + \Delta Q_{zT*} + \Delta Q_{yT*})$
$\quad = (1.00 + 0.0109 + 0.004) + j(0.75 + 0.141 + 0.04)$
$\quad = 1.015 + j0.931$

$\Delta Q_{yl2*} = \dfrac{1}{2} B_{l*} U_{2*}^2 = 0.089 \times 1.005^2 = 0.090$

$\tilde{S}_{2*}' = P_{2*} + j(Q_{2*} - \Delta Q_{yl2*}) = 1.015 + j(0.931 - 0.090)$
$\quad = 1.015 + j0.841$

$\Delta P_{zl*} = \dfrac{P_{2*}'^2 + Q_{2*}'^2}{U_{2*}^2} R_{l*} = \dfrac{1.015^2 + 0.841^2}{1.005^2} \times 0.0268 = 0.0461$

$\Delta Q_{zl*} = \dfrac{P_{2*}'^2 + Q_{2*}'^2}{U_{2*}^2} X_{l*} = \dfrac{1.015^2 + 0.841^2}{1.005^2} \times 0.0408 = 0.0701$

$\Delta U_{l*} = \dfrac{P_{2*}' R_{l*} + Q_{2*}' X_{l*}}{U_2} = \dfrac{1.015 \times 0.0268 + 0.841 \times 0.0408}{1.005} = 0.0612$

$\delta U_{l*} = \dfrac{P_{2*}' X_{l*} - Q_{2*}' R_{l*}}{U_2} = \dfrac{1.015 \times 0.0408 - 0.841 \times 0.0268}{1.005} = 0.0188$

不计 δU_{l*} 时，有

$U_{1*} = U_{2*} + \Delta U_{l*} = 1.005 + 0.0612 = 1.066$

$\delta_{l*} = \arctan \dfrac{\delta U_{l*}}{U_{2*} + \Delta U_{l*}} = \arctan \dfrac{0.0188}{1.066} = 0.0176$

$\Delta Q_{yl1*} = \dfrac{1}{2} B_{l*} U_{1*}^2 = 0.089 \times 1.066^2 = 0.101$

$\tilde{S}_{1*} = P_{1*} + jQ_{1*} = (P_{2*}' + \Delta P_{zl*}) + j(Q_{2*}' + \Delta Q_{zl*} - \Delta Q_{yl1*})$
$\quad = 1.015 + 0.0461 + j(0.841 + 0.0701 - 0.101)$
$\quad = 1.061 + j0.810$

本输电系统的有关技术经济指标如下：

$$始端电压偏移 \% = \frac{U_1 - U_N}{U_N} \times 100\% = \frac{117.26 - 110}{110} \times 100\% = 6.60\%$$

$$\text{末端电压偏移 \%} = \frac{U_3 - U_N}{U_N} \times 100\% = \frac{36 - 35}{35} \times 100\% = 2.86\%$$

$$\text{电压损耗 \%} = \frac{U_1 - U_3}{U_4} \times 100\% = \frac{117.26 - 102.85}{110} \times 100\% = 13.1\%$$

$$\text{输电效率 \%} = \frac{P_3}{P_1} \times 100\% = \frac{15}{15.91} \times 100\% = 94.3\%$$

这些指标都较理想，因所计算的是一个负荷较轻的运行状况。由于负荷较轻，加之负荷功率因数较低，线路电阻 R_l 又较大，线路始末端电压间的相位角很小，$\delta_1 = 1°$。

5.2.2 环形网络中的潮流分布

就潮流分布而言，环形网络可理解为包括图 5.12(d)、图 5.13 所示的环式和两端供电网络。以下，先分别讨论这两种网络中的功率分布。

1. 环式网络中的功率分布

最简单的环式网络如图 5.12(a)所示。它只有一个单一的环。这单一环网的等值电路如图 5.12(b)所示。作图 5.12(b)时，与作图 5.9(b)时相同，也以发电机端点为始端，并将发电厂变压器的励磁支路移至负荷侧。图 5.12(b)也可简化图 5.12(c)，在简化的同时，也将各阻抗、导纳重新编号。

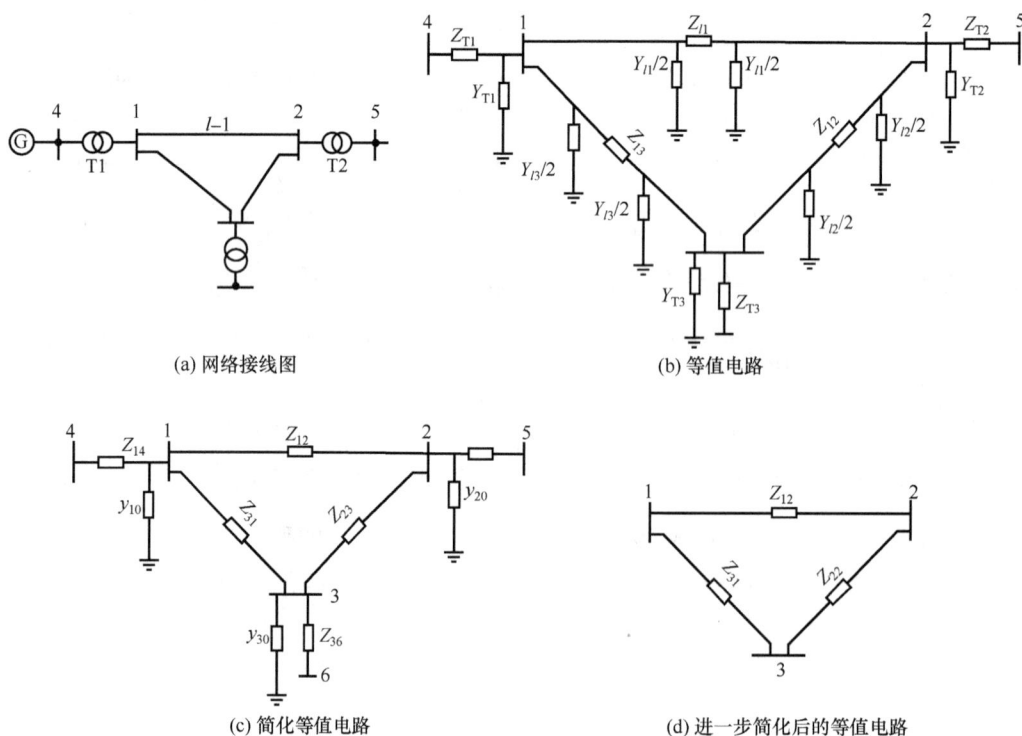

(a) 网络接线图　　　　　　　　　　　　　(b) 等值电路

(c) 简化等值电路　　　　　　　　(d) 进一步简化后的等值电路

图 5.12　最简单环式网络

由图 5.12(c)可见，这种最简单单一环网的简化等值电路已相当复杂，需将其进一步简化。所谓进一步简化，即在全网电压都为额定电压的假设下，计算各变电所的运算负荷和发电厂的运算功率，并将它们接在相应的节点。这时，等值电路中就不再包含该变压器的阻抗支路和母线上并联的导纳支路，如图 5.12(d)所示。在以下所有关于环式和两端供电网络手算方法的讨论中，设电路都已经进行过这种简化。显然，如对单回路输电系统的简化等值电路图 5.9(c)也作这种简化，简化后就只剩一个线路阻抗支路。

对图 5.12(d)所示等值电路，原则上也可运用节点电压法、回路电流法等求解。但问题仍在于已知的往往是节点功率而不是电流，由节点功率求取节点电流时，需已知节点电压，而节点电压本身待求。因而，仍无法避免迭代求解复数方程式。好在对单一环网，待解的只有一个回路方程式：

$$0 = z_{12}\dot{I}_a + z_{23}(\dot{I}_a + \dot{I}_2) + z_{31}(\dot{I}_a + \dot{I}_2 + \dot{I}_3) \tag{5-27}$$

式中，$\dot{I}_a$ 为流经阻抗 z_{12} 的电流；$\dot{I}_1$、$\dot{I}_2$ 为节点 2、3 的注入电流。

如仍采用全网电压都为额定电压的假设，回路电流法仍不失为可取的方法。

因此，如认为计算简单辐射形网络的方法运用了节点电压法中的节点电流平衡关系，则计算简单环式网络的方法就是简化的回路电流法。

这种简化就是运用近似的方法从功率 $\tilde{S}$ 求取相应的电流 $\dot{I}$，即设电流 $\dot{I}$ 正比于复功率的共扼值 $\overset{*}{S}$，或 $\dot{I} = \overset{*}{S}/U_N$。再设图 5.12(d)中节点 2、3 的运算负荷 $\tilde{S}_2$、$\tilde{S}_3$ 已知，则由式(5-27)，并计及运算负荷的符号与注入功率即注入电流的符号相反，可得

$$z_{12}\overset{*}{S}_a + z_{23}(\overset{*}{S}_a - \overset{*}{S}_2) + z_{31}(\overset{*}{S}_a - \overset{*}{S}_2 - \overset{*}{S}_3) = 0$$

式中，$\tilde{S}_a$ 就是与 $\dot{I}_a$ 相对应的、流经阻抗 z_{12} 的功率。

由上式可解得

$$\tilde{S}_a = \frac{(\overset{*}{z}_{23} + \overset{*}{z}_{31})\tilde{S}_2 + \overset{*}{z}_{31}\tilde{S}_3}{\overset{*}{z}_{12} + \overset{*}{z}_{23} + \overset{*}{z}_{31}} \tag{5-28a}$$

相似地，流经阻抗 z_{31} 的功率 $\tilde{S}_b$ 为

$$\tilde{S}_b = \frac{(\overset{*}{z}_{32} + \overset{*}{z}_{21})\tilde{S}_3 + \overset{*}{z}_{21}\tilde{S}_2}{\overset{*}{z}_{31} + \overset{*}{z}_{23} + \overset{*}{z}_{21}} \tag{5-28b}$$

对上两式可作如下理解。将节点 1 一分为二，可得一等值两端供电网络的等值电路如图 5.13 所示。其两端电压大小相等、相位相同。令图中节点 2、3 与节点 1 之间的总阻抗分别为 Z_2'、Z_3'，与节点 1′ 之间的总阻抗分别为 Z_2、Z_3；环网的总阻抗为 Z_Σ，则它们可分别改写为

$$\left.\begin{array}{l} \tilde{S}_a = \dfrac{\tilde{S}_2 Z_2 + \tilde{S}_3 \overset{*}{Z}_3}{\overset{*}{Z}_\Sigma} = \dfrac{\sum \tilde{S}_m \overset{*}{Z}_m}{\overset{*}{Z}_\Sigma} \quad (m = 2,3) \\[4mm] \tilde{S}_b = \dfrac{\tilde{S}_2 Z_2' + \tilde{S}_3 \overset{*}{Z}_3'}{\overset{*}{Z}_\Sigma} = \dfrac{\sum \tilde{S}_m \overset{*}{Z}_m'}{\overset{*}{Z}_\Sigma} \quad (m = 2,3) \end{array}\right\} \tag{5-29}$$

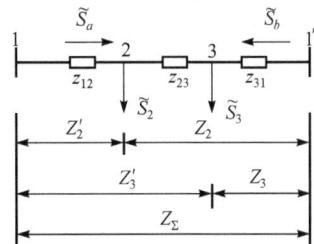

图 5.13 等值两端供电网络的等值电路

式(5-29)与力学中梁的反作用力的计算公式很相似，网络中的负荷相当于梁的集中载荷，电源供应的功率则相当于梁的支点的反作用力，因而，很便于记忆。

还应指出，由于采用了 $\overset{*}{I} = \overset{*}{S}/U_{\mathrm{N}}$ 的假设，式(5-29)实质上是用电流计算的公式。在这种假设下，有如下的关系：

$$\tilde{S}_a + \tilde{S}_b + \tilde{S}_c = \tilde{S}_2 + \tilde{S}_3 = \sum \tilde{S}_m, \quad m = 2,3 \tag{5-30}$$

式(5-30)可用以校核式(5-29)的计算结果。无疑，这两式可推广应用于有更多节点的环网。

式(5-29)需进行大量复数乘除，虽便于记忆，却不实用。为此，要对其进行某些形式上的变更。

令 $1/\overset{*}{Z} = \overset{*}{Y}_\Sigma = G_\Sigma + jB_\Sigma$。式中，$G_\Sigma = R_\Sigma/(R_\Sigma^2 + X_\Sigma^2)$，$B_\Sigma = X_\Sigma/(R_\Sigma^2 + X_\Sigma^2)$。以此代入式(5-29)，得

$$\tilde{S}_a = (G_\Sigma + jB_\Sigma) \sum \tilde{S}_m \overset{*}{Z}_m$$

或

$$\begin{aligned}
\tilde{S}_a &= (G_\Sigma + jB_\Sigma) \sum (P_m + jQ_m)(R_m - jX_m) \\
&= \Big[G_\Sigma (P_m R_m + Q_m X_m) + B_\Sigma \sum (P_m X_m - Q_m R_m) \Big] \\
&\quad + j \Big[B_\Sigma \sum (P_m R_m + Q_m X_m) - G_\Sigma \sum (P_m X_m - Q_m R_m) \Big]
\end{aligned}$$

从而

$$\left.\begin{aligned}
P_a &= G_\Sigma (P_m R_m + Q_m X_m) + B_\Sigma \sum (P_m X_m - Q_m R_m) \\
Q_a &= B_\Sigma (P_m R_m + Q_m X_m) - G_\Sigma \sum (P_m X_m - Q_m R_m)
\end{aligned}\right\} \tag{5-31a}$$

相似地

$$\left.\begin{aligned}
P_a &= G_\Sigma \sum (P_m R_m' + Q_m X_m') + B_\Sigma \sum (P_m X_m' - Q_m R_m') \\
Q_a &= B_\Sigma \sum (P_m R_m' + Q_m X_m') - G_\Sigma \sum (P_m X_m' - Q_m R_m')
\end{aligned}\right\} \tag{5-31b}$$

求得 $\tilde{S}_a$ 或 $\tilde{S}_b$ 后，即可求取环网各线段中流通的功率。而求得这些功率后将发现，网中某些节点的功率是由两侧向其流动的。这种节点称功率分点。通常在功率分点上加"▼"以资区别。如有功、无功功率的分点不一致，则以"▼"、"▽"分别表示有功功率、无功功率分点。

如网络中所有线段单位长度的参数完全相等，式(5-29)可改写为

$$\tilde{S}_a = \frac{\sum \tilde{S}_m l_m}{l_\Sigma}, \quad \tilde{S}_b = \frac{\sum \tilde{S}_m l_m'}{l_\Sigma} \tag{5-32}$$

从而

$$\left.\begin{aligned}
P_a &= \frac{\sum P_m l_m}{l_\Sigma}, \quad P_b = \frac{\sum P_m l_m'}{l_\Sigma} \\
Q_a &= \frac{\sum Q_m l_m}{l_\Sigma}, \quad Q_b = \frac{\sum Q_m l_m'}{l_\Sigma}
\end{aligned}\right\} \tag{5-33}$$

式中，l_m、l_m'、l_Σ 分别为与 Z_m、Z_m'、Z_Σ 相对应的线路长度。显然，这公式更接近于力学中计算反作用力的公式。

2. 两端供电网络中的功率分布

回路电压为零的单一环网既等值于两端电压大小相等、相位相同的两端供电网络，两端电压大小不等、相位不同的两端供电网络，如图 5.14(a)所示，也可等值于回路电压不为零的单一环网，如图 5.14(b)所示。

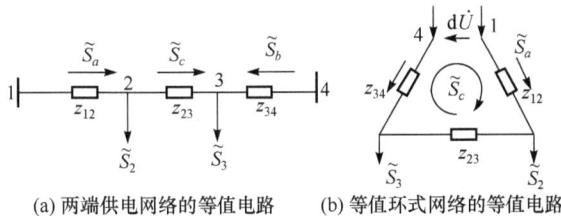

(a) 两端供电网络的等值电路   (b) 等值环式网络的等值电路

图 5.14　两端供电网络与环式网络的等值

图 5.14(b)中，令节点 1、4 的电压相差 $\dot{U}_1 - \dot{U}_4 = \mathrm{d}\dot{U}$，可得如下的回路方程式：

$$\mathrm{d}\dot{U} = z_{12}\dot{I}_a + z_{23}(\dot{I}_a + \dot{I}_2) + z_{34}(\dot{I}_a + \dot{I}_2 + \dot{I}_3)$$

计及 $\dot{I} = \dfrac{\overset{*}{S}}{U_N}$，上式可改写为

$$U_N \mathrm{d}\dot{U} = z_{12}\overset{*}{S}_a + z_{23}(\overset{*}{S}_a - \overset{*}{S}_2) + z_{34}(\overset{*}{S}_a - \overset{*}{S}_2 - \overset{*}{S}_3)$$

式中的负荷功率已改变符号。由上式可解得流经阻抗 z_{12} 的功率 $\tilde{S}_a$ 为

$$\tilde{S}_a = \frac{(\overset{*}{z}_{23} + \overset{*}{z}_{34})\tilde{S}_2 + \overset{*}{z}_{34}\tilde{S}_3}{\overset{*}{z}_{12} + \overset{*}{z}_{23} + \overset{*}{z}_{34}} + \frac{U_N \mathrm{d}\overset{*}{U}}{\overset{*}{z}_{12} + \overset{*}{z}_{23} + \overset{*}{z}_{34}} \tag{5-34a}$$

相似地，流经阻抗 z_{43} 的功率 $\tilde{S}_b$ 为

$$\tilde{S}_b = \frac{(\overset{*}{z}_{32} + \overset{*}{z}_{21})\tilde{S}_3 + \overset{*}{z}_{21}\tilde{S}_2}{\overset{*}{z}_{43} + \overset{*}{z}_{32} + \overset{*}{z}_{21}} - \frac{U_N \mathrm{d}\overset{*}{U}}{\overset{*}{z}_{43} + \overset{*}{z}_{32} + \overset{*}{z}_{21}} \tag{5-34b}$$

由式(5-34a)、式(5-34b)可见，两端电压不相等的两端供电网络中，各线段中流通的功率可看作两个功率分量的叠加。其一为两端电压相等时的功率，即图 5.14(b)中设 $\mathrm{d}\dot{U} = 0$ 时的功率；其二为取决于两端电压的差值 $\mathrm{d}\dot{U}$ 和环网总阻抗 $Z_\Sigma = z_{12} + z_{23} + z_{34}$ 的功率，称循环功率，以 $\tilde{S}_c$ 表示：

$$\tilde{S}_c = \frac{U_N \mathrm{d}\overset{*}{U}}{\overset{*}{Z}_\Sigma} \tag{5-35}$$

于是，可套用式(5-29)将式(5-34a)、式(5-34b)改写为

$$\tilde{S}_a = \frac{\sum \tilde{S}_m \overset{*}{Z}_m}{\overset{*}{Z}_\Sigma} + \tilde{S}_c, \quad \tilde{S}_b = \frac{\sum \tilde{S}_m \overset{*}{Z}_m'}{\overset{*}{Z}_\Sigma} - \tilde{S}_c \tag{5-36}$$

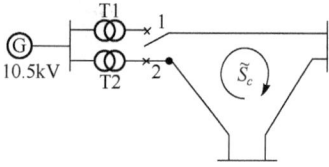

图 5.15 环形网络

注意：循环功率的正向与 $d\dot{U}$ 的取向有关。取 $d\dot{U} = \dot{U}_1 - \dot{U}_4$，则循环功率由节点 1 流向节点 4 时为正；反之，取 $d\dot{U} = \dot{U}_4 - \dot{U}_1$，则循环功率由节点 4 流向节点 1 时为正。

式(5-36)还可用以计算环网中变压器变比不匹配时的循环功率。为此，先观察图 5.15 所示环形网络。设图中变压器 T1、T2 的变比分别为 242/10.5、231/10.5。则在网络空载，且开环运行时，开口两侧将有电压差；闭环运行时，网络中将有功率循环。例如，将图中断路器 1 断开时，其左侧电压 $10.5 \times 242/10.5 = 242(\text{kV})$，右侧电压为 $10.5 \times 231/10.5 = 231(\text{kV})$；从而，将该断路器闭合时，将有顺时针方向的循环功率流动。显然，这个循环功率的大小取决于断路器两侧的电压差和环网的总阻抗，其表达式仍为式(5-35)。不同的是，式中的 $d\dot{U}$ 此处为环网开环时开口两侧的电压差，并非两个电源电压的差值。如果近似取两个变压器的变比相等(都为两侧线路额定电压的比值)，则无法计算这种循环功率。

3. 环形网络中的电压降落和功率损耗

在求得环形网络中功率分布后，还必须计算网络中各线段的电压降落和功率损耗，方能获得潮流分布计算的最终结果。

这种计算并不困难。因求得网络中功率分布后，就可确定其功率分点以及流向功率分点的功率。由于功率分点总是网络中最低电压点，可在该点将环网解开，即将环形网络看作两个辐射形网络，由功率分点开始，分别从其两侧逐段向电源端推算电压降落和功率损耗。这时运用的计算公式与计算辐射形网络时完全相同。

进行上述计算时，可能会出现两个问题：有功功率分点和无功功率分点不一致，应以哪个分点作为计算的起点?已知的是电源端电压而不是功率分点电压，应按什么电压起算?对前者可进行如下考虑：鉴于较高电压级网络中，电压损耗主要系无功功率流动所引起，无功功率分点电压往往低于有功功率分点，一般可以无功功率分点为计算的起点。对后者则要再次设网络中各点电压均为额定电压，先计算各线段功率损耗，求得电源端功率后，再运用已知的电源端电压和求得的电源端功率计算各线段电压降落。

【例 5-2】 网络接线图如图 5.16 所示。图中，发电厂 F 母线 II 上所联发电机发给定运算功率 40+j30MV·A，其余功率由母线 I 上所联发电机供给。

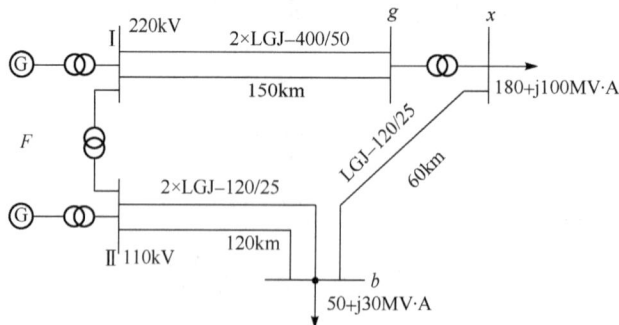

图 5.16 网络接线图

设连接母线 Ⅰ、Ⅱ 的联络变压器容量为 60MV·A，$R_\mathrm{T} = 3\Omega$，$X_\mathrm{T} = 110\Omega$；线路末端降压变压器总容量为 240MV·A，$R_\mathrm{T} = 0.8\Omega$，$X_\mathrm{T} = 23\Omega$；220kV 线路，$R_1 = 5.9\Omega$，$X_1 = 31.5\Omega$；110kV 线路，xb 段，$R_1 = 65\Omega$，$X_1 = 100\Omega$；bⅡ 段，$R_1 = 65\Omega$，$X_1 = 100\Omega$。所有阻抗均已按线路额定电压的比值归算至 220kV 侧。

降压变压器电导可略去，电纳中功率 220kV 线路电纳中功率合并后作为一 10Mvar 无功功率电源，连接在降压变压器高压侧。

设联络变压器变比为 231kV/110kV，降压变压器变比为 231kV/121kV；发电厂母线 Ⅰ 上电压为 242kV，试计算网络中的潮流分布。

解 (1) 计算初步功率分布。

按给定条件作等值电路如图 5.17 所示。

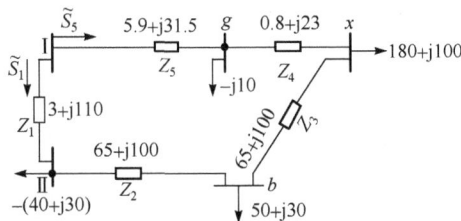

图 5.17 等值电路图

设全网电压都为额定电压，以等电压两端供电网络的计算方法计算功率分布：

$$\tilde{S}_1 = \frac{\sum \tilde{S}_m \overset{*}{Z}_m}{\overset{*}{Z}_\Sigma}$$

$$= \frac{\tilde{S}_g \overset{*}{Z}_5 + S_x (\overset{*}{Z}_5 + \overset{*}{Z}_4) + \tilde{S}_b (\overset{*}{Z}_5 + \overset{*}{Z}_4 + \overset{*}{Z}_3) + \tilde{S}_\mathrm{II} (\overset{*}{Z}_5 + \overset{*}{Z}_4 + \overset{*}{Z}_3 + \overset{*}{Z}_2)}{\overset{*}{Z}_1 + \overset{*}{Z}_2 + \overset{*}{Z}_3 + \overset{*}{Z}_4 + \overset{*}{Z}_5}$$

$$= \frac{1}{139.7 - \mathrm{j}364.5} \times [-\mathrm{j}10 \times (5.9 - \mathrm{j}31.5) + (180 + \mathrm{j}100) \times (6.7 - \mathrm{j}54.5)$$

$$+ (50 + \mathrm{j}30) \times (71.7 - \mathrm{j}154.5) - (40 + \mathrm{j}30) \times (136.7 - \mathrm{j}254.5)]$$

$$= 22.13 - \mathrm{j}4.48 \, (\mathrm{MV \cdot A})$$

$$\tilde{S}_5 = \frac{\sum \tilde{S}_m \overset{*}{Z}'_m}{\overset{*}{Z}_\Sigma}$$

$$= \frac{\tilde{S}_\mathrm{II} \overset{*}{Z}_1 + \tilde{S}_b (\overset{*}{Z}_1 + \overset{*}{Z}_2) + \tilde{S}_x (\overset{*}{Z}_1 + \overset{*}{Z}_2 + \overset{*}{Z}_3) + \tilde{S}_g (\overset{*}{Z}_1 + \overset{*}{Z}_2 + \overset{*}{Z}_3 + \overset{*}{Z}_4)}{\overset{*}{Z}_1 + \overset{*}{Z}_2 + \overset{*}{Z}_3 + \overset{*}{Z}_4 + \overset{*}{Z}_5}$$

$$= \frac{1}{139.7 - \mathrm{j}364.5} \times [-(40 + \mathrm{j}30) \times (3 - \mathrm{j}110) + (50 + \mathrm{j}30) \times (68 - \mathrm{j}210)$$

$$+ (180 + \mathrm{j}100) \times (133 - \mathrm{j}310) - \mathrm{j}10 \times (133.8 - \mathrm{j}333)]$$

$$= 167.87 + \mathrm{j}94.48 \, (\mathrm{MV \cdot A})$$

校核

$$\tilde{S}_1 + \tilde{S}_5 = (22.13 - \mathrm{j}4.48) + (167.87 + \mathrm{j}94.48) = 190 + \mathrm{j}90 \, (\mathrm{MV \cdot A})$$

$$\tilde{S}_{\mathrm{II}} + \tilde{S}_b + \tilde{S}_x + \tilde{S}_g = -(40 + \mathrm{j}30) + (50 + \mathrm{j}30) + (180 + \mathrm{j}100) - \mathrm{j}10$$
$$= 190 + \mathrm{j}90(\mathrm{MV \cdot A})$$

可见计算无误。

然后可作初步功率分布如图 5.18 所示。

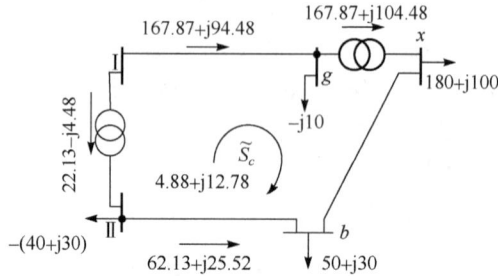

图 5.18　初步功率分布

(2) 计算循环功率。

如在联络变压器高压侧将环网解开，则开口上方电压即发电厂母线 I 电压为 242kV；开口下方电压为 $242 \times \dfrac{121}{231} \times \dfrac{231}{110} = 266.2(\mathrm{kV})$。由此可见，循环功率的流向为顺时针方向，其值为

$$\tilde{S}_c = \frac{U_{\mathrm{N}} \mathrm{d}\overset{*}{U}}{\overset{*}{Z}_{\Sigma}} = \frac{220 \times (266.2 - 242)}{139.7 - \mathrm{j}364.5}$$
$$= 4.88 + \mathrm{j}12.74(\mathrm{MV \cdot A})$$

求得循环功率后，即可计算计及循环功率时的功率分布，计算结果如图 5.19 所示。

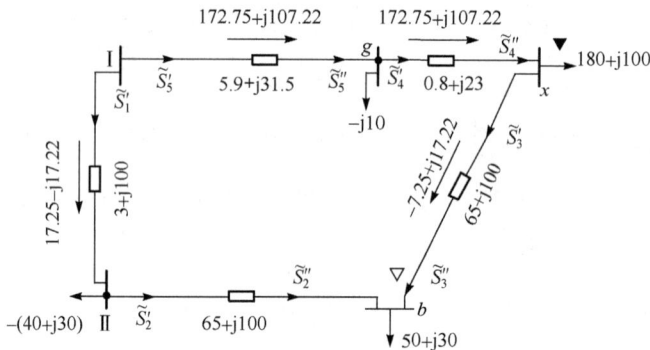

图 5.19　计及循环功率时的功率分布

(3) 计算各线段的功率损耗。

由图 5.19 可见，此处有两个功率分点，选无功功率分点为计算功率损耗的起点，并按网络额定电压 220kV 计算功率损耗。

$$\tilde{S}_2'' = 57.25 + \mathrm{j}12.78 \mathrm{MV \cdot A}$$

$$\Delta P_2 = \frac{57.25^2 + 12.78^2}{220^2} \times 65 = 4.62(\mathrm{MW})$$

$$\Delta Q_2 = \frac{57.25^2 + 12.78^2}{220^2} \times 100 = 7.11(\mathrm{Mvar})$$

$$\tilde{S}'_2 = \tilde{S}''_2 + \Delta\tilde{S}_2 = (57.25 + \text{j}12.78) + (4.62 + \text{j}7.11) = 61.87 + \text{j}19.89(\text{MV} \cdot \text{A})$$

$$\tilde{S}''_3 = -7.25 + \text{j}17.22\,\text{MV} \cdot \text{A}$$

$$\Delta P_3 = \frac{7.25^2 + 17.22^2}{220^2} \times 65 = 0.47(\text{MW})$$

$$\Delta Q_3 = \frac{7.25^2 + 17.22^2}{220^2} \times 100 = 0.72(\text{Mvar})$$

$$\tilde{S}'_3 = \tilde{S}''_3 + \Delta\tilde{S}_3 = (-7.25 + \text{j}17.22) + (0.47 + \text{j}0.72) = -6.78 + \text{j}17.94(\text{MV} \cdot \text{A})$$

$$\tilde{S}''_4 = \tilde{S}'_3 + \tilde{S}_x = (-6.78 + \text{j}17.94) + (180 + \text{j}100) = 173.22 + \text{j}117.94(\text{MV} \cdot \text{A})$$

$$\Delta P_4 = \frac{173.22^2 + 117.94^2}{220^2} \times 0.8 = 0.73(\text{MW})$$

$$\Delta Q_4 = \frac{173.22^2 + 117.94^2}{220^2} \times 23 = 20.87(\text{Mvar})$$

$$\tilde{S}'_4 = \tilde{S}''_4 + \Delta\tilde{S}_4 = (173.22 + \text{j}117.94) + (0.73 + \text{j}20.87) = 173.95 + \text{j}138.81(\text{MV} \cdot \text{A})$$

$$\tilde{S}''_5 = \tilde{S}'_4 + \tilde{S}_g = (173.95 + \text{j}138.81) - \text{j}10 = 173.95 + \text{j}128.81(\text{MV} \cdot \text{A})$$

$$\Delta P_5 = \frac{173.95^2 + 128.81^2}{220^2} \times 5.9 = 5.71(\text{MW})$$

$$\Delta Q_5 = \frac{173.95^2 + 128.81^2}{220^2} \times 31.5 = 30.49(\text{Mvar})$$

$$\tilde{S}'_5 = \tilde{S}''_5 + \Delta\tilde{S}_5 = (173.95 + \text{j}128.81) + (5.71 + \text{j}30.49) = 179.66 + \text{j}159.30(\text{MV} \cdot \text{A})$$

$$\tilde{S}''_1 = \tilde{S}'_2 + \tilde{S}_{\text{II}} = (61.87 + \text{j}19.89) - (40 + \text{j}30) = 21.87 - \text{j}10.11(\text{MV} \cdot \text{A})$$

$$\Delta P_1 = \frac{21.87^2 + 10.11^2}{220^2} \times 3 = 0.04(\text{MW})$$

$$\Delta Q_1 = \frac{21.87^2 + 10.11^2}{220^2} \times 110 = 1.32\,(\text{Mvar})$$

$$\tilde{S}'_1 = \tilde{S}''_1 + \Delta\tilde{S}_1 = (21.87 - \text{j}10.11) + (0.04 + \text{j}1.32) = 21.91 - \text{j}8.79(\text{MV} \cdot \text{A})$$

$$\tilde{S}_1 = \tilde{S}'_5 + \tilde{S}'_1 = (179.66 + \text{j}159.30) + (21.91 - \text{j}8.79) = 201.57 + \text{j}150.51(\text{MV} \cdot \text{A})$$

(4) 计算各线段的电压降落。

由 U_1、$\tilde{S}'_5$ 求 U_g：

$$\Delta U_5 = \frac{179.66 \times 5.9 + 159.30 \times 31.5}{242} = 25.12(\text{kV})$$

$$\delta U_5 = \frac{179.66 \times 31.5 - 159.30 \times 5.9}{242} = 19.50(\text{kV})$$

$$U_g = \sqrt{(242 - 25.12)^2 + 19.50^2} = 217.75(\text{kV})$$

由 U_g、$\tilde{S}'_4$ 求 U_x：

$$\Delta U_4 = \frac{173.95 \times 0.8 + 138.81 \times 23}{217.75} = 15.30(\text{kV})$$

$$\delta U_4 = \frac{173.95 \times 23 - 138.81 \times 0.8}{217.75} = 17.86(\text{kV})$$

$$U_x = \sqrt{(217.75 - 15.30)^2 + 17.86^2} = 203.24 \, (\text{kV})$$

由 U_x、$\tilde{S}_3'$ 求 U_b：

$$\Delta U_3 = \frac{-6.78 \times 65 + 17.94 \times 100}{203.24} = 6.66 \, (\text{kV})$$

$$\delta U_3 = \frac{-6.78 \times 100 - 17.94 \times 65}{203.24} = -9.07 \, (\text{kV})$$

$$U_b = \sqrt{(203.24 - 6.66)^2 + 9.07^2} = 196.79 \, (\text{kV})$$

由 U_b、$\tilde{S}_2''$ 求 U_II：

$$\Delta U_2 = \frac{57.25 \times 65 + 12.78 \times 100}{196.79} = 25.40 \, (\text{kV})$$

$$\delta U_2 = \frac{57.25 \times 100 - 12.78 \times 65}{196.79} = 24.87 \, (\text{kV})$$

$$U_\text{II} = \sqrt{(196.79 + 25.40)^2 + 24.87^2} = 223.58 \, (\text{kV})$$

由 U_II、$\tilde{S}_1''$ 求 U_1：

$$\Delta U_1 = \frac{21.87 \times 3 - 10.11 \times 110}{223.58} = -4.68 \, (\text{kV})$$

$$\delta U_1 = \frac{21.87 \times 110 + 10.11 \times 3}{223.58} = 10.90 \, (\text{kV})$$

$$U_\text{I} = \sqrt{(223.58 - 4.68)^2 + 10.90^2} = 219.17 \, (\text{kV})$$

顺时针 I-g-x-b-II-I 逐段求得的 $U_\text{I} = 219.17\text{kV}$ 与起始的 $U_\text{I} = 242\text{kV}$ 相差很大。这一差别就是变压器变比不匹配形成的。若仍顺时针按给定的变压器变比将各点电压折算为实际值，余下的就是计算方法上的误差。这时

$$U_\text{I}' = 242\text{kV}, \quad U_g = 217.75\text{kV}$$

$$U_x' = 203.24 \times \frac{121}{231} = 106.46 \, (\text{kV}), \quad U_b' = 196.79 \times \frac{121}{231} = 103.08 \, (\text{kV})$$

$$U_\text{II}' = 223.58 \times \frac{121}{231} = 117.11 \, (\text{kV}), \quad U_\text{I}' = 219.17 \times \frac{121}{231} \times \frac{231}{110} = 241.09 \, (\text{kV})$$

最后，将计算结果标于图 5.20。

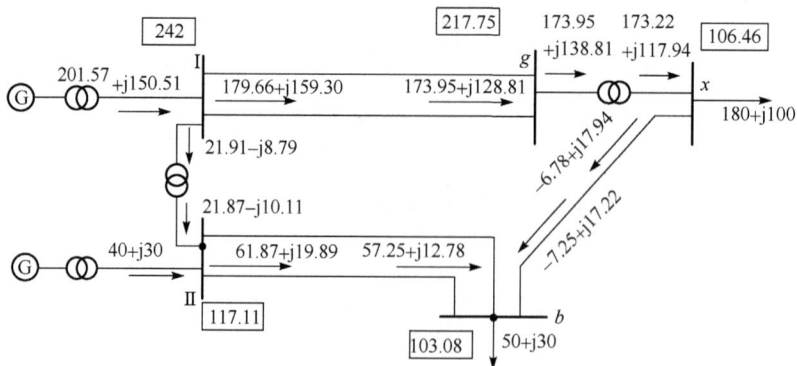

图 5.20　潮流分布计算结果

5.3　电力系统的潮流控制

以上的分析计算都表明：辐射形网络中的潮流是不加控制也无法控制的，它们完全取决于各负荷点的负荷；环形网络中，环式网络的潮流，如不采取附加措施，就按阻抗分布，因而也是无法控制的；两端供电网络的潮流虽可借调整两端电源的功率或电压适当控制，但由于两端电源容量有一定限制，而电压调整的范围又要服从对电压质量的要求，调整幅度都不可能大。另外，从保证安全、优质、经济供电的要求出发，网络中的潮流往往需要控制。以下就以简单网络为对象说明调整控制潮流的必要性，进而介绍几种调整控制的手段。但应指出，因简单网络与复杂系统本无界限，这里虽以简单网络为对象，所列举的调整控制手段往往也用于复杂系统。

5.3.1　潮流控制的必要性

设图 5.12 中各线段单位长度的参数完全相等，则其中的功率将按式(5-33)，即长度分布。再设线段 1-3 远短于线段 1-2、2-3，则由

$$P_a = P_{12} = \frac{(l_{23} + l_{31})\,P_2 + l_{31}P_3}{l_{12} + l_{23} + l_{31}}, \quad Q_a = Q_{12} = \frac{(l_{23} + l_{31})\,Q_2 + l_{31}Q_3}{l_{12} + l_{23} + l_{31}}$$

$$P_b = P_{13} = \frac{l_{12}P_2 + (l_{12} + l_{23})\,P_3}{l_{12} + l_{23} + l_{31}}, \quad Q_b = Q_{13} = \frac{l_{12}Q_2 + (l_{12} + l_{23})\,Q_3}{l_{12} + l_{23} + l_{31}}$$

可见，如节点 3 的负荷不远小于节点 2，流经线段 1-3 的功率将会很大，以致可能使该线段过负荷，严重危及安全供电。

再设图 5.12 中各线段导线各不相同，以致 $r_{12}/x_{12} \neq r_{23}/x_{23} \neq r_{31}/x_{31}$，则其中的功率将按式(5-28a)、式(5-28b)，即按线段的阻抗分布，从而有

$$\tilde{S}_a = \frac{(\overset{*}{z}_{23} + \overset{*}{z}_{31})\,\tilde{S}_2 + \overset{*}{z}_{31}\tilde{S}_3}{\overset{*}{z}_{12} + \overset{*}{z}_{23} + \overset{*}{z}_{31}}, \quad \tilde{S}_b = \frac{\overset{*}{z}_{12}\tilde{S}_2 + (\overset{*}{z}_{12} + \overset{*}{z}_{23})\,\tilde{S}_3}{\overset{*}{z}_{12} + \overset{*}{z}_{23} + \overset{*}{z}_{31}}$$

而这时的网络损耗则为

$$\Delta P_\Sigma = \frac{P_a^2 + Q_a^2}{U_N^2}r_{12} + \frac{(P_a - P_2)^2 + (Q_a - Q_2)^2}{U_N^2}r_{23} + \frac{(P_a - P_2 - P_3)^2 + (Q_a - Q_2 - Q_3)^2}{U_N^2}r_{31}$$

取 ΔP_Σ 对 P_a 和 Q_a 的一阶偏导数并使之等于零，可求得有功功率损耗最小时的功率分布为

$$\frac{\partial \Delta P_\Sigma}{\partial P_a} = \frac{2P_a}{U_N^2}r_{12} + \frac{2(P_a - P_2)}{U_N^2}r_{23} + \frac{2(P_a - P_2 - P_3)}{U_N^2}r_{31} = 0$$

$$\frac{\partial \Delta P_\Sigma}{\partial Q_a} = \frac{2Q_a}{U_N^2}r_{12} + \frac{2(Q_a - Q_2)}{U_N^2}r_{23} + \frac{2(Q_a - Q_2 - Q_3)}{U_N^2}r_{31} = 0$$

设这样求得 P_a、Q_a 分别以 $P_{a\cdot 0}$、$Q_{a\cdot 0}$ 表示，则分别解上列两式，可得

$$P_{a\cdot 0} = \frac{(r_{23} + r_{31})\,P_2 + r_{31}P_3}{r_\Sigma}, \quad Q_{a\cdot 0} = \frac{(r_{23} + r_{31})\,Q_2 + r_{31}Q_3}{r_\Sigma}$$

从而可得

$$\tilde{S}_{a0} = \frac{(r_{23} + r_{31})\ \tilde{S}_2 + r_{31}\tilde{S}_3}{r_{12} + r_{23} + r_{31}}, \quad \tilde{S}_{b0} = \frac{r_{12}\tilde{S}_2 + (r_{12} + r_{23})\ \tilde{S}_3}{r_{12} + r_{23} + r_{31}}$$

由此可见，有功功率损耗最小时的功率分布应按线段的电阻分布而不是阻抗分布。

综上可见，无论是单位长度线路参数相等时的按长度分布功率，或是单位长度线路参数不等时的按阻抗分布功率，其实质都是不加控制地按阻抗的自然分布。而功率自然分布时，有可能不能满足安全、优质、经济供电的要求。这样，就提出了调整控制潮流或功率的问题。

5.3.2 潮流控制原理

调整控制潮流的手段主要有三种，即串联电容、串联电抗、附加串联加压器。

串联电容的作用显然是以其容抗抵偿线路的感抗。将其串联在环式网络中阻抗相对过大的线段上，可起转移其他重载线段上流通功率的作用。

串联电抗的作用与串联电容相反，主要在限流。将其串联在重载线段上可避免该线段过载。但由于其对电压质量和系统运行的稳定性有不良影响，这一手段未曾推广。

附加串联加压器的作用在于产生环流或强制循环功率，使强制循环功率与自然分布功率的叠加可达到理想值。仍以图 5.12 为例，说明如下。

设强制循环功率为 $\tilde{S}_{fc}$，则应用

$$\tilde{S}_{fc} = \tilde{S}_{a0} - \tilde{S}_a$$

为产生这一强制循环功率，应在环形网络中串入附加电势 $\dot{E}_c$，其值为

$$\dot{E}_c = \overset{*}{\tilde{S}}_{fc} z_\Sigma / U_N = (\overset{*}{\tilde{S}}_{a0} - \overset{*}{\tilde{S}}_a) z_\Sigma / U_N = E_{cx} + jE_{cy} \tag{5-37}$$

式中，Z_Σ 为环网各线段阻抗之和；E_{cx} 为纵向附加电势，其相位与线路相电压一致；E_{cy} 为横向附加电势，其相位与线路相电压差 90°。附加电势 E_{cx}、E_{cy} 都可由附加串联加压器产生。

运用式(5-37)可说明一个重要概念。由该式可列出

$$\tilde{S}_{fc} = P_{fc} + jQ_{fc} = \frac{\overset{*}{E}_c U_N}{\overset{*}{z}_\Sigma} = \frac{E_{cx} - jE_{cy}}{R_\Sigma - jX_\Sigma} U_N$$

$$= \frac{(E_{cx}R_\Sigma + E_{cx}X_\Sigma)U_N}{R_\Sigma^2 + X_\Sigma^2} + j\frac{(E_{cx}X_\Sigma - E_{cx}R_\Sigma)U_N}{R_\Sigma^2 + X_\Sigma^2} \tag{5-38}$$

而由于高压电力网络中线路电阻往往远小于电抗，甚至仅为电抗的 5%～10%，如式(5-38)中置 $R_\Sigma = 0$，可得

$$\tilde{S}_{fc} = P_{fc} + jQ_{fc} \approx \frac{E_{cy}U_N}{X_\Sigma} + \frac{jE_{cx}U_N}{X_\Sigma} \tag{5-39}$$

由式(5-39)可见，纵、横向串联电势分别与强制循环功率的无功、有功分量成正比。换言之，纵向串联电势主要产生强制循环功率的无功部分，而横向串联电势主要产生强制循环功率的有功部分。再广而言之，改变电压的大小，所能改变的主要是网络中无功功率的

分布；改变它们的相位，所能改变的主要是网络中有功功率的分布。

5.3.3 静止同步补偿器

　　静止同步补偿器(Static Synchronous Compensator，STATCOM)，又称静止无功发生器(Static Var Generator，SVG)，是一种用变流器组成的无功补偿装置，它既可以发出无功功率，又可以吸收无功功率，而且调节灵活方便。目前已经投入运行的静止同步补偿器，大都采用由可关断晶闸管(Gate Turn Off Thyristor，GTO)组成的三相电压源型变流器，通过变压器连接到变电所的母线，其原理接线图如图 5.21 所示。

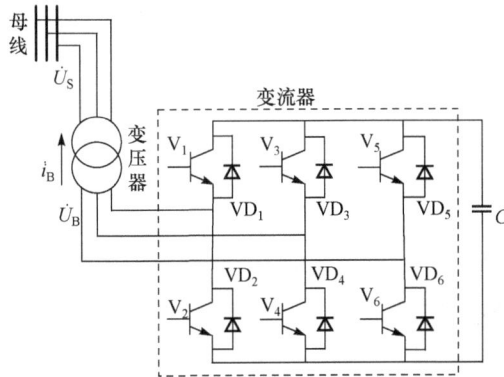

图 5.21　静止同步补偿器的原理接线图

　　其中的变流器由 6 个可关断晶闸管 $V_1 \sim V_6$ 和 6 个续流二极管 $VD_1 \sim VD_6$ 组成，它实际上相当于电压源型逆变器。当 $V_1 \sim V_6$ 依次施加正负相间、间隔为 1/6 周期的电流脉冲时，在变流器的交流侧将输出对称的三相电压，其大小与电容器上的电压成比例，相位取决于电流脉冲发出的时刻。变流器交流侧的电流取决于交流母线的电压和变压器的漏阻抗。

　　当变流器交流侧的输出电压用相量 $\dot{U}_B = U_B \angle \theta_B$ 表示，交流母线电压为 $\dot{U}_S = U_S \angle \theta_S$，变压器的漏阻抗为 $R_T + jX_T$ 时，由变流器送出的电流为

$$\dot{I}_B = (\dot{U}_B - \dot{U}_S)/(R_T + jX_T) \tag{5-40}$$

显然，这一电流将决定变流器交流输出电压的大小和相位，而对它们进行适当的控制，将可以改变变流器输出的电流和相应的功率。但是，由于变流器中的电容只能起稳定直流电压的作用，如果让变流器不断地吸收有功功率即不断地吸收能量。则这些能量只好存储在电容器中，其结果将使电容器两端的电压不断升高；反之，若变流器向系统送出有功功率，则所需能量将靠电容器释放其中所储存电场能量，结果使电容器的电压不断下降。因此，静止同步补偿器只能发出或吸收无功功率，即变流器的输出电流 $\dot{I}_B$ 的相位只能超前或滞后于其输出电压 $\dot{U}_B$ 的相位90°，这两种情况下的相量图如图 5.22 所示。由于变压器的漏抗远大于电阻，因此，变流器交流侧输出电压与交流母线的电压几乎同相。另外，变流器交流侧电压越高，输出的无功功率越大；变流器交流侧电压与交流母线电压相同时，输出无功功率为零；而变流器交流侧电压越小，则吸收的无功功率越大。

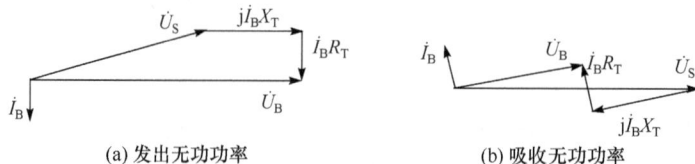

(a) 发出无功功率   (b) 吸收无功功率

图 5.22 静止同步补偿器的相量图

在三相对称情况下，由于三相功率瞬时值之和为常数，其大小等于有功功率，因此，无论静止同步补偿器是发出还是吸收无功功率，在一个周期内都无须通过电容器来进行能量的存储和释放，而电容器的任务主要是提供和稳定直流电压。与补偿器本身吸收或发出的无功功率相比，电容器所需要的容量很小。在这一方面，由于静止无功补偿器需要靠庞大的电抗器和电容器来发出和吸收无功功率，相比之下，静止同步补偿器有很大的优越性。

静止同步补偿器所存在的谐波问题，可以采用桥式变流电路的多重化和多电平技术，或者应用脉冲调宽(PWM)技术加以解决。但是，由于高电压、大容量的可关断器件价格仍比较昂贵，因此限制了目前在电力系统中的广泛应用。

国外已投入运行的静止同步补偿器，最大容量为±100MV·A，主电路由 8 个三相桥式变流器组成 48 脉冲的多重化结构，共使用 240 个 4.5kV，4kA 的 GTO 晶闸管。在国内，已有 ±20MV·A 的装置在河南电力系统中运行。

5.3.4 统一潮流控制器

统一潮流控制器(Unified Power Flow Controller，UPFC)的功能是，一方面可以对系统的节点进行无功功率补偿。另一方面在某一线路上串联接入一个大小和相位都可以控制的电压，以改变线路上的潮流。目前已投入运行的统一潮流控制器，安装在美国肯特基洲 AEP 系统的 Inez 变电所中，其原理结构如图 5.23 所示。它由两个电压源型变流器组成，分别称为并联变流器和串联变流器(容量分别为±160MV·A)，并联变流器的交流输出像静止同步补偿器那样通过变压器 T_B 连接到变电所的母线，串联变流器则通过变压器 T_L 将输出的交流电压串联到线路上，而两个变流器的直流侧则共用一个静电电容器作为直流电源。与前面介绍的静止同步补偿器不同，这两个电压源型变流器都采用脉宽调制控制技术，通过调制比的控制来改变它们输出电压的大小。即

$$\dot{U}_B = k_B m_B U_B \angle \theta_B / 2\sqrt{2}$$

$$\dot{U}_L = k_L m_L U_L \angle \theta_L / 2\sqrt{2}$$

式中，m_B、m_L 为并联和串联变流器的调制比，取值在 0～1；θ_B、θ_L 为串联变流器正弦控制波形的相位；k_B、k_L 为并联和串联变压器的变比。

由于两个变流器在直流侧直接并联，因此，现在的并联变流器不但可以通过变压器 T_B 吸收或发出无功功率，而且也可以吸收(或发出)一定的有功功率，这一有功功率将通过串联变流器送回系统(或从系统吸收)，使得在稳态运行时电容器仍不参与能量的交换，而只

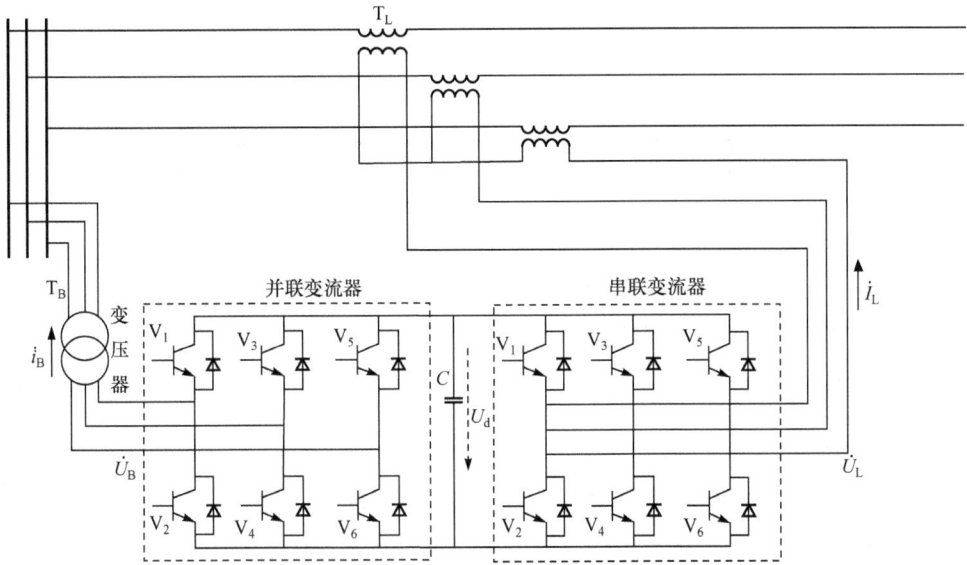

图 5.23 统一潮流控制器的原理结构图

起维持变流器直流电压的作用。由于所要求的串联接入线路的电压与线路中流过的电流之间的相位差通常并不等于 90°，这就要求串联变压器 T_L 能发出或吸收相应的有功功率，而现在所需要的有功功率正好可以由并联变流器提供或经过它送回系统。因此，统一潮流控制器在稳态运行情况下必须满足以下的有功功率平衡条件：

$$\text{Re}\ (\dot{U}_B \overset{*}{\dot{I}}_B) + \text{Re}\ (\dot{U}_L \overset{*}{\dot{I}}_L) = 0$$

第6章 复杂电力系统潮流的计算机算法

由于第 5 章中结合简单网络的潮流分布计算已阐述了与之相关的各种物理现象，本章将着重介绍运用电子计算机计算复杂电力系统潮流分布的原理和方法。

迄今，电子计算机的运用已十分普遍，而运用电子计算机计算、分析、研究电力系统时，往往离不开计算其中的潮流分布。因此，本章内容不仅在本书中起承上启下的作用，而且也是今后学习其他有关电力系统的课程必不可少的基础。

运用电子计算机计算，一般要完成以下几个步骤：建立数学模型、确定解算方法、制订计算流程、编制计算程序。限于篇幅，本书中将着重讨论前二者，但也适当兼顾后二者。本章主要阐述三个问题，即复杂电力网络的数学模型，复杂电力系统潮流分布的计算方法和潮流分布计算中稀疏技术的应用。潮流分布计算中稀疏技术的作用在于提高潮流计算程序的质量。

6.1 电力网络方程

电力网络方程指的是将网络的有关参数和变量及其相互关系归纳起来所组成的、可反映网络性能的数学方程式组。不难想象，符合这种要求的方程式组有节点电压方程、回路电流方程、割集电压方程等。但由于割集电压方程不常用于电力系统计算，以下仅介绍节点电压方程和回路电流方程。

6.1.1 节点电压方程

在电路理论课程中，已导出了运用节点导纳矩阵的节点电压方程：

$$\boldsymbol{I}_{\mathrm{B}} = \boldsymbol{Y}_{\mathrm{B}}\boldsymbol{U}_{\mathrm{B}} \tag{6-1}$$

它可展开为

$$\begin{bmatrix} \dot{I}_1 \\ \dot{I}_2 \\ \dot{I}_3 \\ \vdots \\ \dot{I}_n \end{bmatrix} = \begin{bmatrix} Y_{11} & Y_{12} & Y_{13} & \cdots & Y_{1n} \\ Y_{21} & Y_{22} & Y_{23} & \cdots & Y_{2n} \\ Y_{31} & Y_{32} & Y_{33} & \cdots & Y_{3n} \\ \vdots & \vdots & \vdots & & \vdots \\ Y_{n1} & Y_{n2} & Y_{n3} & \cdots & Y_{nn} \end{bmatrix} \begin{bmatrix} \dot{U}_1 \\ \dot{U}_2 \\ \dot{U}_3 \\ \vdots \\ \dot{U}_n \end{bmatrix} \tag{6-2}$$

结合电力系统的等值网络图见图 6.1(a)，则为

$$\begin{bmatrix} \dot{I}_1 \\ \dot{I}_2 \\ 0 \end{bmatrix} = \begin{bmatrix} Y_{11} & Y_{12} & Y_{13} \\ Y_{21} & Y_{22} & Y_{23} \\ Y_{31} & Y_{32} & Y_{33} \end{bmatrix} \begin{bmatrix} \dot{U}_1 \\ \dot{U}_2 \\ \dot{U}_3 \end{bmatrix} \tag{6-3}$$

这些方程式中，I_B 是节点注入电流的列向量。在电力系统计算中，节点注入电流可理解为各节点电源电流与负荷电流之和，并规定电源流向网络的注入电流为正。因此，仅有负荷的负荷节点注入电流就具有负值。某些仅起联络作用的联络节点，如图 6.1(a)所示节点 3，注入电流就为零。U_B 是节点电压的列向量。因通常以大地作为参考节点，网络中有接地支路时，节点电压通常就指各该节点的对地电压。网络中没有接地支路时，各节点电压可指各该节点与某一个被选定作为参考节点之间的电压差。本书中一般都以大地作为参考节点，并规定其编号为零。Y_B 是一个 $n \times n$ 阶节点导纳矩阵，其阶数 n 就等于网络中除参考节点外的节点数。例如，图 6.1(a)中，$n=3$。

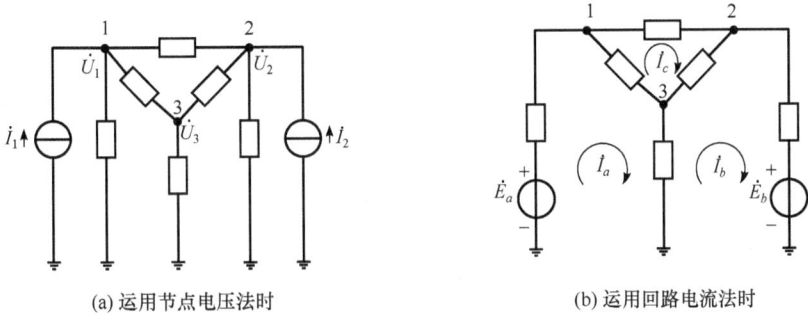

(a) 运用节点电压法时   (b) 运用回路电流法时

图 6.1　电力系统的等值网络图

节点导纳矩阵的对角元 $Y_{ii}(i=1,2,\cdots,n)$ 称自导纳。由式(6-2)可见，自导纳 Y_{ii} 数值上就等于在节点 i 施加单位电压，其他节点全部接地时，经节点 i 注入网络的电流。因此，它也可定义为

$$Y_{ii} = (\dot{I}_i / \dot{U}_i)\big|_{\dot{U}_j=0, j \neq i}$$

以图 6.2 所示网络为例，取 $i=2$，在节点 2 接电压源 U_2，节点 1、3 的电压源短接，按如上定义，可得

$$Y_{22} = (\dot{I}_2 / \dot{U}_2)\big|_{\dot{U}_1=\dot{U}_3=0}$$

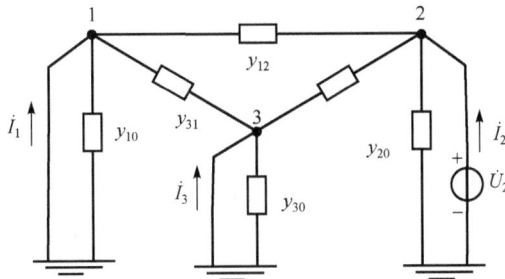

图 6.2　节点导纳矩阵中自导纳和互导纳的确定

从而，$Y_{22} = y_{20} + y_{21} + y_{22}$。由此又可见，节点 i 的自导纳 Y_{ii} 数值上就等于与该节点直接连接的所有支路导纳的总和。

节点导纳矩阵的非对角元 $Y_{ji}(j=1,2,\cdots,n;i=1,2,\cdots,n;j \neq i)$ 称互导纳。而由式(6-2)可见，

互导纳 Y_{ji} 数值上就等于在节点 i 施加单位电压，其他节点全部接地时，经节点 j 注入网络的电流。因此，它也可定义为

$$Y_{ji} = (\dot{I}_j / \dot{U}_i)\big|_{\dot{U}_i = 0, j \neq i} \tag{6-4}$$

仍以图 6.2 所示网络为例，仍取 $i = 2$，在节点 2 接电压源 U_2，节点 1、3 的电压源短接，按如上定义，可得

$$Y_{12} = (\dot{I}_1 / \dot{U}_2)\big|_{\dot{U}_1 = \dot{U}_3 = 0}$$

$$Y_{32} = (\dot{I}_3 / \dot{U}_2)\big|_{\dot{U}_1 = \dot{U}_3 = 0}$$

从而，$Y_{12} = -y_{12} = -y_{21}$，$Y_{32} = -y_{32} = -y_{23}$。由此又可见，节点 j、i 之间的互导纳 Y_{ji} 数值上就等于连接节点 j、i 支路导纳的负值。显然，Y_{ji} 恒等于 Y_{ij} 而且如节点之间没有直接联系，也不计两相邻电力线路之间的互感时，$Y_{ji} = Y_{ij} = 0$。

互导纳的这些性质决定了节点导纳矩阵是一个对称的稀疏矩阵。而且，由于每个节点所连接的支路数总有一定限度，随着网络中节点数的增加，非零元素数相对越来越少，节点导纳矩阵的稀疏度，即零元素数与总元素数的比值也就越来越高。

将式(6-1)等号两侧都前乘 Y_B^{-1}，可得

$$Y_B^{-1} I_B = U_B \tag{6-5}$$

如令 $Y_B^{-1} = Z_B$，式(6-5)可改写为

$$Z_B I_B = U_B \tag{6-6}$$

它又可展开为

$$
\begin{bmatrix}
Z_{11} & Z_{12} & Z_{13} & \cdots & Z_{1n} \\
Z_{21} & Z_{22} & Z_{23} & \cdots & Z_{2n} \\
Z_{31} & Z_{32} & Z_{33} & \cdots & Z_{3n} \\
\vdots & \vdots & \vdots & & \vdots \\
Z_{n1} & Z_{n2} & Z_{n3} & \cdots & Z_{nn}
\end{bmatrix}
\begin{bmatrix}
\dot{I}_1 \\ \dot{I}_2 \\ \dot{I}_3 \\ \vdots \\ \dot{I}_n
\end{bmatrix}
=
\begin{bmatrix}
\dot{U}_1 \\ \dot{U}_1 \\ \dot{U}_3 \\ \vdots \\ \dot{U}_n
\end{bmatrix}
$$

结合图 6.1(a)，则为

$$
\begin{bmatrix}
Z_{11} & Z_{12} & Z_{13} \\
Z_{21} & Z_{22} & Z_{23} \\
Z_{31} & Z_{32} & Z_{33}
\end{bmatrix}
\begin{bmatrix}
\dot{I}_1 \\ \dot{I}_2 \\ 0
\end{bmatrix}
=
\begin{bmatrix}
\dot{U}_1 \\ \dot{U}_2 \\ \dot{U}_3
\end{bmatrix}
$$

这些方程式中的 $Y_B^{-1} = Z_B$ 称节点阻抗矩阵。显然，节点阻抗矩阵也是一个 $n \times n$ 阶对称矩阵。

节点阻抗矩阵的对角元 $Z_{ii} = (i = 1, 2, \cdots, n)$ 称自阻抗。由式(6-6)可见，自阻抗数值上就等于经节点 i 注入单位电流，其他节点都不注入电流时，节点 i 的电压。因此，它也可定义为

$$Z_{ii} = (\dot{U}_j / \dot{I}_i)\big|_{\dot{I}_j = 0, j \neq i} \tag{6-7}$$

以图 6.3 所示网络为例，取 $i = 2$，在节点 2 接电流源 $\dot{I}_2$，节点 1、3 的电流源开路，按

如上定义，可得

$$Z_{22} = (\dot{U}_2/\dot{I}_2)\big|_{\dot{I}_1=\dot{I}_3=0}$$

节点阻抗矩阵的非对角元 $Z_{ji} = (j = 1, 2, \cdots, n; i = 1, 2, \cdots, n; j \neq i)$ 称互阻抗。而由式(6-6)可见，互阻抗 Z_{ji} 数值上就等于经节点 i 注入单位电流，其他节点都不注入电流时，节点 j 的电压。因此，它也可定义为

$$Z_{ji} = (\dot{U}_j/\dot{I}_i)\big|_{\dot{I}_j=0, j \neq i} \tag{6-8}$$

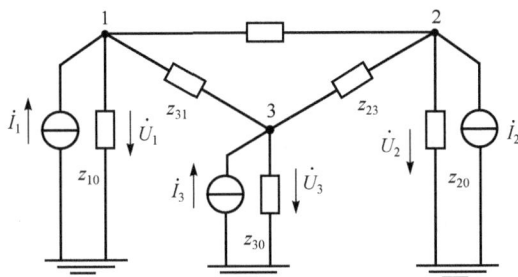

图 6.3　节点阻抗矩阵中自阻抗和互阻抗的确定

仍以图 6.3 所示网络为例，取 $i = 2$，在节点 2 接电流源 $\dot{I}_2$，节点 1、3 的电流源开路，按如上定义，可得

$$Z_{12} = (\dot{U}_1/\dot{I}_2)\big|_{\dot{I}_1=\dot{I}_3=0}$$

$$Z_{32} = (\dot{U}_3/\dot{I}_2)\big|_{\dot{I}_1=\dot{I}_3=0}$$

显然，Z_{ji} 恒等于 Z_{ij}。

互阻抗的这些性质决定了节点阻抗矩阵也是对称矩阵，但不是稀疏矩阵而是满矩阵。因网络中各节点相互间有直接、间接的联系，节点 2 有注入电流而其他各节点注入电流都为零时，网络中除参考节点外，其他节点电压都不为零。

6.1.2　回路电流方程

在电路理论课程中，还导出了运用回路阻抗矩阵的回路电流方程：

$$\boldsymbol{E}_{\mathrm{L}} = \boldsymbol{Z}_{\mathrm{L}}\boldsymbol{I}_{\mathrm{L}} \tag{6-9}$$

它可展开为

$$
\begin{bmatrix} \dot{E}_a \\ \dot{E}_b \\ \dot{E}_c \\ \vdots \\ \dot{E}_m \end{bmatrix} = \begin{bmatrix} Z_{aa} & Z_{ab} & Z_{ac} & \cdots & Z_{am} \\ Z_{ba} & Z_{bb} & Z_{bc} & \cdots & Z_{bm} \\ Z_{ca} & Z_{cb} & Z_{cc} & \cdots & Z_{cm} \\ \vdots & \vdots & \vdots & & \vdots \\ Z_{ma} & Z_{mb} & Z_{mc} & \cdots & Z_{mm} \end{bmatrix} \begin{bmatrix} \dot{I}_a \\ \dot{I}_b \\ \dot{I}_c \\ \vdots \\ \dot{I}_m \end{bmatrix} \tag{6-10}
$$

结合图 6.1(b)则为

$$\begin{bmatrix} \dot{E}_a \\ -\dot{E}_b \\ 0 \end{bmatrix} = \begin{bmatrix} Z_{aa} & Z_{ab} & Z_{ac} \\ Z_{ba} & Z_{bb} & Z_{bc} \\ Z_{ca} & Z_{cb} & Z_{cc} \end{bmatrix} \begin{bmatrix} \dot{I}_a \\ \dot{I}_b \\ \dot{I}_c \end{bmatrix}$$

这些方程式中，I_L 是回路电流的列向量，习惯上取顺时针的电流流向为正。E_L 才是回路电压源电势的列向量。某回路电压源电势正方向与该回路电流正方向一致时具有正值；与该回路一电流正方向相反时具有负值；回路中没有电压源时则为零。

Z_L 是一个 $m \times m$ 阶回路阻抗矩阵，其阶数 m 就等于网络中独立的回路数。例如，图 6.1(b) 中，$m = 3$。回路阻抗矩阵的对角元 $Z_{ii}(i = a, b, \cdots, m)$ 也称自阻抗，是环绕回路 i 所有支路阻抗的总和；非对角元 $Z_{ji}(j = a, b, \cdots, m; i = a, b, \cdots, m; j \neq i)$ 也称互阻抗，当所有回路都取网孔回路，其中电流都取同一流向时，它是回路 1 和回路 i 共有阻抗的负值。显然，Z_{ji} 恒等于 Z_{ij}。而且，如回路 j、i 没有共有的阻抗，也不计它们的支路之间(如两相邻电力线路之间)的互感时，$Z_{ji} = Z_{ij} = 0$。因此，回路阻抗矩阵也是对称的稀疏矩阵。而且，随着网络中独立回路数的增加，其稀疏度也越来越大。

将式(6-9)等号两侧都前乘 Z_L^{-1}，可得

$$Z_L^{-1} E_L = I_L$$

如令 $Z_L^{-1} = Y_L$，可得回路电流方程的另一种表示方式为

$$Y_L E_L = I_L \tag{6-11}$$

它又可展开为

$$\begin{bmatrix} Y_{aa} & Y_{ab} & Y_{ac} & \cdots & Y_{am} \\ Y_{ba} & Y_{bb} & Y_{bc} & \cdots & Y_{bm} \\ Y_{ca} & Y_{cb} & Y_{cc} & \cdots & Y_{cm} \\ \vdots & \vdots & \vdots & & \vdots \\ Y_{ma} & Y_{mb} & Y_{mc} & \cdots & Y_{mm} \end{bmatrix} \begin{bmatrix} \dot{E}_a \\ \dot{E}_b \\ \dot{E}_c \\ \vdots \\ \dot{E}_m \end{bmatrix} = \begin{bmatrix} \dot{I}_a \\ \dot{I}_b \\ \dot{I}_c \\ \vdots \\ \dot{I}_m \end{bmatrix} \tag{6-12}$$

结合图 6.1(b)则为

$$\begin{bmatrix} Y_{aa} & Y_{ab} & Y_{ac} \\ Y_{ba} & Y_{bb} & Y_{bc} \\ Y_{ca} & Y_{cb} & Y_{cc} \end{bmatrix} \begin{bmatrix} \dot{E}_a \\ -\dot{E}_a \\ 0 \end{bmatrix} = \begin{bmatrix} \dot{i}_a \\ \dot{i}_b \\ \dot{i}_c \end{bmatrix}$$

这些方程式中的 $Y_L = Z_L^{-1}$ 称回路导纳矩阵。显然，回路导纳矩阵也是一个 $m \times m$ 阶对称矩阵。但和回路阻抗矩阵不同，回路导纳矩阵不是稀疏矩阵而是满矩阵。因由式(6-12)可见，这矩阵的对角元 Y_{ii}(也称自导纳)，是除回路 i 其他回路电压源电势都为零时，回路 i 电流与电压源电势的比值；而它的非对角元 Y_{ji}(也称互导纳)，则是除回路 2 其他回路电压源电势都为零时，回路 7 电流与回路 2 电压源电势的比值。同样，由于网络中各回路间都有直接、间接的联系，回路 i 中有电压源而其他各回路中没有电压源时，网络中各回路的电流不为零。

注意：虽节点导纳矩阵 Y_B 与节点阻抗矩阵 Z_B 互为逆阵，回路阻抗矩阵 Z_L 与回路导纳

矩阵 Y_L 互为逆阵，但它们的相应元素并不两两互为倒数。这是矩阵代数的基本概念，但也为这些元素的物理意义所证实。

6.1.3 节点导纳矩阵的形成和修改

虽节点电压方程和回路电流方程都曾用于电力系统计算，但实践证明，采用节点电压方程有明显的优点。因电力系统的等值网络中有较多的接地支路，独立的回路电流方程式个数往往多于独立的节点电压方程式个数。而且，采用节点电压方程时，还有如下的一些优点：对具有交叉跨接的非平面网络，建立独立节点电压方程式较建立独立回路电流方程式方便；建立节点电压方程式前，不必将并联支路合并以减少方程式数；网络结构或变压器变比改变时，改变方程式组的系数较方便；等等。鉴于此，以下将仅介绍节点导纳矩阵和节点阻抗矩阵的形成和修改。

1. 节点导纳矩阵的形成

节点导纳矩阵既可根据自导纳和互导纳的定义直接求取，也可运用支路—节点关联矩阵计算。但因后者已在电路理论课程中作过介绍，本书中仅介绍前者。

根据定义直接求取节点导纳矩阵时，仅需注意以下几点。

(1) 节点导纳矩阵是方阵，其阶数就等于网络中除参考节点的节点数 n。如前所述，这参考节点一般取大地，编号为零。

(2) 节点导纳矩阵是稀疏矩阵，其各行非零非对角元数就等于与该行相对应节点所连接的不接地支路数。如图 6.2 中，与节点 2 对应的第二行非零非对角元数为 2。

(3) 节点导纳矩阵的对角元就等于各该节点所连接导纳的总和。如图 6.2 中，与节点 2 对应的对角元 $Y_{22} = y_{20} + y_{21} + y_{23}$。因此，与没有接地支路的节点对应的行或列中，对角元为非对角元之和的负值。

(4) 节点导纳矩阵的非对角元等于连接节点 i 支路导纳的负值。如图 6.2 中，$Y_{ij} = Y_{ji}$，$Y_{23} = -y_{32}$。因此，一般情况下，节点导纳矩阵的对角元往往大于非对角元的负值。

(5) 节点导纳矩阵一般是对称矩阵，这是网络的互易特性所决定的。从而，一般只要求取这个矩阵的上三角或下三角部分。

(6) 网络中的变压器，如运用图 3.16 所示相应的等值电路表示，仍可按上述原则计算。

综上可见，根据定义直接求取节点导纳矩阵相当简洁。

2. 节点导纳矩阵的修改

在电力系统计算中，往往要计算不同接线方式下的运行状况，例如，某电力线路或变压器投入前后的状况，以及某些元件参数变更前后的运行状况。由于改变一个支路的参数或它的投入、退出状态只影响该支路两端节点的自导纳和它们之间的互导纳，可不必重新形成与新运行状况相对应的节点导纳矩阵，仅需对原有的矩阵进行某些修改。以下介绍几种典型的修改方法。

(1) 从原有网络引出一支路，同时增加一节点，如图 6.4(a)所示。

设 i 为原有网络中节点，7 为新增加节点，新增加支路导纳为 y_{ij} 则因新增一节点，节点导纳矩阵将增加一阶。

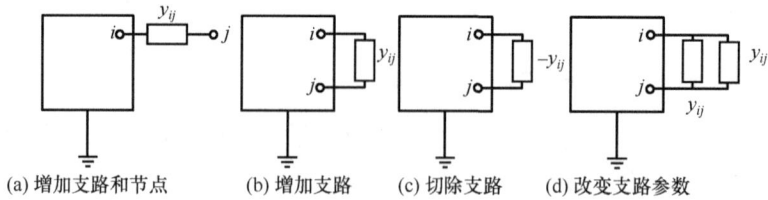

(a) 增加支路和节点　　(b) 增加支路　　(c) 切除支路　　(d) 改变支路参数

图 6.4　电力网络接线的改变

新增的对角元 Y_{jj}，由于在节点 j 只有一个支路 y_{jj}，将为 $Y_{jj} = y_{jj}$；新增的非对角元 $Y_{ij} = Y_{ji}$ 则为 $Y_{ij} = Y_{ji} = -y_{ij}$；原有矩阵中的对角元 Y_{ii} 将增加 $\Delta Y_{ii} = y_{ij}$。

(2) 在原有网络的节点 i、j 之间增加一支路，如图 6.4(b) 所示。

这时由于仅增加支路，不增加节点，节点导纳矩阵阶数不变，但与节点 1 有关元素应进行如下修改：

$$\Delta Y_{ii} = y_{ij}, \quad \Delta Y_{jj} = y_{ij}, \quad \Delta Y_{ij} = \Delta Y_{ji} = -y_{ij}$$

(3) 在原有网络的节点 i、j 之间切除一支路，如图 6.4(c) 所示。

切除一导纳为 y_{ij} 的支路相当于增加一导纳为 $-y_{ij}$ 的支路，从而与节点 i、j 有关元素应进行如下修改：

$$\Delta Y_{ii} = -y_{ij}, \quad \Delta Y_{jj} = -y_{ij}, \quad \Delta Y_{ij} = \Delta Y_{ji} = y_{ij}$$

(4) 原有网络节点 i、j 之间的导纳由 y_{ij} 改变为 y'_{ij}，如图 6.4(d) 所示。

这情况相当于切除一导纳为 y_{ij} 的支路并增加一导纳为 y'_{ij} 的支路，从而与节点 i、j 有关元素应进行如下修改：

$$\Delta Y_{ii} = y'_{ij} - y_{ij}, \quad \Delta Y_{jj} = y'_{ij} - y_{ij}, \quad \Delta Y_{ij} = \Delta Y_{ji} = y_{ij} - y'_{ij}$$

(5) 原有网络节点 i、j 之间变压器的变比由 k 变为 k'。节点 i、j 之间变压器的等值电路如图 3.16(e) 所示，且 i、j 分别与图中节点 1、2 相对应时，该变压器变比的改变将要求与节点 i、j 有关元素进行如下修改：

$$\Delta Y_{ii} = \left(\frac{1}{k_*'^2} - \frac{1}{k_*^2}\right)Y_{\mathrm{T}}, \quad \Delta Y_{jj} = 0, \quad \Delta Y_{ij} = \Delta Y_{ji} = -\left(\frac{1}{k_*'} - \frac{1}{k_*}\right)Y_{\mathrm{T}}$$

不难发现，这些计算公式其实也就是切除一变比为 k 的变压器并增加一变比为 k' 的变压器的计算公式。

6.2　功率方程及其迭代解法

建立了节点导纳矩阵 Y_{B}，就可进行潮流分布计算。无疑，如已知的是各节点电流，直接解线性的节点电压方程 $Y_{\mathrm{B}}U_{\mathrm{B}} = I_{\mathrm{B}}$ 相当简捷。但由于工程实践中通常已知的既不是节点电压 U_{B}，也不是节点电流 I_{B}，而是各节点的功率 S_{B}，实际计算时，几乎无例外地要迭代解非线性的节点电压方程 $Y_B U_B = \left[\dfrac{S}{U_B} \right]^*$。因此，本书中将仅介绍与各种迭代解非线性节点电压方程有关的方法。

6.2.1　功率方程和变量、节点的分类

1. 功率方程

设有简单系统如图 6.5 所示。图中，$\tilde{S}_{G1}$、$\tilde{S}_{G2}$ 分别为母线 1、2 的等值电源功率；$\tilde{S}_{L1}$、$\tilde{S}_{L2}$ 分别为母线 1、2 的等值负荷功率；它们的合成 $\tilde{S}_1 = \tilde{S}_{G1} - \tilde{S}_{L1}$、$\tilde{S}_2 = \tilde{S}_{G2} - \tilde{S}_{L2}$ 分别为母线 1、2 的注入功率，与之对应的电流 $\dot{I}_1 = \dot{I}_{G1} - \dot{I}_{L1}$、$\dot{I}_2 = \dot{I}_{G2} - \dot{I}_{L2}$ 则分别为母线 1、2 的注入电流。于是

$$\dot{I}_1 = Y_{11}\dot{U}_1 + \dot{Y}_{12}\dot{U}_2 = \frac{\overset{*}{S}_1}{\overset{*}{U}_1}, \quad I_2 = Y_{22}\dot{U}_2 + Y_{21}\dot{U}_1 = \frac{\overset{*}{S}_2}{\overset{*}{U}_2} \tag{6-13}$$

$$\tilde{S}_1 = \dot{U}_1\overset{*}{Y}_{11}\overset{*}{U}_1 + \dot{U}_1\overset{*}{Y}_{12}\overset{*}{U}_2, \quad \tilde{S}_2 = \dot{U}_2\overset{*}{Y}_{22}\overset{*}{U}_2 + \dot{U}_2\overset{*}{Y}_{21}\overset{*}{U}_1 \tag{6-14}$$

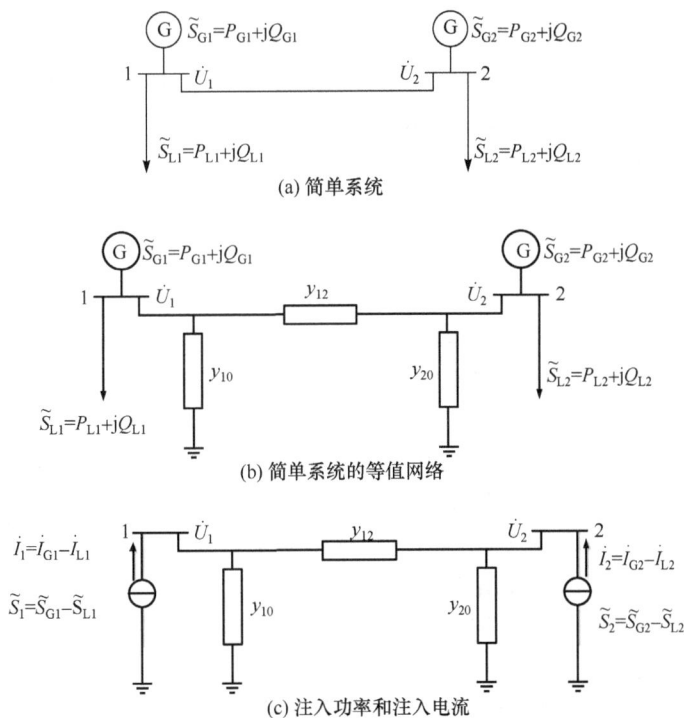

(a) 简单系统

(b) 简单系统的等值网络

(c) 注入功率和注入电流

图 6.5　简单系统及其等值网络

如令 $Y_{11} = Y_{22} = y_{10} + y_{12} = y_{20} + y_{21} = y_s \mathrm{e}^{-\mathrm{j}(90°-\alpha_s)}$，有

$$Y_{12} = Y_{21} = -y_{12} = -y_{21} = -y_m \mathrm{e}^{-\mathrm{j}(90°-\alpha_m)}$$

$$\dot{U}_1 = U_1\mathrm{e}^{\mathrm{j}\delta_1}, \quad \dot{U}_2 = U_2\mathrm{e}^{-\mathrm{j}\delta_2}$$

并将它们代入式(6-14)展开，将有功功率、无功功率分列，可得

$$\left.\begin{aligned}
P_1 &= P_{G1} - P_{L1} = y_s U_1^2 \sin\alpha_s + y_m U_1 U_2 \sin[(\delta_1 - \delta_2) - \alpha_m] \\
P_2 &= P_{G2} - P_{L2} = y_s U_2^2 \sin\alpha_s + y_m U_2 U_1 \sin[(\delta_2 - \delta_1) - \alpha_m] \\
Q_1 &= Q_{G1} - Q_{L1} = y_s U_1^2 \cos\alpha_s - y_m U_1 U_2 \cos[(\delta_1 - \delta_2) - \alpha_m] \\
Q_2 &= Q_{G2} - Q_{L2} = y_s U_2^2 \cos\alpha_s - y_m U_2 U_1 \cos[(\delta_1 - \delta_2) - \alpha_m]
\end{aligned}\right\} \tag{6-15}$$

这些就是这个简单系统的功率方程。显然，它们是各母线电压相量的非线性方程。

将式(6-15)中的第一、二式相加，第三、四式相加，又可得这个系统的有功、无功功率平衡关系：

$$\left.\begin{aligned}
P_{G1} + P_{G2} &= P_{L1} + P_{L2} + y_s(U_1^2 + U_2^2)\sin\alpha_s - 2y_m U_1 U_2 \cos(\delta_1 - \delta_2)\sin\alpha_m \\
Q_{G1} + Q_{G2} &= Q_{L1} + Q_{L2} + y_s(U_1^2 + U_2^2)\cos\alpha_s - 2y_m U_1 U_2 \cos(\delta_1 - \delta_2)\cos\alpha_m
\end{aligned}\right\} \tag{6-16}$$

由式(6-16)可见，在功率方程中，母线电压的相位角是以差值$(\delta_1 - \delta_2)$的形式出现的，即决定功率大小的是相对相位角或相对功率角$\delta_1 - \delta_2 = \delta_{12}$，而不是绝对相位角或绝对功率角$\delta_1$或$\delta_2$。因此线路或变压器某一端电压的相位角$\delta$实际上也是相对于另一端的相对相位角。

由式(6-16)可见，这个简单系统的有功、无功功率损耗分别为

$$\left.\begin{aligned}
\Delta P &= y_s(U_1^2 + U_2^2)\sin\alpha_s - 2y_m U_1 U_2 \cos(\delta_1 - \delta_2)\sin\alpha_m \\
\Delta Q &= y_s(U_1^2 + U_2^2)\cos\alpha_s - 2y_m U_1 U_2 \cos(\delta_1 - \delta_2)\cos\alpha_m
\end{aligned}\right\} \tag{6-17}$$

它们也都是母线电压U_1、U_2和相位角δ_1、δ_2或相对相位角δ_{12}的非线性函数。

2. 变量的分类

由式(6-15)还可见，在这四个一组的功率方程式组中，除网络参数y_s、y_m、α_s、α_m，共有12个变量，它们是：负荷消耗的有功、无功功率——P_{L1}、Q_{L1}、P_{L2}、Q_{L2}；电源发出的有功、无功功率——P_{G1}、Q_{G1}、P_{G2}、Q_{G2}；母线或节点电压的大小和相位角——U_1、U_2、δ_1、δ_2。

因此，除非已知或给定其中的8个变量，否则将无法求解。在这12个变量中，负荷消耗的有功、无功功率无法控制，因它们取决于用户。它们称为不可控变量或扰动变量。之所以称扰动变量是由于这些变量出现事先没有预计的变动时，系统将偏离它们的原始运行状况。不可控变量或扰动变量以列向量$\boldsymbol{d}$表示。

余下的4个变量中，电源发出的有功、无功功率是可以控制的自变量，因而它们称为控制变量。控制变量常以列向量$\boldsymbol{u}$表示。

最后余下的4个变量：母线或节点电压的大小和相位角，是受控制变量控制的因变量。其中，U_1、U_2主要受Q_{G1}、Q_{G2}的控制，δ_1、δ_2主要受P_{G1}、P_{G2}的控制。这4个变量就是简单系统的状态变量。状态变量一般都以列向量$\boldsymbol{x}$表示。

无疑，变量的这种分类也适用于具有n个节点的复杂系统。只是对这种系统，变量数将增加为$6n$个，其中扰动变量、控制变量、状态变量各$2n$个。换言之，扰动向量$\boldsymbol{d}$、控制向量$\boldsymbol{u}$状态向量$\boldsymbol{x}$都是$2n$阶列向量。

看来似乎将变量进行如上分类后，只要已知或给定扰动变量和控制变量，就可运用功率方程式(6-15)解出状态变量。其实不然。如上所述，功率方程中，母线或节点电压的相位角是以相对值出现的，以致式(6-16)中δ_1和δ_2以同样大小变化时，功率的数值不

变，从而不可能运用它们求取绝对相位角。也如上述，系统中的功率损耗本身是状态变量的函数，在解得状态变量前，不可能确定这些功率损耗，从而也不可能按功率平衡关系式(5-24)给定所有控制变量，因它们的总和，如式(6-24)中的$(P_{G1}+P_{G2}，Q_{G1}+Q_{G2})$尚属未知。

为克服上述困难，可对变量的给定稍作调整。

在具有 n 个节点的系统中，只给定$(n-1)$对控制变量 P_{Gi}、Q_{Gi}，余下一对控制变量 P_{Gs}、Q_{Gs} 待定。这一对控制变量 P_{Gs}、Q_{Gs} 将使系统功率，包括电源功率、负荷功率和损耗功率保持平衡。

在系统中，给定一对状态变量 δ_s、U_s，只要求确定$(n-1)$对状态变量 δ_i、U_i。给定的 δ_s 通常就赋以零值。这实际上就相当于取节点的电压相量为参考轴。对于给定的 U_s，一般可取标幺值为 1.0 左右，以使系统中各节点的电压水平在额定值附近。

这样，原则上已可从 $2n$ 个方程式中解出 $2n$ 个未知变量。但实际上，这个解还应满足如下的一些约束条件，这些约束条件是保证系统正常运行所不可少的。其中，对控制变量的约束条件是

$$P_{Gi\min} < P_{Gi} < P_{Gi\max}，\quad Q_{Gi\min} < Q_{Gi} < Q_{Gi\max}$$

对没有电源的节点则为

$$P_{Gi} = 0，\quad Q_{Gi} = 0$$

$P_{G\max}$、$P_{G\min}$、$Q_{G\max}$、$Q_{G\min}$ 一方面需参照发电机的运行极限来确定，另一方面还要计及动力机械所受到的约束。后者将在后文中述及。

对状态变量 U_i 的约束条件则是

$$U_{i\min} < U_i < U_{i\max}$$

该条件表示，系统中各节点电压的大小不得越出一定的范围，因系统运行的基本要求之一就是要保证良好的电压质量。

对某些状态变量 δ_i 还有如下的约束条件：

$$\left| \delta_i - \delta_j \right| < \left| \delta_i - \delta_j \right|_{\max}$$

该条件主要是保证系统运行的稳定性。

由于扰动变量 P_{Li}、Q_{Li} 不可控，对它们没有约束。

3. 节点的分类

考虑到各种约束条件后，有时对某些节点，不是给定控制变量 P_{Gi}、Q_{Gi} 而留下状态变量 U_i、δ_i 待求，而是给定这些节点的 P_{Gi} 和 U_i 而留下 Q_{Gi} 和 δ_i 待求。这其实意味着让这些电源调节它们发出的无功功率 Q_{Gi} 以保证与之连接的节点电压 U_i 为定值。

这样，系统中的节点就因给定变量的不同而分为三类。

第一类称 PQ 节点。对这类节点，等值负荷功率 P_{Li}、Q_{Li} 和等值电源功率 P_{Gi}、Q_{Gi} 是给定的，从而注入功率 P_i、Q_i 是给定的，待求的则是节点电压的大小 U_i 和相位角 δ_i。属于这一类节点的有按给定有功、无功功率发电的发电厂母线和没有其他电源的变电所母线。

第二类称 PV 节点。对这类节点，等值负荷和等值电源的有功功率 P_{Li}、P_{Gi} 是给定的，从而注入有功功率 P_i 是给定的。等值负荷的无功功率 Q_{Li} 和节点电压的大小 U_i 也是给定的。待求的则是等值电源的无功功率 Q_{Gi}，从而注入无功功率 Q_i 和节点电压的相位角 δ_i。有一定无功功率储备的发电厂和有一定无功功率电源的变电所母线都可为 PV 节点。

第三类称平衡节点。潮流计算时，一般只设一个平衡节点。对这节点，等值负荷功率 P_{Ls}、Q_{Ls} 是给定的，节点电压的大小和相位角 U_s、δ_s 也是给定的，如给定 $U_s = 1.0$，$\delta_s = 0$，待求的则是等值电源功率 P_{Gs}、Q_{Gs}，从而注入功率 P_s、Q_s。担负调整系统频率任务的发电厂母线往往被选作平衡节点。

进行计算时，平衡节点是不可少的，PQ 节点是大量的，PV 节点较少，甚至可能没有。

如将这种分类方法衡量第3章中涉及的各种节点，可见在那些面向手算的计算方法中，节点只分两类，即 PQ 节点和平衡节点。前者包含所有负荷节点和给定功率的电源节点，后者则是起平衡作用的电源节点。手算时之所以不设 PV 节点，是由于设置这类节点后，就不免要以试探法求解，而就手算而言，这将不胜负担。

6.2.2 高斯-塞德尔迭代法

高斯-塞德尔迭代法既可用于解线性方程组，也可用于解非线性方程组，其标准模式如下。
设有方程组

$$
\left. \begin{array}{l} a_{11}x_1 + a_{12}x_2 + a_{13}x_3 = y_1 \\ a_{21}x_1 + a_{22}x_2 + a_{23}x_3 = y_2 \\ a_{31}x_1 + a_{32}x_2 + a_{33}x_3 = y_3 \end{array} \right\} \tag{6-18}
$$

它可改写为

$$
\left. \begin{array}{l} x_1 = \dfrac{1}{a_{11}}(y_1 - a_{12}x_2 - a_{13}x_3) \\ x_2 = \dfrac{1}{a_{22}}(y_2 - a_{21}x_1 - a_{23}x_3) \\ x_3 = \dfrac{1}{a_{33}}(y_3 - a_{31}x_1 - a_{32}x_2) \end{array} \right\} \tag{6-19}
$$

于是，迭代格式将为

$$
\left. \begin{array}{l} x_1^{(k+1)} = \dfrac{1}{a_{11}}(y_1 - a_{12}x_2^{(k)} - a_{13}x_3^{(k)}) \\ x_2^{(k+1)} = \dfrac{1}{a_{22}}(y_2 - a_{21}x_1^{(k+1)} - a_{23}x_3^{(k)}) \\ x_3^{(k+1)} = \dfrac{1}{a_{33}}(y_3 - a_{31}x_1^{(k+1)} - a_{32}x_2^{(k+1)}) \end{array} \right\} \tag{6-20}
$$

这其实是用于解线性方程组的格式。但如式中的 y_i 以 c_i/x_i 替代 $(i=1,2,3)$，就可以解非线性节点电压方程：

$$
\boldsymbol{Y}_{\mathrm{B}}\boldsymbol{U}_{\mathrm{B}} = \left[\frac{\boldsymbol{S}}{\boldsymbol{U}}\right]^* \tag{6-21}
$$

或它的展开式

$$Y_{ii}\dot{U}_i + \sum_{\substack{j=1 \\ j \neq i}}^{n} Y_{ij}\dot{U}_j = \frac{P_i - jQ_i}{\overset{*}{U}_i} \tag{6-22}$$

这时的迭代格式将为

$$\left. \begin{aligned} x_1^{(k+1)} &= \frac{1}{a_{11}}\left(\frac{c_1}{x_1^{(k)}} - a_{12}x_2^{(k)} - a_{13}x_3^{(k)} \right) \\ x_2^{(k+1)} &= \frac{1}{a_{22}}\left(\frac{c_2}{x_2^{(k)}} - a_{21}x_1^{(k+1)} - a_{23}x_3^{(k)} \right) \\ x_3^{(k+1)} &= \frac{1}{a_{33}}\left(\frac{c_3}{x_3^{(k)}} - a_{31}x_1^{(k+1)} - a_{32}x_2^{(k+1)} \right) \end{aligned} \right\} \tag{6-23}$$

显然，式(6-23)中的 a_{ii} 就对应于式(6-22)中的 Y_{ii}，a_{ij} 就对应于 Y_{ij}，c_i 就对应于 $P_i - jQ_i$，x_i 就对应于 $\dot{U}_i$。

但需指出，按式(6-23)进行迭代时，除平衡节点，其他节点的电压都将变化，而这一情况不符合 PV 节点电压大小不变的约定。因此，每次迭代求得这些节点的电压后，应对它们的大小按给定值修正，并据此调整这些节点注入的无功功率。这是潮流计算运用高斯-塞德尔法时的特殊之处。

高斯-塞德尔迭代法由于其简单而在早期的潮流计算程序中得以采用。但此后就逐渐被牛顿型算法取代。目前这种方法多半与牛顿型算法配合使用以补后者的不足。鉴于它已不再广泛地用于计算潮流，故本书将不再深入展开有关这一算法的讨论。

6.2.3 牛顿-拉弗森迭代法

牛顿-拉弗森迭代法是常用的解非线性方程组的方法，也是当前广泛采用的计算潮流的方法，其标准模式如下。

设有非线性方程组：

$$\left. \begin{aligned} f_1(x_1, x_2, \cdots, x_n) &= y_1 \\ f_2(x_1, x_2, \cdots, x_n) &= y_2 \\ &\vdots \\ f_n(x_1, x_2, \cdots, x_n) &= y_n \end{aligned} \right\} \tag{6-24}$$

其近似解为 $x_1^{(0)}, x_2^{(0)}, \cdots, x_n^{(0)}$。设近似解与精确解分别相差 $\Delta x_1, \Delta x_2, \cdots, \Delta x_n$，则如下的关系式应该成立：

$$\left. \begin{aligned} f_1(x_1^{(0)} + \Delta x_1, x_2^{(0)} + \Delta x_2, \cdots, x_n^{(0)} + \Delta x_n) &= y_1 \\ f_2(x_1^{(0)} + \Delta x_1, x_2^{(0)} + \Delta x_2, \cdots, x_n^{(0)} + \Delta x_n) &= y_2 \\ &\vdots \\ f_n(x_1^{(0)} + \Delta x_1, x_2^{(0)} + \Delta x_2, \cdots, x_n^{(0)} + \Delta x_n) &= y_n \end{aligned} \right\} \tag{6-25}$$

式(6-25)中任何一式都可按泰勒级数展开。以第一式为例，展开为

$$f_1(x_1^{(0)} + \Delta x_1, x_2^{(0)} + \Delta x_2, \cdots, x_n^{(0)} + \Delta x_n)$$

$$= f_1(x_1^{(0)}, x_2^{(0)}, \cdots, x_n^{(0)}) + \frac{\partial f_1}{\partial x_1}\bigg|_0 \Delta x_1 + \frac{\partial f_1}{\partial x_2}\bigg|_0 \Delta x_2 + \cdots + \frac{\partial f_1}{\partial x_n}\bigg|_0 \Delta x_n + \varphi_1 = y_1$$

式中，$\frac{\partial f_1}{\partial x_1}\bigg|_0 \Delta x_1, \frac{\partial f_1}{\partial x_2}\bigg|_0 \Delta x_2, \cdots, \frac{\partial f_1}{\partial x_n}\bigg|_0 \Delta x_n$。分别表示以 $x_1^{(0)}, x_2^{(0)}, \cdots, x_n^{(0)}$ 代入这些偏导数表示式时的计算所得，φ_1 则是一包含 $\Delta x_1, \Delta x_2, \cdots, \Delta x_n$ 的高次方与 f_1 的高阶偏导数乘积的函数。如近似解 $x_i^{(0)}$ 与精确解相差不大，则 Δx_i 的高次方可略去，从而 φ_1 也可略去。

由此可得

$$\left. \begin{array}{l} f_1(x_1^{(0)}, x_2^{(0)}, \cdots, x_n^{(0)}) + \dfrac{\partial f_1}{\partial x_1}\bigg|_0 \Delta x_1 + \dfrac{\partial f_1}{\partial x_2}\bigg|_0 \Delta x_2 + \cdots + \dfrac{\partial f_1}{\partial x_n}\bigg|_0 \Delta x_n = y_1 \\[3mm] f_2(x_1^{(0)}, x_2^{(0)}, \cdots, x_n^{(0)}) + \dfrac{\partial f_2}{\partial x_1}\bigg|_0 \Delta x_1 + \dfrac{\partial f_2}{\partial x_2}\bigg|_0 \Delta x_2 + \cdots + \dfrac{\partial f_2}{\partial x_n}\bigg|_0 \Delta x_n = y_2 \\[3mm] \qquad\qquad\qquad\qquad\qquad\qquad\qquad\qquad\qquad\qquad\vdots \\[1mm] f_n(x_1^{(0)}, x_2^{(0)}, \cdots, x_n^{(0)}) + \dfrac{\partial f_n}{\partial x_1}\bigg|_0 \Delta x_1 + \dfrac{\partial f_n}{\partial x_2}\bigg|_0 \Delta x_2 + \cdots + \dfrac{\partial f_n}{\partial x_n}\bigg|_0 \Delta x_n = y_n \end{array} \right\} \tag{6-26}$$

这是一组线性方程组或线性化了的方程组，常称修正方程组。它可改写为如下的矩阵方程：

$$\begin{bmatrix} y_1 - f_1(x_1^{(0)}, x_2^{(0)}, \cdots, x_n^{(0)}) \\ y_2 - f_2(x_1^{(0)}, x_2^{(0)}, \cdots, x_n^{(0)}) \\ \vdots \\ y_n - f_1(x_1^{(0)}, x_2^{(0)}, \cdots, x_n^{(0)}) \end{bmatrix} = \begin{bmatrix} \dfrac{\partial f_1}{\partial x_1}\bigg|_0 & \dfrac{\partial f_1}{\partial x_2}\bigg|_0 & \cdots & \dfrac{\partial f_1}{\partial x_n}\bigg|_0 \\[3mm] \dfrac{\partial f_2}{\partial x_1}\bigg|_0 & \dfrac{\partial f_2}{\partial x_2}\bigg|_0 & \cdots & \dfrac{\partial f_2}{\partial x_n}\bigg|_0 \\[3mm] & & \vdots & \\[1mm] \dfrac{\partial f_n}{\partial x_1}\bigg|_0 & \dfrac{\partial f_n}{\partial x_2}\bigg|_0 & \cdots & \dfrac{\partial f_n}{\partial x_n}\bigg|_0 \end{bmatrix} \begin{bmatrix} \Delta x_1 \\ \Delta x_2 \\ \vdots \\ \Delta x_n \end{bmatrix} \tag{6-27}$$

或简写为

$$\Delta \boldsymbol{f} = \boldsymbol{J} \Delta \boldsymbol{x} \tag{6-28}$$

式中，$\boldsymbol{J}$ 称函数 f_i 的雅可比矩阵；$\Delta \boldsymbol{x}$ 为由 Δx_i 组成的列向量；$\Delta \boldsymbol{f}$ 则称不平衡量的列向量。

将 $x_i^{(0)}$ 代入，可得 $\Delta \boldsymbol{f}$、$\boldsymbol{J}$ 中的各元素。然后运用任何一种解线性代数方程的方法，可求得 $\Delta x_i^{(0)}$，从而求得经第一次迭代后 x_i 的新值 $x_i^{(1)} = x_i^{(0)} + \Delta x_i^{(0)}$。再将求得的 $x_i^{(1)}$ 代入，又可求得 $\Delta \boldsymbol{f}$、$\boldsymbol{J}$ 中各元素的新值，从而解得 $\Delta x_i^{(1)}$ 以及 $x_i^{(2)} = x_i^{(1)} + \Delta x_i^{(1)}$。如此循环，最后可获得对式(6-24)足够精确的解。

运用这种方法计算时，需选择比较接近它精确解 x_i 的初值，否则迭代过程可能不收敛。这种情况的简单说明如下。设函数的图形如图 6.6 所示。运用这种方法解算 $f(x) = Y$ 时的修正方程式为 $y - f(x^{(k)}) = \dfrac{\mathrm{d}f}{\mathrm{d}x}\bigg|_k \Delta x^{(k)}$。该修正方程式为迭代求解的过程就如图中由 $x^{(0)}$ 求

$x^{(1)}, x^{(2)}, \cdots$ 的过程。由图 6.6 可见，若 x 的初值 $x^{(0)}$ 选择接近其精确解，迭代过程将迅速收敛；反之，将不收敛。正因为这样，某些运用牛顿-拉弗森迭代法计算潮流的程序中，第一、二次迭代采用高斯-塞德尔迭代法，这是因为后者对 x_i 初值的选择没有严格要求。

运用这种方法计算一次雅可比矩阵各元素，如果每次迭代所得的 x_i 变化不大，也可经若干次迭代后再重新计算。

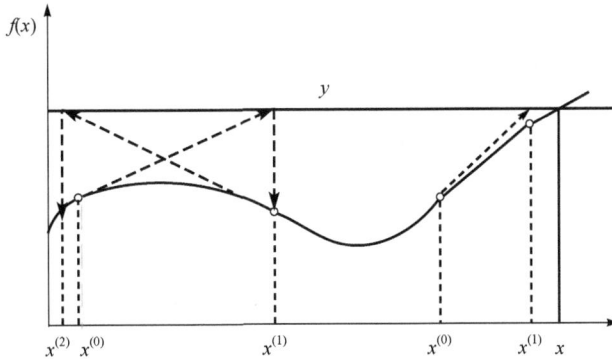

图 6.6　牛顿-拉弗森迭代法的解算过程

与运用高斯-塞德尔迭代法时不同，运用牛顿-拉弗森迭代法时，可直接用以求解功率方程：

$$\overset{*}{U}_i \sum_{j=1}^{n} \overset{*}{Y}_{ij} \overset{*}{U}_j = P_i + jQ_i \tag{6-29}$$

为此，需将 $Y_{ij} = G_{ij} + jB_{ij}, \dot{U}_i = e_i + jf_i$ 代入 $(e_i + jf_i) \sum_{j=1}^{n} (G_{ij} - jB_{ij})(e_i - jf_j) = P_i + jQ_i$，并将实数部分和虚数部分分列，得

$$\sum_{j=1}^{n} [e_i(G_{ij}e_j - B_{ij}f_j) + f_i(G_{ij}f_j + B_{ij}e_j)] = P_i \tag{6-30a}$$

$$\sum_{j=1}^{n} [f_i(G_{ij}e_j - B_{ij}f_j) - e_i(G_{ij}f_j + B_{ij}e_j)] = Q_i \tag{6-30b}$$

此外，由于系统中还有电压大小给定的 PV 节点，还应补充一组方程式：

$$e_i^2 + f_i^2 = U_i^2 \tag{6-30c}$$

式(6-30)中，e_i 和 f_i 分别为迭代过程中求得的节点电压实部和虚部；P_i 为 PQ 节点和 PV 节点的注入有功功率；Q_i 为 PQ 节点的注入无功功率; U_i 为 PV 节点的电压大小。

对照式(6-30)、式(6-24)可见，式(6-30)的右端项 P_i、Q_i、U_i^2 分别是给定的注入功率和节点电压大小的平方值，它们就对应于式(6-24)中的右端项 y_i；式(6-30)的左端函数分别是由迭代过程中求得的节点电压确定的注入功率和节点电压大小的平方值，它们就对应于式(6-24)中的左端函数 $f_i(x_1, x_2, \cdots, x_n)$；于是，式(6-30)中的 $e_i, f_i, \cdots$ 就对应于式(6-24)中的 $x_1, x_2, \cdots$。至于修正方程式(6-27)中雅可比矩阵的各个元素，显然就是迭代过程中求得的注入功率和节点电压大小的平方值对相应 $e_i, f_i, \cdots$ 的偏导数。

至此，余下的问题只是解线性的修正方程以求取 $\Delta x_1, \Delta x_2, \cdots, \Delta x_n$。解线性方程的方法很多，潮流计算中最常用的是高斯消去法、三角分解法和相应的因子表法，它们将在后面结合稀疏技术一并介绍。

6.3 牛顿-拉弗森法潮流计算

6.3.1 潮流计算时的修正方程式

牛顿型潮流计算的核心问题是修正方程式的建立和求解。为说明这一修正方程式的建立过程，先对网络中各类节点的编号进行如下约定。

(1) 网络中共有 n 个节点，编号为 $1,2,3,\cdots,n$，其中包含一个平衡节点，编号为 s；

(2) 网络中有 $m-1$ 个 PQ 节点，编号为 $1,2,3,\cdots,m$，其中包含编号为 s 的平衡节点；

(3) 网络中有 $n-m$ 个 PV 节点，编号为 $m+1,m+2,\cdots,n$。

据此，由式(6-30)所组成的方程式组中共有 $2(n-1)$ 个独立方程式。其中，式(6-30a)类型的有$(n-1)$个，包括除平衡节点所有节点有功功率 P_i 的表示式，即 $i=1,2,\cdots,n, i \neq s$；式(6-30b)类型的有$(m-1)$个，包括所有 PQ 节点无功功率 Q_i 的表示式，即 $i=1,2,\cdots,n, i \neq s$；式(6-30c)类型的有$(n-1)-(m-1)=n-m$ 个，包括所有 PV 节点电压 U_i^2 的表示式，即 $i=m+1,m+2,\cdots,n$。平衡节点 s 的功率和电压之所以不包括在此方程组内，是由于平衡节点的注入功率不可能事先给定，从而不可能列出相应的 P_s、Q_s 的表示式，而平衡节点的电压 $\dot{U}_s = e_s - \mathrm{j}f_s$，则不必求取至此，就可建立类似式(6-33)的修正方程式：

$$
\begin{bmatrix}
\Delta P_1 \\
\Delta Q_1 \\
\Delta P_2 \\
\Delta Q_2 \\
\vdots \\
\hline
\Delta P_p \\
\Delta U_p^2 \\
\Delta P_n \\
\Delta U_n^2
\end{bmatrix}
=
\left[
\begin{array}{cccc|cccc}
H_{11} & N_{11} & H_{12} & N_{12} & H_{1p} & N_{1p} & H_{1n} & N_{1n} \\
J_{11} & L_{11} & J_{12} & L_{12} & J_{1p} & L_{1p} & J_{1n} & L_{1n} \\
H_{21} & N_{21} & H_{22} & N_{22} & H_{2p} & N_{2p} & H_{2n} & N_{2n} \\
J_{21} & N_{21} & H_{22} & N_{22} & J_{2p} & L_{2p} & J_{2n} & L_{2n} \\
\vdots & \vdots & \vdots & \vdots & \vdots & \vdots & \vdots & \vdots \\
\hline
H_{p1} & N_{p1} & H_{p2} & N_{p2} & H_{pp} & N_{pp} & H_{pn} & N_{pn} \\
R_{p1} & S_{p1} & R_{p2} & S_{p2} & R_{pp} & S_{pp} & R_{pn} & S_{pn} \\
H_{n1} & N_{n1} & H_{n2} & N_{n2} & H_{np} & N_{np} & H_{nn} & N_{nn} \\
R_{n1} & S_{n1} & R_{n2} & S_{n2} & R_{np} & S_{np} & R_{nn} & S_{nn}
\end{array}
\right]
\begin{bmatrix}
\Delta f_1 \\
\Delta e_1 \\
\Delta f_2 \\
\Delta e_2 \\
\vdots \\
\hline
\Delta f_p \\
\Delta e_p \\
\Delta f_n \\
\Delta e_n
\end{bmatrix}
\tag{6-31}
$$

式中，ΔP_i、ΔQ_i、ΔU_i^2 分别为注入功率和节点电压平方的不平衡量。由式(6-30)可见，它们分别为

$$
\Delta P_i = P_i - \sum_{j=1}^{n}[e_i(G_{ij}e_j - B_{ij}f_j) + f_i(G_{ij}f_j + B_{ij}e_j)]
\tag{6-32a}
$$

$$
\Delta Q_i = Q_i - \sum_{j=1}^{n}[f_i(G_{ij}e_j - B_{ij}f_j) - e_i(G_{ij}f_j + B_{ij}e_j)]
\tag{6-32b}
$$

$$\Delta U_i^2 = U_i^2 - (e_i^2 + f_i^2) \tag{6-32c}$$

式中，雅可比矩阵的各个元素则分别为

$$\left.\begin{array}{ll} H_{ij} = \dfrac{\partial P_i}{\partial f_j}, & N_{ij} = \dfrac{\partial P_i}{\partial e_j} \\[3mm] J_{ij} = \dfrac{\partial Q_i}{\partial f_j}, & L_{ij} = \dfrac{\partial Q_i}{\partial e_j} \\[3mm] R_{ij} = \dfrac{\partial U_i^2}{\partial f_j}, & S_{ij} = \dfrac{\partial U_i^2}{\partial e_j} \end{array}\right\} \tag{6-33}$$

为求取这些偏导数，可将 P_i、Q_i、U_i^2 分别展开如下：

$$P_i = e_i(G_{ii}e_i - B_{ii}f_i) + f_i(G_{ii}f_i + B_{ii}e_i) + \sum_{\substack{j=1 \\ j \neq i}}^{n} [e_i(G_{ij}e_j - B_{ij}f_j)] + f_i(G_{ij}f_j + B_{ij}e_j) \tag{6-34a}$$

$$Q_i = f_i(G_{ii}e_i - B_{ii}f_i) - e_i(G_{ii}f_i + B_{ii}e_i) + \sum_{\substack{j=1 \\ j \neq i}}^{n} [f_i(G_{ij}e_j - B_{ij}f_j) - e_i(G_{ij}f_j + B_{ij}e_j)] \tag{6-34b}$$

$$U_i^2 = (e_i^2 + f_i^2) \tag{6-34c}$$

当 $j \neq i$ 时，由于对特定的 i，只有该特定节点的 f_j 和 e_j，是变量，由式(6-33)、式(6-34)可得

$$\left.\begin{array}{ll} H_{ij} = \dfrac{\partial P_i}{\partial f_i} = -B_{ij}e_i + G_{ij}f_i, & N_{ij} = \dfrac{\partial P_i}{\partial e_j} = G_{ij}e_i + B_{ij}f_i \\[3mm] J_{ij} = \dfrac{\partial Q_i}{\partial f_i} = -B_{ij}f_i - G_{ij}e_i = -N_{ij}, & L_{ij} = \dfrac{\partial Q_i}{\partial e_j} = G_{ij}f_i - B_{ij}e_i = H_{ij} \\[3mm] R_{ij} = \dfrac{\partial U_i^2}{\partial f_i} = 0, & S_{ij} = \dfrac{\partial U_i^2}{\partial e_i} = 0 \end{array}\right\} \tag{6-35}$$

当 $j=i$ 时，为使这些偏导数的表示式更简洁，先引入节点注入电流的表示式如下：

$$\dot{I}_i = Y_{ii}\dot{U}_i + \sum_{\substack{j=1 \\ j \neq i}}^{n} Y_{ij}\dot{U}_j$$

$$= [(G_{ii}e_i - B_{ii}f_i) + \sum_{\substack{j=1 \\ j \neq i}}^{n} (G_{ij}e_j - B_{ij}f_j)] + \mathrm{j}[(G_{ii}f_i + B_{ii}e_i) + \sum_{\substack{j=1 \\ j \neq i}}^{n} (G_{ij}f_j + B_{ij}e_j)]$$

$$= a_{ii} + \mathrm{j}b_{ii}$$

然后由式(6-33)、式(6-34)和式(6-35)可得

$$H_{ii} = \frac{\partial P_i}{\partial f_i} = -B_{ii}e_i + 2G_{ii}f_i + B_{ii}e_i + \sum_{\substack{j=1 \\ j \neq i}}^{n}(G_{ij}f_j + B_{ij}e_j) = -B_{ii}e_i + G_{ii}f_i + b_{ii}$$

$$N_{ii} = \frac{\partial P_i}{\partial e_i} = 2G_{ii}e_i - B_{ii}f_i + B_{ii}f_i + \sum_{\substack{j=1 \\ j \neq i}}^{n}(G_{ij}e_j - B_{ij}f_j) = G_{ii}e_i + B_{ii}f_i + a_{ii}$$

$$J_{ii} = \frac{\partial Q_i}{\partial f_i} = -2B_{ii}f_i + G_{ii}f_i - G_{ii}e_i + \sum_{\substack{j=1 \\ j \neq i}}^{n}(G_{ij}e_j - B_{ij}f_j) = -G_{ii}e_i - B_{ii}f_i - a_{ii}$$

$$L_{ii} = \frac{\partial Q_i}{\partial e_i} = G_{ii}f_i - G_{ii}f_i - 2B_{ii}e_i - \sum_{\substack{j=1 \\ j \neq i}}^{n}(G_{ij}f_j + B_{ij}e_j) = -B_{ii}e_i + G_{ii}f_i - b_{ii}$$

$$R_{ii} = \frac{\partial U_i^2}{\partial f_i} = 2f_i$$

$$S_{ii} = \frac{\partial U_i^2}{\partial e_i} = 2e_i$$

$$(6\text{-}36)$$

由式(6-35)可见，如 $Y_{ij} = G_{ij} + jB_{ij} = 0$，即节点 i、j 之间无直接联系，这些元素都等于零。从而，如将雅可比矩阵分块，而将每个 2×2 阶子阵

$$\begin{bmatrix} H_{ij} & N_{ij} \\ J_{ij} & L_{ij} \end{bmatrix}, \quad \begin{bmatrix} H_{ij} & N_{ij} \\ R_{ij} & S_{ij} \end{bmatrix}$$

看作分块矩阵的元素时，分块雅可比矩阵和节点导纳矩阵 $\boldsymbol{Y}_\mathrm{B}$ 将有相同的结构。但前者与后者不同，前者 $H_{ij} \neq H_{ji}$、$N_{ij} \neq N_{ji}$、$J_{ij} \neq J_{ji}$、$L_{ij} \neq L_{ji}$，不是对称矩阵。分块雅可比矩阵和节点导纳矩阵的结构相同是一个可以利用的特点。

节点电压不仅可以用直角坐标表示，还可以用极坐标表示，因此，牛顿-拉夫逊法潮流计算时的修正方程式还有另一种形式。为建立这种修正方程式，可仍令 $Y_{ij} = G_{ij} + jB_{ij}$，$\dot{U}_i = U_i\mathrm{e}^{j\delta_i} = U_i(\cos\delta_i + j\sin\delta_i)$ 而将式(6-29)改写为

$$U_i\mathrm{e}^{j\delta_i}\sum_{j=1}^{n}(G_{ij} - jB_{ij})U_j\mathrm{e}^{-j\delta_j} = P_i + jQ_i \tag{6-37}$$

将实数部分和虚数部分分列，可得

$$U_i\sum_{j=1}^{n}U_j(G_{ij}\cos\delta_{ij} + B_{ij}\sin\delta_{ij}) = P_i \tag{6-38a}$$

$$U_i\sum_{j=1}^{n}U_j(G_{ij}\sin\delta_{ij} - B_{ij}\cos\delta_{ij}) = Q_i \tag{6-38b}$$

对一个具有 n 个节点，其中有 $(n-m)$ 个 PV 节点的网络，式(6-38a)、式(6-38b)组成的方程式组中共有 $(n-1)+(m-1)=n+m-2$ 个方程式。如仍按前述的节点编号划分方法，则式(6-38a)类型的有 $(n-1)$ 个，包括除平衡节点外所有节点有功功率 P_i 的表示式，即 $i=1,2,\cdots,n$，$i\neq s$；式(6-43b)类型的有 $(m-1)$ 个，包括所有 PQ 节点无功功率 Q_i 的表示式，即 $i=1,2,\cdots,m$，$i\neq s$。采用极坐标表示时，与采用直角坐标表示时比较而言，少 $(n-m)$ 个 PV 节点表示式。因对 PV 节点，采用极坐标表示时，待求的只有电压的相位角 δ_i 和注入无功功率 Q_i，而采用直角坐标表示时，待求的有电压的实数部分 e_i、虚数部分 f_i 和注入无功功率 Q_i。前者的未知变量既减少 $(n-m)$ 个，方

程式数也应减少(n-m)个。

这样，就可建立类似式(6-31)的修正方程式如下：

$$
\begin{bmatrix} \Delta P_1 \\ \Delta Q_1 \\ \Delta P_2 \\ \Delta Q_2 \\ \vdots \\ \hline \Delta P_p \\ \Delta P_n \end{bmatrix} = \begin{bmatrix} H_{11} & N_{11} & H_{12} & N_{12} & H_{1p} & H_{1n} \\ J_{11} & L_{11} & J_{12} & L_{12} & J_{1p} & J_{1n} \\ H_{21} & N_{21} & H_{22} & N_{22} & H_{2p} & H_{2n} \\ J_{21} & N_{21} & H_{22} & N_{22} & J_{2p} & J_{2n} \\ \vdots & \vdots & \vdots & \vdots & \cdots & \vdots \\ \hline H_{p1} & N_{p1} & H_{p2} & N_{p2} & H_{pp} & H_{pn} \\ H_{n1} & N_{n1} & H_{n2} & N_{n2} & H_{np} & H_{nn} \end{bmatrix} \begin{bmatrix} \Delta \delta_1 \\ \Delta U_1 / U_1 \\ \Delta \delta_2 \\ \Delta U_2 / U_2 \\ \vdots \\ \hline \Delta \delta_p \\ \Delta \delta_n \end{bmatrix} \tag{6-39}
$$

式中留出了(n-m)行空行和(n-m)列空列。式中的有功、无功功率不平衡量ΔP_i、ΔQ_i分别由式(6-38a)、式(6-38b)可得

$$
\Delta P_i = P_i - U_i \sum_{j=1}^{n} U_j (G_{ij} \cos \delta_{ij} + B_{ij} \sin \delta_{ij}) \tag{6-40a}
$$

$$
\Delta Q_i = Q_i - U_i \sum_{j=1}^{n} U_j (G_{ij} \sin \delta_{ij} - B_{ij} \cos \delta_{ij}) \tag{6-40b}
$$

而式中雅可比矩阵的各个元素则分别为

$$
\left. \begin{aligned} H_{ij} &= \frac{\partial P_i}{\partial \delta_i}, \quad N_{ij} = \frac{\partial P_i}{\partial U_j} U_j \\ J_{ij} &= \frac{\partial Q_i}{\partial \delta_i}, \quad L_{ij} = \frac{\partial Q_i}{\partial U_j} U_j \end{aligned} \right\} \tag{6-41}
$$

式(6-39)中将ΔU_i改为$\Delta U_i / U_i$只是为使式(6-41)中各偏导数的表示式形式上更相似。为求取这些偏导数，可将P_i、Q_i分别展开如下：

$$
P_i = U_i^2 G_{ii} + U_i \sum_{j=1}^{n} U_j (G_{ij} \cos \delta_{ij} + B_{ij} \sin \delta_{ij}) \tag{6-42a}
$$

$$
Q_i = -U_i^2 B_{ii} + U_i \sum_{j=1}^{n} U_j (G_{ij} \sin \delta_{ij} - B_{ij} \cos \delta_{ij}) \tag{6-42b}
$$

计及

$$
\left. \begin{aligned} \frac{\partial \cos \delta_{ij}}{\partial \delta_j} &= \frac{\partial \cos(\delta_i - \delta_j)}{\partial(\delta_i - \delta_j)} = \sin(\delta_i - \delta_j) = \sin \delta_{ij} \\ \frac{\partial \sin \delta_{ij}}{\partial \delta_j} &= \frac{\partial \sin(\delta_i - \delta_j)}{\partial(\delta_i - \delta_j)} = -\cos(\delta_i - \delta_j) = -\cos \delta_{ij} \\ \frac{\partial \cos \delta_{ij}}{\partial \delta_i} &= \frac{\partial \cos(\delta_i - \delta_j)}{\partial(\delta_i - \delta_j)} = -\sin(\delta_i - \delta_j) = -\sin \delta_{ij} \\ \frac{\partial \sin \delta_{ij}}{\partial \delta_i} &= \frac{\partial \sin(\delta_i - \delta_j)}{\partial(\delta_i - \delta_j)} = \cos(\delta_i - \delta_j) = \cos \delta_{ij} \end{aligned} \right\} \tag{6-43}
$$

当$j \neq i$时，由于对特定的j，只有该特定节点的δ_j，从而特定的$\delta_{ij} = \delta_i - \delta_j$是变量，由式(6-41)～式(6-43)可得

$$H_{ij} = \frac{\partial P_i}{\partial \delta_j} = U_i U_j (G_{ij} \sin \delta_{ij} - B_{ij} \cos \delta_{ij}) \left.\begin{array}{l}\\\\\end{array}\right\}$$

$$J_{ij} = \frac{\partial Q_i}{\partial \delta_i} = -U_i U_j (G_{ij} \cos \delta_{ij} + B_{ij} \sin \delta_{ij})$$

(6-44a)

相似地，由于对特定的 j，只有该特定节点的 U_j 是变量，可得

$$N_{ij} = \frac{\partial P_i}{\partial U_j} U_j = U_i U_j (G_{ij} \cos \delta_{ij} + B_{ij} \sin \delta_{ij}) \left.\begin{array}{l}\\\\\end{array}\right\}$$

$$L_{ij} = \frac{\partial Q_i}{\partial U_j} U_j = U_i U_j (G_{ij} \sin \delta_{ij} - B_{ij} \cos \delta_{ij})$$

(6-44b)

当 $j=i$ 时，由于 δ_j 是变量，所有 $\delta_{ij} = \delta_i - \delta_j$ 都是变量，可得

$$H_{ii} = \frac{\partial P_i}{\partial \delta_i} = -U_i \sum_{\substack{j=1 \\ j \neq i}}^{n} U_j (G_{ij} \sin \delta_{ij} - B_{ij} \cos \delta_{ij}) \left.\begin{array}{l}\\\\\end{array}\right\}$$

$$J_{ij} = \frac{\partial Q_i}{\partial \delta_i} = U_i \sum_{\substack{j=1 \\ j \neq i}}^{n} U_j (G_{ij} \cos \delta_{ij} + B_{ij} \sin \delta_{ij})$$

(6-44c)

相似地，由于 U_i 是变量，可得

$$N_{ii} = \frac{\partial P_i}{\partial U_i} U_i = U_i \sum_{\substack{j=1 \\ j \neq i}}^{n} U_j (G_{ij} \cos \delta_{ij} + B_{ij} \sin \delta_{ij}) + 2U_i^2 G_{ii} \left.\begin{array}{l}\\\\\end{array}\right\}$$

$$L_{ii} = \frac{\partial Q_i}{\partial U_i} U_i = U_i \sum_{\substack{j=1 \\ j \neq i}}^{n} U_j (G_{ij} \sin \delta_{ij} - B_{ij} \cos \delta_{ij}) - 2U_i^2 B_{ii}$$

(6-44d)

由式(6-44a)，(6-44b)可见，如 $Y_{ij} = G_{ij} + jB_{ij} = 0$ 这些元素都等于零。从而，如将雅可比矩阵留出 $(n-m)$ 行空行和 $(n-m)$ 列空列后分块，而将每个 2×2 阶子阵

$$\begin{bmatrix} H_{ij} & N_{ij} \\ J_{ij} & L_{ij} \end{bmatrix}, \quad \begin{bmatrix} H_{ij} & 0 \\ J_{ij} & 0 \end{bmatrix}, \quad \begin{bmatrix} H_{ij} & N_{ij} \\ 0 & 0 \end{bmatrix}, \quad \begin{bmatrix} H_{ij} & 0 \\ 0 & 0 \end{bmatrix}$$

看作分块矩阵的元素时，分块雅可比矩阵和节点导纳矩阵 Y_B 仍有相同的结构。但前者因 $H_{ij} \neq H_{ji}$、$N_{ij} \neq N_{ji}$、$J_{ij} \neq J_{ji}$、$L_{ij} \neq L_{ji}$，不是对称矩阵。

需指出，迄今为止的讨论还没有述及节点分类时提到的各种约束条件。这些以不等式表示的约束条件大体可分三类，即对节点注入功率的约束、对节点电压大小的约束和对相位角的约束。其中，对注入功率，主要指对电源注入功率的约束条件不能满足时，将威胁电源机组的安全运行；对电压大小的约束条件不能满足时，将影响电能的质量，严重时则将危及系统运行的稳定性；对相对相位角的约束条件不能满足时，也将危及系统运行的稳定性。因此，在潮流计算的迭代过程中，必须时刻注意这些约束条件能否满足。但因系统运行的稳定性往往需运用其他方法进行检验，潮流计算时可集中注意力于注入功率和电压大小的约束条件，其中又以前者优先。因此注入功率超限一般会威胁到电源设备的安全，而电压大小偏离给定值一般只影响电能质量。这样又引出一个 PV 节点向 PQ 节点转化的问题。

所谓 PV 节点向 PQ 节点的转化，指迭代过程中经验算发现，为保持给定的电压大小，

某一个或几个 PV 节点的注入无功功率已越出给定的限额，即发现了 $Q_i > Q_{max}$ 或 $Q_i < Q_{min}$。的情况。为了保证电源设备的安全运行，不得已取 $Q_i = Q_{max} = 定值$ 或 $Q_i = Q_{min} = 定值$。而任凭相应节点的电压大小偏离给定值。显然，这样的处理，实际上就是在迭代进行过程中，让某些 PV 节点转化为 PQ 节点。

然后观察式(6-31)、式(6-39)，不难发现，即使其他条件不变，一旦出现 PV 节点向 PQ 节点的转化，修正方程式的结构就要发生变化。采用直角坐标表示时，应以该节点无功功率的关系式取代电压的关系式；采用极坐标表示时，则应增加一组无功功率关系式。至于这组关系式中的无功功率不平衡量 $\Delta Q_i^{(k)}$，显然应取 $(Q_{max} - Q_i^{(k)})$ 或 $(Q_i^{(k)} - Q_{min})$。

应该指出，PV 节点向 PQ 节点转化，不仅采用牛顿-拉弗森迭代法计算时会出现，而且采用高斯-塞德尔迭代法乃至其他方法计算时同样会出现。只是采用高斯-塞德尔迭代法时，PV 节点向 PQ 节点的转化，不会影响基本迭代格式。

6.3.2 潮流计算的基本步骤

形成了雅可比矩阵并建立了修正方程式，运用牛顿-拉弗森迭代法计算潮流的核心问题已解决，可列出基本计算步骤并编制流程图。

显然，虽修正方程有两种不同表示方式，但牛顿-拉弗森迭代法潮流计算的基本步骤却总不外乎如下几步。

(1) 形成节点导纳矩阵 $\mathbf{Y}_B$。

(2) 设各节点电压的初值 $e_i^{(0)}$、$f_i^{(0)}$ 或 $U_i^{(0)}$、$\delta_i^{(0)}$。

(3) 将各节点电压的初值代入式(6-32a)~式(6-32c)或式(6-40a)、式(6-40b)，求修正方程式中的不平衡量 $\Delta P_i^{(0)}$、$\Delta Q_i^{(0)}$ 以及 $\Delta U_i^{(0)2}$。

(4) 将各节点电压的初值代入式(6-35)、式(6-36)或式(6-44a)、式(6-44d)求修正方程式的系数矩阵——雅可比矩阵的各个元素 $H_{ij}^{(0)}$、$N_{ij}^{(0)}$、$J_{ij}^{(0)}$、$L_{ij}^{(0)}$ 以及 $R_{ij}^{(0)}$、$S_{ij}^{(0)}$。

(5) 解修正方程式，求各节点电压的变化量，即修正量 $\Delta e_i^{(0)}$、$\Delta f_i^{(0)}$ 或 $\Delta U_i^{(0)}$、$\Delta \delta_i^{(0)}$。

(6) 计算各节点电压的新值，即修正后值：

$$e_i^{(1)} = e_i^{(0)} + \Delta e_i^{(0)}, \quad f_i^{(1)} = f_i^{(0)} + \Delta f_i^{(0)} \text{ 或 } U_i^{(1)} = U_i^{(0)} + \Delta U_i^{(0)}, \quad \delta_i^{(1)} = \delta_i^{(0)} + \Delta \delta_i^{(0)}$$

(7) 运用各节点电压的新值自第(3)步开始进入下一次迭代。

(8) 计算平衡节点功率和线路功率。其中，平衡节点功率为

$$\tilde{S}_s = \dot{U}_s \sum_{i=1}^{n} \overset{*}{\dot{Y}}_{si} \overset{*}{\dot{U}}_i = P_s + jQ_s \tag{6-45}$$

线路功率为

$$\hat{S}_{ij} = \dot{U}_i \overset{*}{\dot{I}}_{ij} = \dot{U}_i [\dot{U}_i \ddot{y}_{i0} + (\dot{U}_i - \dot{U}_j)\ddot{y}_{ij}] = P_{ij} + jQ_{ij} \tag{6-46a}$$

$$\hat{S}_{ji} = \dot{U}_j \overset{*}{\dot{I}}_{ji} = \dot{U}_j [\dot{U}_j \ddot{y}_{j0} + (\dot{U}_j - \dot{U}_i)\ddot{y}_{ji}] = P_{ji} + jQ_{ji} \tag{6-46b}$$

从而，线路上损耗的功率为

$$\Delta \tilde{S}_{ij} = \tilde{S}_{ij} + \tilde{S}_{ji} = \Delta P_{ij} + j\Delta Q_{ij} \tag{6-47}$$

式(6-46)中各符号的含义见图 6.7。

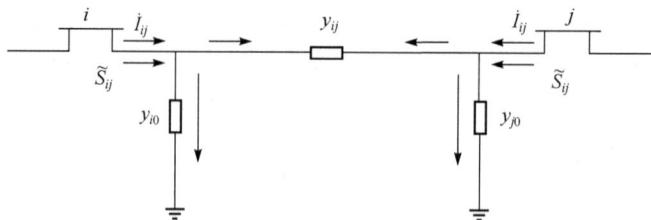

图 6.7　线路上流通的电流和功率

对以直角坐标表示时的计算，如上的步骤可概括为图 6.8 所示的流程图。图中 ε 为给定的允许误差，用于与电压修正量中的最大值 $\Delta e_{\max}^{(k)}$、$\Delta f_{\max}^{(k)}$ 进行比较，判断迭代是否已收敛。由图 6.8 可见，迭代收敛而进入第 7 框时，除平衡节点功率，网络中所有节点的所有变量 $-P_i$、Q_i、e_i、f_i 都已求得，第 7 框中所进行的只是某些补充计算，使输出的结果更加完整。

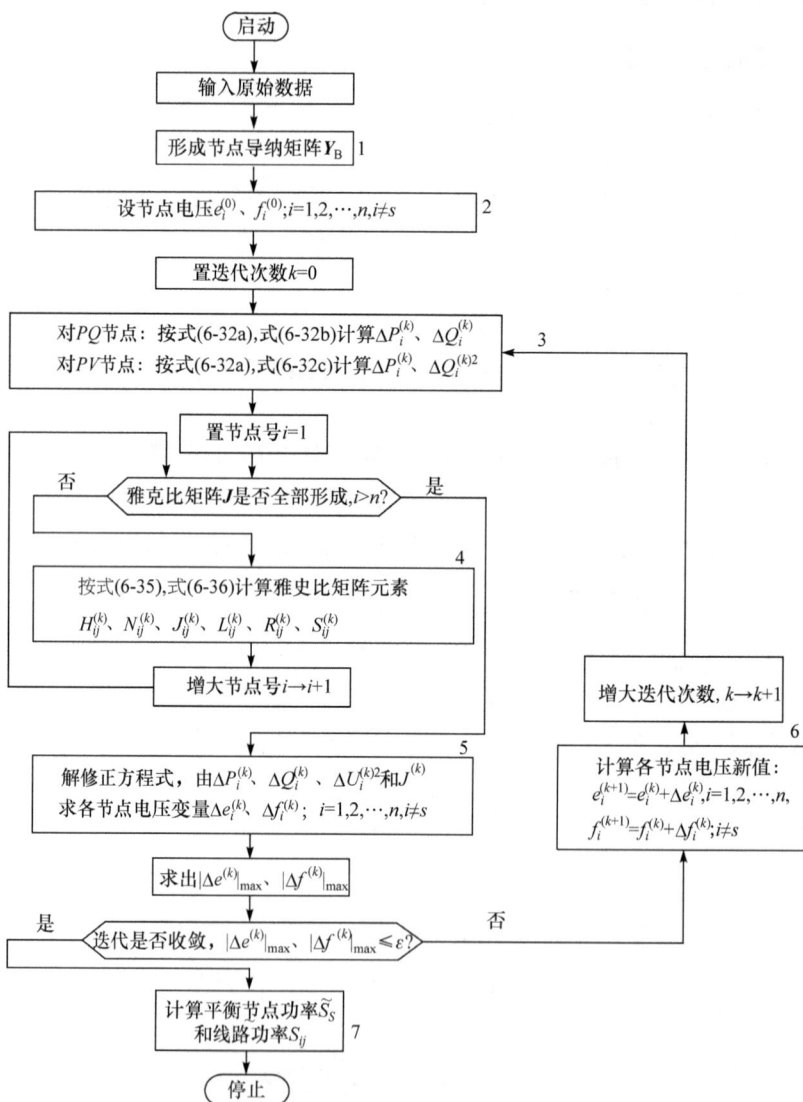

图 6.8　牛顿-拉弗森迭代法潮流计算流程图

第7章 电力系统的有功功率和频率调整

衡量电能质量的指标如第 1 章中所述,有频率质量、电压质量和波形质量,分别以频率偏移、电压偏移和波形畸变率表示。衡量运行经济性的主要指标是比耗量和线损率。比耗量指为生产单位电能所需消耗的一次能源。就火电厂而言,就指以 g/(kW·h)表示的煤耗率。线损率或网损率则如第 1 章中所述。这些技术经济指标中,除波形指标,均直接与系统中有功、无功功率的分配以及频率、电压的调整有关。而这两方面正分别是第 7 章和第 8 章中将讨论的主要内容。

本章主要阐述电力系统中有功功率的最优分布和电力系统的频率调整两个问题。而前者又可进而分有功功率负荷预计、有功功率电源的最优组合、有功功率负荷在已运行机组间的最优分配等几方面。

7.1 电力系统频率调整的必要性

电力系统的频率变动对用户、发电厂和电力系统本身都会产生不利影响,所以必须保持频率在额定值 50Hz 上下,且偏移不超过一定范围。

1. 频率变化对电力用户的影响

电力系统频率变动时,对用户的影响如下所示。

(1) 用户使用的电动机的转速与系统频率有关。频率变化将引起电动机转速的变化,从而影响产品质量。例如,纺织工业、造纸工业等都将因频率变化而出现残次品。

(2) 现代工业、国防和科学技术都已广泛使用电子设备,系统频率的不稳定将会影响电子设备的工作。雷达、电子计算机等重要设施将因频率过低而无法运行。

2. 频率变化对电力系统的影响

频率变动对发电厂和系统本身也会产生如下影响。

(1) 火力发电厂的主要厂用机械——风机和泵,在频率降低时,所能供应的风量和水量将迅速减少,影响锅炉的正常运行。

(2) 低频率运行还将增加汽轮机叶片所受的应力,引起叶片的共振,缩短叶片的寿命,甚至使叶片断裂。

(3) 低频率运行时,发电机的通风量将减少,而为了维持正常电压,又要求增加励磁电流,以致使发电机定子和转子的温升都将增加。为了不超越温升限额,不得不降低发电机所发功率。

(4) 低频率运行时,由于磁通密度的增大,变压器的铁心损耗和励磁电流都将增大。也为了不超越温升限额,不得不降低变压器的负荷。

(5) 频率降低时，系统中的无功功率负荷将增大。而无功功率负荷的增大又将促使系统电压水平的下降。

总之，由于所有设备都是按系统额定频率设计的，系统频率质量的下降将影响各行各业。而频率过低时，甚至会使整个系统瓦解，造成大面积停电。

3. 频率调整主要手段

调整系统频率的主要手段是发电机组原动机的自动调节转速系统，或简称自动调速系统，特别是其中的调速器和调频器(又称同步器)。以下就从自动调速系统的作用开始，讨论频率调整。

7.2 电力系统中有功功率的平衡

7.2.1 有功功率负荷的变动和调整控制

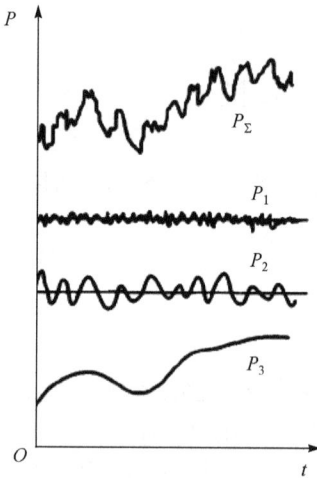

图 7.1 有功功率负荷的变动

P_1-第一种负荷变动；P_2-第二种负荷变动；
P_3-第三种负荷变动；P_Σ-实际不规则的负荷变动

虽然第 3 章中曾将系统中负荷随时间而变动的规律以阶梯形负荷曲线表示，但实际上系统中的负荷无时无刻不在变动。它的实际变动规律应如图 7.1 所示。

深入分析这种不规则的负荷变动规律可见，它其实是几种负荷变动规律的综合。反而言之，可将这种不规则的负荷变动规律分解为几种有规律可循的负荷变动。例如，图 7.1 中将其分解为三种。第一种变动幅度很小，周期又很短，这种负荷变动有很大的偶然性。第二种变动幅度较大，周期也较长，属于这一种的主要有电炉、压延机械、电气机车等带有冲击性的负荷变动。第三种变动幅度最大，周期也最长，这一种是由于生产、生活、气象等变化引起的负荷变动。第三种负荷变动基本上可以预计，而图 7.3 中阶梯形负荷曲线所反映的基本上也是这种负荷变动规律。简言之，电力系统中负荷变动的幅度越大，周期就越长。负荷变动的幅度和周期大致如图 7.2 中曲线所示的关系。

据此，电力系统的有功功率和频率调整大体上也可分一次、二次、三次调整三种。一次调整或频率的一次调整指由发电机组的调速器进行的、对第一种负荷变动引起的频率偏移的调整。二次调整或频率的二次调整指由发电机的调频器进行的、对第二种负荷变动引起的频率偏移的调整。三次调整不常用，它其实就是指按最优化准则分配第三种有规律变动的负荷，即责成各发电厂按图 7.5 中事先给定的发电负荷曲线发电。在潮流计算中除平衡节点，其他节点的注入有功功率之所以可给定，就是由于系统中绝大部分发电厂属这种类型。这类发电厂又称负荷监视厂。至于潮流计算中的平衡节点，如前所述，一般可取系统中担负调频任务的发电厂母线。这其实是指担负二次调整任务的发电厂母线。

近年来，由于普遍缺电，在我国出现了与上述一次、二次、三次调整迥然不同的另一种调整手段，称负荷控制。所谓负荷控制是指个别负荷大量或长时间超计划用电以致影响系统运行质量，由系统运行管理部门在远方将其部分或全部切除的控制方式。这显然是一种不得已而采用的控制方式。鉴于这种控制方式目前在技术上还不够成熟，本书中不拟作深入介绍。

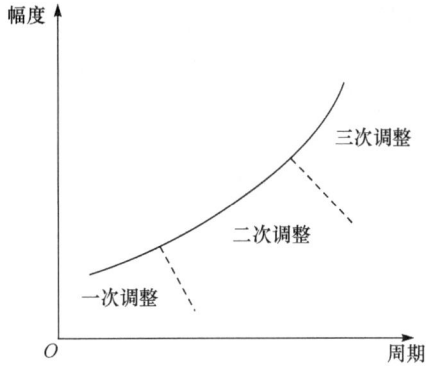

图 7.2　调频任务的分配

以下仍讨论有功功率和频率的调整。先讨论三次调整，再讨论一次、二次。而为讨论三次调整，需先作第三种负荷变动的预计。

7.2.2　有功功率负荷曲线的预计

进行有功功率和频率的三次调整时引以为据的多半是有功功率日负荷曲线。预计有功功率日负荷曲线的方法不止一种，但都要运用累积的运行记录。而如累积的实测负荷曲线系图 7.1 中曲线 P_3 所示的连续曲线，则往往还需对它们加工。加工的原则是：加工前后两种曲线上最大、最小负荷等特征点应一致；两种曲线下的面积，即负荷消费的电能应一致。换言之，不应在加工过程中带来附加误差。加工方法示于图 7.3。

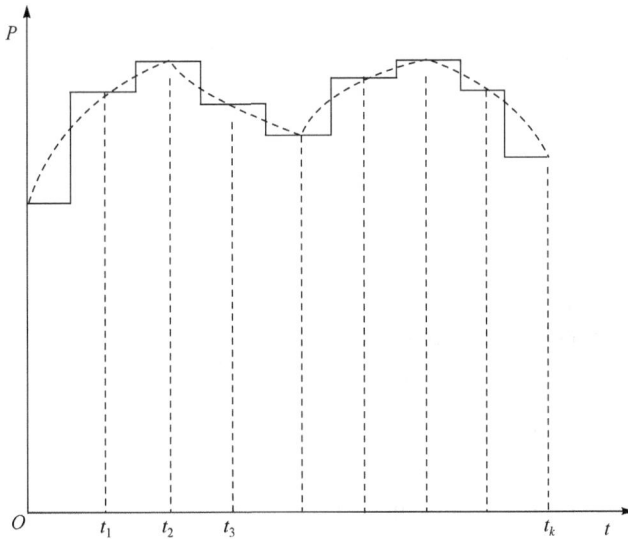

图 7.3　负荷曲线的加工

多年来，编制预计系统有功功率日负荷曲线的要点无非是根据各大用电量用户申报的未来若干天的预计负荷，参照长期累积的实测数据，汇总、调整用户的用电，并加以网络损耗。而在编制预计负荷曲线的同时，还应切实掌握系统中各发电厂预计可投入的发电设备和发电容量。在这可投入的发电容量中扣除各发电厂的厂用电，就是可承担系统负荷的容量。

编制预计负荷曲线时，网络损耗和厂用电是两个重要指标，因只有这两个指标确定后，才能最终确定系统的总负荷。网络损耗由两部分组成，一部分与负荷大小无关，称为不变损耗，主要是系统中变压器的空载损耗；另一部分与负荷的平方成正比，称为可变损耗，主要是系统中变压器和线路电阻中的损耗。包括不变损耗和可变损耗在内的网络总损耗一般为系统总负荷的6%～10%。至于厂用电，水电厂的厂用电相当小，仅为电厂最大负荷的0.1%～1%；火电厂的厂用电大得多，为5%～8%；原子能的厂用电则为4%～5%。

编制预计负荷曲线时，对气象条件的变化应特别注意。例如，雨天，农灌负荷将下降；阴天，照明负荷将上升；高温，空调负荷将明显增加。而准确估计气象条件变化引起的负荷变动，又与编制人员的工作经验有关。

有足够的资料和经验，运用上述方法编制的预计负荷曲线有一定的精确度，误差不可超过2%～3%。但是也应指出，这种凭经验判断的方法，近年来已逐渐为某些更科学的统计分析方法替代，其中有所谓"回归分析""时间序列分析"等。这些方法可利用编就的标准程序，由累积的运行记录推算未来的负荷。但由于篇幅有限，本书中不可能涉及这些问题。

7.2.3 有功功率电源和备用容量

电力系统中的有功功率电源是各类发电厂的发电机，但并非系统中的电源容量始终等于所有发电机额定容量之和。因既非所有发电设备全部不间断地投入运行，也非所有投入运行的发电设备都能按额定容量发电。例如，必须定期停机检修；某些水电厂的发电机由于水头的极度降低不能按额定容量运行；等等。因此，系统调度部门应及时、确切地掌握系统中各发电厂预计可投入发电设备的可发功率。只是这些可投入发电设备的可发功率之和才是真正可供调度的系统电源容量。

显然，系统电源容量应不小于包括网络损耗和厂用电在内的系统(总)发电负荷。而且，为保证可靠供电和良好的电能质量，应大于系统发电负荷。系统电源容量大于发电负荷的部分称系统的备用容量。

系统备用容量可分热备用和冷备用或负荷备用、事故备用、检修备用和国民经济备用等。

所谓热备用指运转中的发电设备可能发的最大功率与系统发电负荷之差，因而也称运转备用或旋转备用。冷备用则指未运转的发电设备可能发的最大功率。检修中的发电设备不属冷备用，因它们不能听命于调度随时动用。

从保证可靠供电和良好的电能质量着眼，显然，热备用越多越好。因发电设备从"冷状态"至投入系统，再至发出额定功率所需时间短则几分钟(水电厂)，长则十余小时(火电厂)。而就保证重要负荷供电而言，几分钟已嫌过长。但从保证系统运行的经济性着眼，热备用又不宜过多。这个问题将在7.2.4节中涉及。

所谓负荷备用，是指调整系统中短时的负荷波动并担负计划外的负荷增加而设置的备用。负荷备用容量的大小应根据系统负荷的大小、运行经验并考虑系统中各类用电的比重确定，一般为最大负荷的2%～5%，大系统采用较小数值，小系统采用较大数值。

事故备用是使电力用户在发电设备发生偶然性事故时不受严重影响，维持系统正常供电所需的备用。事故备用容量的大小应根据系统容量、发电机台数、单位机组容量、机组的事故概率、系统的可靠性指标等确定，一般为最大负荷的5%～10%，但不得小于系统中最大机组的容量。

检修备用是使系统中的发电设备能定期检修而设置的备用。它和系统负荷大小关系不密切，只和负荷性质、发电机台数、检修时间的长短、设备的新旧程度等有关。只有在系统负荷季节性低落期间和节假日安排不下所有设备的大小修时，才需设置专门的检修备用容量。

电力工业是先行工业，除满足当前负荷的需要设置上述几种备用，还应计及负荷的超计划增长而设置一定的备用。这种备用就称国民经济备用。

负荷备用、事故备用、检修备用、国民经济备用归纳起来无非以热备用和冷备用的形式存在于系统中。而不难得知，热备用中至少应包括全部负荷备用和一部分事故备用。这些备用容量的相互关系大致如下：

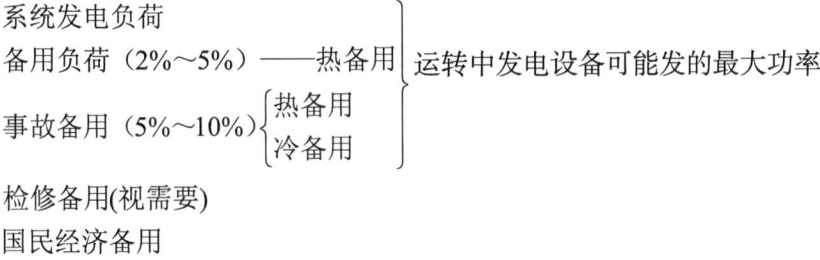

$$
\left.
\begin{array}{l}
系统发电负荷 \\
备用负荷（2\%\sim5\%）——热备用 \\
事故备用（5\%\sim10\%）\left\{\begin{array}{l}热备用 \\ 冷备用\end{array}\right.
\end{array}
\right\}
\text{运转中发电设备可能发的最大功率}
$$

检修备用(视需要)

国民经济备用

7.2.4 系统负荷在发电厂间的合理分配

具备了备用容量，才可能谈论它们在系统中各发电设备和发电厂之间的最优分配以及系统的频率调整问题。

应该指出，如上所述只是从需要出发，而需要与可能应力求统一。在某些缺电地区，不仅无法考虑国民经济备用，甚至事故备用也难以保证。在这种情况下，也就难以谈论备用容量在系统中的最优分配。

电力系统中有功功率的最优分配有两个主要内容，即有功功率电源的最优组合和有功功率负荷的最优分配。

有功功率电源的最优组合指的是系统中发电设备或发电厂的合理组合，也就是通常所谓机组的合理开停。它大体上包括三个部分：机组的最优组合顺序、机组的最优组合数量和机组的最优开停时间。因此，简言之，这一方面涉及的是电力系统中冷备用容量的合理分布问题。合理组合机组的方法目前有最优组合顺序法、动态规划法、整数规划法等。

有功功率负荷的最优分配指的是系统的有功功率负荷在各个正在运行的发电设备或发电厂之间的合理分配。通常所谓负荷的经济分配则是指这一方面。这方面的研究目前已有大量成果，最常用的则是按所谓等耗量微增率准则的分配。不难发现，这一方面恰与前一方面相对，涉及的是电力系统中热备用容量的合理分布问题。

在考虑电力系统中发电厂的组合时，应注意不同类型发电厂的特点和能源政策。为此，将不同类型发电厂的特点归纳如下。

1) 火电厂的特点

(1) 火电厂的锅炉和汽轮机都有一个技术最小负荷，也就是如前所述的约束条件 $P_{G\min}$。锅炉的技术最小负荷取决于锅炉燃烧的稳定性，其值为额定负荷的 25%～70%，因锅炉类型和燃料种类而异。汽轮机的技术最小负荷为额定负荷的 10%～15%。

(2) 火电厂锅炉和汽轮机的退出运行和再度投入不仅要耗费能量，而且要花费时间，又易于损坏设备。

(3) 火电厂的锅炉和汽轮机承担急剧变动的负荷时，与投入或退出时相似，既额外耗费能量，又花费时间。

(4) 火电厂的锅炉和汽轮机有高温高压、中温中压、低温低压之分。其中，高温高压设备效率高，但可以灵活调节的范围窄。中温中压设备效率较前者低，但可以灵活调节的范围较前者宽。低温低压设备效率最低，技术经济指标最差，实践中不利于进行调节。

(5) 热电厂(供热式火力发电厂)与一般火电厂的区别在于热电厂的技术最小负荷取决于其热负荷，因而称强迫功率。而且由于热电厂抽气供热，其效率较高。

2) 核电厂的特点

(1) 核电厂反应堆的负荷基本上没有限制，因此，其技术最小负荷主要取决于汽轮机，也为额外负荷的 $10\% \sim 15\%$。

(2) 核电厂的反应堆和汽轮机退出运行和再度投入或承担急剧变动负荷时，也要耗费能量、花费时间，且易于损坏设备。

(3) 原子能发电厂的一次投资大，运行费用小。

根据各类发电厂的运行特点可见：

(1) 一般，火电厂以承担基本不变的负荷为宜。这样可避免频繁启停设备或增减负荷。其中，高温高压电厂因效率最高，应优先投入，而且由于它们可灵活调节的范围较窄，在负荷曲线的更基底部分运行更恰当。其次是中温中压电厂。低温低压电厂设备陈旧，效率很低，应及早淘汰，而在淘汰之前只能在高峰负荷期间用于发必要的功率。

(2) 核电厂的可调容量虽大，但因核电厂的一次投资大，运行费用小，建成后应尽可能利用，原则上应持续承担额定容量负荷，在负荷曲线的更基底部分运行。

(3) 无调节水库水电厂的全部功率和有调节水库水电厂的强迫功率都不可调，应首先投入。有调节水电厂的可调功率，在洪水季节，为防止弃水，往往也优先投入；在枯水季节则恰相反，应承担高峰负荷。在耗尽日耗水量的前提下，枯水季节将水电厂的可调功率移在后面投入，不仅可使火电厂的负荷更平稳，从而减少因启停设备或增减负荷而额外消耗的燃料，而且可使系统中的功率分配更合理，从而节约总的燃料消耗。更何况水电厂还有快速启动、快速增减负荷的突出优点。

(4) 抽水蓄能电厂在低谷负荷时，其水轮发电机组作电动机以水泵方式运行，因而应作负荷考虑；在高峰负荷时发电，与常规水电厂无异。虽然这一抽水蓄能、放水发电循环的总效率只有 70% 左右，但因这类电厂的介入，火电厂的负荷进一步平稳，就系统总体而言，是很合理的。这类电厂常伴随原子能电厂出现，其作用是确保原子能电厂有平稳的负荷。但系统中严重缺乏调节手段时，也应考虑建设这类电厂。

如上的发电厂组合顺序也可以如图 7.4 所示的负荷曲线图表示，图中阴影部分表示抽水蓄能电厂蓄能和发电工作状况。由图可见，承担基本负荷的无调节水电厂、热电厂、燃烧劣质当地燃料的火电厂和原子能电厂一昼夜间发出的功率基本不变。随着电厂承担的负荷在负荷曲线图上部位的逐级上升，发出的功率变化也越来越大。担负高峰负荷的电厂一昼夜间发出的功率可能有很大变化。枯水季节，有调节水电厂甚至可能几经开停。

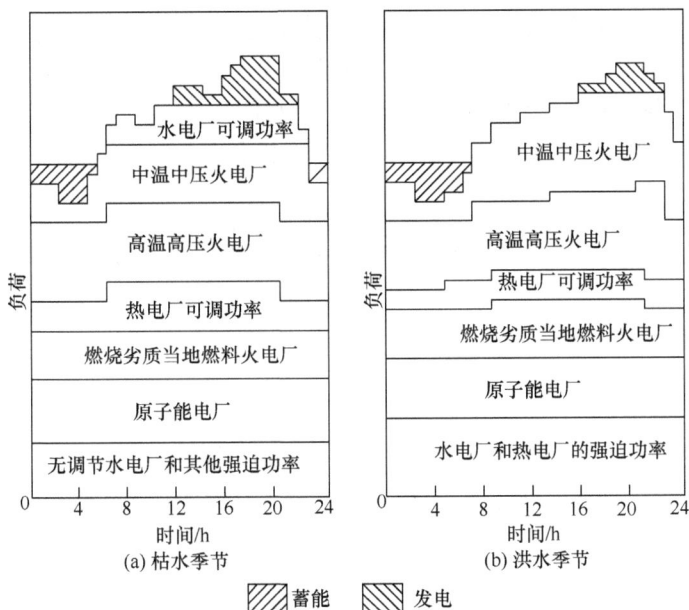

图 7.4 各类发电厂组合顺序示意图

当然,在考虑系统中发电厂的合理组合问题时,不能忽视保证可靠供电、降低网络损耗、维持良好的电能质量和足够的系统稳定性等要求。

图 7.5 中作出了电力系统中 8 个主要发电厂的日负荷曲线。由图可见,由于这个系统中具有一定容量的水电厂,大大减少了其他火电厂的负荷变动,无论在技术上或经济上都十分有利。

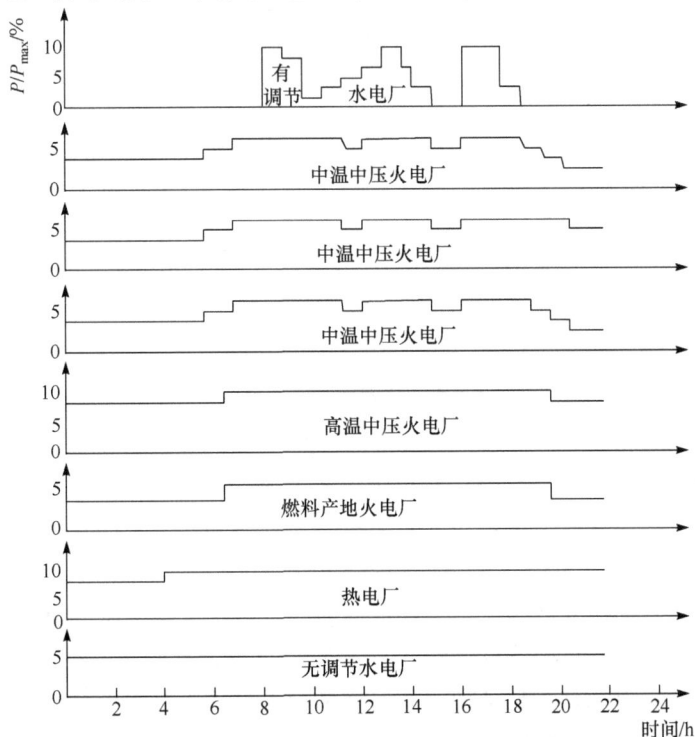

图 7.5 各主要发电厂日负荷曲线(以系统发电负荷为基准)

最后需指出，负荷曲线的最高部位往往是兼负调整系统频率任务的发电厂的工作位置。系统中的负荷备用就设置在这种调频厂内。枯水季节往往由系统中的大水电厂承担调频任务；洪水季节这任务就转移给中温中压火电厂。抽水蓄能电厂在其发电期间也可参加调频。但低温低压火电厂则因容量不足、设备陈旧，不能担负调频任务。

7.3 电力系统的频率调整

7.3.1 自动调速系统及其调节特性

1. 自动调速系统

自动调速系统的种类很多，以下介绍的是一种相当原始的机械调速系统——离心飞摆式机械调速系统。这种调速系统比较直观，但它的调节机理又和新型调速系统(如电液式调速系统)没有很大差别。

离心飞摆式调速系统的示意图如图 7.6 所示，其作用原理如下：

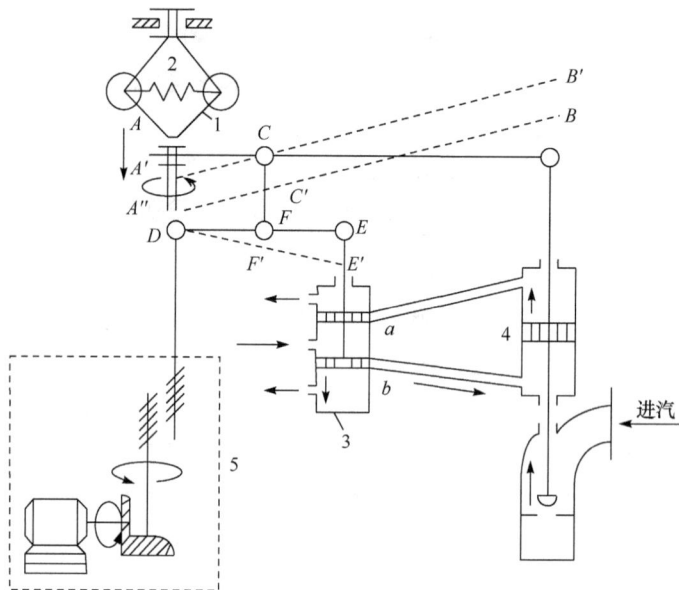

图 7.6 离心飞摆式调速系统示意图
1-飞摆；2-弹簧；3-错油门；4-油动机；5-调频器

调速器的飞摆由套筒带动转动，套筒则由原动机的主轴带动。单机运行时，因机组负荷的增大，转速下降，飞摆由于离心力的减小，在弹簧的作用下向转轴靠拢，使 A 点向下移动到 A''。但因油动机活塞两边油压相等，B 点不动，结果使杠杆 AB 绕 B 点逆时针转动到 $A''B$。在调频器不动作的情况下，D 点也不动，因而在 A 点下降到 A'' 时，杠杆 DE 绕 D 点顺时针转动到 DE'，E 点向下移动到 E'。错油门活塞向下移动，使油管 a、b 的小孔开启，压力油经油管 b 进入油动机活塞下部，而活塞上部的油则经油管 a 由错油门上部小孔溢出。在油压作用下，油动机活塞向上移动，使汽轮机的调节气门或水轮机的导向叶片开度增大，增加进汽量或进水量。

在油动机活塞上升的同时，杠杆 AB 绕 A 点逆时针转动，将连接点 C 提升，从而错油门活塞提升，使油管 a、b 的小孔重新堵住。油动机活塞又处于上下相等的油压下，停止移动。由于进汽或进水量的增加，机组转速上升，A 点从 A'' 回升到 A'。调节过程结束。这时杠杆 AB 的位置为 $A'CB'$。分析杠杆 AB 的位置可见，杠杆上 C 点的位置和原来相同，因机组转速稳定后错油门活塞的位置应恢复原状；B' 的位置较 B 高，A' 的位置较 A 略低；相应的进汽或进水量较原来多，机组转速较原来略低。这就是频率的"一次调整"作用。

为使负荷增加后机组转速仍能维持原始转速，要求有"二次调整"。"二次调整"是借调频器完成的。调频器转动蜗轮、蜗杆，将 D 点抬高。D 点上升时，杠杆 DE 绕 F 点顺时针转动，错油门再次向下移动，开启小孔。在油压作用下，油动机活塞再次向上移动，进一步增加进汽或进水量。机组转速上升，离心飞摆使 A 点由 A' 向上升。而在油动机活塞向上移动时，杠杆 AB 又绕 A 逆时针转动，带动 C、F、E 点向上移动，再次堵塞错油门小孔，再次结束调节过程。如 D 点的位移选择得恰当，A 点就有可能回到原来位置。这就是频率的"二次调整"作用。

2. 电源有功功率静态频率特性

电源有功功率静态频率特性通常可理解为是发电机组中原动机机械功率的静态频率特性。原动机未配置自动调速系统时，其机械功率与角速度或频率的关系如下所示：

$$P_m = C_1\omega - C_2\omega^2 = C_1 f - C_2 f^2 \tag{7-1}$$

式中，各变量都是标幺值；C_1、C_2 为常数，而且，通常 $C_1 = 2C_2$。这个关系式可以图 7.7 所示的曲线表示，而这曲线又可作如下理解：机组转速很小时，即使蒸汽或水在叶轮上施加很大转矩 M_m，它的功率输出 P_m 仍很小，因功率为转矩和转速的乘积；机组转速很大时，由于进汽或进水速度难以跟上叶轮速度，它们在叶轮上施加的转矩很小，功率输出也很小；只有在额定条件下，转速和转矩都适中，它们的乘积最大，功率输出也最大。

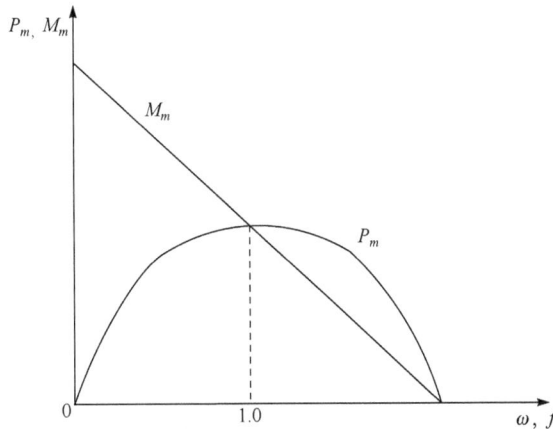

图 7.7　未配置自动调速系统时原动机的静态频率特性

原动机配置自动调速系统后，它的调速器随机组转速的变动不断改变进汽或进水量，使原动机的运行点不断从一根静态频率特性曲线向另一根静态频率特性曲线过渡，如图 7.8(a)中 a'—a''—a'''—…。图中的曲线组是分别对应不同进汽或进水量的静态频率特性。连接不同曲线上运行点 a'，a''，a'''，…的虚线 1-2-3 则是有调速器调节，或有频率的一次调整时的静态频率特性。其中，线段 2-3 之所以有下降的趋势是因为运行点转移到点 2 时，进汽或进水量已达最大值，调速器已不能再发挥作用，以致转速或频率进一步下降时，运行点只能沿对应最大进汽或进水量的频率特性转移，原动机的功率只能下降。

有时，为简化分析，常以直线 1-2 替代曲线 1-2；以直线 2-3′ 替代曲线 2-3，如图 7.8(b)所示。换言之，认为进汽或进水量达到最大值后，原动机的机械功率可保持不变。

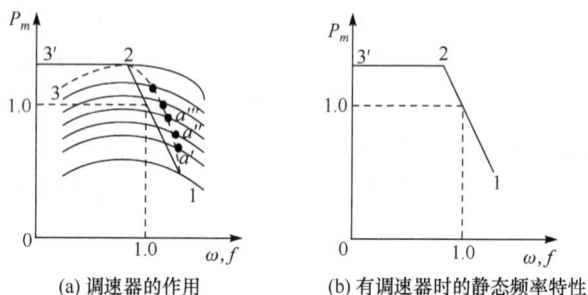

图 7.8　有一次调整时原动机的静态频率特性

调速系统中调频器的二次调整作用在于：原动机的负荷改变时，手动或自动地操作调频器，使有一次调整的静态频率特性平行移动，如图 7.9(a)所示。图中，实线所示的一组平行直线是一组仅有一次调整时的静态特性。有调频器的二次调整后，原动机的运行点就又不断从一根仅有一次调整的静态频率特性曲线过渡到另一根曲线，如图中 b'—b''—b'''—…所示。因此，曲线 I-II 或与它近似的直线 I-II 是有调频器的二次调整后，原动机的静态频率特性。这种静态频率特性有两种类型：一种称无差调节，即负荷变动时，原动机的转速或频率保持不变，如图 7.9(a)所示；一种称有差调节，原动机的转速或频率将有所变动——随负荷增大而降低，如图 7.9(b)即负荷变动时所示。

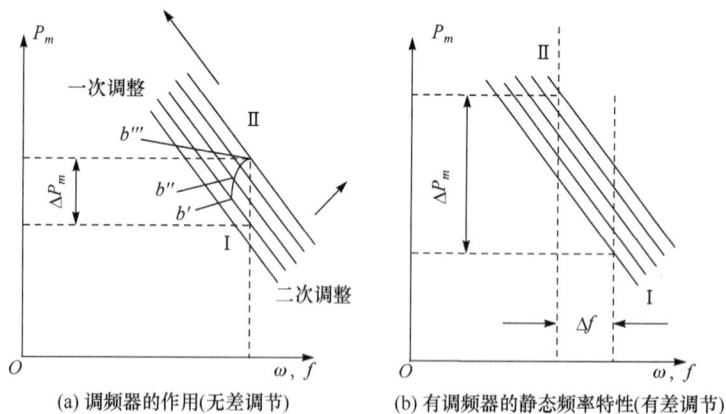

图 7.9　有二次调整时原动机的静态频率特性

7.3.2 频率的一次调整

负荷和电源的有功功率静态频率特性已知时，分析频率的一次调整并不困难。为此，可先设系统中仅有一台发电机组和一个综合负荷，它们的静态频率特性分别如图 7.10(a)、(b)所示。这些特性曲线都已近似以直线替代。

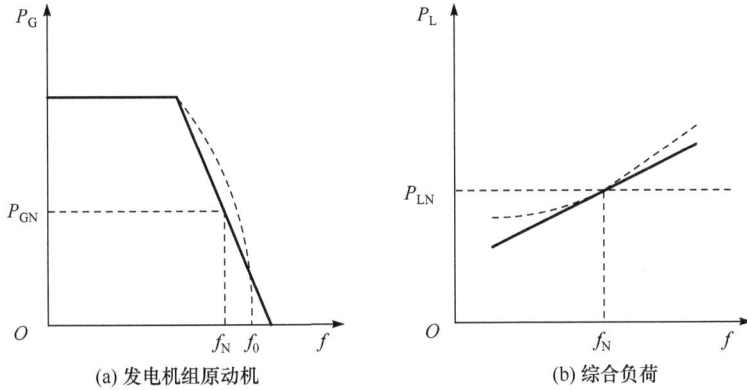

(a) 发电机组原动机   (b) 综合负荷

图 7.10 静态频率特性

这些代表频率特性的直线有各自的斜率。发电机组原动机或电源频率特性的斜率为

$$K_G = -\Delta P_G / \Delta f \tag{7-2a}$$

称发电机的单位调节功率，以 MW/Hz 或 MW/(0.1Hz)为单位。它的标幺值则是

$$K_{G*} = -\frac{\Delta P_G f_N}{P_{GN} \Delta f} = K_G f_N / P_{GN} \tag{7-2b}$$

发电机的单位调节功率标志了随频率的升降，发电机组发出功率减少或增加的多少。这个单位调节功率和机组的调差系数，有互为倒数的关系。因机组的调差系数 σ 为

$$\sigma = -\frac{\Delta f}{\Delta P_G} = -\frac{f_N - f_0}{P_{GN} - 0} = \frac{f_0 - f_N}{P_{GN}}$$

以百分数表示则为

$$\sigma\% = -\frac{\Delta f P_{GN}}{f_N \Delta P_G} \times 100 = \frac{f_0 - f_N}{f_N} \times 100$$

而由图 7.10(a)可见

$$K_G = -\frac{\Delta P_G}{\Delta f} = -\frac{P_{GN} - 0}{f_N - f_0} = \frac{P_{GN}}{f_0 - f_N}$$

从而

$$K_G = \frac{1}{\sigma} = \frac{P_{GN}}{f_N \sigma\%} \times 100 \tag{7-3a}$$

或

$$K_{G*} = \frac{1}{\sigma\%} \times 100 \tag{7-3b}$$

调差系数 $\sigma\%$ 或与之对应的发电机的单位调节功率是可以整定的，一般整定为如下的

数值：

$$汽轮发电机组 \ \sigma\% = 3\sim5 或 K_{G*} = 33.3 \sim 20$$
$$水轮发电机组 \ \sigma\% = 2\sim4 或 K_{G*} = 50 \sim 25$$

而电力系统频率的一次调整问题主要就与这个调差系数或与之对应的发电机的单位调节功率有关。

综合负荷的静态频率特性也有一个斜率：

$$K_L = -\Delta P_L / \Delta f \tag{7-4a}$$

称负荷的单位调节功率，也以 MW/Hz 或 MW/(0.1Hz) 为单位。它的标幺值则是

$$K_{L*} = \frac{\Delta P_L f_N}{P_{LN} \Delta f} = \frac{K_L f_N}{P_{LN}} \tag{7-4b}$$

负荷的单位调节功率标志了随频率的升降负荷消耗功率增加或减少的多少。它的标幺值在数值上就等于额定条件下负荷的频率调节效应。所谓负荷的频率调节效应系指一定频率下负荷随频率变化的变化率：

$$\frac{\mathrm{d}P_{L*}}{\mathrm{d}f^*} = \frac{\Delta P_{L*}}{\Delta f^*} = K_{L*} \tag{7-5}$$

显然，负荷的单位调节功率或频率调节效应不能整定。电力系统综合负荷的单位调节功率 K_{L*} 大约为 1.5。

发电机组原动机的频率特性和负荷频率特性的交点就是系统的原始运行点，如图 7.11 中 C。设在点 C 运行时负荷突然增加 ΔP_{LO}，即负荷的频率特性突然向上移动 ΔP_{LO}，则由于负荷突增时发电机组功率不能及时随之变动，机组将减速，系统频率将下降。而在系统频率下降的同时，发电机组的功率将因它的调速器的一次调整作用而增大，负荷的功率将因它本身的调节效应而减少。前者沿原动机的频率特性向上增加，后者沿负荷的频率特性向下减少，经过一个衰减的振荡过程，抵达一新的平衡点，即图 7.11 中点 C'。

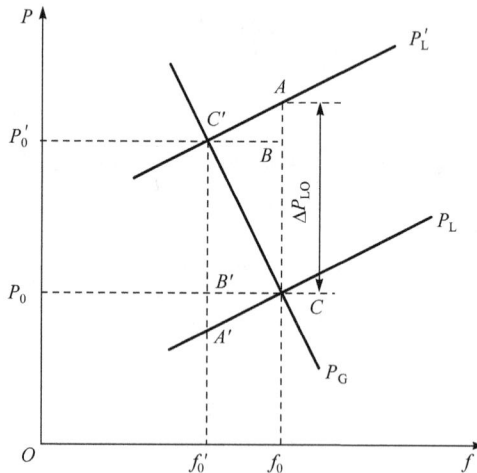

图 7.11　频率的一次调整

由于图 7.11 中 $CA = CB + BA = B'C' + B'A'$，而 $B'C' = \Delta P_G = -K_G \Delta f$、$B'A' = \Delta P_L = K_L \Delta f$、$CA = \Delta P_{LO}$，可得

$$\Delta P_{LO} = -(K_G + K_L)\Delta f$$

或

$$-\Delta P_{LO}/\Delta f = K_G + K_L = K_S \tag{7-6}$$

这个 K_S 称系统的单位调节功率，也以 MW/Hz 或 MW/(0.1Hz)为单位。系统的单位调节功率也可以标幺值表示。以标幺值表示时的基准功率通常就取系统原始运行状态下的总负荷。系统的单位调节功率标志了系统负荷增加或减少时，在原动机调速器和负荷本身的调节效应共同作用下系统频率下降或上升的多少。因此，从这个系统的单位调节功率 K_S 可求取在允许的频率偏移范围内系统能承受多大的负荷增减。

须注意，自式(7-1)开始的推导过程中，始终取功率的增大和频率的上升为正。因此，式(7-6)等号左侧的负号表示，随负荷的增大，系统频率将下降。至于单位调节功率 K_G、K_L 以及 K_S 本身则都为正值。下同。

由式(7-6)可见，系统的单位调节功率取决于两个方面，即发电机的单位调节功率和负荷的单位调节功率。因为负荷的单位调节功率不可调，要控制、调节系统的单位调节功率只有从控制、调节发电机的单位调节功率或调速器的调差系数入手。

看来只要将调差系数整定得小些或发电机的单位调节功率整定得大些就可保证频率质量。但实际上由于系统中不止一台发电机组，调差系数不能整定得过小。为说明这一问题，不妨设想将调差系数整定为零的极端情况。这时，似乎负荷的变动不会引起频率的变动，从而可确保频率恒定。但这样就要出现负荷变化量在各发电机组之间的分配无法固定，使各发电机组的调速系统不能稳定工作的问题。因此，为保证调速系统本身运行的稳定性，不能采用过小的调差系数或过大的单位调节功率。

而且，系统中不止一台发电机组时，有些机组可能因已满载，以致它们的调速器受负荷限制器的限制不能再参加调整。这就使系统中总的发电机单位调节功率下降。也可认为，由于这些机组已不能再参加调整，它们的调差系数为无限大，从而使全系统发电机组的等值调差系数增大。例如，系统中有 n 台发电机组，n 台机组都参加调整时，有

$$K_{GN} = K_{G1} + K_{G2} + \cdots + K_{G(n-1)} + K_{Gn} = \sum_{i=1}^{n} K_{Gi}$$

n 台机组中仅有 m 台参加调整，即第 $m+1, m+2, \cdots, n$ 台机组不参加调整时，有

$$K_{GM} = K_{G1} + K_{G2} + \cdots + K_{G(m-1)} + K_{Gm} = \sum_{i=1}^{m} K_{Gi}$$

显然

$$K_{GN} > K_{GM}$$

如将 K_{GN} 和 K_{GM} 换算为以 n 台发电机组的总容量为基准的标幺值，则这些标幺值的倒数就是全系统发电机组的等值调差系数，即

$$\frac{\sigma_N\%}{100} = \frac{1}{K_{GN*}}, \quad \frac{\sigma_M\%}{100} = \frac{1}{K_{GM*}}$$

显然

$$\sigma_M\% > \sigma_N\%$$

由于上述两方面的原因，系统中总的发电机单位调节功率，包括系统的单位调节功率 K_S 都

不可能很大。正因为这样，依靠调速器进行的一次调整只能限制周期较短、幅度较小的负荷变动引起的频率偏移。负荷变动周期更长、幅度更大的调频任务自然地落到了二次调整方面。

7.3.3 频率的二次调整

如前所述，频率的二次调整就是手动或自动地操作调频器使发电机组的频率特性平行地上下移动，从而使负荷变动引起的频率偏移可保持在允许范围内。例如，图 7.12 中，如不进行二次调整，则在负荷增大 ΔP_{LO} 后，运行点将转移到 D'，即频率将下降为 f_0'、功率将增加到 P_0'。在一次调整的基础上进行二次调整就是在负荷变动引起的频率下降 $\Delta f'$ 越出允许范围时，操作调频器，增加发电机组发出的功率，使频率特性向上移动。设发电机组增发 ΔP_{GO}，则运行点又将从点 D' 转移到点 D''。点 D'' 对应的频率为 f_0''、功率为 P_0''，即频率下降由于进行了二次调整由仅有一次调整时的 $\Delta f'$ 减少为 $\Delta f''$，可以供应负荷的功率则由仅有一次调整时的 P_0' 增加为 P_0''。显然，由于进行了二次调整，系统的运行质量有了改善。

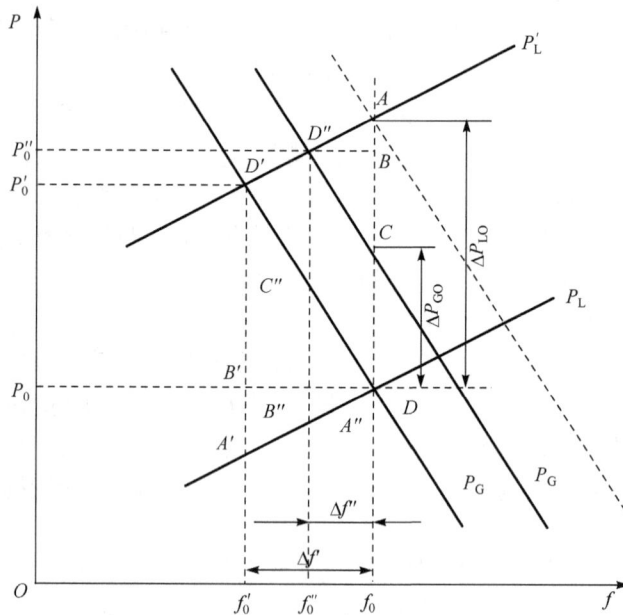

图 7.12　频率的二次调整

由图 7.12 还可见，只进行一次调整时，负荷的原始增量 ΔP_{LO} 可分解为两部分：一部分是因调速器的调整作用而增大的发电机组功率 $-K_{\text{G}}\Delta f'$ (图中 $B'D'$)，另一部分是因负荷本身的调节效应而减少的负荷功率 $K_{\text{L}}\Delta f'$ (图中 $B'A'$)。不仅进行一次调整而且还进行二次调整时，这个负荷增量 ΔP_{LO} 可分解为三部分：一部分是由于进行了二次调整，发电机组增发的功率 ΔP_{GO}。(图中 DC);另一部分仍是由于调速器的调整作用而增大的发电机组功率 $-K_{\text{G}}\Delta f''$ (图中 $CB=B''C''$);第三部分仍是由于负荷本身的调节效应而减少的负荷功率 $K_{\text{L}}\Delta f''$ (图中 $AB=B''A''$)。于是相似于式(7-6)可得

$$\Delta P_{\text{LO}} - \Delta P_{\text{GO}} = -(K_{\text{G}} + K_{\text{L}})\Delta f$$
$$-\frac{\Delta P_{\text{LO}} - \Delta P_{\text{GO}}}{\Delta f} = K_{\text{G}} + K_{\text{L}} = K_{\text{s}} \tag{7-7}$$

如果 $\Delta P_{LO} = \Delta P_{GO}$，即发电机组如数增发了负荷功率的原始增量 ΔP_{LO}，则 $\Delta f = 0$，即实现了所谓无差调节。无差调节如图 7.12 中虚线所示。

观察式(7-7)可见，有二次调整时，除增加一项因操作调频器而增发的功率 ΔP_{GO}，其他和仅有一次调整时没有不同。而正是因为发电机组增发了这一部分功率，系统频率的下降才有所减少，负荷所能获得的功率才有所增加。

如上的结论可推广运用于系统中有 n 台机组，且由第 n 台机组担负二次调整任务的情况。因这种情况相当于有一台机组进行二次调整、n 台机组进行一次调整。从而，类似式(7-7)可直接列出：

$$-\frac{\Delta P_{LO} - \Delta P_{GnO}}{\Delta f} = K_{GN} + K_L = K_S \tag{7-8}$$

比较式(7-7)、式(7-8)可见，由于 n 台机组的单位调节功率 K_{GN} 远大于一台机组，在同样的功率盈亏$(\Delta P_L - \Delta P_G)$下，系统的频率变化要比仅有一台机组时小得多。

由上可见，进行二次调整时，系统中负荷的增减基本上由调频机组或调频厂承担。虽可适当增大其他机组或电厂的单位调节功率以减少调频机组或调频厂的负担，但数值毕竟有限。这就使调频厂的功率变动幅度远大于其他电厂。如果调频厂不位于负荷中心，则这种情况可能使调频厂与系统其他部分联系的联络线上流通的功率超出允许值。这样，就出现了在调整系统频率的同时控制联络线上流通功率的问题。

为了讨论这个问题，将一个系统分成两部分或看作两个系统的联合，如图 7.13 所示。图中 K_A、K_B 分别为联合前 A、B 两系统的单位调节功率。而为使讨论的结论有更普遍的意义，设 A、B 两系统中都设有进行二次调整的电厂，它们的功率变量分别为 ΔP_{GA}、ΔP_{GB}；A、B 两系统的负荷变量则分别为 ΔP_{LA}、ΔP_{LB}。设联络线上的交换功率 P_{ab} 由 A 向 B 流动时为正值。

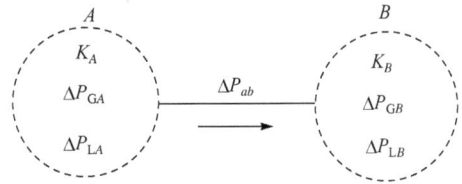

图 7.13　两个系统的联合

于是，在联合前，对 A 系统有

$$\Delta P_{LA} - \Delta P_{GA} = -K_A \Delta f_A$$

对 B 系统，有

$$\Delta P_{LB} - \Delta P_{GB} = -K_B \Delta f_B$$

联合后，通过联络线由 A 向 B 输送交换功率，对 A 系统，也可看作一个负荷，从而

$$\Delta P_{LA} + \Delta P_{ab} - \Delta P_{GA} = -K_A \Delta f_A \tag{7-9a}$$

对 B 系统，这交换功率也可看作一个电源，从而

$$\Delta P_{LB} - \Delta P_{ab} - \Delta P_{GB} = -K_B \Delta f_B \tag{7-9b}$$

联合后，两系统的频率应相等，即实际上应有 $\Delta f_A = \Delta f_B = \Delta f$，可得

$$(\Delta P_{LA} - \Delta P_{GA}) + (\Delta P_{LB} - \Delta P_{GB}) = -(K_A + K_B)\Delta f$$

或

$$\Delta f = -\frac{(\Delta P_{LA} - \Delta P_{GA}) + (\Delta P_{LB} - \Delta P_{GB})}{K_A + K_B} \tag{7-10}$$

以此代入式(7-9a)或式(7-9b)，又可得

$$\Delta P_{ab} = \frac{K_A(\Delta P_{LB} - \Delta P_{GB}) - K_B(\Delta P_{LA} - \Delta P_{GA})}{K_A + K_B} \tag{7-11}$$

令 $\Delta P_{LA} - \Delta P_{GA} = \Delta P_A$、$\Delta P_{LB} - \Delta P_{GB} = \Delta P_B$，$\Delta P_A$、$\Delta P_B$ 分别为 A、B 两系统的功率缺额，则式(7-9)～式(7-11)可改写为

$$\left.\begin{array}{l} \Delta P_A + \Delta P_{ab} = -K_A\Delta f \\ \Delta P_B - \Delta P_{ab} = -K_B\Delta f \end{array}\right\} \tag{7-12}$$

$$\Delta f = -\frac{\Delta P_A + \Delta P_B}{K_A + K_B} \tag{7-13}$$

$$\Delta P_{ab} = \frac{K_A\Delta P_B - K_B\Delta P_A}{K_A + K_B} \tag{7-14}$$

由式(7-13)可见，联合系统频率的变化取决于该系统总的功率缺额和总的系统单位调节功率。因两系统联合后，本应看作一个系统。由式(7-14)可见，如果 A 系统没有功率缺额，即 $\Delta P_A = 0$，联络线上由 A 流向 B 的功率要增大；反之，如果 B 系统没有功率缺额，即 $\Delta P_B = 0$，联络线上由 A 流向 B 的功率要减少。而如果 B 系统的功率缺额完全由 A 系统增发的功率抵偿，即 $\Delta P_B = -\Delta P_A$，则 $\Delta f = 0$，$\Delta P_{ab} = \Delta P_B = -\Delta P_A$。这种情况下，虽可保持系统的频率不变，$B$ 系统的功率缺额 ΔP_B 或 A 系统增发的功率 $-\Delta P_A$ 却要如数通过联络线由 A 向 B 传输。这也就是调频厂设在远离负荷中心而且要实现无差调节的情况。

应该指出，以上的结论对自动二次调整(自动调频)也同样适用，因讨论中始终没有涉及调整的过程。

【例 7-1】 两系统由联络线联结为一联合系统。正常运行时，联络线上没有交换功率流通。两系统的容量分别为 1500MW 和 1000MV；各自的单位调节功率(分别以两系统容量为基准的标幺值)示于图 7.14。设 A 系统负荷增加 100MW，试计算下列情况下的频率变量和联络线上流过的交换功率：(1)A、B 两系统机组都参加一次调频；(2)A、B 两系统机组都不参加一次调频；(3)B 系统机组不参加一次调频；(4)A 系统机组不参加一次调频。

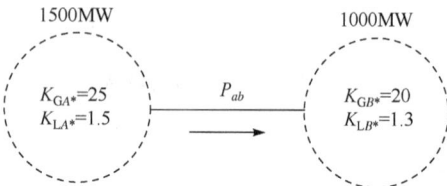

图 7.14 两个系统的联合

解 将以标幺值表示的单位调节功率折算为有名值：

$$K_{GA} = K_{GA*}P_{GAN}/f_N = 25 \times 1500/50 = 750(\text{MW/Hz})$$

$$K_{GB} = K_{GB*}P_{GBN}/f_N = 20 \times 1000/50 = 400(\text{MW/Hz})$$

$$K_{LA} = K_{LA*}P_{GAN}/f_N = 1.5 \times 1500/50 = 45(\text{MW/Hz})$$

$$K_{LA} = K_{LA*}P_{GBN}/f_N = 1.3 \times 1000/50 = 26(\text{MW/Hz})$$

(1) 两系统机组都参加一次调频时，有

$$\Delta P_{GA} = \Delta P_{GB} = \Delta P_{GC} = 0, \quad \Delta P_{LA} = 100\text{MW}$$

$$K_A = K_{GA} + K_{LA} = 795\text{MW/Hz}, \quad K_B = K_{GB} + K_{LB} = 426\text{MW/Hz}$$

$$\Delta P_A = 100\text{MW}, \quad \Delta P_B = 0$$

$$\Delta f = -\frac{\Delta P_A + \Delta P_B}{K_A + K_B} = -\frac{100}{795 + 426} = -0.082(\text{Hz})$$

$$\Delta P_{ab} = \frac{K_A \Delta P_B - K_B \Delta P_A}{K_A + K_B} = \frac{-426 \times 100}{795 + 426} = -34.9(\text{MW})$$

这种情况正常，频率下降不多，通过联络线由 B 向 A 输送的功率也不大。

(2) 两系统机组都不参加一次调频时，有

$$\Delta P_{GA} = \Delta P_{GB} = \Delta P_{LB} = 0, \quad \Delta P_{LA} = 100\text{MW}$$

$$K_{GA} = K_{GB} = 0, \quad K_A = K_{LA} = 45\text{MW/Hz}, \quad K_B = K_{LB} = 26\text{MW/Hz}$$

$$\Delta P_A = 100\text{MW}, \quad \Delta P_B = 0$$

$$\Delta f = -\frac{\Delta P_A + \Delta P_B}{K_A + K_B} = -\frac{100}{45 + 26} = -1.41(\text{Hz})$$

$$\Delta P_{ab} = \frac{K_A \Delta P_B - K_B \Delta P_A}{K_A + K_B} = \frac{-26 \times 100}{45 + 26} = -36.6(\text{MW})$$

这种情况最严重，发生在 A、B 两系统的机组都已满载，调速器受负荷限制器的限制已无法调整，只能依靠负荷本身的调节效应。这时，系统频率质量无法保证。

(3) B 系统机组不参加一次调频时，有

$$\Delta P_{GA} = \Delta P_{GB} = \Delta P_{LB} = 0, \quad \Delta P_{LA} = 100\text{MW}$$

$$K_{GA} = 750\text{MW/Hz}, \quad K_{GB} = 0$$

$$K_A = K_{GA} + K_{LA} = 795\text{MW/Hz}, \quad K_B = K_{LB} = 26\text{MW/Hz}$$

$$\Delta P_A = 100\text{MW}, \quad \Delta P_B = 0$$

$$\Delta f = -\frac{\Delta P_A + \Delta P_B}{K_A + K_B} = -\frac{100}{795 + 26} = -0.122(\text{Hz})$$

$$\Delta P_{ab} = \frac{K_A \Delta P_B - K_B \Delta P_A}{K_A + K_B} = \frac{-26 \times 100}{795 + 26} = -3.17(\text{MW})$$

这种情况说明，由于 B 系统机组不参加调频，A 系统的功率缺额主要由该系统本身机组的调速器进行一次调频加以补充。B 系统所能供应的，实际上只是由于联合系统频率略有下降，它的负荷略有减少，而使该系统略有富裕的 3.17MW。

其实，A 系统增加的 100MW 负荷，是被三方面分担了。包括，A 系统发电机组一次调频增发 $0.122 \times 750 = 91.5(\text{MW})$；$A$ 系统负荷因频率下降减少 $0.122 \times 45 = 5.49(\text{MW})$；$B$ 系统负荷因频率下降减少 $0.122 \times 26 = 3.17(\text{MW})$。

(4) A 系统机组不参加一次调频时，有

$$\Delta P_{GA} = \Delta P_{GB} = \Delta P_{LB} = 0, \quad \Delta P_{LA} = 100\text{MW}$$

$$K_{GA} = 0, \quad K_{GB} = 400\text{MW/Hz}$$

$$K_A = K_{LA} = 45\text{MW/Hz}, \quad K_B = K_{GB} + K_{LB} = 426\text{MW/Hz}$$

$$\Delta P_A = 100\text{MW}, \quad \Delta P_B = 0$$

$$\Delta f = -\frac{\Delta P_A + \Delta P_B}{K_A + K_B} = -\frac{100}{45 + 426} = -0.212(\text{Hz})$$

$$\Delta P_{ab} = \frac{K_A \Delta P_B - K_B \Delta P_A}{K_A + K_B} = \frac{-426 \times 100}{45 + 426} = -90.4(\text{MW})$$

这种情况说明，由于 A 系统机组不参加调频，该系统的功率缺额主要由 B 系统供应，以致联络线上要流过可能会越出限额的大量交换功率。

比较上列几种情况，自然会提出，在一个庞大而复杂的电力系统中可采用分区调整，即局部的功率盈亏就地调整平衡的方案。这样做既可保证频率质量，又不至于过分加重联络线的负担。如例 7-2 所示，这确是一种常用的方案。

【例 7-2】 例 7-1 中，试计算下列情况下的频率偏移和联络线上流过的功率：(1)A、B 两系统的机组都参加一、二次调频，A、B 两系统都增发 50MW；(2)A、B 两系统的机组都参加一次调频，A 系统有机组参加二次调频，增发 60MW；(3)A、B 两系统的机组都参加一次调频，B 系统有机组参加二次调频，增发 60MW；(4)A 系统所有机组都参加一次调频，并有部分机组参加二次调频，增发 60MW，B 系统有一半机组参加一次调频，另一半机组为负荷限制器所限制，不能参加调频。

解 (1)A、B 两系统机组都参加一、二次调频，且都增发 50MW 时，有

$$\Delta P_{GA} = \Delta P_{GB} = 50\text{MW}, \quad \Delta P_{LA} = 100\text{MW}, \quad \Delta P_{LB} = 0$$

$$K_A = K_{GA} + K_{LA} = 795\text{MW/Hz}, \quad K_B = K_{GB} + K_{LB} = 426\text{MW/Hz}$$

$$\Delta P_A = 100 - 50 = 50(\text{MW}), \quad \Delta P_B = -50\text{MW}$$

$$\Delta f = -\frac{\Delta P_A + \Delta P_B}{K_A + K_B} = -\frac{50 - 50}{795 + 426} = 0$$

$$\Delta P_{ab} = \frac{K_A \Delta P_B - K_B \Delta P_A}{K_A + K_B} = \frac{795 \times (-50) - 426 \times 50}{795 + 426} = -50(\text{MW})$$

这种情况说明，由于进行了二次调频，发电机增发功率的总和与负荷增量平衡，系统频率无偏移，B 系统增发的功率全部通过联络线输往 A 系统。

(2)A、B 两系统机组都参加一次调频，且 A 系统有部分机组参加二次调频，增发 60MW 时，有

$$\Delta P_{GA} = 60\text{MW}, \quad \Delta P_{GB} = 0, \quad \Delta P_{LA} = 100\text{MW}, \quad \Delta P_{LB} = 0$$

$$K_A = K_{GA} + K_{LA} = 795\text{MW/Hz}, \quad K_B = K_{GB} + K_{LB} = 426\text{MW/Hz}$$

$$\Delta P_A = 100 - 60 = 40(\text{MW}), \quad \Delta P_B = 0$$

$$\Delta f = -\frac{\Delta P_A + \Delta P_B}{K_A + K_B} = -\frac{40}{795 + 426} = -0.0328(\text{Hz})$$

$$\Delta P_{ab} = \frac{K_A \Delta P_B - K_B \Delta P_A}{K_A + K_B} = \frac{-426 \times 40}{795 + 426} = -14(\text{MW})$$

这种情况较理想，频率偏移很小，通过联络线由 B 系统输往 A 系统的交换功率也较小。

(3)A、B 两系统机组都参加一次调频，且 B 系统有部分机组参加二次调频，增发 60MW

时，有

$$\Delta P_{GA} = 0, \quad \Delta P_{GB} = 60\text{MW}, \quad \Delta P_{LA} = 100\text{MW}, \quad \Delta P_{LB} = 0$$

$$K_A = K_{GA} + K_{LA} = 795\text{MW/Hz}, \quad K_B = K_{GB} + K_{LB} = 426\text{MW/Hz}$$

$$\Delta P_A = 100\text{MW}, \quad \Delta P_B = -60\text{MW}$$

$$\Delta f = -\frac{\Delta P_A + \Delta P_B}{K_A + K_B} = -\frac{100 - 60}{795 + 426} = -0.0328\text{(Hz)}$$

$$\Delta P_{ab} = \frac{K_A \Delta P_B - K_B \Delta P_A}{K_A + K_B} = \frac{795 \times (-60) - 426 \times 100}{795 + 26} = -74\text{(MW)}$$

这种情况和第(2)种相比，频率偏移相同，因联合系统的功率缺额都是 40MW。联络线上流过的交换功率中增加了 B 系统由于有部分机组进行二次调频而增发的 60MW。联络线上传输大量交换功率是不希望发生的。

(4) A 系统所有机组都参加一次调频，并有部分机组参加二次调频，增发 60MW，B 系统仅有一半机组参加一次调频时，有

$$\Delta P_{GA} = 60\text{MW}, \quad \Delta P_{LA} = 100\text{MW}$$

$$K_A = K_{GA} + K_{LA} = 795\text{MW/Hz}, \quad \Delta P_A = 100 - 60 = 40\text{(MW)}, \quad \Delta P_{GB} = 0, \Delta P_{LB} = 0$$

$$K_B = \frac{1}{2} K_{GB} + K_{LB} = 200 + 26 = 226\text{(MW/Hz)}, \quad \Delta P_B = 0$$

$$\Delta f = -\frac{\Delta P_A + \Delta P_B}{K_A + K_B} = -\frac{40}{795 + 226} = -0.0391\text{(Hz)}$$

$$\Delta P_{ab} = \frac{K_A \Delta P_B - K_B \Delta P_A}{K_A + K_B} = \frac{-226 \times 40}{795 + 226} = -8.85\text{(MW)}$$

这种情况说明，由于 B 系统中有一半机组不能参加调频，频率的偏移将增大，但也正由于有一半机组不能参加调频，B 系统所能供应 A 系统，从而通过联络线传输的交换功率将有所减少。

7.3.4 频率调整厂的选择

无论是手动还是自动二次调频，总需选择一个或几个发电厂担负这二次调整任务。这种调频厂必须满足一定的要求，例如，调整容量应足够大；调整速度应足够快；调整范围内的经济性能应较好；调整时不致引起系统内部或系统间联络线工作的困难；等等。

关于调整容量，由式(7-7)可得

$$\Delta P_{GnO} = \Delta P_{LO} + K_S \Delta f \tag{7-15}$$

即调整容量取决于负荷变动的幅度、允许的频率偏移以及系统的单位调节功率。其中允许的频率偏移取决于对电能质量的要求，通常已知；系统的单位调节功率取决于各发电机组调速器调差系数的整定值和负荷的频率调节效应，通常也可求；只有负荷变动的幅度有其随机性质，较难确定。但统计资料表明，负荷在预计值附近随机变动的概率分布属正态分布。因此，如要求频率偏移保持在允许范围内的概率能达 0.75，负荷变动的幅度应按 $\pm 2\sigma$ 考虑。这里的 σ 就是负荷变动的标准差。而统计资料还表明，这个标准差的百分值大体与系统容量的平方根成反比。例如，容量为 2000MW 的系统，σ 约为 3%；

容量为 20000MW 的系统，σ 约为 1%。于是，对一个容量为 20000MW 的系统，如允许的频率偏移为 ±0.1Hz；系统的单位调节功率为 2000MW/Hz，负荷变动的幅度按 ±2σ 考虑，即式(7-15)中的 $\Delta P_{LO} = 2 \times 2 \times 1\% \times 20000 = 800(MW)$；这个时候的系统的调整容量应该就为 $\Delta P_{GnO} = 800 - 2000 \times 2 \times 0.1 = 400(MW)$，即应为系统容量的 2%。若再计及高峰(或低谷)负荷来临时，按给定负荷曲线发电的负荷监视厂可能调整得不够及时或预计的负荷可能不够准确，还应将求得的数值适当放大。

但调整容量 ΔP_{GnO} 并非就是调频厂的容量。因如前所述，火电厂的锅炉和汽轮机都有它们的技术最小负荷，其中锅炉为额定容量的 25%(中温中压)～70%(高温高压)；汽轮机为额定容量的 10%～15%。换言之，火电厂受锅炉最小负荷的限制，可调容量仅为其额定容量的 30%(高温高压)～75%(中温中压)。因此，如上述 20000MW 系统中由高温高压火电厂作调频厂，则调频厂或调频机组的总容量应在 400/0.30=1333(MW)左右；如改由中温中压火电厂调频，则这个容量可下降为 400/0.75=533(MW)左右。水电厂的可调容量既受向下游释放水量的限制又受水轮机技术最小负荷的限制，而这二者又因各水电厂的具体条件不同而不同。一般情况下，水电厂的可调容量大于火电厂，即使保守地估计，也可认为水电厂的可调容量约为其额定容量的 50%。

除调整容量外，调整速度也是一个重要问题。一个容量为 5000MW 的系统中，负荷上升的速度可达 15～20MW/min。但急剧的负荷变动将使火电厂的锅炉、汽轮机受损伤或因燃烧不稳定而引起熄火。一般认为，高温高压锅炉从 70%～80%额定负荷上升至满负荷需 1～5min；中温中压锅炉从 50%额定负荷上升至满负荷仅需 1min，比较快；汽轮机很慢，在 50%～100%额定负荷范围内，每分钟上升仅达 2%～5%。因此，火电厂中限制调整速度的主要是汽轮机。水电厂水轮机负荷变动的速度高得多，每分钟可达 50%～400%。当然，过分急剧的负荷变动也会损坏水电厂的设备。

原子能电厂虽可调容量较大，调整速度也不低于一般火电厂，但由于原子能电厂的运行费用低，通常都以满负荷运行，不考虑以这类电厂调频。

综上可见，从可调容量和调整速度这两个对调频厂的基本要求出发，系统中有水电厂时，一般应选水电厂作调频厂；没有水电厂或水电厂不宜承担调频任务时，如洪水季节，则选中温中压火电厂作调频厂。抽水蓄能电厂每天可有 4～8h 甚至 10h 放水发电，放水发电时，这种电厂与水电厂无异，因此，根据地理位置和布局特点，也可考虑其在这一段时间内参与调频。

不仅如此，选择水电厂作调频厂经济上也较合理。因如前所述，水电厂机组的退出、投入或迅速增减负荷不需额外耗费能量，而火电厂则没有这特点。至于联络线的传输能力，虽是选择调频厂时应考虑的一个因素，却不是决定因素，因为必要时可采取其他措施来克服联络线工作的困难。

当仅由一个电厂担负调频任务时，往往有可能使调整容量不够大。这时就要根据上述原则确定几个调频厂，并分别规定它们的调整范围和顺序。例如，在图 7.5 中，规定位于负荷曲线最高部位的有调节水电厂为第一调频厂，频率偏移超出一定范围时，由该厂进行二次调整；下面的三个中温中压火电厂为第二调频厂，频率偏移更大时，依次参加二次调整。该水电厂不承担调频任务时，则以第一、二个中温中压火电厂为第一调频厂；第三个以及另一个未示于图 7.5 中的中温中压火电厂为第二调频厂。

当仅由一台机组进行二次调整时，调整速度往往不够快。这时就要有几台机组同时调整。而手动操作调频器时，为防止调整过程中的混乱，又常常不允许同时调整几台机组。这就促使近代电力系统几乎无例外地采用自动调频方式。由于自动调频装置可同时控制若干台机组的调频器，实现二次调整的自动化不仅可解决调整速度问题，在经济上也是有利的。因这时可将负荷的变动分散地由若干台机组承担，改变了手动调整时少数机组频繁而大幅度地变动功率的情况。不难想见，实现自动调频，对克服联络线工作的困难也是有利的。

第 8 章　电力系统的无功功率和电压调整

电力系统中的有功功率电源是集中在各类发电厂中的发电机；无功功率电源除发电机，还有电容器、调相机和静止补偿器等，分散在各变电所。供应有功功率和电能必须消耗能源，但无功功率电源一旦设置后，就可随时使用而不再有其他经常性耗费。系统中无功功率损耗远大于有功功率损耗。正常稳态运行时，全系统频率相同，频率调整集中在发电厂，调频手段只有调整原动机功率一种。电压水平则全系统各点不同，而且，电压调整可分散进行，调压手段也多种多样。凡此种种，使电力系统的无功功率和电压调整与有功功率和频率调整有很大不同。

8.1　电压调整的必要性

电力系统的电压和频率一样也需要经常调整。由于电压偏移过大时，会影响工农业生产产品的质量和产量，损坏设备，甚至引起系统的"电压崩溃"，造成大面积停电。

8.1.1　电压降低的影响

系统电压降低时，发电机的定子电流将因其功率角的增大而增大。如果电流原已达额定值，则电压降低后，将使其超过额定值。为使发电机定子绕组不致过热，不得不减少发电机所发功率。相似地，系统电压降低后，也不得不减少变压器的负荷。

当系统电压降低时，各类负荷中占比重最大的异步电动机的转差率增大，从而，电动

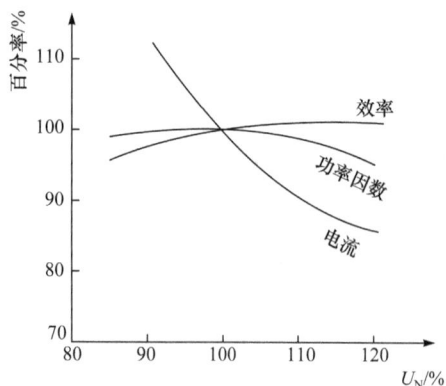

图 8.1　异步电动机的电压特性

机各绕组中的电流将增大，温升将增加，效率将降低，寿命将缩短，如图 8.1 所示。而且，某些电动机驱动的生产机械的机械转矩与转速的高次方成正比，转差增大、转速下降时，其功率将迅速减少。而发电厂用电动机组功率的减少又将反而影响锅炉、汽轮机的工作，影响发电厂所发功率。尤为严重的是，系统电压降低后，电动机的启动过程将大为增长，电动机可能在启动过程中因温度过高而烧毁。

电炉的有功功率是与电压的平方成正比的，炼钢厂中的电炉将因电压过低而影响冶炼时间，从而影响产量。

8.1.2 电压升高的影响

系统电压过高将使所有电气设备绝缘受损,而且变压器、电动机等的铁心要饱和,铁心损耗增大,温升将增加,寿命将缩短。

照明负荷,尤其是白炽灯,对电压变化的反应最灵敏。电压过高,白炽灯的寿命将大为缩短;电压过低,亮度和发光效率又要大幅度下降,如图 8.2(a)所示。日光灯的反应较迟钝,但电压偏离其额定值时,也将缩短其寿命,如图 8.2(b)所示。

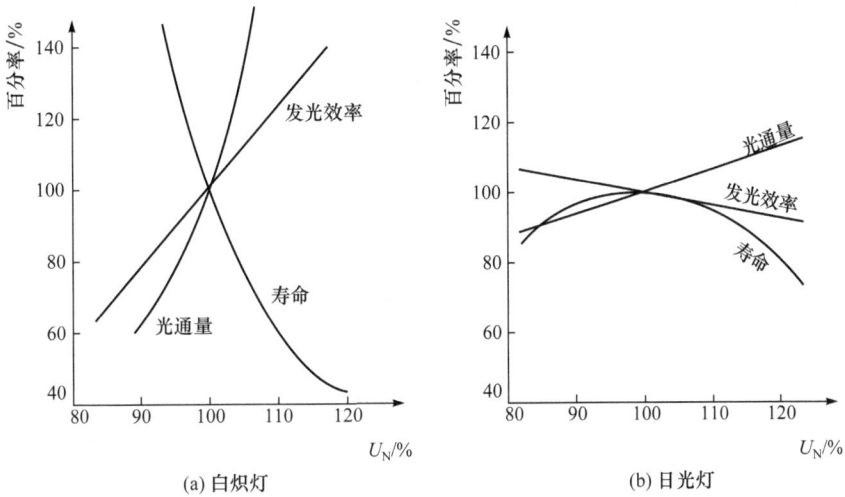

(a) 白炽灯   (b) 日光灯

图 8.2 照明负荷的电压特性

至于因系统中无功功率短缺,电压水平低下,某些枢纽变电所母线电压在微小扰动下顷刻之间的大幅度下降,即图 8.3 所示的"电压崩溃"现象,则更是一种导致系统瓦解的灾难性事故。

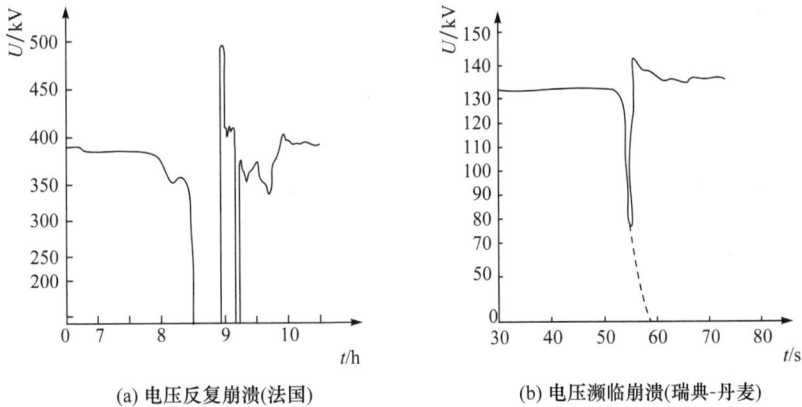

(a) 电压反复崩溃(法国)   (b) 电压濒临崩溃(瑞典-丹麦)

图 8.3 "电压崩溃"现象记录

不仅电压偏移过大会影响工农业生产,电压的微小波动也会造成不良后果。例如,由于电压波动引起的灯光闪烁将使人疲劳。

8.2 电力系统中无功功率的平衡

8.2.1 无功功率负荷和无功功率损耗

1. 无功功率负荷

各种用电设备中,除相对很小的白炽灯照明负荷只消耗有功功率,为数不多的同步电动机可发出一部分无功功率,大多数都要消耗无功功率。因此,无论工业或农业用户都以滞后功率因数运行,其值为 0.6～0.9。其中,较大的数值对应于采用大容量同步电动机的场合。

2. 变压器中的无功功率损耗

变压器中的无功功率损耗分两部分,即励磁支路损耗和绕组漏抗中损耗。其中,励磁支路损耗的百分值基本上等于空载电流 I_0 的百分值,为 1%～2%;绕组漏抗中损耗,在变压器满载时,基本上等于短路电压 U_k 的百分值,约为 10%。因此,对一台变压器或一级变压的网络而言,变压器中的无功功率损耗并不大,满载时约为它额定容量的百分之十几。

但对多电压级网络,变压器中的无功功率损耗就相当可观。由此可见,系统中变压器的无功功率损耗占相当大比例,较有功功率损耗大得多。

3. 电力线路上的无功功率损耗

电力线路上的无功功率损耗也分两部分,即并联电纳和串联电抗中的无功功率损耗。并联电纳中的这种损耗又称充电功率,与线路电压的平方成正比,呈容性。串联电抗中的这种损耗与负荷电流的平方成正比,呈感性。因此,线路作为电力系统的一个元件究竟消耗容性还是感性无功功率不能确定。可作大致估计:当通过线路输送的有功功率大于自然功率时,线路将消耗感性无功功率;当通过线路输送的有功功率小于自然功率时,线路将消耗容性无功功率。一般,通过 110kV 及以下线路输送的功率往往大于自然功率;通过 500kV 线路输送的功率大致等于自然功率。通过 220kV 线路输送的功率则因线路长度而异,线路较长时,小于自然功率;线路较短时,大于自然功率。

8.2.2 无功功率电源

1. 发电机

同步发电机既是有功功率电源,又是最基本的无功功率电源。

2. 电容器和调相机

并联电容器只能向系统供应感性无功功率。它所供应的感性无功功率与其端电压的平方成正比。

调相机实质上是只能发无功功率的发电机。它在过激运行时向系统供应感性无功功率，欠激运行时从系统吸取感性无功功率。欠激运行时的容量约为过激运行时容量的 50%。这些也就是作为无功功率电源的调相机的运行极限。

3. 静止补偿器和静止调相机

静止补偿器和静止调相机是分别与电容器和调相机相对应而又同属"灵活交流输电系统"范畴的两种无功功率电源。前者出现在 20 世纪 70 年代初，是这一"家族"的最早成员，目前已为人们熟知；后者则尚待扩大试运行的规模。

静止补偿器的全称为静止无功功率补偿器(SVC)，有各种不同型式。目前常用的有晶闸管控制电抗器型(TCR 型)、晶闸管开关电容器型(TSC 型)和饱和电抗器型(SR 型)三种，分别如图 8.4(a)、(b)、(c)所示。它们的静态电压特性(伏安特性)，则分别如图 8.5(a)、(b)、(c)所示。

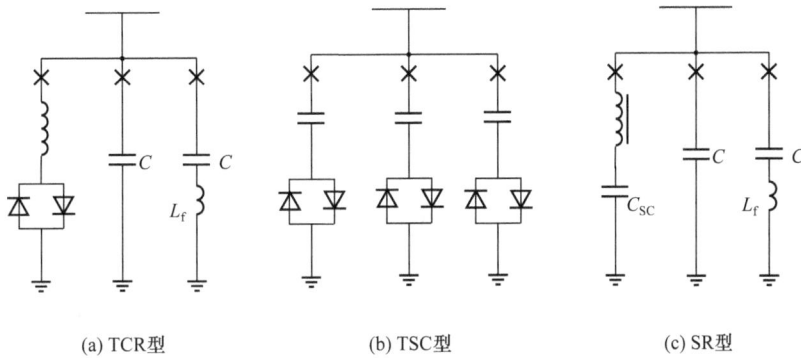

| (a) TCR型 | (b) TSC型 | (c) SR型 |

图 8.4　静止补偿器

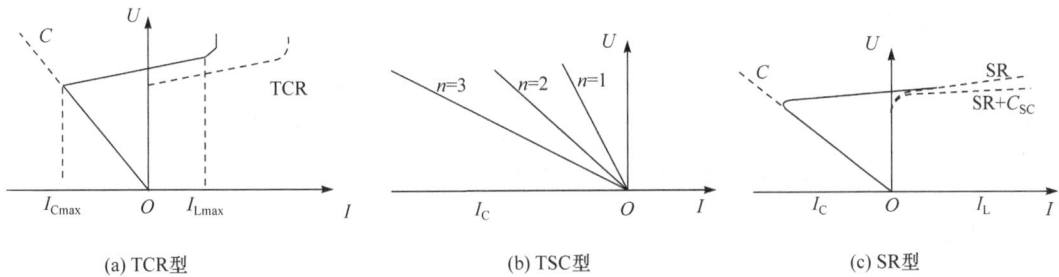

| (a) TCR型 | (b) TSC型 | (c) SR型 |

图 8.5　静止补偿器的伏安特性

不论何种型式的静止补偿器，它们之所以能作为无功功率电源产生感性无功功率，依靠的仍是其中的电容器。而电容器所能产生的感性无功功率则与其端电压的平方成正比。因此，当系统电压水平过于低下，迫切需要补偿器增加其感性无功功率输出时，补偿器往往无法增加，如图 8.5(a)、(b)、(c)中电压低于伏安特性拐点时。这是作为无源元件的静止补偿器所无法克服的缺陷。

静止补偿器的这一缺陷正是有源元件调相机的独特优点。因为即使不计调相机所配自动调节励磁装置的作用，它在过激运行时所发出的感性无功功率为 $Q_{\mathrm{C}}=\left(E_q-U\right)U/x_d$，从而，$\partial Q_{\mathrm{C}}/\partial U=\left(E_q-2U\right)/x_d$，即 $E_q<2U$ 时，调相机发出的感性无功功率将随其端电压的下降而增加，而 $E_q<2U$ 的条件则一般都可满足。

受这一情况的启发，出现了静止调相机(STATCOM)的设想，其示意图如图 8.6 所示。不难发现，它其实相当于半个综合潮流控制器，而具体而言，以电容器为电压源，借可关断晶闸管 GTO 和二极管 D 组成的换流器控制其交流侧电压 U_a，使之与系统电压 U_A 同相位，则当 $U_a>U_A/k$ 时，调相机将向系统输出感性无功功率；反之，当 $U_a<U_A/k$ 时，将由系统输入感性无功功率。重要的是，由于此处换流器交流侧电压完全可控，不存在静止补偿器因端电压取决于系统电压而带来的缺陷。

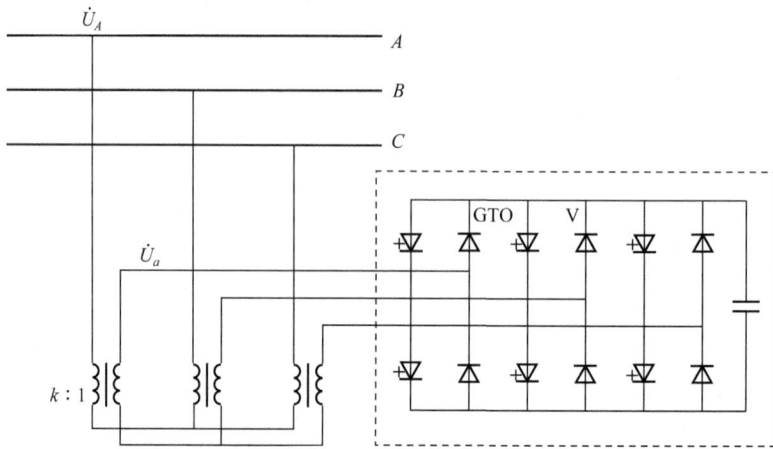

图 8.6　静止调相机

4. 并联电抗器

就感性无功功率而言，并联电抗器显然不是电源而是负荷，但在某些电力系统中的确装有这种设施，用以吸取轻载或空载线路过剩的感性无功功率。而对高压远距离输电线路而言，它还有提高输送能力，降低过电压等作用。

8.2.3　无功功率的平衡

系统中无功功率的平衡关系与有功功率相似，如下所示：

$$\sum Q_{\mathrm{GC}}-\sum Q_{\mathrm{L}}-\Delta Q_{\Sigma}=0 \tag{8-1}$$

式中，电源供应的无功功率 Q_{GC} 由两部分组成，即发电机供应的无功功率 Q_{G} 和补偿设备供应的无功功率 Q_{C}，而补偿设备供应的无功功率又分调相机供应的 Q_{C1}、并联电容器供应的 Q_{C2} 和静止补偿器供应的 Q_{C3} 三部分。因此，$\sum Q_{\mathrm{GC}}$ 可分解为

$$\sum Q_{\mathrm{GC}}=\sum Q_{\mathrm{G}}+\sum Q_{\mathrm{C}}=\sum Q_{\mathrm{G}}+\sum Q_{\mathrm{C1}}+\sum Q_{\mathrm{C2}}+\sum Q_{\mathrm{C3}} \tag{8-2}$$

式中，负荷消费的无功功率 Q_{L}，可按负荷的功率因数计算。未经改善的负荷功率因数一般不高，仅达 0.6～0.9，即负荷消费的无功功率为其有功功率的 0.5～1.3 倍。但因规程对电

力用户的功率因数有一定限制，例如，不得低于 0.90 等，系统运行部门进行无功功率平衡时，可按规程规定确定负荷消费的无功功率 $\sum Q_L$。

式(8-1)中，无功功率损耗 ΔQ_Σ 包括三部分：变压器中的无功功率损耗 ΔQ_T，线路电抗中的无功功率损耗 ΔQ_X，线路电纳中的无功功率损耗 ΔQ_b。而如前所述，ΔQ_b 属容性，如将其作为感性无功功率损耗论处，则应具有负值。因此，ΔQ_Σ 可分解为

$$\Delta Q_\Sigma = \Delta Q_T + \Delta Q_X - \Delta Q_b \tag{8-3}$$

进行无功功率平衡计算的前提应是系统的电压水平正常，正如考虑有功功率平衡的前提是系统频率正常一样。如果不能在正常电压水平下保证无功功率的平衡，系统的电压质量总不能保证。例如，对图 8.7 所示的无功功率负荷(包括损耗)静态电压特性，如系统电源所能供应的无功功率为 $\sum Q_{GCN}$，由无功功率平衡的条件决定的电压为 U_N，设此电压对应于系统的正常电压水平。如系统电源所能供应的无功功率仅为 $\sum Q_{GC}$，则无功功率虽也能平衡，平衡条件所决定的电压将为低于正常的电压 U。这种情况下，虽可采取某些措施，如改变某台变压器的变比以提高局部地区的电压水平，但如不能增加系统电源所能供应的无功功率 Q_{GC}，则系统的电压质量总不能获得全面改善。事实上，系统中无功功率电源不足时的无功功率平衡是由于系统电压水平的下降、无功功率负荷(包括损耗)本身的具有正值的电压调节效应使全系统的无功功率需求($\sum Q_L + \Delta Q_\Sigma$)有所下降而达到的。

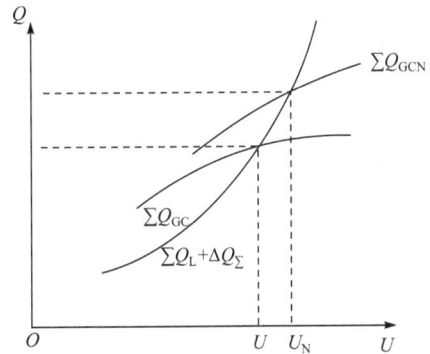

图 8.7 无功功率平衡和系统电压水平的关系

从而还可见，和有功功率一样，系统中也应保持一定的无功功率备用。否则，负荷增大时，电压质量仍无法保证。这个无功功率备用容量一般可取最大无功功率负荷的 7%～8%。

8.3 电力系统的电压调整

8.3.1 电压波动和电压管理

1. 电压波动

在讨论频率调整时曾将系统中有功负荷的变动以及这些变动引起的频率偏移分成三种。讨论电压调整时，也可将有功、无功负荷的变动以及这些变动引起的电压偏移分成两类。习惯上所谓的电压调整仅针对周期长、波及面大，主要由生产、生活和气象变化引起的负荷和电压变动。但实践证明，冲击性或间歇性负荷引起的电压波动的波及面虽不如前者大，对系统电压的不良影响也不容忽视。属于这一类的负荷主要有往复式泵、电弧炉、

卷扬机、通风设备等。在这类负荷中，以电弧炉最受人注意，因电弧炉负荷电流大，可达 $10^4 \sim 10^5$ A。而且，电弧炉负荷变动的频率最易形成不良后果。

限制这类负荷变动所引起电压波动的措施很多。例如，因大容量变电所以专用母线或线路单独向这类负荷供电；在发生电压波动的地点和电源之间设置串联电容器；在这类负荷附近设置调相机，并在其供电线路上串联电抗器；在这类负荷的供电线路上设置静止补偿器，如图 8.8(a)、(b)、(c)所示。

在这些措施中，串联电容器的作用为抵偿线路等的感抗，从而限制电压波动的幅度。调相机的作用在于供给波动负荷以波动的无功功率；与之配合使用的电抗器则相似于发电厂或变电所的出线电抗器，起维持公共母线电压的作用。

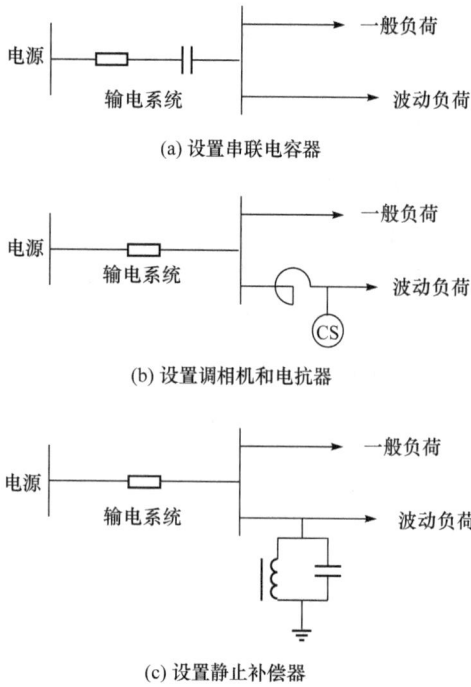

图 8.8　限制电压波动的措施

至于静止补偿器，则以饱和电抗器型的效果最好，它几乎可以完全消除电压波动。由图 8.5(c)所示伏安特性可见，随着端电压的下降，其电流将自动地由感性转变为容性，从而输电线路中的电压降将减小，一般负荷的供电电压因此维持恒定。

2. 电压管理和电压中枢点

解决了电压波动问题，就可进而讨论一般所谓的电压调整。这种电压调整针对由几种原因引起的电压变动：生产、生活、气象变化带来的、大体上也就是讨论调频问题时所谓的第三种负荷变动；个别设备因故障而退出运行造成的网络阻抗变化；系统结线方式改变引起的功率分布和网络阻抗变化。上述种种原因引起的电压变动相当可观，在较大的电力系统中，最大电压损耗可能达 20%～30%。

但由于电力系统结构复杂，负荷极多，如对每个用电设备电压都进行监视和调整，不仅没有可能，而且也无必要。电力系统电压的监视和调整可通过监视、调整电压中枢点的电压而实现。所谓电压中枢点指某些可反映系统电压水平的主要发电厂或枢纽变电所母线。因很多负荷都由这些中枢点供电，如果能控制住这些点的电压偏移，也就控制住了系统中大部分负荷的电压偏移。于是，电力系统的电压调整问题也就转化为保证各电压中枢点的电压偏移不越出给定范围的问题。

为对中枢点电压进行控制，必须先确定中枢点电压的允许变动范围，即不止一次提到过的不等约束条件 $U_{i\min} < U_i < U_{i\max}$。这项工作就是所谓中枢点电压曲线的编制。

设有图 8.9(a)所示由中枢点 i 向两个负荷 j、k 供电的简单网络。设负荷 j、k 的简化日负荷曲线如图 8.9(b)、(c)所示；设由于这两个负荷功率的流通，线路 $i\text{-}j$、$i\text{-}k$ 上的电压损耗分别如图 8.9(d)、(e)所示；设 j、k 两负荷允许的电压偏移都是 $\pm5\%$，如图 8.9(f)所示。

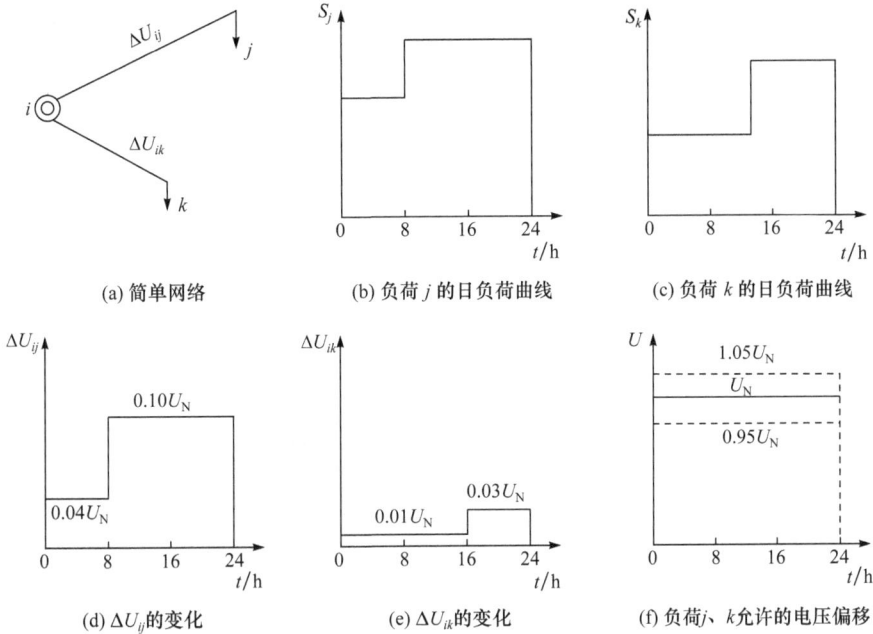

(a) 简单网络 (b) 负荷 j 的日负荷曲线 (c) 负荷 k 的日负荷曲线

(d) ΔU_{ij} 的变化 (e) ΔU_{ik} 的变化 (f) 负荷 j、k 允许的电压偏移

图 8.9 简单网络的电压损耗

于是，根据负荷 j 对电压的要求，$0\sim8\text{h}$ 中枢点 i 应维持的电压为

$$U_j + \Delta U_{ij} = (0.95\sim1.05)U_N + 0.04U_N = (0.99\sim1.09)U_N$$

$8\sim24\text{h}$ 应维持的电压为

$$U_j + \Delta U_{ij} = (0.95\sim1.05)U_N + 0.10U_N = (1.05\sim1.15)U_N$$

根据负荷 k 对电压的要求，$0\sim16\text{h}$ 中枢点 i 应维持的电压为

$$U_k + \Delta U_{ik} = (0.95\sim1.05)U_N + 0.01U_N = (0.96\sim1.06)U_N$$

$16\sim24\text{h}$ 应维持的电压为

$$U_k + \Delta U_{ik} = (0.95\sim1.05)U_N + 0.03U_N = (0.98\sim1.08)U_N$$

根据这些要求可作中枢点 i 电压的允许变动范围如图 8.10(a)、(b)所示。将图 8.10(a)、(b)合并，就可得同时满足负荷 j、k 要求的、中枢点 i 电压允许的变动范围，如图 8.11(a)中阴影部分所示。

由图 8.11(a)可见，虽然负荷 j、k 允许的电压偏移都是 $\pm5\%$，即都有 10% 的允许变动范围，但由于中枢点 i 与这些负荷之间线路上电压损耗 ΔU_{ij}、ΔU_{ik} 的大小和变化规律都不相同，要同时满足这两个负荷对电压质量的要求，中枢点电压的允许变动范围大大缩小了，最小时仅有 1%。

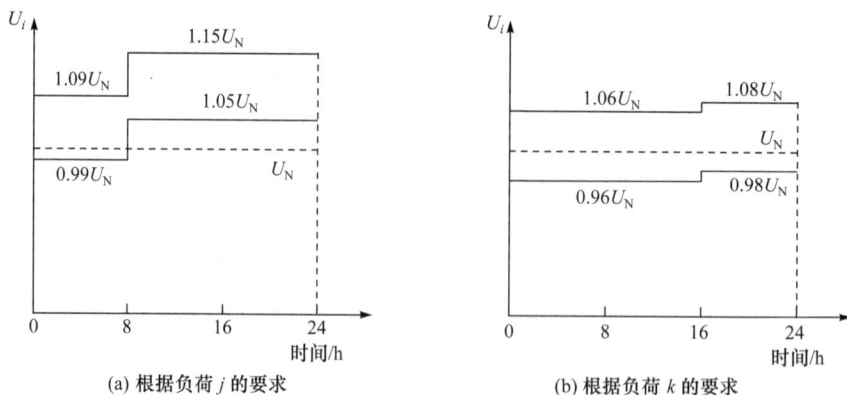

(a) 根据负荷 j 的要求

(b) 根据负荷 k 的要求

图 8.10　中枢点 i 电压的允许变动范围

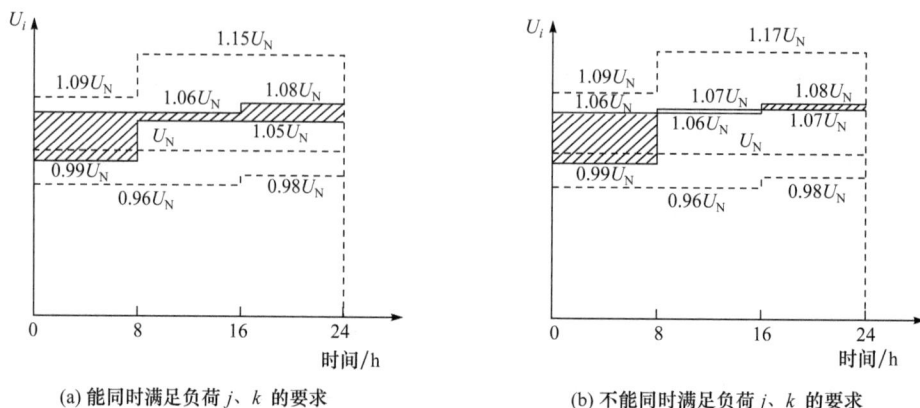

(a) 能同时满足负荷 j、k 的要求

(b) 不能同时满足负荷 j、k 的要求

图 8.11　中枢点 i 电压的允许变动范围

于是可以得知，若各线路电压损耗 ΔU_{ij}、ΔU_{ik} 的大小和变化规律相差更悬殊，完全可能出现在某些时间段内，中枢点电压不论取何值都不能同时满足两个负荷对电压质量要求的情况。例如，设 $8\sim 24\text{h}$ ΔU_{ij} 增大为 $0.12U_{\text{N}}$，则 $8\sim 16\text{h}$ 的 8 个小时内，中枢点 i 的电压不论取何值都不能同时满足负荷 j、k 对电压质量的要求，如图 8.11(b)所示。显然，一旦出现这种情况，仅借控制中枢点电压已不足以控制所有负荷处电压，必须考虑采取其他措施。

8.3.2　中枢点的调压方式

以上介绍的主要是系统运行部门的电压管理工作。进行系统规划设计时，由于较高电压级系统供电的较低电压级网络尚未建成，甚至还未兴建；各负荷点对电压质量的要求还不明确；不可能计算这些较低电压级网络中的电压损耗，从而提出对中枢点电压的要求。

中枢点电压调整方式主要有：逆调压、顺调压、常调压。

1. 逆调压

如果由中枢点供电的各负荷变化规律大体相同，考虑到高峰负荷时供电线路上电压损耗大，将中枢点电压适当升高以抵偿部分甚至全部电压损耗的增大；低谷负荷时供电线路上电压损耗小，将中枢点电压适当降低以抵偿部分甚至全部电压损耗的减小，完全有可能满足负荷对电压质量的要求。这种高峰负荷时升高电压、低谷负荷时降低电压的中枢点电压调整方式称逆调压。供电线路较长、负荷变动较大的中枢点往往要采用这种调压方式。逆调压时，高峰负荷时可将中枢点电压升高至$105\%U_N$，低谷负荷时将其下降为U_N。

2. 顺调压

与逆调压相对，对供电线路不长、负荷变动不大的中枢点，允许采取顺调压。所谓顺调压，就是高峰负荷时允许中枢点电压略低；低谷负荷时，允许中枢点电压略高。一般，顺调压时，高峰负荷时的中枢点电压允许不低于$102.5\%U_N$，低谷负荷时允许不高于$107.5\%U_N$。

3. 常调压

介于上述两种情况之间的中枢点，还可采取常调压，即在任何负荷下都保持中枢点电压为一基本不变的数值，如$(102\%\sim105\%)U_N$。

如上所述的都是系统正常运行时的调压要求。系统中发生故障时，对电压质量的要求允许适当降低，通常允许故障时的电压偏移较正常时再增大5%。

8.3.3 借改变发电机端电压调压

明确了对电压调整的要求，就可进而研究为达到这些要求而采用的手段。在各种调压手段中，首先应考虑调节发电机电压，因为这是一种不需耗费投资而且最直接的调压手段。

现代的同步发电机可在额定电压的 95%～105%范围内保持以额定功率运行。在发电机不经升压直接用发电机电压向用户供电的简单系统中，如供电线路不很长、线路上电压损耗不很大，一般就借调节发电机励磁，改变其母线电压，使之实现逆调压以满足负荷对电压质量的要求。以图8.12(a)所示简单系统为例，设备部分网络最大、最小负荷时的电压损耗分别如图8.12所示。最大负荷时，由发电机母线至最远负荷处的总电压损耗为20%，最小负荷时为8.0%，即最远负荷处的电压变动范围为12.0%。如发电机母线采用逆调压，最大负荷时升高至 $105\%U_N$，最小负荷时下降为U_N；如变压器的变比$k_* = U_I U_{IIN}/U_{II}U_{IN} = 1/1.10$，即一次侧电压为线路额定电压时，二次侧的空载电压较线路额定电压高10%，则全网的电压分布将如图8.12(b)所示。由图8.12可见，这种情况下，最远负荷处的电压偏移最大负荷时为-5%，最小负荷时为$+2\%$，即都在一般负荷要求的$\pm5\%$范围内。

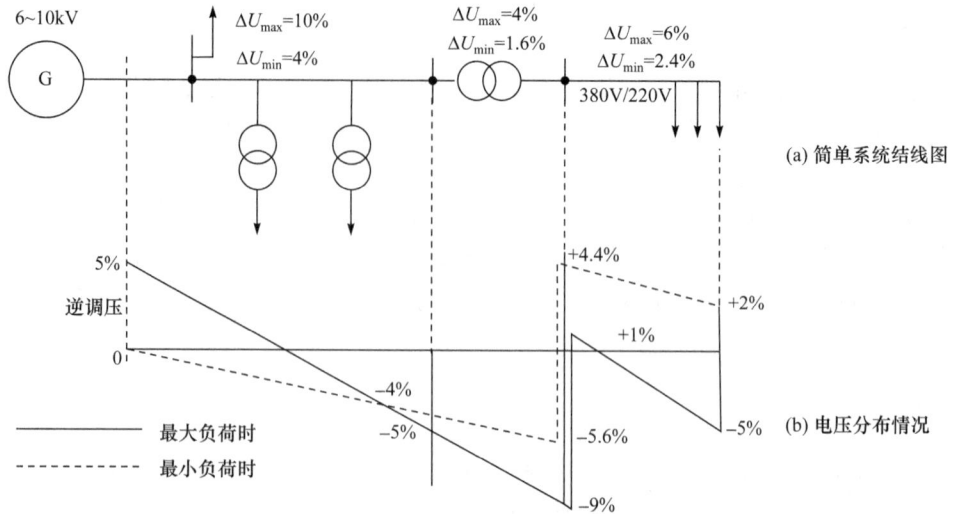

图 8.12　发电机母线逆调压的效果

发电机经多级变压向负荷供电时，仅借发电机调压往往不能满足负荷对电压质量的要求。以图 8.13 所示系统为例，最大、最小负荷时由发电机母线至最远负荷处的电压损耗分别为 35%、14%，即最远负荷处的电压变动范围为 21%。这时，即使因发电机母线采用逆调压可将这变动范围缩小 5%，即为 16%，但这样大的变动已不能满足一般负荷的要求。而再扩大发电机母线电压的调整幅度又不可能，因发电机电压母线上往往还连接有其他负荷，它们距发电厂一般不远，大幅度地改变发电机母线电压又将使这部分负荷对电压质量的要求得不到满足。

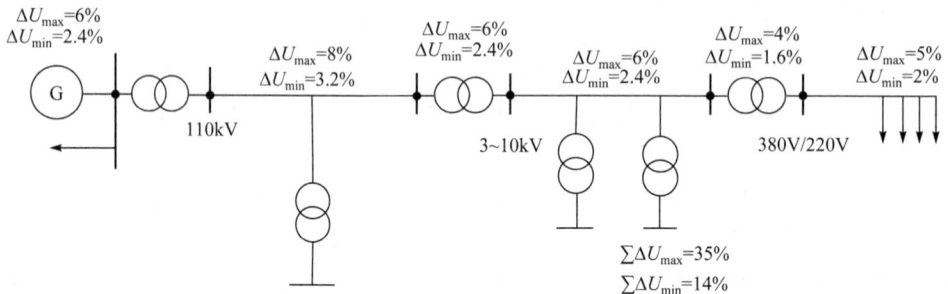

图 8.13　多电压级系统中的电压损耗

8.3.4　借改变变压器变比调压

双绕组变压器的高压绕组和三绕组变压器的高、中压绕组往往有若干分接头可供选择，例如，可有 $U_N \pm 5\%$ 或 $U_N \pm 2 \times 2.5\%$，即可有三个或五个分接头供选择。其中，对应于 U_N 的分接头常称主接头或主抽头。

既然变压器的分接头或者它的变比可以选择，那么合理地选择变压器的分接头也可调整电压。以下就以图 8.14 中变压器 i、g 为例，介绍分接头的选择方法。设图中变电所 i 最大负荷时高压母线电压为 $U_{I\max}$，变压器中的电压损耗为 $\Delta U_{i\max}$，归算到高压侧的低压母线电压为 $U_{i\max}$，低压母线要求的实际电压为 $U'_{i\max}$，

则应选的分接头由

$$U'_{i\max} = U_{i\max} / k_{i\max} = (U_{I\max} - \Delta U_{i\max}) / k_{i\max}$$
$$= (U_{I\max} - \Delta U_{i\max})U_{Ni} / U_{tl\max}$$

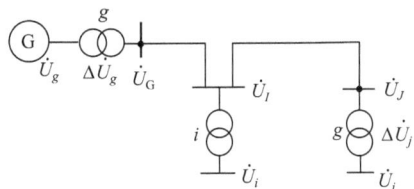

图 8.14　变压器分接头的选择

可得

$$U_{tl\max} = (U_{I\max} - \Delta U_{i\max})U_{Ni} / U'_{i\max} \qquad (8\text{-}4a)$$

式中，$k_{i\max}$ 为变压器 i 最大负荷时应选择的变比；U_{Ni} 为变压器 i 低压绕组的额定电压；$U_{tl\max}$ 为变压器 i 最大负荷时应选择的高压绕组分接头电压。

相似地，该变压器最小负荷时应选择的高压绕组分接头电压为

$$U_{tl\min} = (U_{I\min} - \Delta U_{i\min})U_{Ni} / U'_{i\min} \qquad (8\text{-}4b)$$

式中，各符号与式(8-4a)中各符号一一对应。

但普通变压器不能在有载情况下更改分接头，即最大、最小负荷下只能选用同一个分接头。为使这两种情况下变电所低压母线实际电压偏离要求的 $U'_{i\max}$、$U'_{i\min}$ 大体相等，变压器高压绕组的分接头电压应取 $U_{tl\max}$ 和 $U_{tl\min}$ 的平均值：

$$U_{tl} = \frac{U_{tl\max} + U_{tl\min}}{2} \qquad (8\text{-}5)$$

选择最接近的分接头后，再按选定的分接头校验低压母线上的实际电压能否满足要求。一般，如以额定电压的百分数表示的 $(U_{i\max} - U_{i\min})$ 不大于以额定电压的百分数表示的 $(U'_{i\max} - U'_{i\min})$，则恰当地选择分接头总可使低压母线实际电压满足对调压的要求。

发电厂升压变压器分接头的选择方法和如上降压变压器分接头的选择方法基本相同。差别仅在于由高压母线电压推算低压母线电压时，因功率是从低压侧流向高压侧的，应将变压器中电压损耗和高压母线电压相加，即这时的分接头选择应按如下的计算公式进行：

$$U_{tG\max} = (U_{G\max} - \Delta U_{g\max})U_{Ng} / U'_{g\max} \qquad (8\text{-}6a)$$

$$U_{tG\min} = (U_{G\min} - \Delta U_{g\min})U_{Ng} / U'_{g\min} \qquad (8\text{-}6b)$$

$$U_{tG} = \frac{U_{tG\max} + U_{tG\min}}{2} \qquad (8\text{-}7)$$

如以额定电压百分数表示的 $(U_{i\max} - U_{i\min})$ 大于 $(U'_{i\max} - U'_{i\min})$，则不论怎样选择分接头，低压母线的实际电压总不能满足对调压的要求。这时，只能使用有载调压变压器。有载调压变压器不仅可在有载情况下更改分接头，而且调节范围也较大，通常可有 $U_N \pm 3 \times 2.5\%$ 或 $U_N \pm 4 \times 2.0\%$，即有 7～9 个分接头可供选择。使用有载调压变压器时，可分别按式(8-4a)、式(8-4b)或式(8-6a)、式(8-6b)选择最大、最小负荷时应选用的分接头。

一般，如系统中无功功率不缺乏，凡采用普通变压器不能满足调压要求的场合，例如由长线路供电的、负荷变动很大的、系统间联络线两端的变压器以及某些发电厂的变压器，

采用有载调压变压器后，都可满足调压要求。

除采用系列生产的、内装有载调压开关的有载调压变压器，还可采用附加串联加压器。附加串联加压器一般都可有载调节。当然，采用某些由晶闸管控制的设施，灵活性将更大。

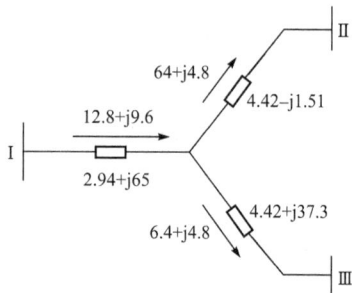

图 8.15　三绕组变压器等值电路

【例 8-1】　三绕组变压器的额定电压为 110kV/38.5 kV/6.6kV，等值电路如图 8.15 所示。各绕组最大负荷时流通的功率已示于图中，最小负荷为最大负荷的二分之一。设与该变压器相连的高压母线电压最大、最小负荷时分别为 112kV、115kV；中、低压母线电压偏移最大、最小负荷时分别允许为 0、+7.5%，试选择该变压器高、中压绕组的分接头。

解　按给定条件求得的各绕组中电压损耗如表 8.1 所示，归算至高压侧的各母线电压如表 8.2 所示。

按表 8.2，根据低压母线对调压的要求，选择高压绕组的分接头。最大负荷时，低压母线电压要求为 6kV，从而

$$U_{t\max} = 104.1 \times \frac{6.6}{6} = 114.5 \,(kV)$$

<table>
<tr><td colspan="4">表 8.1　各绕组电压损耗　（单位：kV）</td></tr>
<tr><td>负荷水平</td><td>高压绕组</td><td>中压绕组</td><td>低压绕组</td></tr>
<tr><td>最大负荷</td><td>5.91</td><td>0.197</td><td>1.980</td></tr>
<tr><td>最小负荷</td><td>2.88</td><td>0.935</td><td>0.935</td></tr>
</table>

<table>
<tr><td colspan="4">表 8.2　各母线电压　（单位：kV）</td></tr>
<tr><td>负荷水平</td><td>高压母线</td><td>中压母线</td><td>低压母线</td></tr>
<tr><td>最大负荷</td><td>112</td><td>105.9</td><td>104.1</td></tr>
<tr><td>最小负荷</td><td>115</td><td>112.0</td><td>111.1</td></tr>
</table>

最小负荷时，低压母线电压要求不高于 1.0756×6=6.45(kV)，从而

$$U_{t\min} = 111.1 \times \frac{6.6}{6.45} = 113.7 \,(kV)$$

取它们的平均值(114.5+113.7)/2=114.1，可选用 110×(1+5%)，即 115.5kV 的分接头。这时，低压母线电压最大负荷时，$104.1 \times \frac{6.6}{115.5} = 5.95$ (kV)，最小负荷时，$111.1 \times \frac{6.6}{115.5} = 6.35$ (kV)。

低压母线电压偏移最大负荷时，$\frac{5.95-6}{6} \times 100 = -0.833$；最小负荷时，$\frac{6.35-6}{6} \times 100 = +5.83$。

虽然最大负荷时的电压较要求低 0.833%，但由于分接头之间的电压差为 2.5%，求得的电压偏移距要求不超过 1.25% 是允许的。

选定高压绕组的分接头后即可选择中压绕组的分接头。最大负荷时，中压母线电压要求为 35kV，从而，由 35=105.9$U'_{t\max}$/115.5 可得

$$U'_{t\max} = 35 \times \frac{115.5}{105.9} = 38.2 \,(\text{kV})$$

最小负荷时，中压母线电压要求不高于 $1.075 \times 35 = 37.6(\text{kV})$，从而，由 $37.6 = 112 U'_{t\min}/115.5$ 可得

$$U'_{t\min} = 37.6 \times \frac{115.5}{112} = 38.8 \,(\text{kV})$$

取它们的平均值$(38.2+38.8)/2=38.5$，可就选用 38.5kV 的主接头。这时，中压母线电压最大负荷时，$105.9 \times \frac{38.5}{115.5} = 35.3 \,(\text{kV})$，最小负荷时，$112 \times \frac{38.5}{115.5} = 37.3 \,(\text{kV})$。

中压母线电压偏移最大负荷时，$\frac{35.3-35}{35} \times 100 = 0.86$；最小负荷时，$\frac{37.3-35}{35} \times 100 = 6.57$，可见都能满足要求。

于是，该变压器应选的分接头电压或变比为 115.5kV/38.5kV/6.6kV。

8.3.5 借补偿设备调压

以上介绍的借发电机和变压器调压，除采用附加串联加压器，都是无须附加设备的调压手段，但它们只适用于系统中无功功率可以平衡或具有一定储备的场合。系统中无功功率不够充裕时，就要考虑采用各种附加的补偿设备进行调压。这些补偿设备大体可分两类，即串联补偿和并联补偿。所谓串联补偿就指串联电容器补偿；而所谓并联补偿则指并联电容器、调相机和静止补偿器。串联电容器在调压方面的作用很简单，无非是抵偿线路的感抗。但由于串联电容器补偿单纯用于调压并不多见，以下将集中讨论并联补偿。

1. 各种补偿设备的调节方式

并联补偿设备虽有电容器、调相机、静止补偿器之分，它们的作用却都是在重负荷时发出感性无功功率，补偿负荷所需，以减少由于输送这些感性无功功率而在线路上产生的电压降落，提高负荷端电压。具体的调节方式则因不同的补偿设备而异。

并联电容器，包括晶闸管开关的并联电容器，都不能调节，只能分组投切以改变其供应的感性无功功率。

调相机的调节方式是借改变其励磁电流以改变其供应或吸取的感性无功功率。端电压为定值时，这无功功率与励磁电流之间基本为线性关系，如图 8.16(a)所示。而如将图中的纵坐标改为定子电流的大小，它就成为众所周知的同步电机的 U 形曲线。

静止补偿器中，饱和电抗器型不可控，其工作原理已如前述，它们主要用于限制电压波动。晶闸管控制电抗器型的调节方式则显然是借改变晶闸管的触发角 α 来改变电抗器吸取的无功功率，从而改变补偿器提供或吸取的感性无功功率。端电压为定值时，无功功率与触发角之间大体有余弦关系，如图 8.16(b)所示。由于调节方式不同，这些补偿设备的运行方式也各不相同，如图 8.17 所示。作图 8.17 的前提是要求补偿后负荷节点的感性无功功

率为定值。由图可见，采用并联电容器时，这一要求实际上无法达到。

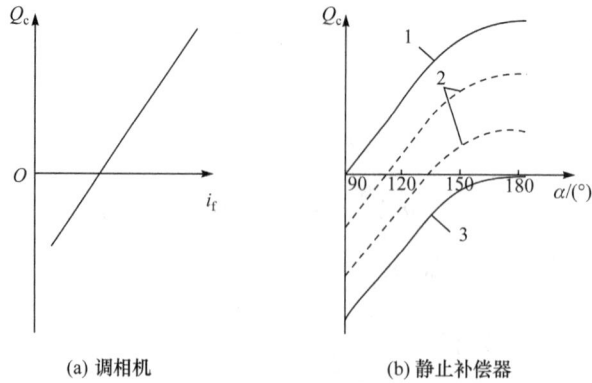

(a) 调相机   (b) 静止补偿器

图 8.16   调相机和静止补偿器的调节方式

1-投入全部电容器；2-投入部分电容器；3-不投入电容器

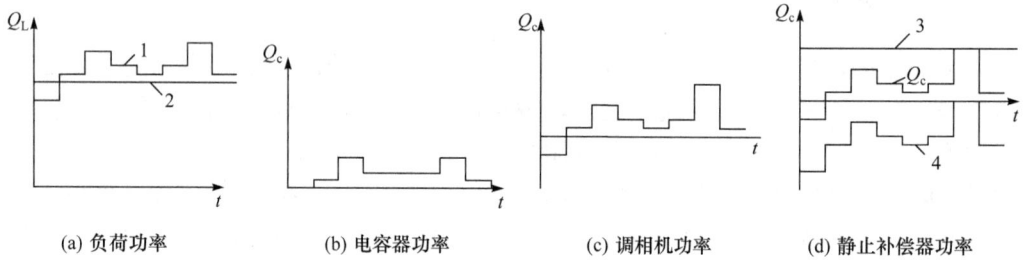

(a) 负荷功率   (b) 电容器功率   (c) 调相机功率   (d) 静止补偿器功率

图 8.17   各种并联补偿设备的运行方式

1-补偿前负荷功率；2-补偿后负荷功率；3-电容器支路功率；4-电抗器支路功率

2. 补偿设备容量的计算

设有简单系统如图 8.18 所示。由图可列出设置补偿设备后

$$U_i^2 = \left[U_{jc} + \frac{P_j r_{ij} + (Q_j - Q_c) x_{ij}}{U_{jc}} \right]^2 + \left[\frac{P_j x_{ij} + (Q_j - Q_c) r_{ij}}{U_{jc}} \right]^2$$

式中，U_{jc} 为设置补偿设备后归算到高压侧的变电所低压母线电压。

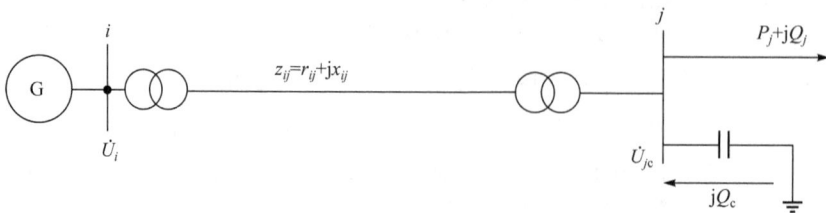

图 8.18   具有并联补偿设备的简单系统

由上式可得

$$\frac{z_{ij}^2}{U_{jc}^2}Q_c^2 - 2\left(\frac{z_{ij}^2}{U_{jc}^2}Q_j + x_{ij}\right)Q_c + \left[U_{jc}^2 - U_i^2 + 2(P_jr_{ij} + Q_jx_{ij}) + \frac{z_{ij}^2}{U_{jc}^2}(P_j^2 + Q_j^2)\right] = 0 \quad (8\text{-}8)$$

如果电源电压 U_i 已知，要求的 U_{jc} 也已给定，则式(8-8)中除 Q_c 的所有参数和变量均属已知，可以求解。解得的 Q_c 如果为正值，表示补偿设备应供应感性无功功率；反之，则应吸取感性无功功率。

式(8-8)虽然精确，实践中却不常用，因为代入其中的原始数据未必都足够精确。实践中常用的是另一种简化算式，其推导过程如下。

设计算图 8.18 所示输电系统的电压降落时可略去其横分量，则设置补偿设备前

$$U_i = U_j + \frac{P_jr_{ij} + Q_jx_{ij}}{U_j}$$

式中，U_j 为设置补偿设备前归算到高压侧的变电所低压母线电压。设置补偿设备后

$$U_i = U_{jc} + \frac{P_jr_{ij} + (Q_j - Q_c)x_{ij}}{U_{jc}}$$

设这两种情况下 U_i 保持不变，则由上列两式可得

$$U_j + \frac{P_jr_{ij} + Q_jx_{ij}}{U_j} = U_{jc} + \frac{P_jr_{ij} + (Q_j - Q_c)x_{ij}}{U_{jc}}$$

由此可解得

$$Q_c = \frac{U_{jc}}{x_{ij}}\left[(U_{jc} - U_j) + \left(\frac{P_jr_{ij} + Q_jx_{ij}}{U_{jc}} - \frac{P_jr_{ij} + Q_jx_{ij}}{U_j}\right)\right]$$

式中，方括号内第二部分一般不大，可略去。从而，上式可改写为

$$Q_c = \frac{U_{jc}}{x_{ij}}(U_{jc} - U_j) \quad (8\text{-}9)$$

无疑，式(8-9)较式(8-8)简单得多。

附带指出，对较复杂网络，式(8-8)、式(8-9)中的 $z_{ij} = r_{ij} + jx_{ij}$ 应为电源与装设补偿设备节点之间的等值阻抗。例如，图 5.12(a)中，如拟在节点 6 装设补偿设备，则相应的 z_{ij} 可近似取

$$z_{ij} = Z_{T1} + \frac{(z_{l1} + z_{l2})z_{l3}}{z_{l1} + z_{l2} + z_{l3}} + Z_{T3}$$

3. 最小补偿设备容量的确定

式(8-8)、式(8-9)只是确定并联补偿设备容量的一般算式。事实上，按调压要求确定这些补偿设备容量时，不能不计及变压器的变比。为说明此问题，将式(8-9)以变电所低压侧电压 U'_{jc}、U'_j 表示，得

$$Q_c = \frac{U'_{jc}}{x_{ij}}\left(U'_{jc} - \frac{U_j}{k}\right)k^2 \tag{8-10}$$

式中，U'_{jc} 为变电所低压侧要求保持的电压(kV)；U_j 为设置补偿设备前归算至高压侧的变电所低压母线电压(kV)；x_{ij} 为归算至高压侧的母线 i、j 之间总电抗(Ω)；Q_c 为需设置的无功功率补偿设备容量(Mvar)；k 为降压变压器变比 U_j / U_{Nj}。

由式(8-10)可见，待定的补偿设备容量 Q_c 不仅取决于调压要求，也取决于变压器变比。从而，应首先确定这一变比。

这一变比的确定与选用的补偿设备种类有关。如果选用电容器，则因为电容器只能发出感性无功功率，提高电压，不能吸取感性无功功率，降低电压，所以它们只在重负荷时投入，轻负荷时，可能部分甚至全部退出。因此，选用电容器时，变压器的分接头应按最小负荷时电容器全部退出运行的条件考虑，即按 $U_{tJ\min} = U_{j\min} U_{Nj} / U'_{j\min}$ 选择。选定 $U_{tJ\min}$ 后，将其代入式(8-10)，再按最大负荷时的调压要求确定应设置的电容器容量。这样，可充分利用电容器的容量，使在满足调压要求的前提下，使用的电容器最少。

如果选用调相机，则因调相机既能过激运行输出感性无功功率，又能欠激运行吸取感性无功功率，变压器变比的选择应兼顾这两种情况。为此，可设调相机欠激运行时的容量为过激运行时额定容量的二分之一，并在最大负荷时过激按额定容量运行，最小负荷时欠激按二分之一额定容量运行。于是，由式(8-10)可列出，最大负荷时：

$$Q_c = \frac{U'_{jc\max}}{x_{ij}}\left(U'_{jc\max} - \frac{U_{j\max}}{k}\right)k^2 = \frac{U'_{jc\max}}{x_{ij}}(kU'_{jc\max} - U_{j\max})k$$

最小负荷时：

$$-\frac{1}{2}Q_c = \frac{U'_{jc\min}}{x_{ij}}\left(U'_{jc\min} - \frac{U_{j\min}}{k}\right)k^2 = \frac{U'_{jc\min}}{x_{ij}}(kU'_{jc\min} - U_{j\min})k$$

两式相除，可得

$$-2 = \frac{U'_{jc\max}(kU'_{jc\max} - U_{j\max})}{U'_{jc\min}(kU'_{jc\min} - U_{j\min})}$$

或

$$-2U'_{jc\min}(kU'_{jc\min} - U_{j\min}) = U'_{jc\max}(kU'_{jc\max} - U_{j\max}) \tag{8-11}$$

按式(8-11)求得变比后即可选择分接头，而将与之对应的变比代入式(8-10)，并按最大负荷时的调压要求就可确定应选用的调相机容量。这样，可保证在满足调压要求的前提下选用的调相机容量最小，因它在过激和欠激运行时的容量都得到了充分利用。无疑，如上的选择调相机容量的方法，完全可以推广适用于选择静止补偿器的容量。而为此，只要按补偿器的额定容性和感性无功功率容量，对式(8-11)中等号左侧的乘数作相应的修改。

最后，应指出，按调压要求确定的补偿设备容量往往不同于经济上最优的补偿设备容量。而如果按调压要求确定的补偿设备容量大于经济上最优的补偿设备容量，则应按调压要求设置补偿设备，因电压质量必须首先保证。

8.4 调压措施的比较和组合

8.4.1 几种调压措施的比较

如前所述，在各种调压手段中，应首先考虑利用发电机调压，因为这种措施不用附加设备，从而不需附加投资。当发电机母线没有负荷时，一般可在 95%～105%范围内调节；当发电机母线有负荷时，一般采用逆调压。合理使用发电机调压通常都可减轻其他调压措施的负担。

变压器的变比或分接头虽可选择或改变，但一般只能在变压器退出运行的条件下才能作这种改变。因此，作为经常性的调压措施，所谓借改变变压器的变比调压，只能理解为采用有载调压变压器或串联加压器。而采用串联加压器时，需附加设备。对无功功率供应较充裕的系统，采用各种类型有载调压变压器调压显得灵活而有效。尤其是系统中个别负荷的变化规律以及它们距电源的远近相差悬殊时，不采用有载调压变压器几乎无法满足所有负荷对电压质量的要求。有载调压变压器的特殊功能还体现在系统间联络线以及中低压配电网络中的应用方面。系统间联络线上装设串联加压器后可使两个系统的电压调整互不影响，即可以做到所谓分散调压；中低压配电网络则因线路电阻较大，借改变无功功率分布调压效果不显著，往往不得不采用装有有载调压开关的有载调压变压器。

在需要附加设备的调压措施中，对无功功率不足的系统，首要问题是增加无功功率电源，因此以采用并联电容器、调相机或静止补偿器为宜。这种系统中采用串联加压器并不能解决改善电压质量的问题。因个别串联加压器的采用，虽能调整网络中无功功率的流通从而使局部地区的电压有所提高，但其他地区的无功功率却因此更感不足，电压质量也因此更加下降。而且，采用并联补偿设备还可降低网络中的功率和能量损耗。至于并联电容器、调相机和静止补偿器的比较则已如 8.2.2 节中所述。

作为调压措施，串联补偿电容器由于设计、运行等方面的原因，目前应用得很少。

最后应指出，为合理选择调压措施，应进行技术经济比较。所选措施不仅应技术上优越，可完全满足调压要求，而且要有最优的经济指标。经济比较时，对每个参与比较的方案都应计算它的折旧维修费、投资回收费和电能损耗费。三项指标之和最小的方案才是经济上最优的方案。具体比较方法从略。

8.4.2 组合调压的分析方法

既然不同的调压措施各有优缺点，自然会提出将它们组合起来以取长补短的方案。为此，需分析负荷变化和各类调压措施同时调整时的综合效果。

分析这种综合调整效果时，可将有关变量分成三类。

(1) 以各类调压措施的调整量(包括各发电机电压、各变压器变比、各并联补偿设备容量的调整量)为控制变量，因为正是这些调压措施的调整控制着系统电压。

(2) 以负荷的变化量(包括各有功、无功功率负荷的变化量)为扰动变量,因为正常运行时,主要影响系统电压的正是这些不断变化的负荷。

(3) 以节点电压和支路无功功率的因变量(包括各中枢点电压和各主干线无功功率的因变量)为状态变量。由于电压的变动总伴随着无功功率潮流的变动,无功功率潮流的变动又影响着有功功率网损,降低网损则始终不能忽视,需将支路无功功率的因变量也列入状态变量。然后可列出如下的矩阵方程式:

$$
\begin{bmatrix} \Delta U \\ \Delta Q \end{bmatrix} = \begin{bmatrix} \dfrac{\partial U}{\partial U_G} & \dfrac{\partial U}{\partial k} & \dfrac{\partial U}{\partial Q_c} \\ \dfrac{\partial Q}{\partial U_G} & \dfrac{\partial Q}{\partial k} & \dfrac{\partial Q}{\partial Q_c} \end{bmatrix} \begin{bmatrix} \Delta U_G \\ \Delta k \\ \Delta Q_c \end{bmatrix} + \begin{bmatrix} \dfrac{\partial U}{\partial P_L} & \dfrac{\partial U}{\partial Q_L} \\ \dfrac{\partial Q}{\partial P_L} & \dfrac{\partial Q}{\partial Q_L} \end{bmatrix} \begin{bmatrix} \Delta P_L \\ \Delta Q_L \end{bmatrix} \tag{8-12a}
$$

式中,ΔU、ΔQ、ΔU_G、Δk、ΔQ_c、ΔP_L、ΔQ_L 都是列向量。它们的阶数分别对应于需控制电压的中枢点数,需控制无功功率的主干线数,可发挥控制作用的发电机、变压器、并联补偿设备数,变化着的有功、无功功率负荷数。

显然,如果这些控制变量和扰动变量都不很大,以至式中的所有偏导数都可看作定值,则由式(8-12a)可直接得既计及各负荷的变化,又计及各调压措施的调整作用时,各中枢点电压和各主干线无功功率的变动。这就是分析组合调压的基本方法。这种方法实际上源于所谓敏感度分析,因就电力系统而言,敏感度就指以状态向量 x 表征的系统运行状况对控制向量 u 和扰动向量 d 的变化敏感到何等程度。因此,式(8-12a)就称分析调压问题时的敏感度方程,式中的两个系数矩阵都称敏感度矩阵,而该式则可简写为

$$
\Delta x = S_u \Delta u + S_d \Delta d \tag{8-12b}
$$

第9章 电力系统的经济运行

电力系统经济运行的基本要求是，在保证整个系统安全可靠和电能质量符合标准的前提下，提高电能生产和输送的效率，降低供电的燃料消耗或供电成本。

9.1 电力网的能量损耗和损耗率

在给定时间内，系统中所有发电厂的总发电量同厂用电量之差，称为供电量；所有送电、变电和配电环节所损耗的电量，称为电力网的损耗电量(或损耗能量)。在同一时间内，电力网损耗电量占供电量的百分比，称为电力网的损耗率，简称网损率或线损率。

$$\text{电力网损耗率} = \frac{\text{电力网损耗电量}}{\text{电力网供电量}} \times 100\% \tag{9-1}$$

网损率是衡量供电企业管理水平的一项重要的综合性的经济技术指标。在电力网元件的功率损耗和能量损耗中，有一部分与元件通过的电流(或功率)的平方成正比，如变压器绕组和线路导线中的损耗就是这样；另一部分则与施加给元件的电压有关，如变压器铁心损耗，电缆和电容器绝缘介质中的损耗等。

9.2 有功功率负荷最优分配的目标函数

9.2.1 耗量特性

电力系统中有功功率负荷合理分配的目标是在满足一定约束条件的前提下，尽可能节约消耗(一次)能源。因此，要分析这个问题，必须先明确发电设备单位时间内消耗的能源与发出有功功率的关系，即发电设备输入与输出的关系。这关系称耗量特性，如图 9.1 所示。图中，纵坐标可为单位时间内消耗的燃料 F，例如，每小时多少吨含热量为 29.31MJ/kg 的标准煤；也可为单位时间内消耗的水量 W，例如，每秒钟多少立方米。横坐标则为以 kW 或 MW 表示的电功率 P_G。

耗量特性曲线上某一点纵坐标和横坐标的比值，即单位时间内输入能量与输出功率之比，称比耗量产。显然，比耗量实际是原点和耗量特性曲线上某一点连线的斜率，$\mu = F/P$ 或 $\mu = W/P$。而当耗量特性纵横坐标单位相同时，它的倒数就是发电设备的效率 η。

耗量特性曲线上的某一点切线的斜率称为耗量微增率 λ。耗量微增率 λ 是单位时间内的输入能量微增量与输出功

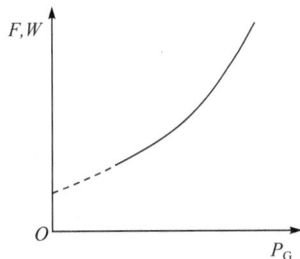

图 9.1 耗量特性

率微增量的比值，即 $\lambda = \Delta F / \Delta P$ 或 $\lambda = \Delta W / \Delta P = \mathrm{d}W / \mathrm{d}P$。

比耗量和耗量微增率通常都有相同的单位，如 $\mathrm{t} / (\mathrm{MW} \cdot \mathrm{h})$，却是两个不同的概念。而且，它们的数值一般也不相等。只有在耗量特性曲线上某一特殊点 m，它们才相等，如图 9.2 所示。这一特殊点 m 就是从原点作直线与耗量特性曲线相切时的切点。显然，在这一点，比耗量的数值最小。这个比耗量的最小值就称最小比耗量产 $\mu_{\min}$。附带指出，如前所述的合理组合发电设备的方法之一，就是按最小比耗量由小到大的顺序，负荷由小到大的顺序增加，逐套投入发电设备；或负荷的由大到小减少，逐套退出发电设备。

比耗量和耗量微增率的变化如图 9.3 所示。

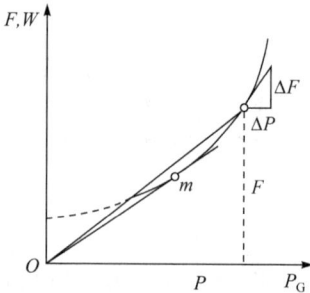

图 9.2　比耗量和耗量微增率　　　　　图 9.3　比耗量和耗量微增率的变化

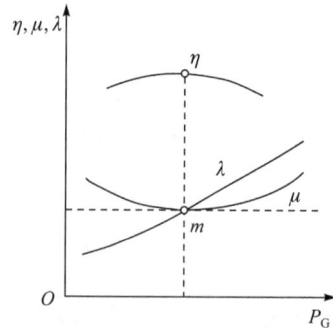

9.2.2　最优分配负荷目标函数和约束条件

明确了有功功率负荷的大小和耗量特性，在系统中有一定备用容量时，就可考虑这些负荷在已运行发电设备或发电厂之间的最优分配问题。这问题实际上属非线性规划范畴。因在数学上，其性质是在一定的约束条件下，使某一目标函数为最优，而这些约束条件和目标函数都是各种变量——状态变量、控制变量、扰动变量的非线性函数。换言之，在数学上，这问题可表达如下。

在满足等约束条件

$$f(x, u, d) = 0$$

和不等约束条件

$$g(x, u, d) \leqslant 0$$

的前提下，使目标函数

$$C = C(x, u, d)$$

为最优。

问题在于，应如何表示分析有功功率负荷最优分配时的目标函数和约束条件。

由于讨论有功功率负荷最优分配的目的在于：在供应同样大小负荷有功功率 $\sum_{i=1}^{n} P_{Li}$ 的前提下，单位时间内的能源消耗最少。这里的目标函数应该就是总耗量。原则上，总耗量应与所有变量都有关，但通常认为，它只是各发电设备所发有功功率 P_{Gi} 的函数，即这里的

目标函数可写作

$$F_{\Sigma} = F_1(P_{G1}) + F_2(P_{G2}) + \cdots + F_n(P_{Gn}) = \sum_{i=1}^{n} F_i(P_{Gi}) \tag{9-2}$$

式中，以 $F_i(P_{Gi})$ 表示某发电设备发出有功功率 P_{Gi} 时单位时间内所需消耗的能源。

这里的等约束条件也就是有功功率必须保持平衡的条件。就每个节点而言，该条件由式(6-38a)可得

$$P_{Gi} - P_{Li} - U_i \sum_{j=1}^{n} U_j (G_{ij} \cos \delta_{ij} + B_{ij} \sin \delta_{ij}) = 0 \tag{9-3a}$$

式中，$i = 1, 2, \cdots, n$。

就整个系统而言，则为

$$\sum_{i=1}^{n} P_{Gi} - \sum_{i=1}^{n} P_{Li} - \Delta P_{\Sigma} = 0 \tag{9-3b}$$

式中，ΔP_{Σ} 为网络总损耗。从而，不计网络损耗时，式(9-3b)可改写为

$$\sum_{i=1}^{n} P_{Gi} - \sum_{i=1}^{n} P_{Li} = 0 \tag{9-3c}$$

这里的不等约束条件有三个，分别为各节点发电设备有功功率 P_{Gi}、无功功率 Q_{Gi} 和电压大小不得逾越的限额，即

$$\left.\begin{array}{l} P_{Gi\min} \leqslant P_{Gi} \leqslant P_{Gi\max} \\ Q_{Gi\min} \leqslant Q_{Gi} \leqslant Q_{Gi\max} \\ U_{i\min} \leqslant U_i \leqslant U_{i\max} \end{array}\right\} \tag{9-4}$$

式中，$P_{Gi\max}$ 一般取发电设备的额定有功功率；$P_{Gi\min}$ 则因发电设备的类型而异。

例如，如上所述，火力发电设备的 $P_{Gi\min}$ 不得低于额定有功功率的 25%～70%。$Q_{Gi\max}$ 取决于发电机定子或转子绕组的温升；$Q_{Gi\min}$ 主要取决于发电机并列运行的稳定性和定子端部温度等。$U_{i\min}$ 和 $U_{i\max}$ 则由对电能质量的要求决定。

系统中发电设备消耗的能源可能受限制。例如，水电厂一昼夜间消耗的水量受约束于水库调度。出现这种情况时，目标函数就不应再是单位时间内消耗的能源，而应是一段时间内消耗的能源，即应为

$$F_{\Sigma} = \sum_{i=1}^{m} \int_0^{\tau} F_i(P_{Gi}) \mathrm{d}t \tag{9-5}$$

而等约束条件除式(9-1)，还应增加

$$\int_0^{\tau} W_j(P_{Gi}) \mathrm{d}t = 定值 \tag{9-6}$$

式中，F_i 可理解为单位时间内火力发电设备的燃料消耗；W_j 为单位时间内水力发电设备的水量消耗；τ 为时间段长，如 24h。而这里设 $i = 1, 2, \cdots, m$ 为火力发电设备，$j = (m+1), (m+2), \cdots, n$ 为水力发电设备。

9.3 有功功率负荷最优分配的等耗量微增率准则

9.3.1 最优分配有功负荷时的等耗量微增率准则

首先讨论能源消耗不受限制时有功功率负荷的最优分配问题。这在实践中可理解为有功功率负荷在火力发电设备或火力发电厂之间的最优分配问题。而为了简化初步分析，将负荷的分配局限在两套发电设备或两个发电厂之间，并略去网络损耗。

优化问题可用求条件极值的拉格朗日乘数法。按这种方法，为求满足等约束条件 $f(P_{G1}, P_{G2}) = 0$ 时目标函数 $C = C(P_{G1}, P_{G2})$ 的最小值，可根据给定的目标函数和等约束条件建立一个新的、不受约束的目标函数——拉格朗日函数：

$$
\begin{aligned}
C^* &= C(P_{G1}, P_{G2}) - \lambda f(P_{G1}, P_{G2}) \\
&= F_1(P_{G1}) + F_2(P_{G2}) - \lambda(P_{G1} + P_{G2} - P_{L1} - P_{L2})
\end{aligned} \tag{9-7}
$$

并求其最小值。式中的 λ 称拉格朗日乘数。

由于拉格朗日函数中有三个变量 P_{G1}、P_{G2}、λ，求它的最小值时应有三个条件，即

$$
\frac{\partial C^*}{\partial P_{G1}} = 0, \quad \frac{\partial C^*}{\partial P_{G2}} = 0, \quad \frac{\partial C^*}{\partial \lambda} = 0
$$

而显然，这三个条件也就是

$$
\left.
\begin{aligned}
\frac{\partial}{\partial P_{G1}} C(P_{G1}, P_{G2}) - \lambda \frac{\partial}{\partial P_{G1}} f(P_{G1}, P_{G2}) &= 0 \\
\frac{\partial}{\partial P_{G2}} C(P_{G1}, P_{G2}) - \lambda \frac{\partial}{\partial P_{G2}} f(P_{G1}, P_{G2}) &= 0 \\
f(P_{G1}, P_{G2}) &= 0
\end{aligned}
\right\} \tag{9-8}
$$

由于 $\dfrac{\partial}{\partial P_{G1}} C(P_{G1}, P_{G2}) = \dfrac{\mathrm{d}F_1(P_{G1})}{\mathrm{d}P_{G1}}$，$\dfrac{\partial}{\partial P_{G2}} C(P_{G1}, P_{G2}) = \dfrac{\mathrm{d}F_2(P_{G2})}{\mathrm{d}P_{G2}}$，$f(P_{G1}, P_{G2}) = 1$，$\dfrac{\partial}{\partial P_{G2}} f(P_{G1}, P_{G2}) = 1$，这些条件可改为

$$
\left.
\begin{aligned}
\frac{\mathrm{d}F_1(P_{G1})}{\mathrm{d}P_{G1}} - \lambda &= 0 \\
\frac{\mathrm{d}F_2(P_{G2})}{\mathrm{d}P_{G2}} - \lambda &= 0 \\
f(P_{G1}, P_{G2}) = P_{G1} + P_{G2} - P_{L1} - P_{L2} &= 0
\end{aligned}
\right\} \tag{9-9}
$$

又由于 $\dfrac{\mathrm{d}F_1(P_{G1})}{\mathrm{d}P_{G1}}$、$\dfrac{\mathrm{d}F_2(P_{G2})}{\mathrm{d}P_{G2}}$ 分别为发电设备 1、2 各自承担有功功率负荷 P_{G1}、P_{G2} 时的耗

量微增率 λ_1、λ_2，由式(9-8)中的第一、二式可得

$$\lambda_1 = \lambda_2 = \lambda \tag{9-10}$$

这就是著名的等耗量微增率准则。它表示为使总耗量最小，应按相等的耗量微增率在发电设备或发电厂之间分配负荷。至于式(9-8)中的第三式则就是给定的等约束条件——功率平衡的条件。

无疑，以上的分析方法和结论可推广运用于更多发电设备或发电厂之间的负荷分配。只是这时，式(9-8)应改写为

$$C^* = C(P_{G1}, P_{G2}, \cdots, P_{Gm}) - \lambda f(P_{G1}, P_{G2}, \cdots, P_{Gn}) \tag{9-11}$$

式(9-9)应改写为

$$\left.\begin{array}{l} \dfrac{\mathrm{d}F_i(P_{Gi})}{\mathrm{d}P_{Gi}} - \lambda = 0 \quad i = 1, 2, \cdots, n \\[4mm] \displaystyle\sum_{i=1}^{n} P_{Gi} - \sum_{i=1}^{n} P_{Li} = 0 \end{array}\right\} \tag{9-12}$$

式(9-10)应改写为

$$\lambda_1 = \lambda_2 = \cdots = \lambda_n = \lambda \tag{9-13}$$

直至目前，还未能涉及式(9-4)所示的不等约束条件。数学上求满足不等约束条件时目标函数的最小值已不再有困难，常用的有库恩-塔克(Kuhn-Tucker)乘数法等，也可采用如下的简化解法。

首先，式(9-4)中第二、第三式所示的条件虽也不能背离，但它们和有功功率负荷的分配至少没有直接关系，可暂时搁置，待求得有功功率负荷的最优分配并计算潮流分布时再计及它们。其次，式(9-4)中第一式所示条件的处理也相当简单。当按等耗量微增率准则确定的某发电设备应发功率低于其下限 $P_{Gi\min}$ 或高于其上限 $P_{Gi\max}$ 时，该发电设备的应发功率就取 $P_{Gi\min}$ 或 $P_{Gi\max}$，如图 9.4 所示。图 9.4 中，发电设备 1、2 可按等耗量微增率准则分配负荷，但发电设备 3、4 则只能分别按下限 $P_{Gi\min}$ 和上限 $P_{Gi\max}$ 分配负荷。

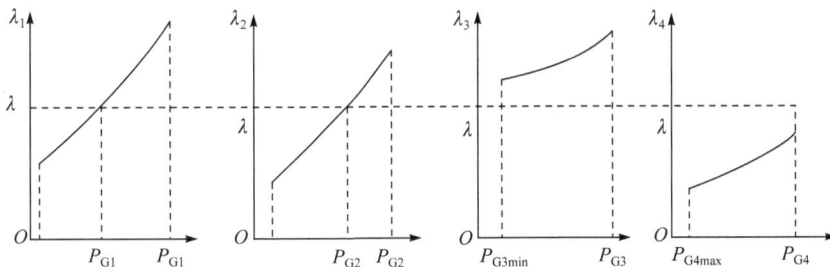

图 9.4　有功功率负荷的最优分配

9.3.2　网络损耗的修正

以上的分析都是在不计网络损耗的前提下进行的。当网络损耗较大，如系统中有长距

离重载线路时，就应计及网络损耗对负荷分配的影响。计及网络损耗时的目标函数为

$$C^* = \sum_{k=1}^{t}\sum_{i=1}^{m}F_{i\cdot k}(P_{\mathrm{T}i\cdot k})\Delta t_k - \sum_{k=1}^{t}\lambda_k[(\sum_{i=1}^{m}P_{\mathrm{T}i\cdot k} + \sum_{j=m+1}^{n}P_{\mathrm{H}j\cdot k})$$
$$-(\sum_{i=1}^{m}P_{\mathrm{L}i\cdot k} + \sum_{j=m+1}^{n}P_{\mathrm{L}j\cdot k} + \Delta P_{\sum k})]\times\Delta t_k + \sum_{j=m+1}^{n}\gamma_j[\sum_{k=1}^{t}W_{j\cdot k}(P_{\mathrm{H}j\cdot k})\Delta t_k - K_j] \qquad (9\text{-}14)$$

然后取

$$\frac{\partial C^*}{\partial P_{\mathrm{T}i\cdot k}} = 0, \quad \frac{\partial C^*}{\partial P_{\mathrm{H}j\cdot k}} = 0, \quad \frac{\partial C^*}{\partial \lambda_k} = 0, \quad \frac{\partial C^*}{\partial \gamma_j} = 0$$

并设计 $\Delta P_{\sum k}$ 与所有 $P_{\mathrm{T}i\cdot k}$、$P_{\mathrm{H}j\cdot k}$ 都有关，可得

$$\left.\begin{array}{l} \dfrac{\mathrm{d}F_{i\cdot k}(P_{\mathrm{T}i\cdot k})}{\mathrm{d}P_{\mathrm{T}i\cdot k}} - \lambda_k\left(1 - \dfrac{\partial\Delta P_{\sum k}}{\partial P_{\mathrm{T}i\cdot k}}\right) = 0 \\[3mm] \gamma_j\dfrac{\mathrm{d}W_{j\cdot k}(P_{\mathrm{H}j\cdot k})}{\mathrm{d}P_{\mathrm{H}j\cdot k}} - \lambda_k\left(1 - \dfrac{\partial\Delta P_{\sum k}}{\partial P_{\mathrm{H}j\cdot k}}\right) = 0 \\[3mm] \displaystyle\sum_{i=1}^{m}P_{\mathrm{T}i\cdot k} + \sum_{j=m+1}^{n}P_{\mathrm{H}j\cdot k} - (\sum_{i=1}^{m}P_{\mathrm{L}i\cdot k} + \sum_{j=m+1}^{n}P_{\mathrm{L}j\cdot k} + \Delta P_{\sum k}) = 0 \\[3mm] \displaystyle\sum_{k=1}^{t}W_{j\cdot k}(P_{\mathrm{H}j\cdot k})\Delta t_k - K_j = 0 \end{array}\right\} \qquad (9\text{-}15)$$

式中，$i=1,2,\cdots,m; j=m+1,m+2,\cdots,n; \ k=1,2,\cdots,t$。

这组方程式的第三、四式显然仍是原始的等约束条件，而第一、二式则仍为第 k 时间段内最优分配负荷的条件。将这两式合并，并在合并的同时略去下标"k"以表示某一瞬间的关系，可得

$$\frac{\mathrm{d}F_i(P_{\mathrm{T}i})}{\mathrm{d}P_{\mathrm{T}i}}\frac{1}{(1-\partial\Delta P_{\sum}/\partial P_{\mathrm{T}i})} = \gamma_j\frac{\mathrm{d}W_j(P_{\mathrm{H}j})}{\mathrm{d}P_{\mathrm{H}j}}\frac{1}{(1-\partial\Delta P_{\sum}/\partial P_{\mathrm{H}j})} = \lambda \qquad (9\text{-}16)$$

式中，乘数 $1/(1-\partial\Delta P_{\sum}/\partial P_{\mathrm{T}i})$ 或 $1/(1-\partial\Delta P_{\sum}/\partial P_{\mathrm{H}j})$ 是因为计及网络损耗而有的修正系数。其中的偏导数 $\partial\Delta P_{\sum}/\partial P_{\mathrm{T}i}$ 或 $\partial\Delta P_{\sum}/\partial P_{\mathrm{H}j}$ 则称网损微增率。

由于 $\mathrm{d}F_i(P_{\mathrm{T}i})/\mathrm{d}P_{\mathrm{T}i} = \lambda_i$ 为燃料耗量微增率，$\mathrm{d}W_j(P_{\mathrm{H}j})/\mathrm{d}P_{\mathrm{H}j} = \lambda_j$ 为水耗量微增率，如果再以 L_i、L_j 表示网损修正系数，等微增率方程可以简写为

$$\lambda_i L_i = \gamma_j \lambda_j L_j = \lambda \qquad (9\text{-}17)$$

式(9-16)或式(9-17)就是计及网络损耗修正后火力与水力发电设备(厂)之间最优分配的协调方程式。它实际上也是等耗量微增率准则的推广运用。

由网损微增率的定义 $\partial\Delta P_{\sum}/\partial P_{\mathrm{T}i}$、$\partial\Delta P_{\sum}/\partial P_{\mathrm{H}j}$ 可见，其物理意义为某发电厂所发功率的变化引起的网络总损耗的变化。从而，它们不仅与网络的结构、参数有关，还和各类变量有关。

9.4 无功功率的最优分布

9.4.1 无功功率最优分布的前提

无功功率的最优分布包括无功功率电源的最优分布和无功功率负荷的最优补偿两个方面。但在讨论这两方面问题之前，有必要对提高负荷的自然功率因数，即降低负荷对无功功率需求的重要性进行说明。面对十分低劣的负荷自然功率因数谈论无功功率的最优分布，显然是舍本逐末。

如前所述，负荷的自然功率因数为 0.6～0.9，其中较大的数值对应于采用大容量同步电动机的场合。但事实上，如果不采取一定的措施，往往连 0.6～0.9 都不能达到。以占系统负荷大多数的异步电动机为例，其无功功率可近似表示为

$$Q = Q_0 + (Q_N - Q_0)\left(\frac{P_m}{P_N}\right)^2$$

式中，P_N、Q_N 分别为电动机额定负荷时的有功、无功功率；P_m 为电动机输出的有功功率；Q_0 为电动机空载时的无功功率，$Q_0 \approx (0.6 \sim 0.7)Q_N$。

因此，电动机的负荷率越低，功率因数越低。例如，$P_m = 0.2P_N$ 时，根据上式，电动机的功率因数将为 0.28～0.31。因此，在工业企业中，不使电动机的容量过多地超过被拖动机械所需的功率，是提高负荷自然功率因数的重要措施。而限制电动机的空载运行，对提高负荷的自然功率因数也有很大作用。

为提高负荷的自然功率因数，还可在某些设备上以同步电动机代替异步电动机。因同步电动机不仅可不需系统供应无功功率，甚至还可向系统输出无功功率，从而显著提高负荷的自然功率因数。而且，除换用同步电动机外，在某些使用绕线式异步电动机的场合，又可将异步电动机同步化，即在转子绕组中通以直流励磁，将其改作同步电动机运行。

将负荷的自然功率因数尽可能提高后，才考虑采用补偿设备人为地提高负荷功率因数，以及包括这些补偿设备在内的各种无功功率电源的最优分布问题。

9.4.2 无功功率电源最优分布的等网损微增率准则

1. 等网损微增率准则

分析了有功功率负荷的最优分配之后，分析无功功率电源的最优分布已没有多少困难，因这也是一个静态优化问题。需要注意的只是这里的目标函数和约束条件与分析有功功率负荷最优分配时不同。

优化无功功率电源分布的目的为降低网络中的有功功率损耗。因此，这里的目标函数就是网络总损耗 ΔP_Σ。在除平衡节点其他各节点的注入有功功率 P_i 已给定的前提下，可以认为，这个网络总损耗 ΔP_Σ 仅与各节点的注入无功功率 Q_i 有关，从而与各无功功率电源的

功率Q_{Gi}有关。这里的Q_{Gi}既可理解为发电机发出的感性无功功率，也可理解为无功功率补偿设备——电容器、调相机或静止补偿器供应的感性无功功率。因它们在改变网络总损耗方面的作用相同。于是，分析无功功率电源最优分布时的目标函数可写作

$$\Delta P_{\sum}\left(Q_{G1}, Q_{G2}, \cdots, Q_{Gn}\right) = \Delta P_{\sum}\left(Q_{Gi}\right) \tag{9-18}$$

分析无功功率电源最优分布时的等约束条件显然就是无功功率必须保持平衡的条件。就整个系统而言，这个条件为

$$\sum_{i=1}^{n} Q_{Gi} - \sum_{i=1}^{n} Q_{Li} - \Delta Q_{\sum} = 0 \tag{9-19}$$

式中，$\Delta Q_{\sum}$为网络无功功率总损耗。

由于分析无功功率电源最优分布时，除平衡节点其他各节点的注入有功功率已给定，这里的不等约束条件较分析有功功率负荷最优分配时少一组，即为

$$\left.\begin{array}{r} Q_{Gi\min} \leqslant Q_{Gi} \leqslant Q_{Gi\max} \\ U_{i\min} \leqslant U_i \leqslant U_{i\max} \end{array}\right\} \tag{9-20}$$

列出目标函数和约束条件后，就可运用拉格朗日乘数法求最优分布的条件。为此，先根据已列出的目标函数和等约束条件建立新的、不受约束的目标函数，即拉格朗日函数：

$$C^* = \Delta P_{\sum}\left(Q_{Gi}\right) - \lambda\left(\sum_{i=1}^{n} Q_{Gi} - \sum_{i=1}^{n} Q_{Li} - \Delta Q_{\sum}\right) \tag{9-21}$$

并求其最小值。

由于拉格朗日函数中有$(n+1)$个变量，即n个Q_{Gi}和一个拉格朗日乘数，求取其最小值时，应有$(n+1)$个条件，它们是

$$\left.\begin{array}{l} \dfrac{\partial C^*}{\partial Q_{Gi}} = \dfrac{\partial \Delta P_{\sum}}{\partial Q_{Gi}} - \lambda\left(1 - \dfrac{\partial \Delta Q_{\sum}}{\partial Q_{Gi}}\right) = 0 \\[3mm] \dfrac{\partial C^*}{\partial \lambda} = \sum_{i=1}^{n} Q_{Gi} - \sum_{i=1}^{n} Q_{Li} - \Delta Q_{\sum} = 0 \end{array}\right\} \tag{9-22}$$

式(9-22)可改写为

$$\left.\begin{array}{l} \dfrac{\partial \Delta P_{\sum}}{\partial Q_{G1}} \dfrac{1}{\left(1 - \partial \Delta Q_{\sum} / \partial Q_{G1}\right)} = \dfrac{\partial \Delta P_{\sum}}{\partial Q_{G2}} \dfrac{1}{\left(1 - \partial \Delta Q_{\sum} / \partial Q_{G2}\right)} = \cdots = \dfrac{\partial \Delta P_{\sum}}{\partial Q_{Gn}} \dfrac{1}{\left(1 - \partial \Delta Q_{\sum} / \partial Q_{Gn}\right)} = \lambda \\[3mm] \sum_{i=1}^{n} Q_{Gi} - \sum_{i=1}^{n} Q_{Li} - \Delta Q_{\sum} = 0 \end{array}\right\} \tag{9-23}$$

式(9-23)中的第一式就是所谓等网损微增率准则，而第二式则是无功功率平衡关系式。

还不难见到，式(9-23)中的第一式与有功功率负荷最优分配时的协调方程式(9-16)相对应。式中的网损微增率$\partial \Delta P_{\sum} / \partial Q_{Gi}$与有功功率负荷最优分配时的耗量微增率$\partial \Delta F_{\sum} / \partial P_{Gi}$相对应；式中的乘数$1/\left(1 - \partial \Delta Q_{\sum} / \partial Q_{Gi}\right)$则与协调方程式中的有功功率网损修正系数$1/\left(1 - \partial \Delta P_{\sum} / \partial P_{Gi}\right)$相对应，因而是无功功率网损修正系数。

但需指出，如上的分析并没有引入不等约束条件。实际计算时，当某一变量，如Q_{Gi}，

逾越它的上限 $Q_{Gi\max}$ 或下限 $Q_{Gi\min}$ 时，可取 $Q_{Gi} = Q_{Gi\max}$ 或 $Q_{Gi} = Q_{Gi\min}$。

2. 网损微增率的计算——转置雅可比矩阵法

导出等网损微增率准则后，就要求计算网损微增率，其中包括 $\partial\Delta P_{\Sigma}/\partial Q_{Gi}$ 和 $\partial\Delta Q_{\Sigma}/\partial Q_{Gi}$。但和 9.3.2 节中不同，这里的网损微增率 $\partial\Delta P_{\Sigma}/\partial Q_{Gi}$ 是用作判据的，而 9.3 节中的 $\partial\Delta P_{\Sigma}/\partial P_{Gi}$ 只是一个修正因素，相当于这里的 $\partial\Delta Q_{\Sigma}/\partial Q_{Gi}$。因此，求取 $\partial\Delta P_{\Sigma}/\partial Q_{Gi}$、$\partial\Delta Q_{\Sigma}/\partial Q_{Gi}$，特别是前者时，不宜进行过多简化。

求取这两个微增率的原理与求取 $\partial\Delta P_{\Sigma}/\partial P_{Gi}$ 相似，即仍可采用转置雅可比矩阵法，但处理上略有不同，说明如下。

基于网络损耗既是所有节点功率的函数，又是所有节点电压的函数，即

$$\partial\Delta P_{\Sigma} = F(\boldsymbol{P},\ \boldsymbol{Q}) = f(\boldsymbol{\delta},\ \boldsymbol{U})$$

可列出

$$[(\partial\Delta P_{\Sigma}/\partial\boldsymbol{P})^{\mathrm{T}}(\partial\Delta P_{\Sigma}/\partial\boldsymbol{Q})^{\mathrm{T}}]\begin{bmatrix}\Delta\boldsymbol{P}\\\Delta\boldsymbol{Q}\end{bmatrix} = [(\partial\Delta P_{\Sigma}/\partial\boldsymbol{\delta})^{\mathrm{T}}(\boldsymbol{U}\partial\Delta P_{\Sigma}/\partial\boldsymbol{U})^{\mathrm{T}}]\begin{bmatrix}\Delta\boldsymbol{\delta}\\\Delta\boldsymbol{U}/\boldsymbol{U}\end{bmatrix}$$

将潮流计算时的修正方程式

$$\begin{bmatrix}\Delta\boldsymbol{P}\\\Delta\boldsymbol{Q}\end{bmatrix} = \begin{bmatrix}\boldsymbol{H}&\boldsymbol{N}\\\boldsymbol{J}&\boldsymbol{L}\end{bmatrix}\begin{bmatrix}\Delta\boldsymbol{\delta}\\\Delta\boldsymbol{U}/\boldsymbol{U}\end{bmatrix}$$

代入，可得

$$[(\partial\Delta P_{\Sigma}/\partial\boldsymbol{P})^{\mathrm{T}}(\partial\Delta P_{\Sigma}/\partial\boldsymbol{Q})^{\mathrm{T}}]\begin{bmatrix}\boldsymbol{H}&\boldsymbol{N}\\\boldsymbol{J}&\boldsymbol{L}\end{bmatrix} = [(\partial\Delta P_{\Sigma}/\partial\boldsymbol{\delta})^{\mathrm{T}}(\boldsymbol{U}\partial\Delta P_{\Sigma}/\partial\boldsymbol{U})^{\mathrm{T}}]$$

再将上式转置，又可得

$$\begin{bmatrix}\boldsymbol{H}&\boldsymbol{N}\\\boldsymbol{J}&\boldsymbol{L}\end{bmatrix}^{\mathrm{T}}\begin{bmatrix}\partial\Delta P_{\Sigma}/\partial\boldsymbol{P}\\\partial\Delta P_{\Sigma}/\partial\boldsymbol{Q}\end{bmatrix} = \begin{bmatrix}\partial\Delta P_{\Sigma}/\partial\boldsymbol{\delta}\\\boldsymbol{U}\partial\Delta P_{\Sigma}/\partial\boldsymbol{U}\end{bmatrix}$$

于是，可解得

$$\begin{bmatrix}\partial\Delta P_{\Sigma}/\partial\boldsymbol{P}\\\partial\Delta P_{\Sigma}/\partial\boldsymbol{Q}\end{bmatrix} = \begin{bmatrix}\boldsymbol{H}&\boldsymbol{N}\\\boldsymbol{J}&\boldsymbol{L}\end{bmatrix}^{\mathrm{T}-1}\begin{bmatrix}\partial\Delta P_{\Sigma}/\partial\boldsymbol{\delta}\\\boldsymbol{U}\partial\Delta P_{\Sigma}/\partial\boldsymbol{U}\end{bmatrix} \tag{9-24}$$

而由解得的 $\partial\Delta P_{\Sigma}/\partial\boldsymbol{Q}$ 中就可提取待求的 $\partial\Delta P_{\Sigma}/\partial Q_{Gi}$。

至于式中的 $\partial\Delta P_{\Sigma}/\partial\boldsymbol{\delta}$ 和 $\boldsymbol{U}\partial\Delta P_{\Sigma}/\partial\boldsymbol{U}$ 项，如果注意到 $\Delta P_{\Sigma} = P_1 + P_2 + \cdots + P_n$，就不难列出

$$\left.\begin{aligned}\partial\Delta P_{\Sigma}/\partial\delta_j &= \sum_{i=1}^{n}\partial P_i/\partial\delta_j\\U_j\partial\Delta P_{\Sigma}/\partial U_j &= \sum_{i=1}^{n}U_j\partial P_i/\partial U_j\end{aligned}\right\} \tag{9-25}$$

式中，$j=1,2,\cdots,n$。换言之，它们之中每个元素都是 $\boldsymbol{H}$ 阵或 $\boldsymbol{N}$ 阵中相应行诸元素之和，因而不难求取。

相似地，可不加推导直接列出求取 $\partial\Delta Q_{\Sigma}/\partial Q_{Gi}$ 的计算式如下：

$$\begin{bmatrix} \partial \Delta Q_{\sum} / \partial \boldsymbol{P} \\ \partial \Delta Q_{\sum} / \partial \boldsymbol{Q} \end{bmatrix} = \begin{bmatrix} \boldsymbol{H} & \boldsymbol{N} \\ \boldsymbol{J} & \boldsymbol{L} \end{bmatrix}^{t^{-1}} \begin{bmatrix} \partial \Delta Q_{\sum} / \partial \boldsymbol{\delta} \\ \boldsymbol{U} \partial \Delta Q_{\sum} / \partial \boldsymbol{U} \end{bmatrix} \tag{9-26}$$

而其中 $\partial \Delta Q_{\sum} / \partial \boldsymbol{\delta}$、$\boldsymbol{U} \partial \Delta Q_{\sum} / \partial \boldsymbol{U}$ 的每个元素都是 $\boldsymbol{J}$ 阵或 $\boldsymbol{L}$ 阵中相应行诸元素之和。

最后需指出,推导式(9-24)和式(9-26)的出发点是: $\Delta P_{\sum}$ 或 $\Delta Q_{\sum}$ 是所有节点功率或电压的函数,而所有节点则指全部 PQ 节点、PV 节点和平衡节点。但潮流计算时建立的雅可比矩阵中,不仅不含与平衡节点相对应的行和列,甚至也不含与 PV 节点无功功率相对应的行和列。因此,为进行如上计算,需补足所缺行、列,使雅可比矩阵的四个子阵 $\boldsymbol{H}$、$\boldsymbol{N}$、$\boldsymbol{J}$、$\boldsymbol{L}$ 的阶数都达 $n \times n$。

此外,实践表明,由于对 $\partial \Delta P_{\sum} / \partial Q_{Gi}$、$\partial \Delta Q_{\sum} / \partial Q_{Gi}$ 的精确度要求比对 $\partial \Delta P_{\sum} / \partial P_{Gi}$ 的高,式(9-24)、式(9-26)不能进一步简化。

3. 无功功率电源的最优分布

确立了最优分布的等网损微增率准则,导出了网损微增率的计算公式,余下的问题只是反复进行常规的潮流分布计算以求取无功功率电源的最优分布。为进行这种计算,首先要给定除平衡节点其他各节点的有功功率 P_i 和 PQ 节点的无功功率 $Q_i^{(0)}$、PV 节点的电压大小 $U_i^{(0)}$。而在计算高峰负荷下的无功电源分布时,第一次给定的 $Q_i^{(0)}$ 和 $Q_i^{(0)}$ 应按尽可能多投入无功功率补偿设备和尽可能提高系统的电压水平考虑。然后进行潮流分布和网损微增率 $\partial \Delta P_{\sum} / \partial Q_{Gi}$、$\partial \Delta Q_{\sum} / \partial Q_{Gi}$、$\dfrac{\partial \Delta P_{\sum}}{\partial Q_{Gi}} \Big/ \left(1 - \dfrac{\partial \Delta Q_{\sum}}{\partial Q_{Gi}}\right)$ 的计算。

根据求得的、各节点修正后的有功网损微增率调整 Q_i 和 U_i。调整的原则是:网损微增率大的节点应减小 Q_i 或降低 U_i,即令这些节点的无功功率电源少发无功功率;网损微增率小的节点应增大 Q_i 或提高 U_i,即令这些节点的无功功率电源多发无功功率。

按调整后的 Q_i 和 U_i 再进行潮流计算,并再次求取网损微增率。而这种调整是否恰当还可从平衡节点有功功率的变化中考察。平衡节点有功功率的增减也就是网损 $\Delta P_{\sum}$ 的增减。

这样反复若干次,直至网损 $\Delta P_{\sum}$ 不能再减小。

应该指出,网损 $\Delta P_{\sum}$ 不能再减小时,各节点的网损微增率未必能全部相等。因在调整过程中,有些节点的 Q_i 或 U_i 可能已抵达它们的上限或下限。而不难想见,只有 Q_i 在限额内的节点,网损微增率才相互相等; $Q_i = Q_{i\max}$ 的节点,网损微增率总小于这个数值; $Q_i = Q_{i\min}$ 的节点,网损微增率总大于这个数值。

显然,以上的计算中实际上引入了试探法。而众所周知,试探法的计算量很大。因此,在工程实践中往往采用以网络损耗为目标函数,节点功率方程、电压和电源功率为约束条件的所谓无功功率/电压优化计算程序。尽管如此,以上的讨论对基本原理的理解仍是有益的。

9.4.3 无功功率负荷的最优补偿

1. 最优网损微增率准则

所谓无功功率负荷的最优补偿指最优补偿容量的确定、最优补偿设备的分布和最优补偿顺序的选择等问题。这些问题的数学分析较困难，以致不得不作若干简化。但由于这些问题和其他问题不同，主要和系统规划有关，而在规划阶段，很多原始资料都不够精确，从而也就没有必要片面追求数学分析的严格性。

无疑，在系统中某节点 i 设置无功功率补偿设备的先决条件是由于设置补偿设备而节约的费用大于为设置补偿设备而耗费的费用。以数学表示式表示则为

$$C_e(Q_{ci}) - C_c(Q_{ci}) > 0$$

式中，$C_e(Q_{ci})$ 表示由于设置了补偿设备 Q_{ci} 而节约的费用；$C_c(Q_{ci})$ 表示为设置补偿设备 Q_{ci} 而需耗费的费用。确定节点 i 最优补偿容量的条件就是

$$C = C_e(Q_{ci}) - C_c(Q_{ci}) \tag{9-27}$$

具有最大值。

由于设置了补偿设备而节约的费用 C_e 就是因设置补偿设备每年可减小的电能损耗费用，其值为

$$C_e(Q_{ci}) = \beta(\Delta P_{\Sigma 0} - \Delta P_{\Sigma})\tau_{\max} \tag{9-28}$$

式中，β 为单位电能损耗价格$(元 / (kW \cdot h))$；$\Delta P_{\Sigma 0}$、ΔP_{Σ} 分别为设置补偿设备前后全网最大负荷下的有功功率损耗(kW)；$\tau_{\max}$ 为全网最大负荷损耗小时数。

为设置补偿设备 Q_{ci} 而需耗费的费用包括两部分，一部分为补偿设备的折旧维修费，另一部分为补偿设备投资的回收费，其值都与补偿设备的投资成正比：

$$C_c(Q_{ci}) = (\alpha + \gamma)K_c Q_{ci} \tag{9-29}$$

式中，α、γ 分别为折旧维修率和投资回收率；K_c 为单位容量补偿设备投资(元/kvar)。

将式(9-28)、式(9-29)代入式(9-27)，可得

$$C = \beta(\Delta P_{\Sigma 0} - \Delta P_{\Sigma})\tau_{\max} - (\alpha + \gamma)K_c Q_{ci} \tag{9-30}$$

令式(9-30)对 Q_{ci} 的偏导数等于零，可解得

$$\frac{\partial \Delta P_{\Sigma}}{\partial Q_{ci}} = -\frac{(\alpha + \gamma)K_c}{\beta \tau_{\max}} \tag{9-31}$$

式(9-31)就是确定节点 i 最优补偿容量的具体条件。由于式中等号左侧是节点 i 的网损微增率，等号右侧相应地就称最优网损微增率，其单位为 kW/kvar，且常为负值，表示每增加单位容量无功补偿设备所能减少的有功损耗。最优网损微增率也称无功功率经济当量。

由式(9-31)可列出如下的最优网损微增率准则：

$$\frac{\partial \Delta P_{\Sigma}}{\partial Q_{ci}} \leqslant -\frac{(\alpha + \gamma)K_c}{\beta \tau_{\max}} = \gamma_{eq} \tag{9-32}$$

式中，γ_{eq} 表示最优网损微增率。最优网损微增率准则表明，只应在网损微增率具有负值，且小于 γ_{eq} 的节点设置无功功率补偿设备。设置的容量则以补偿后该点的网损微增率仍为负

值，且仍不大于 γ_{eq} 为限。而设置补偿设备节点的先后，则以网损微增率的大小为序，首先从 $\partial \Delta P_{\Sigma} / \partial Q_{ci}$ 最小的节点开始。

等网损微增率是无功电源最优分布的准则，而最优网损微增率或无功功率经济当量则是衡量无功负荷最优补偿的准则，综合运用这两个准则就可统一地解决无功补偿设备的最优补偿容量和最优分布问题。

一般情况下，高压网络中一般都仅输送少量无功功率。例如，220kV 输电线路长度在 100～350km 时，线路始端功率因数一般在 0.92～1.00。线路越长，则功率因数越高。只有当线路长度较短，负荷靠近发电厂，才不设置附加的补偿设备，而由发电机直接供应无功功率为宜。沿线路输送大量无功功率时，线路末端的电压质量将得不到保证。

2. 无功功率负荷的最优补偿

运用最优网损微增率准则确定系统中无功负荷的最优补偿时，由于在系统中设置或添置无功补偿设备应以充分利用已有无功电源为前提，计算的第一个方案应是已有的无功功率电源在最大负荷时的最优分布方案。这种计算已如 9.4.2 节中所述。以该方案为基础考虑设置或添置无功补偿设备时，可根据方案的计算结果，选出系统中所有的无功功率分点，并计算它们的网损微增率。因网损微增率最小的节点总是系统中某一个无功功率分点。而且，该无功功率分点多半也是系统中最低电压点。

根据这一计算结果，又可选出网损微增率最小的无功功率分点，如节点 i。在该节点设置一定容量的无功补偿设备，重新进行潮流分布计算，并求取在新情况下各无功功率分点的网损微增率。

由于在节点 i 设置补偿设备后，该节点的网损微增率将增大，新情况下的无功功率分点将转移，从而网损微增率最小的无功功率分点将转移，例如，转移至节点 j。据此，再在节点 j 设置一定容量的无功补偿设备，重复如对节点 i 的所有计算。

每隔几次如上的计算，应穿插一次 9.4.2 节中介绍的无功电源最优分布计算，即调整一次已有无功电源的运行方式。因经这样或那样补偿后，无功电源的分布已不可能仍为最优。

当所有节点的网损微增率都约略等于 γ_{eq} 时，还应校验一次节点电压是否能满足要求。如果发现某些节点电压过低，可适当增大 γ_{eq}，即适当减小它的绝对值，重作如上计算。显然，这实质上是为兼顾电压质量的要求而增大补偿容量，因而求得的已不再是经济上最优的补偿方案。

若需确定无功补偿设备的调整范围，还应按 9.4.2 节中介绍的方法，作一次最小负荷时无功电源最优分布的计算。某节点按最大负荷应设置的与按最小负荷应投入的补偿设备容量的差额，就是这个节点的补偿设备应有的调整范围。

![第 3 篇]

第 10 章　电力系统对称故障(三相短路)分析

10.1　电力系统故障概述

在电力系统的运行过程中，常常会受到各种扰动，其中对电力系统运行状态影响较大的系统中发生的故障称为电力系统故障。电力系统故障一般指一次系统中发生的短路、断线和复杂故障，复杂故障是在电力系统中同时发生一个以上的短路和断线故障。电力系统故障中大多数是短路故障(简称短路)。本书重点阐述对短路故障的分析。

10.1.1　电力系统短路的类型

如第 1 章中所述，在正常运行情况下，所谓短路，是指电力系统正常运行情况以外的相与相之间或相与地(或中性线)之间的连接。在正常运行时，除中性点，相与相或相与地之间是绝缘的。表 10.1 示出三相系统中短路的基本类型。电力系统的运行经验表明，单相短

表 10.1　短路故障示意图和代表符号

短路类型	示意图	符号	发生概率/%
三相短路	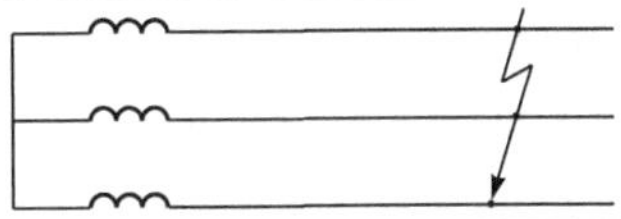	$f^{(3)}$	5
两相短路	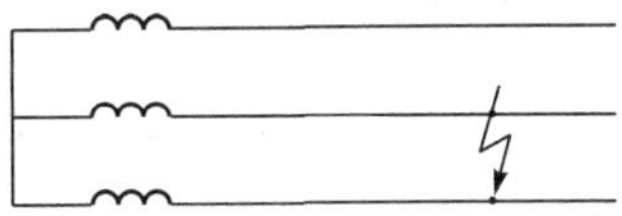	$f^{(2)}$	10
单相接地短路	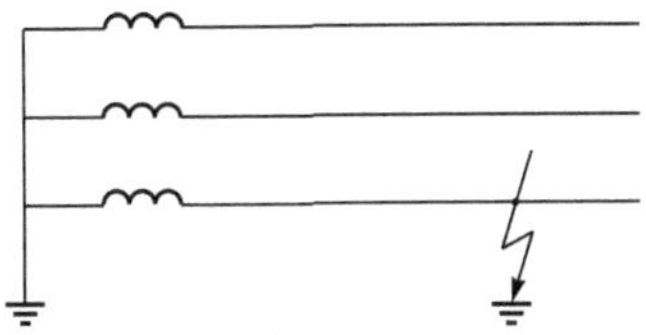	$f^{(1)}$	65
两相接地短路	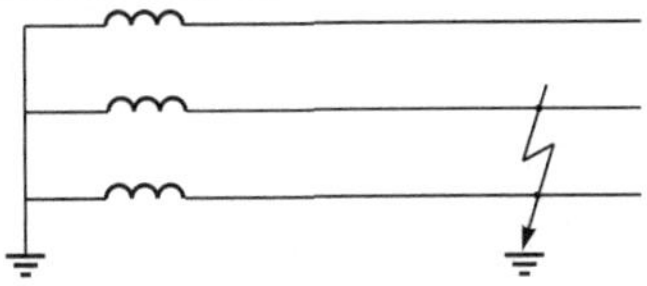	$f^{(1,1)}$	20

路接地占大多数。三相短路时三相回路依旧是对称的，故称为对称短路；其他几种短路均使三相回路不对称，故称为不对称短路。上述各种短路均是指在同一地点短路，实际上也可能是在不同地点同时发生短路，例如，两相在不同地点接地短路。

产生短路的主要原因是电气设备载流部分的相间绝缘或相对地绝缘被损坏。例如，架空输电线的绝缘子可能由于受到过电压(如由雷击引起)而发生闪络或由于空气的污染使绝缘子表面在正常工作电压下放电；其他电气设备，如发电机、变压器、电缆线路等的载流部分的绝缘材料在运行中损坏；鸟兽跨接在裸露的载流部分以及大风或导线覆冰引起架空线路杆塔倒塌所造成的短路也是屡见不鲜的；此外，运行人员在线路检修后未拆除地线就加电压等误操作也会引起短路故障。电力系统的短路故障大多数发生在架空线路部分。总之，产生短路的原因有客观的，也有主观的，只要运行人员加强责任心，严格按规章制度办事，就可以把短路故障的发生控制在一个很低的限度内。

电力系统的短路故障有时也称为横向故障，因为它是相对相(或相对地)的故障。还有一种称为纵向故障的情况，即断线故障，例如，一相断线使系统发生两相运行的非全相运行情况。这种情况往往发生在当一相上出现短路后，该相的断路器断开，因而形成一相断线。这种一相断线或两相断线故障也属于不对称故障，它们的分析计算方法与不对称短路的分析计算方法类似。

在电力系统中也可能同时发生多起不对称故障的情况，如一相断线并接地，称为复杂故障。

短路对电力系统的正常运行和电气设备有很大的危害。

1. 短路回路电流大

在发生短路时，由于电源供电回路的阻抗减小以及突然短路时的暂态过程，短路回路中的短路电流值大大增加，可能超过该回路的额定电流许多倍。短路点距发电机的电气距离越近(即阻抗越小)，短路电流越大。例如，在发电机端发生短路时，流过发电机定子回路的短路电流最大瞬时值可达发电机额定电流的 10～15 倍，在大容量的系统中短路电流可达几万甚至几十万安培。短路点的电弧有可能烧坏电气设备。短路电流通过电气设备中的导体时，其热效应会引起导体或其绝缘的损坏；另外，导体也会受到很大的电动力的冲击，致使导体变形，甚至损坏。因此，各种电气设备应有足够的热稳定度和动稳定度，使电气设备在通过最大可能的短路电流时不致损坏。

2. 短路点电压低

短路还会引起电网中电压降低，特别是靠近短路点处的电压下降得最多，结果可能使部分用户的供电受到破坏。短路时，由于流过发电机和线路短路电流比正常电流大，而且几乎是纯感性电流，因此发电机内电抗压降增加，发电机端电压下降。同时短路电流通过线路的电压降也增加，以致变电所母线电压进一步下降。电网电压的降低使由各母线供电的用电设备不能正常工作，例如，作为系统中最主要的电力负荷异步电动机，它的电磁转矩与外施电压的平方成正比，电压下降时电磁转矩将显著降低，使电动机转速减慢甚至完全停转，从而造成产品报废及设备损坏等严重后果。

3. 电网结构和稳定性变化大

系统中发生短路相当于改变了电网的结构，必然引起系统中功率分布的变化，则发电机输出功率也相应地变化。但是发电机的输入功率是由原动机的进汽量或进水量决定的，不可能立即发生相应变化，因而发电机的输入和输出功率不平衡，发电机的转速将变化，这就有可能引起并列运行的发电机失去同步，破坏系统的稳定，引起大片地区停电。这是短路造成的最严重的后果。

4. 电磁干扰大

不对称接地短路所引起的不平衡电流产生的不平衡磁通，会在邻近的平行的通信线路内感应出相当大的感应电动势，造成对通信系统的干扰，甚至危及设备和人身的安全。

10.1.2 限制短路故障危害的措施

为了降低发生短路的概率，电力系统必须采取合理的防雷措施、降低过电压水平、采用合适的配电装置，以及加强对运行维护的管理。同时，制定限制短路电流和短路造成的损害的措施十分重要。

1. 限制短路电流

为了减少短路对电力系统的危害，可以采取限制短路电流的措施，如在线路上装设电抗器。在发电厂、变电站及电网的设计和运行中，合理选择电气主接线形式、配电设备、断路器、继电保护装置以及限制短路电流的措施等，都能有效地限制短路电流大小。

2. 故障部分的隔离与恢复

限制短路故障危害最主要的措施是迅速将发生短路的部分与系统其他部分隔离。在短路后可立即通过继电保护装置自动将断路器迅速断开，这样就将短路部分与系统分离，发电机可以照常向直接供电的负荷和配电所的负荷供电。由于大部分短路不是永久性的而是暂时性的，就是说当短路处和电源隔离后，故障处不再有短路电流流过，则该处可以重新恢复正常，因此现在广泛采取重合闸的措施。所谓重合闸就是当短路发生后断路器迅速断开，使故障部分与系统隔离，经过一定时间再将断路器合上。如果是暂时性故障，系统就因此恢复正常运行；如果是永久性故障，断路器合上后短路仍存在，则必须再次断开断路器。

3. 准确的短路计算与分析

短路问题是电力技术方面的基本问题之一。在发电厂、变电所以及整个电力系统的设计和运行工作中，都必须事先进行短路计算，以此作为合理选择电气接线，选用有足够热稳定度和动稳定度的电气设备及载流导体，确定限制短路电流的措施，在电力系统中合理地配置各种继电保护并整定其参数等的重要依据。为此，掌握短路发生以后的物理过程以及计算短路时各种运行参量(电流、电压等)的计算方法是非常必要的。

10.2 无限大功率电源供电的三相短路电流分析

10.2.1 无限大功率电源

本节将分析图10.1所示的简单三相电路中发生突然对称短路的暂态过程。在此电路中假设电源为无限功率大电源。

所谓无限大功率电源是指电源电压幅值和频率在稳态运行和故障时均保持恒定的电源，这个名称从概念上是不难理解的。

(1) 电源功率为无限大时，外电路发生短路(一种扰动)引起的功率改变对于电源来说是微不足道的，因而电源的电压和频率(对应于同步电机的转速)保持恒定。

(2) 无限大功率电源可以看作由无限个有限功率电源并联而成，因而其内阻抗为零，电源电压保持恒定。

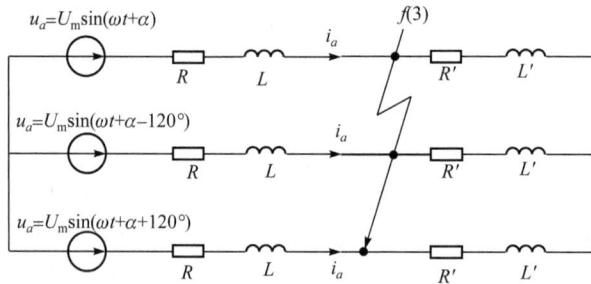

图 10.1　无限大功率电压三相短路

实际上，真正的无限大功率电源是没有的，而只能是一个相对的概念和一种近似处理手段，一般以供电电源的内阻抗与短路回路总阻抗的相对大小来判断电源能否作为无限大功率电源。若供电电源的内阻抗小于短路回路总阻抗的10%，则可认为供电电源为无限大功率电源。在这种情况下，外电路发生短路对电源影响很小，可近似地认为电源电压幅值和频率保持恒定。一般在配电系统中发生短路时，可将输电系统看作是带有一定阻抗的无限大功率电源。

10.2.2 短路的暂态过程

1. 短路电流的交直流分量、初始值和稳态值

对于图10.1所示的三相电路，短路发生前，电路处于稳态，其 a 相的电流表达式为

$$i_a = I_{m|0|}\sin(\omega t + \alpha - \phi_{|0|}) \tag{10-1}$$

式中

$$I_{m|0|} = \frac{U_m}{\sqrt{(R+R')^2 + \omega^2(L+L')^2}}$$

$$\phi_{|0|} = \arctan\frac{\omega(L+L')}{(R+R')}$$

当在 f 点突然发生三相短路时，这个电路即被分成两个独立的回路。左边的回路仍与电源连接，而右边的回路则变为无源回路。在右边回路中，电流将从短路发生瞬间的值不断地衰减为零，电感回路中储存的磁场能量将全部变为电阻上的热能消耗掉。在与电源相连的短路回路中，每相阻抗由原来的 $(R+R') + j\omega(L+L')$ 减小为 $R + j\omega L$，其稳态电流值必将增大。三相短路的对称故障暂态过程分析与计算就是针对这一回路的。

理想状态下，在短路发生过程中，三相电路仍为对称，因此可以只研究其中的一相。以 a 相为例，其电流的瞬时值应满足如下微分方程:

$$L\frac{\mathrm{d}i_a}{\mathrm{d}t} + Ri_a = U_m\sin(\omega t + \alpha) \tag{10-2}$$

式(10-2)是一个一阶常系数线性非齐次的常微分方程,它的解由特解和通解两部分构成。特解即为强制分量稳态短路电流 $i_{a-\infty}$，又称交流分量或周期分量 i_{pa} 为

$$i_{a-\infty} = i_{pa} = \frac{U_m}{Z}\sin(\omega t + \alpha - \phi) = I_m\sin(\omega t + \alpha - \phi) \tag{10-3}$$

式中, Z 为短路回路各相阻抗($R + j\omega L$)的模值; ϕ 为稳态短路电流和电源电压间的相角 $\left(\arctan\dfrac{\omega L}{R}\right)$, I_m 为稳态短路电流的幅值。

式(10-2)的通解对应齐次方程

$$L\frac{\mathrm{d}i_a}{\mathrm{d}t} + Ri_a = 0$$

的解,即短路电流的自由分量 $i_{\alpha a}$，又称为直流分量或非周期分量,它按指数规律衰减,即

$$i_{\alpha a} = Ce^{-t/T_a} \tag{10-4}$$

式中, C 为积分常数,其值即为直流分量的起始值; T_a 为衰减时间常数,是特征方程 $pL + R = 0$ 的根 $P = -R/L$ 的负倒数,即

$$T_a = L/R \tag{10-5}$$

a 相短路电流的表达式为

$$i_a = I_m\sin(\omega t + \alpha - \phi) + Ce^{-t/T_a} \tag{10-6}$$

式中,积分常数 C 可由初始条件决定。

在含有电感的电路中,根据楞次定律,通过电感的电流是不能突变的,即短路前一瞬间的电流值(用下标 $|0|$ 表示)必须与短路发生后一瞬间的电流值(用下标 0 表示)相等,即

$$i_{a|0|} = I_{m|0|}\sin(\alpha - \phi_{|0|}) = i_{a0} = I_m\sin(\alpha - \phi) + C$$

所以

$$C = I_{m|0|}\sin(\alpha - \phi_{|0|}) - I_m\sin(\alpha - \phi) \tag{10-7}$$

即直流分量起始值为短路前瞬时电流与短路后交流分量瞬时值之差。

将式(10-7)代入式(10-6)中便得

$$i_a = I_m\sin(\omega t + \alpha - \phi) + [I_{m|0|}\sin(\alpha - \phi_{|0|}) - I_m\sin(\alpha - \phi)]e^{-t/T_a} \tag{10-8}$$

由于三相电路对称，只要用 $(\alpha - 120°)$ 和 $(\alpha + 120°)$ 代替式(10-8)中的 α 就可分别得到 b 相和 c 相电流表达式。现将三相短路电流表达式综合如下：

$$
\left.
\begin{aligned}
i_a &= I_m\sin(\omega t + \alpha - \phi) + [I_{m|0|}\sin(\alpha - \phi_{|0|}) - I_m\sin(\alpha - \phi)]e^{-t/T_a} \\
i_b &= I_m\sin(\omega t + \alpha - 120° - \phi) + [I_{m|0|}\sin(\alpha - 120° - \phi_{|0|}) \\
&\quad - I_m\sin(\alpha - 120° - \phi)]e^{-t/T_a} \\
i_c &= I_m\sin(\omega t + \alpha + 120° - \phi) + [I_{m|0|}\sin(\alpha + 120° - \phi_{|0|}) \\
&\quad - I_m\sin(\alpha + 120° - \phi)]e^{-t/T_a}
\end{aligned}
\right\}
\tag{10-9}
$$

图 10.2 示出三相电流变化的情况(在某一初相角 α 时)。

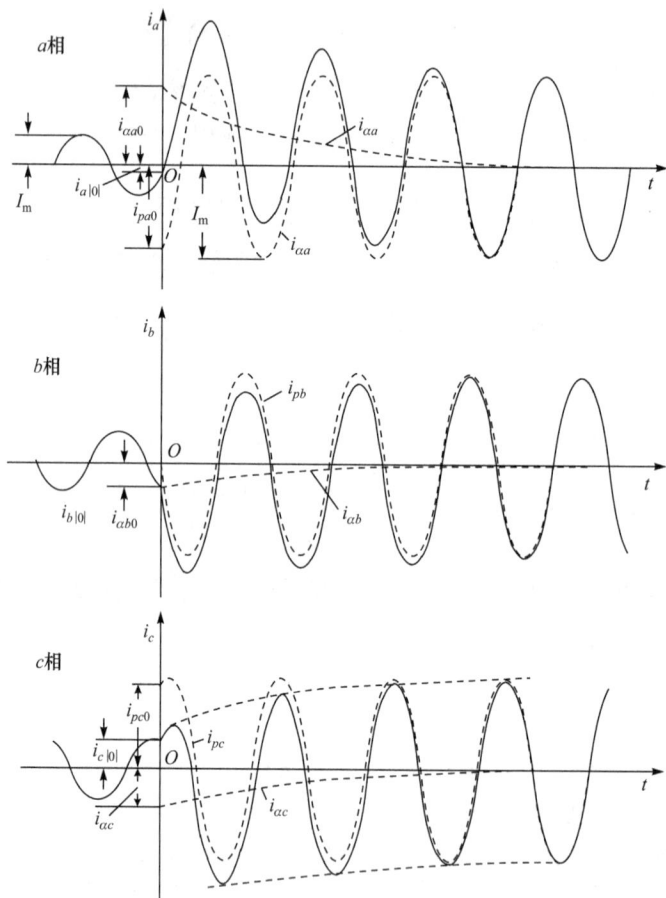

图 10.2　三相短路电流波形

由上述理论分析和图 10.2 可见：

(1) 短路前三相电流和短路后三相的交流分量均为幅值相等、相角相差 120° 的三个正弦电流。短路至稳态时，三相中的稳态短路电流幅值大小取决于电源电压幅值和短路回路的总阻抗。显然，短路后稳态电流比短路前稳态电流幅值要大。

(2) 从短路发生到稳态之间的暂态过程中，三相电流还包含逐渐衰减的直流电流，它们出现的物理原因是电感中电流在突然短路瞬时的前后不能突变。很明显，三相的直流电流是不相等的。直流分量电流使 $t=0$ 时短路电流值与短路前瞬间的电流值相等。显然，三相直流分量电流的初始值是不相等的。

(3) 由于有了直流分量，短路电流曲线便不与时间轴对称，而直流分量曲线本身就是短路电流曲线的对称轴。因此，当已知一短路电流曲线时，可以应用这个性质把直流分量从短路电流曲线中分离出来，即将短路电流曲线的两根包络线间的垂直线等分，如图 10.2 中 i_c 所示。

(4)由图 10.3 还可以看出，直流分量值越大，短路电流瞬时值越大。在电源电压幅值和短路回路阻抗恒定的情况下，由式(10-9)可知，直流分量的起始值与电源电压的初始相角 α (相应于在 α 时刻发生短路)、短路前回路中的电流值有关。

2. 短路前后的电压和电流相量图

图 10.3(a)中画出了 $t=0$ 时 a 相的电源电压、短路前的电流和短路电流交流分量的相量图。很明显，$\dot{I}_{ma|0|}$ 和 $\dot{I}_{ma}$ 在时间轴上的投影分别为 $i_{a|0|}$ 和 i_{pa0}，它们的差值即为 $i_{\alpha a0}$。如果改变 α，使相量差 $(\dot{I}_{ma|0|} - \dot{I}_{ma})$ 与时间轴平行，则 a 相直流分量起始值的绝对值最大；如果改变 α，使相量差 $(\dot{I}_{ma|0|} - \dot{I}_{ma})$ 与时间轴垂直，则 a 相直流电流为零，这时 a 相电流由短路前的稳态电流直接变为短路后的稳态电流，而不经过暂态过程。

图 10.3(b)中给出了短路前为空载时 $(\dot{I}_{m|0|} = 0)a$ 相的电流相量图，这时 $\dot{I}_{ma}$ 在 t 轴上的投影即为 $i_{\alpha a0}$，显然比图 10.3(a)中相应的要大。如果在这种情况下，α 满足 $|\alpha - \phi| = 90°$，即 $\dot{I}_{ma}$ 与时间轴平行，则 $i_{\alpha a0}$ 的绝对值达到最大值 I_m。

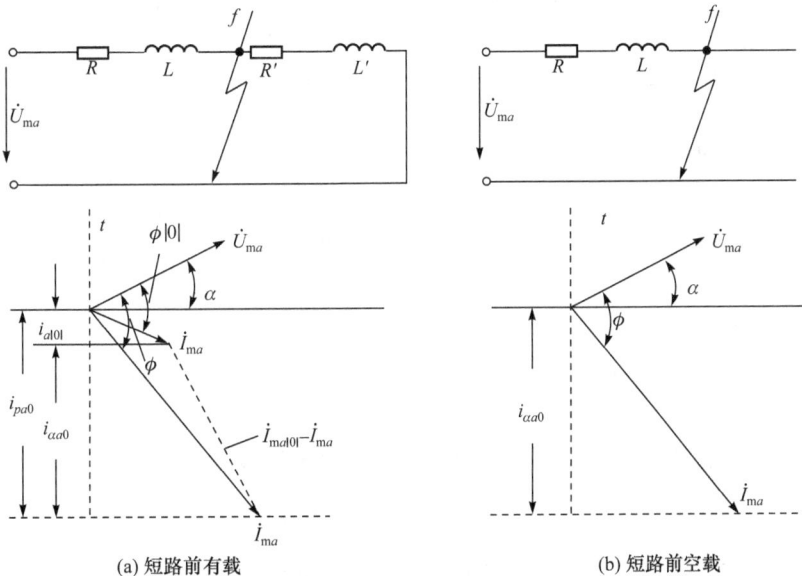

(a) 短路前有载 (b) 短路前空载

图 10.3 短路电流相量图

在图 10.4 中示出了短路瞬时($t=0$)三相的电流相量图，不难看出，三相中直流电流起始值不可能同时最大或同时为零。在任意一个初相角下，总有一相(图 10.4 中为 a 相)的直流电流起始值较大，而有一相较小(图 10.4 中为 b 相)。由于短路瞬时是任意的，因此必须考虑有一相(如 a 相)的直流分量起始值为最大值。

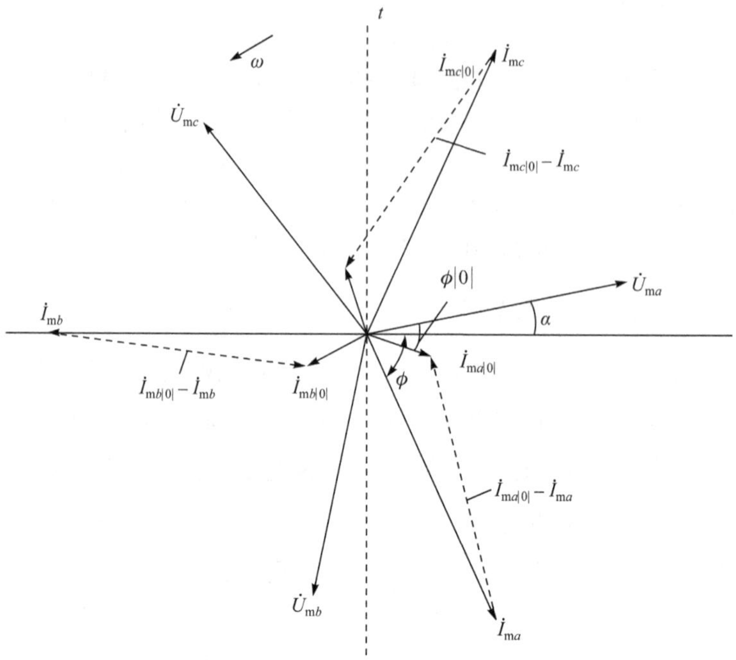

图 10.4 短路瞬间三相电流相量图

根据前面的分析可以得出这样的结论：当短路发生在电感电路中，短路前为空载的情况下直流分量电流最大，若初始相角满足 $|\alpha - \phi| = 90°$，则一相(a 相)短路电流的直流分量起始值的绝对值达到最大值，即等于稳态短路电流的幅值。

10.2.3 短路冲击电流

冲击电流是指在最严重短路情况下短路电流的最大有可能瞬时值。冲击电流主要用于检验电气设备和载流导体的动稳定度。动稳定，即电动力稳定，指电气设备承受短路电流机械效应的能力。动稳定度是指电气设备和载流导体在短路电流作用下的受力是否超过容许值。

一般在短路回路中，感抗值要比电阻值大得多，即 $\omega L \gg R$，因此可以认为 $\phi \approx 90°$。在这种情况下，当 $\alpha = 0°$ 或 $\alpha = 180°$ 时，相量 $\dot{I}_{ma}$ 与时间轴平行，即 a 相处于最严重的情况。将 $I_{m|0|} = 0$、$\alpha = 0$、$\phi = 90°$ 代入式(10-9)得 a 相全电流的算式为

$$i_a = -I_m\cos\omega t + I_m e^{-t/T_a} \tag{10-10}$$

i_a 电流波形示于图 10.5。从图中可见，短路电流的最大瞬时值，即短路冲击电流(或称短路电流峰值)，将在短路发生经过约半个周期后(当系统频率 $f=50$Hz 时，此时间约为 0.01s)

出现。由此可得冲击电流值为

$$i_{M} \approx I_{m} + I_{m}e^{-0.01/T_a} = (1 + e^{-0.01/T_a})I_m = K_{M}I_m \tag{10-11}$$

式中，K_M 称为冲击系数，即冲击电流值对于交流电流幅值的倍数，很明显，K_M 值为 $1\sim$ 2，在实用计算中，K_M 一般取为 $1.8\sim1.9$。

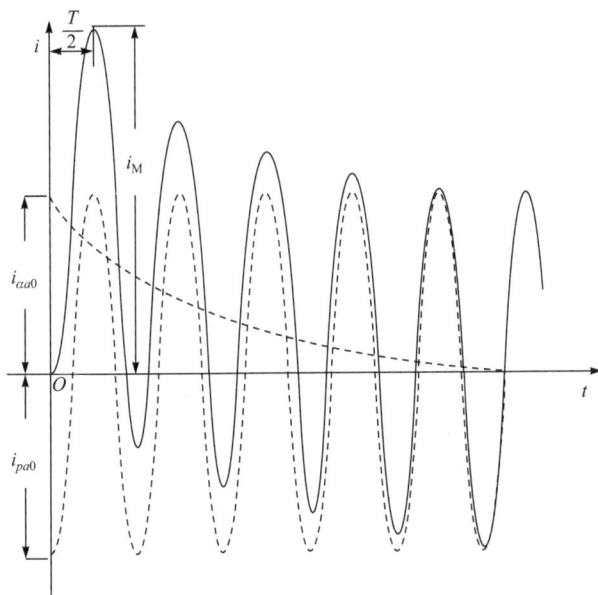

图 10.5 直流分量最大时短路电流波形

10.2.4 最大有效值电流

1. 短路电流有效值

在短路暂态过程中，任一时刻 t 的短路电流有效值 I_t，是以时刻 t 为中心的一个周期内瞬时电流的均方根值，即

$$I_t = \sqrt{\frac{1}{T}\int_{t-\frac{T}{2}}^{t+\frac{T}{2}} i^2 \mathrm{d}t} = \sqrt{\frac{1}{T}\int_{t-\frac{T}{2}}^{t+\frac{T}{2}} (i_{pt} + i_{\alpha t})^2 \mathrm{d}t} = \sqrt{(I_m/\sqrt{2})^2 + i_{\alpha t}^2} \tag{10-12}$$

式中，假设在 t 前后一周期内 $i_{\alpha t}$ 不变。

I_t 用于电气设备的热稳定校验。短路电流通过电气设备时，电气设备各部件温度(或发热效应)应不超过允许值。满足热稳定的条件为

$$I_t^2 t \geqslant I_\infty^2 t_{dz}$$

式中，I_t 是由生产厂给出的电气设备在时间 t 内的热稳定电流；I_∞ 是短路稳态电流值；t 为与 I_t 相对应的短路电流作用时间；t_{dz} 为短路电流热效应等值计算时间。

2. 最大有效值电流

由图 10.5 可知，和短路冲击电流一样，最大有效值电流也发生在短路后半个周期内，

其值为

$$I_{\mathrm{M}} = \sqrt{(I_{\mathrm{m}} / \sqrt{2})^2 + i_\alpha^2}\Big|_{t=0.01} = \sqrt{(I_{\mathrm{m}} / \sqrt{2})^2 + (i_{\mathrm{M}} - I_{\mathrm{m}})^2}$$

$$= \sqrt{(I_{\mathrm{m}} / \sqrt{2})^2 + I_{\mathrm{m}}^2 (K_{\mathrm{M}} - 1)^2} = \frac{I_{\mathrm{m}}}{\sqrt{2}} \sqrt{1 + 2(K_{\mathrm{M}} - 1)^2} \tag{10-13}$$

若取 $K_{\mathrm{M}} = 1.9$ 时，有

$$I_{\mathrm{M}} = 1.62 \left(\frac{I_{\mathrm{m}}}{\sqrt{2}} \right)$$

若取 $K_{\mathrm{M}} = 1.8$ 时，有

$$I_{\mathrm{M}} = 1.52 \left(\frac{I_{\mathrm{m}}}{\sqrt{2}} \right)$$

10.3 同步发电机空载情况下突然三相短路分析

10.2 节中讨论了在电源电压的幅值和频率保持恒定的无限大功率电源情况下，三相电路发生三相短路的情形。实际的电力系统中发生短路时，发电机作为电源，其内部也将发生暂态过程，不能保持其端电压幅值和频率不变。同时，由于同步发电机转子的惯量较大，在分析短路电流时可以近似地认为转子保持同步转速，即频率保持恒定，但发电机回路中的电磁暂态过程不能忽略不计。

10.3.1 发电机电磁暂态过程分析的基本假设

1. 同步发电机为理想电机

本节将分析短路发生过程中发电机内部物理过程，应用超导体闭合回路磁链守恒原理以及同步电机电枢反应原理推导短路定子电流和转子电流各种分量的机理。

同步发电机由定子和转子两部分组成，定子和转子处于相对运动中，定子上有 a、b、c 三个绕组，转子纵轴方向(d 轴)有励磁绕组 F 和阻尼绕组 D，横轴(q 轴)上有阻尼绕组 Q。这 6 个绕组之间有电磁耦合关系，如果其中的一个绕组的电流发生变化，都将在其他绕组中产生相应的感应电流。

由于定子和转子之间的相对运动，暂态中这种电磁耦合关系变得十分复杂，从而使得同步电机暂态特性的分析和计算变得十分复杂和困难。为简化分析，假设同步发电机为理想电机。

(1) 电机转子在结构上的直轴和交轴完全对称；定子三相绕组参数完全相同，三相绕组完全对称，在空间互差 120°电角度。

(2) 忽略磁场的高次谐波，即认为定子电流在气隙中产生正弦分布的磁动势，转子绕组和定子绕组间的互感磁通也在气隙中按正弦规律分布。

(3) 定子及转子的槽和通风沟不影响定子及转子绕组的电感，即认为电机的定子及转子具有光滑的表面。

(4) 电机铁心部分的磁导率为常数，磁饱和、磁滞和涡流的影响可以略去不计，磁路是

线性的，即忽略磁路饱和的影响，在分析中可以应用叠加原理。

(5) 电机定子绕组的空载电势是正弦波，即转子绕组和定子绕组之间的互感系数是转子位置角的正弦或余弦函数。

(6) 转子阻尼特性可以简化为两个独立等效阻尼绕组，分别在纵轴 d 和横轴 q 方向上各自短路。

2. 短路过程中机械和励磁系统参数不发生变化

在假设定子绕组和转子绕组的物理和电气参数均为理想状态后，还需对发电机的机械和励磁系统特性进行简化。因此，还假设：

(1) 在暂态过程期间同步发电机转子保持同步转速，即只考虑电磁暂态过程，而不计机械暂态过程。

(2) 除非特殊考虑，发生短路后励磁电压始终保持不变，即不考虑短路后发电机端电压降低引起的强行励磁。

(3) 短路发生在发电机定子出线端口。如果短路发生在出线端外，可以把外电路的阻抗合并至定子绕组的电阻和漏抗上(前提是定子总回路的电阻仍较电抗小得多)，则短路后的物理过程和出线端口短路是一样的。

10.3.2 短路过程中同步发电机定子绕组和转子绕组回路电流分量

1. 定子绕组电流分量

根据 10.3.1 节中对短路暂态过程的分析易知，一台同步发电机在转子励磁绕组有励磁、定子回路开路即空载运行情况下，定子三相绕组出线端突然三相短路后，定子三相短路电流中包含交流分量和直流分量。

对于直流分量，三相直流分量大小不等，但均按相同的指数规律衰减，最终衰减至零。直流分量的衰减时间常数为 T_a，由定子回路的电阻和等值电感决定，其值为零点几秒。图 10.6(a)为三相短路电流中的直流分量。

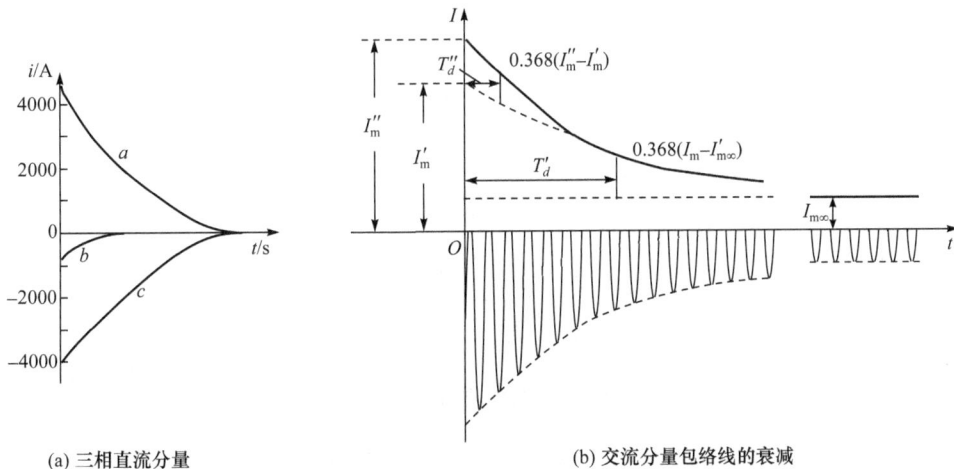

(a) 三相直流分量   (b) 交流分量包络线的衰减

图 10.6 短路电流波形

对于交流分量,其幅值也是衰减的,并将最终衰减至稳态值 $I_{m\infty}$。如果令交流分量的初始幅值为 I_m'',则($I_m'' - I_{m\infty}$)减至零(将在后面介绍)。一般将($I_m'' - I_{m\infty}$)按指数规律的衰减变化过程分为两个阶段,分别按两个时间常数衰减。图 10.6(b)为三相短路电流中的交流分量,令起始阶段的时间常数称为 T_d''(其值大约为几个周波),后续阶段的常数称为 T_d'(其值为 T_d'' 的几倍)。则交流分量幅值的表达式为

$$I_m(t) = (I_m'' - I_m')e^{-t/T_d''} + (I_m' - I_{m\infty})e^{-t/T_d'} + I_{m\infty} \tag{10-14}$$

短路电流交流分量幅值随时间衰减的现象,是同步发电机突然三相短路电流与无限大功率电源短路电流的最基本差别。

2. 转子励磁绕组电流分量

定子绕组三相短路后,励磁绕组中的电流将出现交流分量,最后衰减至零,其衰减时间常数与定子短路电流直流分量相同,其衰减的总进程与定子交流分量相同。励磁回路电流的上述变化,是由于励磁回路和定子以及转子阻尼回路(将在后面介绍)间存在磁耦合的缘故。

无论是定子短路电流还是励磁回路电流,在突然短路瞬间均不突变,即三相定子电流均为零,励磁回路电流等于 $i_{f|0|}$,这是因为感性回路的电流(或磁链)是不会突变的。

10.3.3 同步发电机突然三相短路分析

1. 转子绕组励磁主磁通与定子绕组交链的磁链

如图 10.7 所示,在空载运行条件下,转子绕组中励磁电流 $i_{f|0|}$ 产生的磁通为穿过定子绕组和定子铁心主磁路的主磁通 Φ_0 和转子绕组自身的漏磁通 $\Phi_{f\sigma}$。

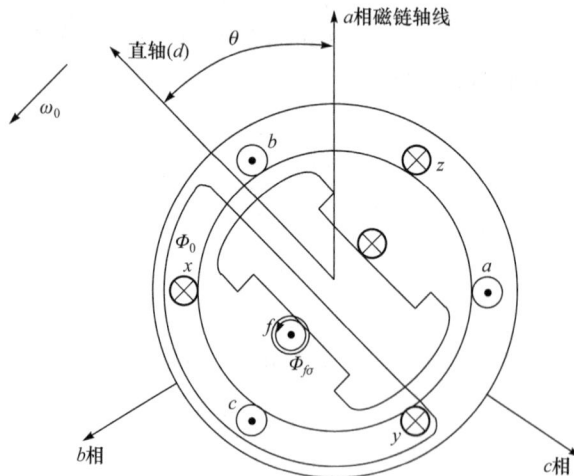

图 10.7 转子绕组主磁通图

本书中,定子三相绕组端电压的极性与相电流正方向按发电机惯例来定义,因此,定子绕阻的正电流产生负磁链,如图 10.7 所示。图中 θ 为主磁通(即转子直轴)与 a 相磁链轴

线的夹角。由于转子以同步转速旋转，转子励磁绕组主磁通交链定子三相绕组的磁链随着 θ 的变化而变化。

假设，在 $t=0$ 时刻，转子转动到 $\theta_0=0$(即转子直轴与 a 相轴线重合)时，定子突然三相短路，如图 10.8 所示，则短路后主磁通交链三相绕组的磁链表达式为

$$\left.\begin{aligned}\psi_{a0} &= \psi_0\cos(\omega_0 t) \\ \psi_{b0} &= \psi_0\cos(\omega_0 t - 120°) \\ \psi_{c0} &= \psi_0\cos(\omega_0 t + 120°)\end{aligned}\right\} \tag{10-15}$$

式中，ψ_0 为与主磁通对应的主磁链；ω_0 为 $t=0$ 时刻的电角速度。

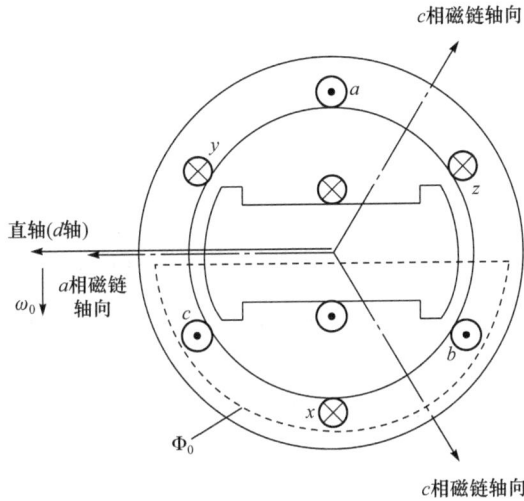

图 10.8 转子主磁通方向与 a 相绕组磁链方向重合

如图 10.9 所示，短路前瞬间($t=0^-$时刻)三相绕组所交链的磁链的瞬时值显然为

$$\left.\begin{aligned}\psi_{a|0|} &= \psi_0 \\ \psi_{b|0|} &= -0.5\psi_0 \\ \psi_{c|0|} &= -0.5\psi_0\end{aligned}\right\} \tag{10-16}$$

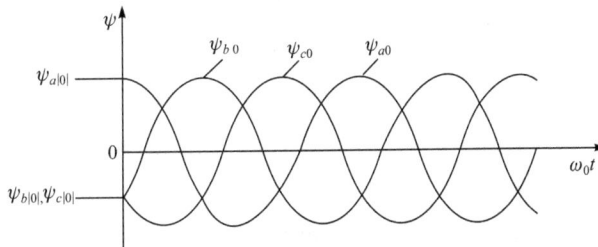

图 10.9 空载运行时定子绕组磁链波形

2. 定子绕组短路电流的产生原理

1) 磁链守恒原理

根据本节前面的假设，三相短路后定子三相绕组各自形成超导体闭合回路。根据超导体回路磁链守恒原理，a、b、c 三相绕组的磁链将分别保持 $\psi_{a|0|}$、$\psi_{b|0|}$、$\psi_{c|0|}$ 不变。而励磁主磁通交链定子三相绕组的磁链仍按图 10.9 中的 ψ_{a0}、ψ_{b0}、ψ_{c0} 曲线变化。因此，定子三相绕组回路将感应电流，即短路电流，这一电流的磁链 ψ_{ai}、ψ_{bi}、ψ_{ci} 的作用则抵制 ψ_{a0}、ψ_{b0}、ψ_{c0} 的变化，使定子绕组磁链维持 $\psi_{a|0|}$、$\psi_{b|0|}$、$\psi_{c|0|}$ 不变。

根据超导体回路磁链守恒有

$$\left.\begin{array}{l} \psi_{ai} + \psi_{a0} = \psi_{a|0|} \\ \psi_{bi} + \psi_{b0} = \psi_{b|0|} \\ \psi_{ci} + \psi_{c0} = \psi_{c|0|} \end{array}\right\} \tag{10-17}$$

由此可得三相短路电流的磁链为

$$\left.\begin{array}{l} \psi_{ai} = \psi_{a|0|} - \psi_{a0} = \psi_0 - \psi_0 \cos(\omega_0 t) \\ \psi_{bi} = \psi_{b|0|} - \psi_{b0} = -0.5\psi_0 - \psi_0 \cos(\omega_0 t - 120°) \\ \psi_{ci} = \psi_{c|0|} - \psi_{c0} = -0.5\psi_0 - \psi_0 \cos(\omega_0 t + 120°) \end{array}\right\} \tag{10-18}$$

图 10.10 示出三相短路电流的磁链波形，图中虚线为该磁链的分量，分别为交流分量 $\psi_{i\omega}$ 和直流分量 $\psi_{i\beta}$。

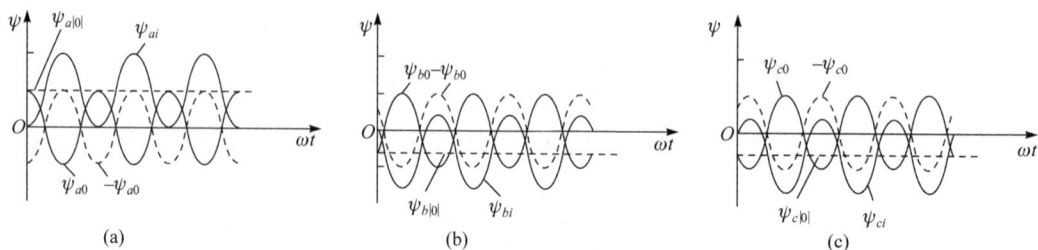

图 10.10　定子绕组三相短路电流磁链波形

$$\psi_{i\omega}：\ -\psi_{a0}、\ -\psi_{b0}、\ -\psi_{c0}$$

$$\psi_{i\beta}：\ \psi_{a|0|}、\ \psi_{b|0|}、\ \psi_{c|0|}$$

$\psi_{i\omega}$ 因抵制主磁链变化而产生，三相对称；$\psi_{i\beta}$ 因维持短路前瞬间磁链不变而产生，其三相值总是不相等的，且与短路发生的时刻有关，三相值之和为零。

2) 定子绕组的三相短路电流

很明显，对应 $\psi_{i\omega}$ 和 $\psi_{i\beta}$，三相短路电流同样含有三相对称基频(50Hz)交流电流分量 i_ω 和三相大小不等的直流分量 i_β。不过由于所选磁链轴线方向与电流磁动势方向相反，电流和磁链方向相反，即

$i_{a\omega}$、$i_{b\omega}$、$i_{c\omega}$ 与 $\psi_{i\omega}$ 反向，与 ψ_{a0}、ψ_{b0}、ψ_{c0} 同向

$i_{a\beta}$、$i_{b\beta}$、$i_{c\beta}$ 与 $\psi_{i\beta}$ 反向，与 $\psi_{a|0|}$、$\psi_{b|0|}$、$\psi_{c|0|}$ 同向

假设磁导率为常数，电流和磁链的大小是成比例的。

定子三相绕组中的直流电流合成一个在空间静止的磁动势，而在空间旋转的转子的直轴与交轴的磁阻(暂态磁阻)是不相同的，所以静止磁动势所遇到的磁阻是周期性变化的，其周期为 180° 电角度，变化频率两倍于基频。因而，为产生恒定的磁链，磁动势不应是恒定的，而是大小随磁阻产生相应的变化，即直流电流的大小不是恒定的，而是按倍频波动。也可理解为定子三相中除了大小不变的直流分量，还有一个倍频的交流电流分量，其幅值取决于直轴和交轴磁阻之差，一般不大。

最后还应指出，由式(10-18)知，在短路后瞬间($t = 0^+$)ψ_{ai}、ψ_{bi}、ψ_{ci} 均等于零，因此三相短路电流的瞬时值($i_\omega + i_\beta$)即 i_a、i_b、i_c 均等于零。这是由于短路前为空载，定子电流为零，短路瞬间电流不能突变。

3. 转子励磁绕组磁链和电流分量

1) 强制励磁电流 $i_{f|0|}$ 产生的磁链

短路前励磁回路中有恒定的励磁电流 $i_{f|0|}$，它由励磁电源强制产生，定子短路后依旧存在。$i_{f|0|}$ 产生磁链 $\psi_{f|0|}$，其对应的磁通是主磁通 ψ_0 和漏磁通 $\psi_{f\sigma}$。

2) 定子三相交流电流的电枢反应磁链

$i_{a\omega}$、$i_{b\omega}$、$i_{c\omega}$ 可合成一个与转子同步旋转的电枢反应磁动势。若忽略定子绕组电阻，该磁动势为纯去磁的，即它穿入励磁绕组，且与主磁通方向相反。现将此交链励磁绕组的磁链称为 ψ_{ad}，其值为常数。

3) 定子直流电流 i_β 的磁场对励磁绕组产生的磁链

定子中大小不变的直流分量在空间形成对应的静止的磁场；倍频交流分量则产生以两倍同步转速旋转的磁场，二者与转子的相对速度均为同步转速，因此它们均在励磁绕组中产生以基频交变的磁链，总称为 $\psi_{f\omega}$。

4) 励磁回路感生的电流和磁链

若忽略励磁绕组电阻，励磁回路必然会感生电流，其磁链 ψ_{fi} 将抵制 ψ_{ad} 和 $\psi_{f\omega}$，以保持励磁回路的磁链 $\psi_{f|0|}$ 不变，即有

$$\psi_{fi} + \psi_{ad} + \psi_{f\omega} = 0 \tag{10-19}$$

图 10.11 示出短路后励磁绕组磁链和电流的各个分量的波形图。由图可知，i_f 中含有三个分量，一是恒定的 $i_{f|0|}$，二是感生的附加直流 i_{fa}(抵制 ψ_{ad} 的穿入)，三是感生的交流分量 $i_{f\omega}$(抵制 $\psi_{f\omega}$)。很明显，在短路后瞬间($t = 0^+$)，$\psi_{fi} = 0$，$i_{fa} + i_{f\omega} = 0$，$i_f = i_{f|0|}$，即电流不能突变。

上述短路后定子短路电流和励磁回路电流的分量，由于忽略了电阻，各分量均未呈现衰减。

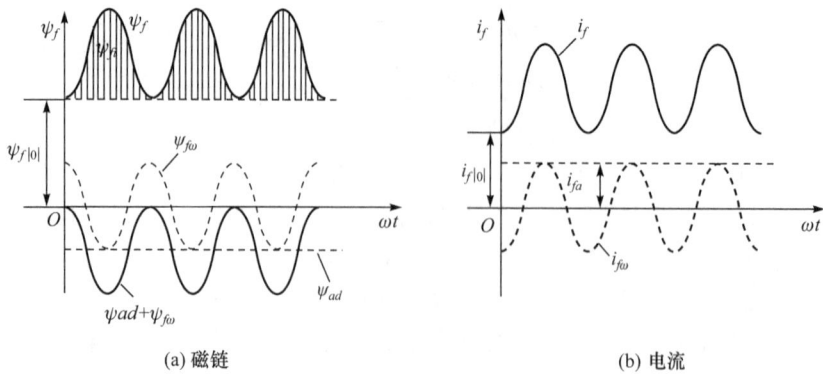

(a) 磁链   (b) 电流

图 10.11   定子短路后转子励磁绕组磁链和电流

4. 等效阻尼绕组的电流

凸极同步发电机转子磁极上两端短接的阻尼条和隐极机转子整块铁心中的涡流回路在稳态运行时是没有电流的，在暂态过程中会感生电流。为了分析简便，一般将阻尼条构成的回路和铁心中涡流回路等效地视作两个绕组，一个与励磁绕组同轴向(d 轴)，称为直轴阻尼绕组 D，另一个则为与 q 轴同向，称为交轴阻尼绕组 Q。

定子短路前等效的阻尼绕组 D 和 Q 中均无电流。不难理解，短路后 D 绕组中和励磁绕组一样为保持磁链守恒会感生直流电流 i_{Da} 和基频交流电流 $i_{D\omega}$，而 Q 绕组中则只有基频交流 $i_{Q\omega}$，而没有直流电流，这是因为假设定子回路电阻为零，定子基频交流电流合成的只有直轴方向的电枢反应。

10.3.4   定子和转子回路(励磁和阻尼回路的统称)电流分量的对应关系和衰减

短路后，定子短路电流分量和转子各回路电流分量是同时出现的，各对应分量是相互依存、相互影响的。

前面的分析是在假设各回路均为超导体，其磁链守恒的情况下，分析得到各交流分量幅值不变，各直流分量大小不变。但各绕组均有电阻，其磁链不可能永远不变，相应的电流分量也是会变化的。

1) 定子回路直流分量和转子回路交流分量

定子回路直流分量 i_β (含倍频分量)，企图维持三相绕组的磁链 $\psi_{a|0|}$、$\psi_{b|0|}$、$\psi_{c|0|}$ 不变，但直流分量是无源的自由分量，它流过电阻消耗能量，最后必然衰减至零。相应地，与定子直流分量相对应的转子回路的交流分量也同样衰减至零。显然，定子直流分量的衰减时间常数 T_a，主要取决于定子回路的电阻、电感。

2) 转子回路直流分量和定子回路基频分量

转子回路感生的自由直流分量，即励磁绕组中的 i_{fa} 和阻尼绕组 D 中的 i_{Da}，均是无源的自由分量。当它们流过转子回路时，由于电阻的存在，它们也最终会衰减至零。与转子回路直流分量相对应的定子基频交流分量也会同样衰减，不过不会衰减至零。因为励磁电流 $i_{f|0|}$ 始终存在，其产生的主磁通 Φ_0 在短路的三相定子回路中感应电动势，产生三相稳态

短路电流(I_∞)。与前类似，转子回路的自由直流分量的衰减时间常数主要取决于转子回路的参数。所不同的是转子直轴有相互磁耦合的励磁和阻尼回路 D，故衰减过程有两个时间常数，它们的大小与两个回路的参数均有关。不过同步发电机的实际情况是，励磁绕组的电感较等效阻尼绕组 D 的电感大得多。较小的时间常数 T_d'' 主要与阻尼绕组 D 的参数有关，而较大的时间常数 T_d' 主要与励磁绕组参数有关。因此，当按 T_d'' 变化的过程结束后，阻尼绕组 D 的作用就近似于不存在了。

表 10.2 列出了定子和转子回路各种电流分量的对应关系。

表 10.2　电流分量对应关系

定子回路	稳态短路电流 I_∞	基频交流电流初始与稳态值之差 $I'' - I_\infty$	直流电流 i_α 倍频电流 $i_{2\omega}$
励磁回路	励磁电流 $i_{f|0|}$	直流电流 $i_{f\alpha}$	基频交流电流 $i_{f\omega}$
阻尼回路 D	—	直流电流 $i_{D\alpha}$	基频交流电流 $i_{D\omega}$
阻尼回路 Q	—	—	基频交流电流 $i_{Q\omega}$
衰减情况	否	衰减至零 时间常数主要取决于 转子回路参数	衰减至零 时间常数主要取决于 定子回路参数

10.4　短路电流初始值和稳态有效值

前面分析了空载短路后定子、转子各回路电流，工程实际关心的是定子短路电流，特别是其中的交流分量的初始值 I''，而且由它还可得知最大瞬时电流——冲击电流。

在同步发电机空载条件下突然三相短路时，根据同步电机定子电枢反应原理，电枢反应磁通的磁路变化决定了定子等值电抗的变化。求得三相短路过程不同阶段的定子等值电抗，即可求得暂态过程短路电流变化。

10.4.1　短路电流稳态值 I_∞

不论短路前是什么运行状态，短路到稳态后，恒定的励磁电流 $i_{f|0|}$ 依旧产生穿过主磁路的主磁通 Φ_0，Φ_0 在定子三相绕组感应空载电动势(或称励磁电动势) $E_{q|0|}$。在 $E_{q|0|}$ 的作用下，定子三相绕组流过幅值恒定的三相对称交流电流。如果忽略定子电阻，三相交流电流是纯感性的，它们在转子空间合成而得的同步旋转的电枢反应是纯去磁的，电枢反应磁通 Φ_{ad} 的路径为主磁路(与 Φ_0 相同)，即为转子直轴、气隙和定子铁心(主要是气隙磁阻)。如图 10.13(a)所示，除了电枢反应磁通 Φ_{ad}，交链定子绕组还有漏磁通 Φ_σ。从电路的角度看，此时每相空载电动势与走主磁路的磁通 Φ_{ad} (已经包括了另外两相的磁耦合)和走漏磁路径的 Φ_σ 所对应的电抗压降相平衡。如果令定子电流相量为 $\dot{I}_d$，则有

$$\dot{E}_{q|0|} = \mathrm{j}(x_\sigma + x_{ad})\dot{I}_d = \mathrm{j}x_d\dot{I}_d \tag{10-20}$$

式中，x_σ 为定子绕组漏电抗；x_{ad} 为直轴电枢反应电抗，它反比于主磁路的磁阻 R_{ad}，正比

于磁导 Λ_{ad}；x_d 为直轴同步电抗，它显然是一相的等值电抗；$E_{q|0|}$、I_d 均为有效值。

图 10.12 示出短路稳态时，同步发电机定子的相量图和同步电抗等值电路。由式(10-20)可得短路稳态电流有效值

$$I_{\infty} = I_d = E_{q|0|} / x_d \tag{10-21}$$

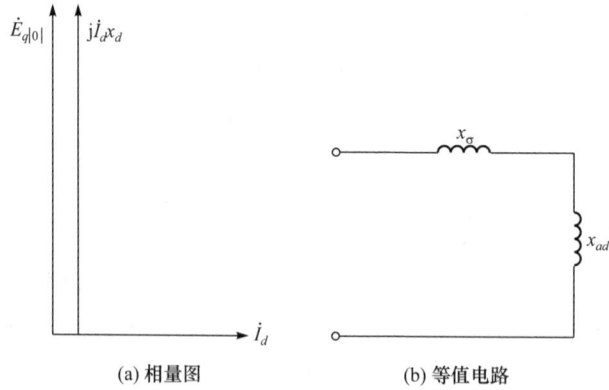

(a) 相量图　　　　　　　　　(b) 等值电路

图 10.12　短路稳态时的相量图

10.4.2　短路电流暂态初始值和次暂态初始值

1. 不计阻尼回路时基频交流分量初始值 I' (或 I'_d)

初始值的分析比较复杂，先不计阻尼回路的作用。由前面对稳态值的分析看出，走直轴主磁路的电枢反应磁通 Φ_{ad} 和漏磁通决定了定子回路的等值电抗，乃至电流的大小。以下将分析短路瞬间电枢反应磁通所走的磁路。作为对比，在图 10.13(a)中给出了短路稳态时的相应磁通图形，为简明起见，图中仅画了 a 相绕组的磁通，此外，由于对称，只示出磁通图形的一半。

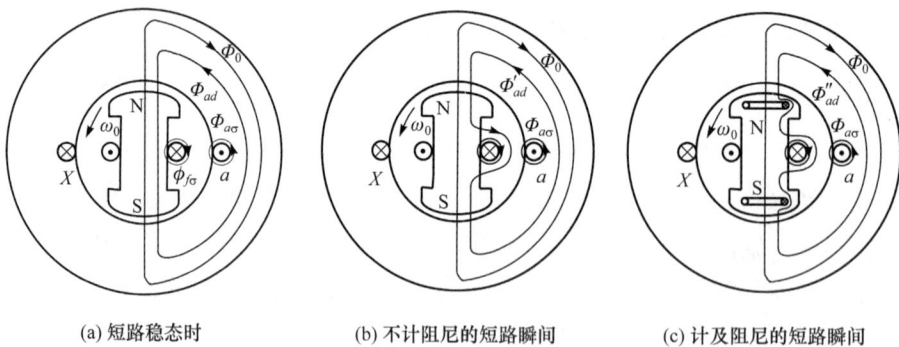

(a) 短路稳态时　　　　　(b) 不计阻尼的短路瞬间　　　　　(c) 计及阻尼的短路瞬间

图 10.13　电枢反应磁通

短路瞬间定子回路突然出现三相交流电流(忽略电阻仍为纯感性)，其合成磁动势企图形成穿过主磁路的磁通，但转子上的励磁绕组为保持自身磁链守恒而感生直流电流 i_{fa}，其相应的磁动势就抵制电枢反应磁通的穿入，而迫使后者走励磁绕组的外侧，即其漏磁路径，

如图 10.13(b)中的 Φ'_{ad} 。图中描绘的为物理概念图形，也可用设想的叠加过程推得同样的结果。假设三相合成磁动势的磁通先穿过主磁路，即穿入励磁绕组，姑且称为 Φ_{ad}，而励磁绕组中感生的直流 i_{fa} 会产生一部分漏磁通 $\Delta\Phi_{f\sigma}$ 和另一部分走主磁路的 $\Delta\Phi_0$，为保持励磁绕组磁链守恒，显然有如下关系：

$$\Delta\Phi_0 + \Delta\Phi_{i\sigma} + \Phi_{ad} = 0$$

上式可改写为

$$\Delta\Phi_0 + \Phi_{ad} = -\Delta\Phi_{i\sigma}$$

等式的左边即为经励磁绕组抵制后的电枢反应磁通 Φ'_{ad}，即

$$\Phi'_{ad} = \Delta\Phi_0 + \Phi_{ad} = -\Delta\Phi_{i\sigma} \tag{10-22}$$

这表示电枢反应磁通就是励磁绕组外侧的漏磁通(有负号)，即符合图 10.13(b)的图形。

与短路稳态时相比，短路瞬间的电枢反应磁通的磁路变成励磁绕组漏磁路径、定子铁心，磁路的磁阻增大，磁导减小。显然，相应的定子电枢反应电抗减少，一般称为直轴暂态电枢反应电抗 x'_{ad}。由于 Φ'_{ad} 经过的磁阻为 $R_{ad} + R_{f\sigma}$，其中 $R_{f\sigma}$ 为励磁漏磁路径磁阻，则 Φ'_{ad} 磁路的磁导为

$$\Lambda'_{ad} = \frac{1}{R_{ad} + R_{f\sigma}} = \frac{1}{\dfrac{1}{\Lambda_{ad}} + \dfrac{1}{\Lambda_{f\sigma}}} \tag{10-23}$$

电抗正比于磁导，所以直轴暂态电枢反应电抗为

$$x'_{ad} = \frac{1}{\dfrac{1}{x_{ad}} + \dfrac{1}{x_{f\sigma}}} \tag{10-24}$$

式中，x_{fd} 为励磁绕组漏电抗。

加上定子漏电抗后，每相定子的等值电抗为

$$x'_d = x_\sigma + x'_{ad} \tag{10-25}$$

称为直轴暂态电抗，其等值电路如图 10.14 所示。此图类似于一个二次侧短路的双绕组变压器等值电路，定子绕组为一次侧，励磁绕组为二次侧。将此图与图 10.13(b)比较，更可以理解 x'_d 小于 x_d 的原因。若令定子电流为 I'_d，则此时的电压平衡方程为

$$\dot{E}_{q|0|} = jx'_d I'_d \tag{10-26}$$

图 10.14 直轴暂态电抗 x'_d 的等值电路

从而得到初始电流为

$$I' = I'_d = E_{q|0|} / x'_d \tag{10-27}$$

由于 $x'_d < x_d$，所以 $I' > I_\infty$。I' 常被称为暂态电流。

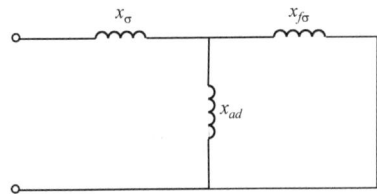

2. 计及阻尼回路作用的初始值 I''（或 I_d''）

图 10.13(c)示出计及阻尼绕组 D 作用时，突然短路瞬间，定子电枢反应磁通 $\varPhi_{ad}''$ 的磁路路径。由于阻尼绕组 D 也要维持其磁链不变，$\varPhi_{ad}''$ 也被挤至 D 绕组的漏磁路径。因此 $\varPhi_{ad}''$ 磁路的磁阻为 $R_{ad}+R_{D\sigma}+R_{f\sigma}$，其中 $R_{D\sigma}$ 为 D 绕组漏磁路径磁阻，而磁导则为

$$\varLambda_{ad}''=\frac{1}{R_{ad}+R_{D\sigma}+R_{f\sigma}}=\frac{1}{\dfrac{1}{\varLambda_{ad}}+\dfrac{1}{\varLambda_{D\sigma}}+\dfrac{1}{\varLambda_{f\sigma}}} \tag{10-28}$$

对应的直轴电枢反应电抗为

$$x_{ad}''=\frac{1}{\dfrac{1}{x_{ad}}+\dfrac{1}{x_{D\sigma}}+\dfrac{1}{x_{f\sigma}}} \tag{10-29}$$

式中，$x_{D\sigma}$ 为阻尼绕组 D 的漏电抗。

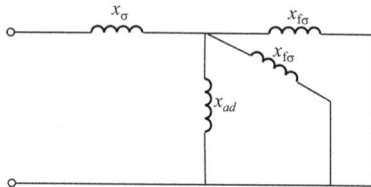

图 10.15　次暂态电抗 x_d'' 的等值电路

x_{ad}'' 加上定子漏电抗后，每相定子的等值电抗为

$$x_d''=x_\sigma+x_{ad}'' \tag{10-30}$$

称为直轴次暂态电抗，其等值电路如图 10.15 所示。很明显，直轴次暂态电抗 x_{ad}'' 比直轴暂态电抗更小。

计及阻尼绕组作用后，短路瞬间的初始电流为

$$I''=I_d''=E_{q|0|}/x_d'' \tag{10-31}$$

称为次暂态电流。它显然大于暂态电流，即 $I''>I'$。

最后归纳短路电流交流分量有效值(或最大值)变化的物理过程如下。短路瞬间，转子上阻尼绕组 D 和励磁绕组 f 均感生抵制定子直轴电枢反应磁通穿入的自由直流电流 $i_{D\sigma}$ 和 i_{fa}，迫使电枢反应磁通 $\varPhi_{ad}''$ 走 D 和 f 的漏磁路径，磁导小，对应的定子回路等值电抗 x_{ad}'' 小，电流 I'' 大，此状态称为次暂态状态。由于 D 和 f 均有电阻，$i_{D\sigma}$ 和 i_{fa} 均要衰减，而其中 $i_{D\sigma}$ 很快衰减到很小，直轴电枢反应磁通可以穿入 D，而仅受 f 的抵制仍走 f 的漏磁路径，此时磁导有所增加，即定子等值电抗 x_d' 比 x_{ad}'' 大，定子电流 I' 比 I'' 小，即所谓暂态状态。此后随着 i_{fa} 逐渐衰减至零，电枢反应磁通最终全部穿入直轴，此时磁导最大，对应的定子电抗为 x_d，定子电流为 I_∞，即为短路稳态状态。上述过程与图 10.6 的波形一致。

10.4.3　短路电流的近似表达式

1. 基频交流分量的近似表达式

现在可以将式(10-14)描述的短路电流交流分量幅值的变化过程写得更明确。应用式(10-21)、式(10-27)和式(10-31)可得

$$I_{\mathrm{m}}(t)=\sqrt{2}E_{q|0|}\left[\left(\frac{1}{x_d''}-\frac{1}{x_d'}\right)\mathrm{e}^{-t/T_d''}+\left(\frac{1}{x_d'}-\frac{1}{x_d}\right)\mathrm{e}^{-t/T_d'}+\frac{1}{x_d}\right] \tag{10-32}$$

相应的三相交流电流瞬时值应与式(10-15)相位一致，即

$$\left.\begin{array}{l}i_{a\omega}(t)=I_{\mathrm{m}}(t)\cos(\theta_0+\omega_0 t)\\i_{b\omega}(t)=I_{\mathrm{m}}(t)\cos(\theta_0+\omega_0 t-120°)\\i_{c\omega}(t)=I_{\mathrm{m}}(t)\cos(\theta_0+\omega_0 t+120°)\end{array}\right\} \tag{10-33}$$

2. 全电流的近似表达式

如果忽略倍频交流分量，则直流分量的起始值和基频交流分量的初始瞬时值大小相等、方向相反，短路电流全电流表达式为

$$\left.\begin{array}{l}i_a=\sqrt{2}E_{q|0|}\left[\left(\dfrac{1}{x_d''}-\dfrac{1}{x_d'}\right)\mathrm{e}^{-t/T_d''}+\left(\dfrac{1}{x_d'}-\dfrac{1}{x_d}\right)\mathrm{e}^{-t/T_d'}+\dfrac{1}{x_d}\right]\\[4mm]\qquad\times\cos(\theta_0+\omega_0 t)-\dfrac{\sqrt{2}E_{q|0|}}{x_d''}\cos\theta_0\mathrm{e}^{-t/T_d}\\[4mm]i_b=\sqrt{2}E_{q|0|}\left[\left(\dfrac{1}{x_d''}-\dfrac{1}{x_d'}\right)\mathrm{e}^{-t/T_d''}+\left(\dfrac{1}{x_d'}-\dfrac{1}{x_d}\right)\mathrm{e}^{-t/T_d'}+\dfrac{1}{x_d}\right]\\[4mm]\qquad\times\cos(\theta_0+\omega_0 t-120°)-\dfrac{\sqrt{2}E_{q|0|}}{x_d''}\cos(\theta_0-120°)\mathrm{e}^{-t/T_d}\\[4mm]i_c=\sqrt{2}E_{q|0|}\left[\left(\dfrac{1}{x_d''}-\dfrac{1}{x_d'}\right)\mathrm{e}^{-t/T_d''}+\left(\dfrac{1}{x_d'}-\dfrac{1}{x_d}\right)\mathrm{e}^{-t/T_d'}+\dfrac{1}{x_d}\right]\\[4mm]\qquad\times\cos(\theta_0+\omega_0 t+120°)-\dfrac{\sqrt{2}E_{q|0|}}{x_d''}\cos(\theta_0+120°)\mathrm{e}^{-t/T_d}\end{array}\right\} \tag{10-34}$$

【例 10-1】 一台额定功率为 300MW 的汽轮发电机，额定电压为 18kV，额定功率因数为 0.85。其有关电抗标幺值为 $x_d=x_q=2.26$、$x_d'=0.269$、$x_d''=x_q''=0.167$。试计算发电机在端电压为额定电压的空载情况下，端口突然三相短路后短路电流交流分量初始幅值 I_{m}'' 及 I_{m}'。

解 已知 $E_{q|0|}=U_{\mathrm{N}}=1$。$I''$ 和 I' 的标幺值为

$$I''=\frac{1}{x_d''}=\frac{1}{0.167}=5.99,\quad I'=\frac{1}{x_d'}=\frac{1}{0.269}=3.72$$

电流基准值即发电机的额定电流为

$$I_{\mathrm{B}}=\frac{300}{\sqrt{3}\times 18\times 0.85}=11.32(\mathrm{kA})$$

因此 I_{m}'' 和 I_{m}' 的有名值为

$$I_{\mathrm{m}}''=\sqrt{2}\times 5.99\times 11.32=95.9(\mathrm{kA}),\quad I_{\mathrm{m}}'=\sqrt{2}\times 3.72\times 11.32=59.5(\mathrm{kA})$$

由例 10-1 可见，短路电流交流分量初始值接近额定电流的 6 倍。如果加上最大可能的直流分量，短路电流最大瞬时电流(冲击电流)接近额定电流幅值的 12 倍。

例题

第 11 章　电力系统元件的序阻抗和等值电路

电力系统正常运行时可认为是三相对称的，即各元件三相阻抗相同，各处三相电压和电流对称，且具有正弦波形和正常相序。电力系统对称运行方式的破坏主要与故障有关。例如，发生不对称短路或个别地方一相或两相断开等。电力系统对称运行方式遭到破坏时，三相电压和电流将不对称，而且波形也发生不同程度的畸变，即除基波，还含有一系列谐波分量。

从突然三相短路的物理过程分析可知，短路的物理过程非常复杂，严格的分析计算比较困难，而近似的实用计算则比较简单。实际电力系统中的短路故障大多数是不对称的，要准确地分析不对称短路的过程是相当复杂的，本书介绍分析不对称故障时电力系统中基频分量的方法，且假定在暂态过程的任一瞬间系统的电压和电流都为正弦波。这样，不对称运行方式的分析就可简化为正弦电势作用下三相不对称电路的分析，可以用相量法计算。由于只有个别地点发生不对称短路或开断导致三相阻抗不相等，系统其他各元件的三相阻抗及三相之间互感仍保持相等，所以一般不使用直接求解复杂的三相不对称电路的方法，而采用更简单的对称分量法进行分析。

11.1　对称分量法在不对称故障分析中的应用

在"电路"课程中介绍了对称分量法原理及应用其分析三相交流电路不对称运行的基本方法。在电力系统电磁暂态分析中，对称分量法是分析不对称故障的常用方法，根据对称分量法，一组不对称的三相量可以分解为正序、负序和零序三相对称的三相量。在不同序别的对称分量作用下，电力系统的各元件可能呈现不同的特性，本章将着重讨论发电机、变压器、输电线路和负荷的各序参数，特别是电网元件的零序参数及等值电路。

11.1.1　对称分量法基本原理

在三相电路中，对于任意一组不对称的三相相量(电流或电压)，可以分解为三组三相对称的相量，当选择 a 相作为基准相时，三相相量与其对称分量之间的关系(如电流)如图 11.1 所示，其中图 11.1(a)、(b)、(c)表示三组对称的三相相量。

第一组 $\dot{F}_{a(1)}$、$\dot{F}_{b(1)}$、$\dot{F}_{c(1)}$ 幅值相等，相位 a 超前 b 120°，b 超前 c 120°，称为正序。

第二组 $\dot{F}_{a(2)}$、$\dot{F}_{b(2)}$、$\dot{F}_{c(2)}$ 幅值相等，但相序与正序相反，称为负序。

第三组 $\dot{F}_{a(0)}$、$\dot{F}_{b(0)}$、$\dot{F}_{c(0)}$ 幅值和相位均相同，称为零序。

将每一组带下标 a 的三个相量合成为 $\dot{F}_a$，带下标 b 的三个相量合成为 $\dot{F}_b$，带下标 c 的三个相量合成为 $\dot{F}_c$，则合成图 11.1(d)中的 $\dot{F}_a$、$\dot{F}_b$、$\dot{F}_c$ 三个不对称的相量，即三组对称的相量合成三个不对称的相量，写成数学表达式为

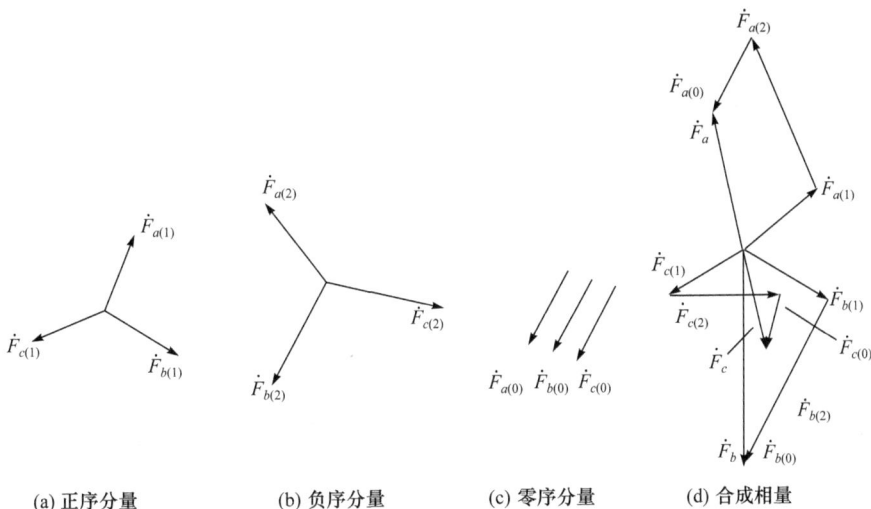

(a) 正序分量　　　　(b) 负序分量　　　(c) 零序分量　　　(d) 合成相量

图 11.1　三相相量的对称分量

$$\left.\begin{aligned}
\dot{F}_a &= \dot{F}_{a(1)} + \dot{F}_{a(2)} + \dot{F}_{a(0)} \\
\dot{F}_b &= \dot{F}_{b(1)} + \dot{F}_{b(2)} + \dot{F}_{b(0)} \\
\dot{F}_c &= \dot{F}_{c(1)} + \dot{F}_{c(2)} + \dot{F}_{c(0)}
\end{aligned}\right\}\tag{11-1}$$

由于每一组是对称的，故有下列关系：

$$\left.\begin{aligned}
\dot{F}_{b(1)} &= e^{j240°}\dot{F}_{a(1)} = a^2\dot{F}_{a(1)} \\
\dot{F}_{c(1)} &= e^{j120°}\dot{F}_{a(1)} = a\dot{F}_{a(1)} \\
\dot{F}_{b(2)} &= e^{j120°}\dot{F}_{a(2)} = a\dot{F}_{a(2)} \\
\dot{F}_{c(2)} &= e^{j240°}\dot{F}_{a(2)} = a^2\dot{F}_{a(2)} \\
\dot{F}_{b(0)} &= \dot{F}_{c(0)} = \dot{F}_{a(0)}
\end{aligned}\right\}\tag{11-2}$$

式中，$a = e^{j120°} = -\dfrac{1}{2} + j\dfrac{\sqrt{3}}{2}$；$a^2 = e^{j240°} = -\dfrac{1}{2} - j\dfrac{\sqrt{3}}{2}$。

将式(11-2)代入式(11-1)可得

$$\left.\begin{aligned}
\dot{F}_a &= \dot{F}_{a(1)} + \dot{F}_{a(2)} + \dot{F}_{a(0)} \\
\dot{F}_b &= a^2\dot{F}_{a(1)} + a\dot{F}_{a(2)} + \dot{F}_{a(0)} \\
\dot{F}_c &= a\dot{F}_{a(1)} + a^2\dot{F}_{a(2)} + \dot{F}_{a(0)}
\end{aligned}\right\}\tag{11-3}$$

式(11-3)表示上述三组不对称相量与三组对称的相量中 a 相量的关系。其矩阵形式为

$$\begin{bmatrix} \dot{F}_a \\ \dot{F}_b \\ \dot{F}_c \end{bmatrix} = \begin{bmatrix} 1 & 1 & 1 \\ a^2 & a & 1 \\ a & a^2 & 1 \end{bmatrix} \begin{bmatrix} \dot{F}_{a(1)} \\ \dot{F}_{a(2)} \\ \dot{F}_{a(0)} \end{bmatrix}\tag{11-4}$$

或写为

$$F_P = TF_S \tag{11-5}$$

式(11-4)和式(11-5)说明三组对称相量合成得三个不对称相量。其逆关系为

$$\begin{bmatrix} \dot{F}_{a(1)} \\ \dot{F}_{a(2)} \\ \dot{F}_{a(0)} \end{bmatrix} = \frac{1}{3} \begin{bmatrix} 1 & a & a^2 \\ 1 & a^2 & 1 \\ 1 & 1 & 1 \end{bmatrix} \begin{bmatrix} \dot{F}_a \\ \dot{F}_b \\ \dot{F}_c \end{bmatrix} \tag{11-6}$$

或写为

$$F_P = T^{-1}F_S \tag{11-7}$$

式(11-6)和式(11-7)说明由三个不对称的相量可以唯一地分解成三组对称的相量(即对称分量): 正序分量、负序分量和零序分量。实际上，式(11-4)和式(11-6)表示三个相量 $\dot{F}_a$、$\dot{F}_b$、$\dot{F}_c$ 和另外三个相量 $\dot{F}_{a(1)}$、$\dot{F}_{a(2)}$、$\dot{F}_{a(0)}$ 之间的线性变换关系。

如果电力系统某处发生不对称短路，尽管除短路点三相系统的元件参数都是对称的，三相电路电流和电压的基频分量都变成不对称的相量。将式(11-6)的变换关系应用于基频电流(或电压)，则有

$$\begin{bmatrix} \dot{I}_{a(1)} \\ \dot{I}_{a(2)} \\ \dot{I}_{a(0)} \end{bmatrix} = \frac{1}{3} \begin{bmatrix} 1 & a & a^2 \\ 1 & a^2 & 1 \\ 1 & 1 & 1 \end{bmatrix} \begin{bmatrix} \dot{I}_a \\ \dot{I}_b \\ \dot{I}_c \end{bmatrix} \tag{11-8}$$

即将三相不对称电流(以后略去"基频"二字) $\dot{I}_a$、$\dot{I}_b$、$\dot{I}_c$ 经过线性变换后，可分解成三组对称的电流，即 a 相电流 $\dot{I}_a$ 分解成 $\dot{I}_{a(1)}$、$\dot{I}_{a(2)}$ 和 $\dot{I}_{a(0)}$，b 相电流 $\dot{I}_b$ 分解成 $\dot{I}_{b(1)}$、$\dot{I}_{b(2)}$ 和 $\dot{I}_{b(0)}$，c 相电流 $\dot{I}_c$ 分解成 $\dot{I}_{c(1)}$、$\dot{I}_{c(2)}$ 和 $\dot{I}_{c(0)}$。其中：$\dot{I}_{a(1)}$、$\dot{I}_{b(1)}$、$\dot{I}_{c(1)}$ 是一组对称的相量，称为正序分量电流；$\dot{I}_{a(2)}$、$\dot{I}_{b(2)}$、$\dot{I}_{c(2)}$ 也是一组对称的相量，但相序与正序相反，称为负序分量电流；$\dot{I}_{a(0)}$、$\dot{I}_{b(0)}$、$\dot{I}_{c(0)}$ 也是一组对称的相量，三个相量完全相等，称为零序分量电流。

由式(11-8)知，只有当三相电流之和不等于零时才有零序分量。如果三相系统是三角形接法，或者是没有中性线(包括以地代中性线)的星形接法，三相线电流之和总为零，不可能有零序分量电流。只有在有中性线的星形接法中才有可能 $\dot{I}_a + \dot{I}_b + \dot{I}_c \neq 0$，则中性线中的电流 $\dot{I}_n = \dot{I}_a + \dot{I}_b + \dot{I}_c = 3\dot{I}_{a(0)}$，即为三倍零序电流，如图 11.2 所示。可见，零序电流必须以中性线作为通路。

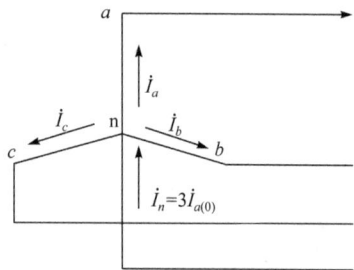

图 11.2 零序电流以中性线作通路

三相系统的线电压之和总为零，因此，三个不对称的线电压分解成对称分量时，其中总不会有零序分量。

【例 11-1】 图 11.3 所示的简单电路中，c 相断开，流过 a、b 两相的电流为 10A。试以 a 相电流为参考相量，计算线电流的对称分量。

解 线电流为

$$\dot{I}_a = 10\angle 0^0 (\text{A}), \quad \dot{I}_b = 10\angle 180^\circ (\text{A}), \quad \dot{I}_c = 0$$

按式(11-8)，a 相线电流的各序电流分量为

$$\dot{I}_{a(1)} = \frac{1}{3}(10\angle 0^\circ + 10\angle(180^\circ + 120^\circ) + 0) = 5 - j2.89 = 5.78\angle -30^\circ(\text{A})$$

$$\dot{I}_{a(2)} = \frac{1}{3}(10\angle 0^\circ + 10\angle(180^\circ + 240^\circ) + 0) = 5 - j2.89 = 5.78\angle -30^\circ(\text{A})$$

$$\dot{I}_{a(0)} = \frac{1}{3}(10\angle 0^\circ + 10\angle 180^\circ + 0) = 0$$

按式(11-2)，b、c 相线电流的各序电流分量为

$$\dot{I}_{b(1)} = 5.78\angle -150^\circ(\text{A}), \qquad I_{c(1)} = 5.78\angle 90^\circ(\text{A})$$

$$\dot{I}_{b(2)} = 5.78\angle 150^\circ(\text{A}), \qquad I_{c(2)} = 5.78\angle -90^\circ(\text{A})$$

$$\dot{I}_{b(0)} = 0, \qquad I_{c(0)} = 0$$

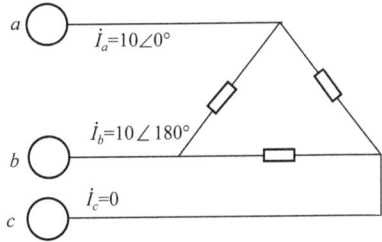

图 11.3 例 11-1 图

三个线电流中没有零序分量电流。另外，虽然 a 相电流为零，但分解后的对称分量却不为零，当然，它的对称分量之和仍为零，其他两相的对称分量之和也仍为它们原来的值。

对称分量法实质上是一种叠加的方法，所以只有当系统线性时才能应用。

11.1.2 序阻抗

在物理意义上，一个三相对称的元件中(如线路、变压器和发电机)，如果流过三相正序电流，则在元件上的三相电压降也是正序的。同样地，如果流过三相负序电流或零序电流，则元件上的三相电压降也是负序的或零序的。即对于三相对称的元件，各序分量是独立的，即正序电压只与正序电流有关，负序、零序也如此。下面以一回三相对称的线路为例说明。

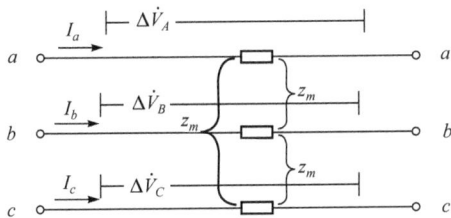

图 11.4 线路的三相阻抗参数

设图 11.4 中线路每相的自感阻抗为 z_s，相间的互感阻抗为 z_m，如果在线路上流过三相不对称的电流(由于其他地方发生不对称故障)，则虽然三相阻抗是对称的，三相电压降也是不对称的。三相电压降与三相电流有如下关系：

$$\begin{bmatrix} \Delta\dot{U}_a \\ \Delta\dot{U}_b \\ \Delta\dot{U}_c \end{bmatrix} = \begin{bmatrix} z_s & z_m & z_m \\ z_m & z_s & z_m \\ z_m & z_m & z_s \end{bmatrix} \begin{bmatrix} \dot{I}_a \\ \dot{I}_b \\ \dot{I}_c \end{bmatrix}$$

$$\tag{11-9}$$

可写为

$$\Delta \boldsymbol{U}_P = \boldsymbol{Z}_P \boldsymbol{I}_P \tag{11-10}$$

将式(11-10)中的三相电压降和三相电流用式(11-5)变换为对称分量，则

$$T\Delta U_S = Z_P T I_S$$

即

$$\Delta U_S = T^{-1} Z_P T I_S = Z_S I_S \tag{11-11}$$

其中

$$Z_S = T^{-1} Z_P T = \begin{bmatrix} z_s - z_m & 0 & 0 \\ 0 & z_s - z_m & 0 \\ 0 & 0 & z_s + 2z_m \end{bmatrix} \tag{11-12}$$

Z_S 即为电压降的对称分量和电流的对称分量之间的阻抗矩阵。式(11-12)说明各序分量是独立的，即

$$\left. \begin{aligned} \Delta \dot{U}_{a(1)} &= (z_s - z_m)\dot{I}_{a(1)} = z_{(1)}\dot{I}_{a(1)} \\ \Delta \dot{U}_{a(2)} &= (z_s - z_m)\dot{I}_{a(2)} = z_{(2)}\dot{I}_{a(2)} \\ \Delta \dot{U}_{a(0)} &= (z_s + 2z_m)\dot{I}_{a(0)} = z_{(0)}\dot{I}_{a(0)} \end{aligned} \right\} \tag{11-13}$$

式中，$z_{(1)}$、$z_{(2)}$、$z_{(0)}$ 分别称为此线路的正序、负序、零序阻抗。对于静止的元件，如线路、变压器等，正序和负序阻抗是相等的。对于旋转的电机，正序和负序阻抗不相等，后面还将分别进行讨论。

式(11-13)表明，在三相结构对称、参数相同的线性电路中，各序对称分量之间的电流、电压关系是相互独立的。也就是说，当电路中流过某一序分量的电流时，只产生同一序分量的电压降。反之，当电路施加某一序分量的电压时，电路中也只产生同一序分量的电流。这样就可以对正序、负序和零序分量分别进行计算。由于正序、负序和零序分量本身都是对称的，因此对于每一序分量来说只要计算其中的一相(a 相)，其他两相便可以按式(11-4)求得。

由于存在式(11-2)的关系，式(11-13)可扩充为

$$\left. \begin{aligned} \Delta \dot{U}_{a(1)} &= z_{(1)}\dot{I}_{a(1)}, & \Delta \dot{U}_{b(1)} &= z_{(1)}\dot{I}_{b(1)}, & \Delta \dot{U}_{c(1)} &= z_{(1)}\dot{I}_{c(1)} \\ \Delta \dot{U}_{a(2)} &= z_{(2)}\dot{I}_{a(2)}, & \Delta \dot{U}_{b(2)} &= z_{(2)}\dot{I}_{b(2)}, & \Delta \dot{U}_{c(2)} &= z_{(2)}\dot{I}_{c(2)} \\ \Delta \dot{U}_{a(0)} &= z_{(0)}\dot{I}_{a(0)}, & \Delta \dot{U}_{b(0)} &= z_{(0)}\dot{I}_{b(0)}, & \Delta \dot{U}_{c(0)} &= z_{(0)}\dot{I}_{c(0)} \end{aligned} \right\} \tag{11-14}$$

式(11-14)进一步说明，对于三相对称的元件中的不对称电流、电压问题的计算，可以分解成三组对称的分量，分别进行计算。

11.1.3 对称分量法在不对称短路计算中的应用

结合图 11.5(a)的简单系统中发生 a 相短路接地的情况，介绍应用对称分量法计算不对称短路的一般原理。下面应用对称分量法分析图 11.5(a)系统中的短路电流及短路点电压(均指基频分量，以后不再说明)的方法。

一台发电机经变压器接于空载输电线路，在线路某处 f 点发生单相(a 相)短路，使故障点出现了不对称的情况。a 相对地阻抗为零(不计电弧等电阻)，a 相对地电压 $\dot{U}_{fa}=0$，而 b、

c 两相的电压 $\dot U_{fb} \neq 0$、$\dot U_{fc} \neq 0$。此时，故障点以外的系统其余部分的参数(指阻抗)仍然是对称的。

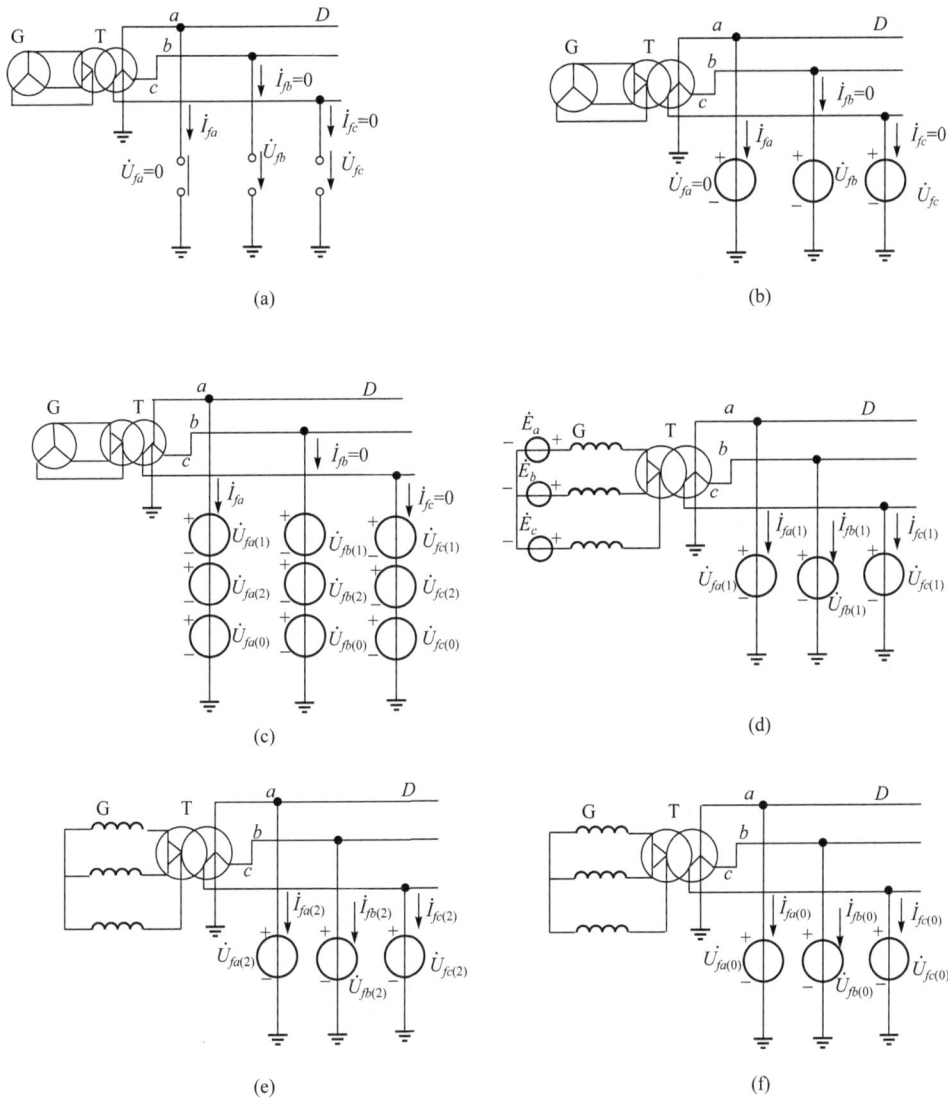

图 11.5　简单不对称短路分析的对称分量法原理

　　故障点 f 发生的不对称短路，使 f 点的三相对地电压 $\dot U_{fa}$、$\dot U_{fb}$、$\dot U_{fc}$ 和由 f 点流出的三相电流(即短路电流) $\dot I_{fa}$、$\dot I_{fb}$、$\dot I_{fc}$ 均为不对称，而这时发电机的电动势仍为三相对称的正序电动势，各元件——发电机、变压器和线路的三相参数当然依旧是对称的。如果将故障处电压和短路电流分解成三组对称分量，如图 11.5(b)所示，则根据前面的分析，发电机、变压器和线路上各序的电压降只与各序电流有关。

　　现在原短路点人为地接入一组三相不对称的电势源，电势源的各相电势与上述各相不对称电压大小相等、方向相反，如图 11.5(b)所示。这种情况与发生不对称故障是等效的，也就是说，网络中发生的不对称故障，可以用在故障点接入一组不对称的电势源来代替。这组不对称电势源可以分解成正序、负序和零序三组对称分量，如图 11.5 所示。根据叠加原理，图 11.5(c)所示的状态，可以看作是(d)、(e)、(f)三图所示状态的叠加。

图 11.5(d)的电路称为正序网络，其中只有正序电势在作用(包括发电机的电势和故障点的正序分量电势)，网络中只有正序电流，各元件呈现的阻抗就是正序阻抗。

图 11.5(e)、(f)的电路分别称为负序网络和零序网络。因为发电机只产生正序电势，所以，在负序和零序网络中，只有故障点的负序和零序分量电势在作用，网络中也只有该序的电流，元件也只呈现该序的阻抗。

根据这三个电路图，可以分别列出各序网络的电压方程。因为每一序都是三相对称的，只需写出 a 相的电压平衡关系，即

$$\left.\begin{aligned}
\dot{E}_a - \dot{U}_{fa(1)} &= \dot{I}_{fa(1)}(z_{G(1)} + z_{T(1)} + z_{L(1)}) \\
0 - \dot{U}_{fa(2)} &= \dot{I}_{fa(2)}(z_{G(2)} + z_{T(2)} + z_{L(2)}) \\
0 - \dot{U}_{fa(0)} &= \dot{I}_{fa(0)}(z_{T(0)} + z_{L(0)})
\end{aligned}\right\} \tag{11-15}$$

其中，零序电压平衡方程不包含发电机零序阻抗，这是因为发电机侧没有零序电流流过。当计算短路电流初始值时，发电机电动势为 $\dot{E}''$，等值阻抗 $z_{G(1)}$ 为 x_d''。

在式(11-15)中有六个未知数(故障点的三序电压和三序电流)，但方程只有三个，故还不能求解故障处的各序电压和电流。因为式(11-15)没有反映故障处的不对称性质，而只是一般地列出了各序分量的电压平衡关系。现在分析图 11.5 中故障处的不对称性质，故障处是 a 相接地，故有如下关系：

$$\dot{U}_{fa} = 0, \ \dot{I}_{fb} = \dot{I}_{fc} = 0 \tag{11-16}$$

将这些关系转换为用 a 相的对称分量表示，则

$$\dot{U}_{fa(1)} + \dot{U}_{fa(2)} + \dot{U}_{fa(2)} = 0$$

$$a^2 \dot{I}_{fa(1)} + a\dot{I}_{fa(2)} + \dot{I}_{fa(0)} = a\dot{I}_{fa(1)} + a^2 \dot{I}_{fa(2)} + \dot{I}_{fa(0)} = 0$$

不难推算得

$$\left.\begin{aligned}
\dot{U}_{fa(1)} + \dot{U}_{fa(2)} + \dot{U}_{fa(0)} &= 0 \\
\dot{I}_{fa(1)} = \dot{I}_{fa(2)} &= \dot{I}_{fa(0)}
\end{aligned}\right\} \tag{11-17}$$

式(11-17)的三个关系式又称为边界条件。利用式(11-15)和式(11-17)即可求得 $\dot{U}_{fa(1)}$、$\dot{U}_{fa(2)}$、$\dot{U}_{fa(0)}$ 和 $\dot{I}_{fa(1)}$、$\dot{I}_{fa(2)}$、$\dot{I}_{fa(0)}$，再利用变换关系式(11-4)即可计算得故障点的三相电压和短路电流(其中 $\dot{U}_{fa} = 0$，$\dot{I}_{fb} = \dot{I}_{fc} = 0$ 是已知的)。

由上述可见，用对称分量法分析电力系统的不对称故障问题，首先要列出各序的电压平衡方程，或者说必须求得各序对故障点的等值阻抗，然后结合故障处的边界条件，即可算得故障处 a 相的各序分量，最后求得各相的量。

实际上，联立求解式(11-15)和式(11-17)的这个计算步骤，可用图 11.6 的等值电路来模拟。图中

$$z_{\Sigma(1)} = z_{G(1)} + z_{T(1)} + z_{L(1)}$$

$$z_{\Sigma(2)} = z_{G(2)} + z_{T(2)} + z_{L(2)}$$

$$z_{\Sigma(0)} = z_{T(0)} + z_{L(0)}$$

为各序对于短路点 f 的等值阻抗。

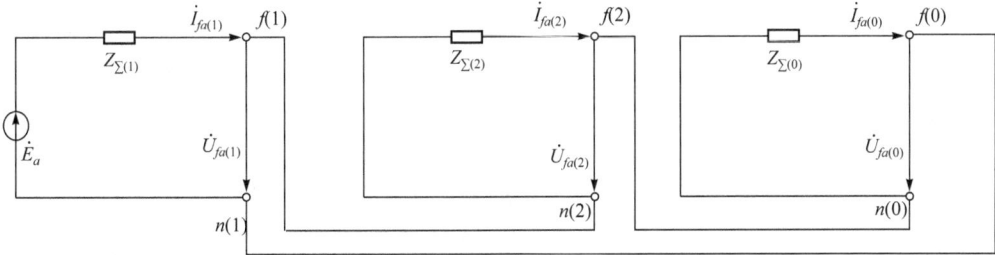

图 11.6 复合序网

这个等值电路又称为 a 相接地的复合序网,它是将满足式(11-15)的三个序网图,在故障处按式(11-17)的边界条件连接起来。式(11-17)的边界条件显然要求三个序网在故障点串联。复合序网中的电动势的阻抗已知,即可求得故障处各序电压和电流,其结果当然与联立求解式(11-15)和式(11-17)是一样的。

以下将进一步讨论系统中各元件的各序阻抗。由式(11-13)知,所谓元件的序阻抗,即为该元件中流过某序电流时,其产生的相应序电压与电流之比值。对于静止元件,正序和负序阻抗总是相等的,因为改变相序并不改变相间的互感。而对于旋转电机,各序电流通过时引起不同的电磁过程,三序阻抗总是不相等的。

11.2 同步发电机的负序和零序电抗

同步发电机对称运行时,只有正序电流存在,相应的电机的参数就是正序参数。稳态时的同步电抗 x_d、x_q,暂态过程中的 x'_d、x''_d 和 x''_q,都属于正序电抗。当系统发生不对称短路时,包括发电机在内的网络中出现的电磁现象是相当复杂的。为分析同步发电机的负序和零序电抗,需要先了解不对称短路时同步发电机内部的电磁关系。

11.2.1 不对称短路时发电机内部的电磁关系

1. 定子绕组的负序电流及其作用下的高次谐波

当发电机定子绕组中通过负序基频电流时,它产生的负序旋转磁场与正序基频电流产生的旋转磁场转向正好相反,因此,负序旋转磁场同转子之间有两倍同步转速的相对运动。负序电抗取决于定子负序旋转磁场所遇到的磁阻(或磁导)。由子转子纵横轴间不对称,随着负序旋转磁场同转子间的相对位置的不同,负序磁场所遇到的磁阻也不同,负序电抗也就不同。

定子绕组的负序电流所产生的负序旋转磁场将在转子各绕组感生两倍同步频率的电流。

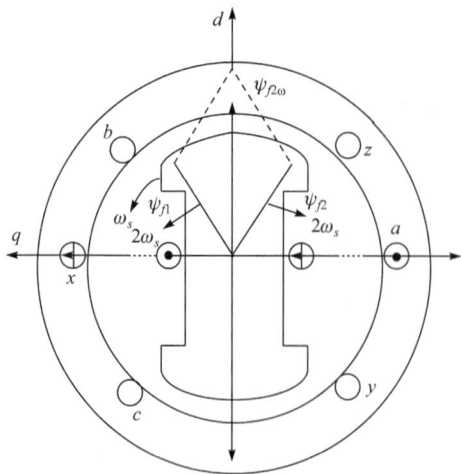

图 11.7 转子脉动磁场的分解

转子倍频电流所建立的倍频脉振磁场又可以分解为两个不同转向、相对于转子以两倍同步转速旋转的磁场，如图 11.7 所示的 $\psi_{f2\omega}$ 和 ψ_{f1}、ψ_{f2}。与转子旋转方向相反而以两倍同步转速旋转的磁场 ψ_{f2} 与定子电流基频负序分量产生的旋转磁场相对静止，顺转子旋转方向以两倍同步转速旋转的磁场 ψ_{f1}，将在定子绕组中感应出三倍基频的正序电动势。

同转子转向相反的旋转磁场相对于定子的负序旋转磁场是静止的，并且起着削弱负序气隙磁场的作用，转子各绕组(或转子本体)的阻尼作用越强，定子负序电流产生的气隙磁通被抵消得就越多，负序电抗值也就越小。另一个与转子转向相同的旋转磁场相对于定子以三倍同步转速旋转，它将在定子绕组内感应出三倍同步频率的正序电势。

如果定子绕组及其外电路的连接状态允许三倍频率电流流通，那么，三倍基频的正序电势将产生三倍基频的正序电流。不仅如此，由于故障处的三相不对称，在三倍基频的正序电势作用下，网络中还要出现三倍基频的负序电流。这项电流通入定子绕组又将在转子各绕组感生四倍基频的电流。由于转子纵横轴间的不对称，发电机还产生五倍基频的正序电势。

这样，基频负序电流便在定子绕组中派生一系列奇次谐波电流。在转子绕组中派生一系列偶次谐波电流。

高次谐波电流的大小同转子纵横轴间不对称的程度有关。当转子完全对称时，由定子基频负序电流所感生的转子纵横轴向的脉振磁场被分别分解为两个转向相反的旋转磁场以后，正转磁场恰好互相抵消，只剩下对定子负序磁场相对静止的反转磁场，它与定子负序磁场相互平衡，这样就不会在定子电路中出现高次谐波电流。

2. 定子绕组的直流分量及其作用下的高次谐波

定子三相绕组中的直流电流合成一个在空间静止的磁动势，产生在空间静止不动的磁场，与转子的相对速度均为同步转速。因此会在励磁绕组中产生以基频交变的磁链，它在转子绕组中将引起基频脉动磁场。

这一脉动磁场可分解为两个旋转磁场：与转子选择方向相同和相反的、都相对于转子以同步转速旋转的磁场。

反转子旋转方向以同步转速旋转的磁场与定子中直流电流的磁场相对静止，顺转子旋转方向旋转的则在定子绕组中感应两倍基频的正序电动势。同样地，由于定子电路处于不对称状态，这组正序电动势将在定子中产生两倍基频的正、负、零序电流。同样地，正序电流的磁场与顺转子旋转方向以同步转速旋转的转子磁场相对静止；零序电流的磁场对转子绕组没有影响；而负序电流的磁场将在转子绕组中感应三倍基频的交流电流，这个电流的脉动磁场又可分解成两个旋转磁场，其中顺转子旋转方向旋转的磁场又将在定子绕组中感应四倍基频的正序电动势；等等，结果是定子电流中含有无限多的偶次谐波分量，而转子电流中含有无限多的奇次谐波分量。这些高次谐波分量与定子直流分量一样衰减，最后衰减为零。

由此可见，在发生不对称短路时，由于发电机转子纵横轴间的不对称，定、转子绕组无论是在稳态还是在暂态过程中，都将出现一系列的高次谐波电流，这就使对发电机序参数的分析变得复杂。为使发电机负序电抗具有确定的含义，取发电机负序端电压的基频分量与负序电流基频分量的比值，作为计算电力系统基频短路电流时发电机的负序阻抗。

上述高次谐波的大小是随着谐波次数的增大而减小的。另外，如果发电机转子交轴方向具有与直轴方向完全相同的绕组，则定子电流中基频负序分量和直流分量的磁场将在转子直轴和交轴绕组中感应同样频率的交流电流，它们将在各自的绕组中产生脉动磁场。这两个磁场在时间和空间的相位都相差90°，因而将只合成一个旋转磁场，其旋转方向和旋转速度则分别与定子电流基频负序分量和直流分量产生的磁场相同，因而两两相对静止。这样，即使定子电路处于不对称状态，在定子和转子电流中也不会出现高次谐波分量。隐极式发电机和凸极式有阻尼绕组发电机转子直轴和交轴方向在电磁方面较对称，电流的谐波分量较小，可以略去不计。

11.2.2 同步发电机的负序电抗

由上述结果可见，伴随着同步发电机定子的负序基频分量，定子绕组中包含许多高频分量。为了避免混淆，通常将同步发电机负序电抗定义为：发电机端点的负序电压基频分量与流入定子绕阻的负序电流基频分量的比值。按这样的定义，在不同的情况下，同步发电机的负序电抗有不同的值。例如，当定子绕组中流过基频负序电流时，其产生的逆转子旋转方向旋转的磁场，相对于转子不同位置时遇到不同的磁阻，即在 d 方向时其等值电抗为 x_d''，在 q 方向时等值电抗为 x_q''。因此发电机端的基频负序电压平均值为 $\frac{1}{2}(I_{(2)}x_d'' + I_{(2)}x_q'')$，故等值的负序电抗为 $\frac{1}{2}(x_d'' + x_q'')$。当端点施加基频负序电压时，则负序电流的平均值为 $\frac{1}{2}\left(\dfrac{U_{(2)}}{x_d''} + \dfrac{U_{(2)}}{x_q''}\right)$，负序电抗为 $2x_d'' x_q'' / (x_d'' + x_q'')$。

实际上，负序电抗用两相稳态短路法或逆同步旋转法测得。如果没有制造厂提供的实测数据，在实用计算中通常就取

$$x_{(2)} = \frac{x_d'' + x_q''}{2} \tag{11-18}$$

11.2.3 同步发电机的零序电抗

同步发电机的零序电抗定义为：施加在发电机端点的零序电压基频分量与流入定子绕组的零序电流基频分量的比值。如前所述，定子绕组的零序电流只产生定子绕组漏磁通，

与此漏磁通相对应的电抗就是零序电抗。这些漏磁通与正序电流产生的漏磁通不相同，因为漏磁通与相邻绕阻中的电流有关。实际上，零序电流产生的漏磁通较正序的要小些，其减小程度与绕组形式有关。零序电抗的变化范围为

$$x_{(0)} = (0.15 \sim 0.6)x_d''$$

实际的零序电抗可通过试验(如开口三角形法)测得。

表 11.1 列出不同类型同步电机 $x_{(2)}$ 和 $x_{(0)}$ 的大致范围。

必须指出，发电机中性点通常是不接地的，即零序电流不能通过发电机，这时发电机的等值零序电抗为无限大。

表 11.1　同步电机的电抗 $x_{(2)}$、$x_{(0)}$

类型 电抗	水轮发电机		汽轮发电机	调相机
	有阻尼绕组	无阻尼绕组		
$x_{(2)}$	0.15~0.35	0.32~0.55	0.134~0.18	0.24
$x_{(0)}$	0.04~0.125	0.04~0.125	0.036~0.08	0.08

11.3　变压器的零序电抗和等值电路

稳态运行时变压器的等值电抗(双绕组变压器即为两个绕组漏抗之和)就是它的正序或负序电抗。变压器的零序电抗和正序、负序电抗是很不相同的。当在变压器端点施加零序电压时，其绕组中有无零序电流，以及零序电流的大小与变压器三相绕组的接线方式和变压器的结构密切相关。现就各类变压器分别讨论如下。

11.3.1　双绕组变压器

零序电压施加在变压器绕组的三角形侧或不接地星形侧时，无论另一侧绕组的接线方式如何，变压器中都没有零序电流流通。这种情况下，变压器的零序电抗 $x_{(0)} = \infty$。

零序电压施加在绕组连接成接地星形一侧时，大小相等、相位相同的零序电流将通过三相绕组经中性点流入大地，构成回路。但在另一侧，零序电流流通的情况则随该侧的接线方式而异。

1. $\mathrm{YNd}(\mathrm{Y}_0 / \triangle)$ 接线变压器

变压器星形侧流过零序电流时，在三角形侧各相绕组中将感应零序电动势，接成三角形的三相绕组为零序电流提供了通路。但因零序电流三相大小相等、相位相同，它只在三角形绕组中形成环流，而流不到绕组以外的线路上去，如图 11.8(a)所示。

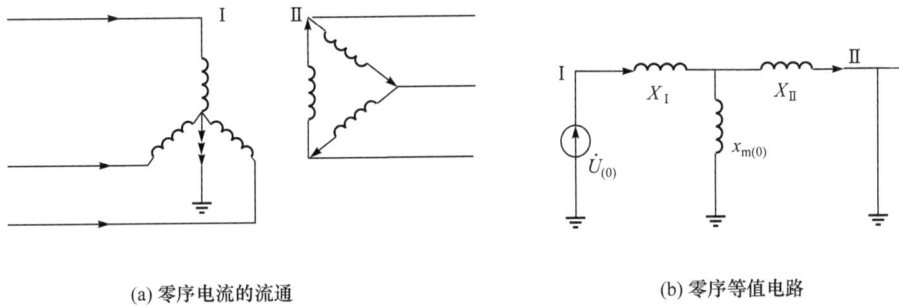

(a) 零序电流的流通   (b) 零序等值电路

图 11.8   YNd 接线变压器的零序等值电路

零序系统是对称三相系统，其等值电路也可以一相表示。就一相而言，三角形侧感应的电动势以电压降的形式完全降落于该侧的漏电抗中，相当于该侧绕组短接。故变压器的零序等值电路如图 11.8(b) 所示。其零序电抗则为

$$x_{(0)} = x_{\mathrm{I}} + \frac{x_{\mathrm{II}} x_{\mathrm{m}(0)}}{x_{\mathrm{II}} + x_{\mathrm{m}(0)}} \tag{11-19}$$

式中，x_{I}、x_{II} 分别为两侧绕组的漏抗；$x_{\mathrm{m}(0)}$ 为零序励磁电抗。

2. YNy(Y_0/Y)接线变压器

变压器一次星形侧流过零序电流，二次星形侧各相绕组中将感应零序电动势。但星形侧中性点不接地，零序电流没有通路，二次星形侧没有零序电流，如图 11.9(a) 所示。这种情况下，变压器相当于空载，零序等值电路将如图 11.9(b) 所示，其零序电抗为

$$x_{(0)} = x_{\mathrm{I}} + x_{\mathrm{m}(0)} \tag{11-20}$$

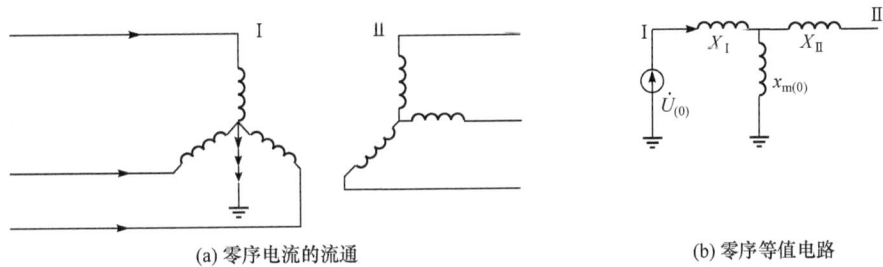

(a) 零序电流的流通   (b) 零序等值电路

图 11.9   YNy 接线变压器的零序等值电路

3. YNyn(Y_0/Y_0)接线变压器

变压器一次星形侧流过零序电流，二次星形侧各绕组中将感应零序电动势。如与二次星形侧相连的电路中还有另一个接地中性点，则二次绕组中将有零序电流流通，如图 11.10(a) 所示，其等值电路如图 11.10(b) 所示，图中还包含了外电路电抗。如果二次绕组回路中没有其他接地中性点，则二次绕组中没有零序电流流通，变压器的零序电抗与 YNy 接线变压器的相同。

在前面讨论的几种变压器的零序等值电路中，特别是星形连接的变压器，零序励磁电

抗对等值零序电抗影响很大。正序的励磁电抗都是很大的。这是由于正序励磁磁通均在铁心内部，磁阻较小。零序的励磁电抗和正序的不一样，它与变压器的结构有很大关系。

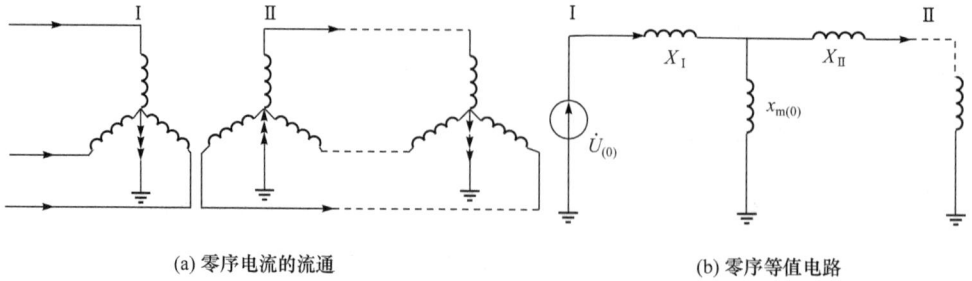

(a) 零序电流的流通   (b) 零序等值电路

图 11.10　YNyn 接线变压器零序等值电路

由三个单相变压器组成的三相变压器，各相磁路独立，正序和零序磁通都按相在其本身的铁心中形成回路，因而各序励磁电抗相等，而且数值很大，以致可以近似地认为励磁电抗为无限大。对于三相五柱式和壳式变压器，零序磁通可以通过没有绕组的铁心部分形成回路，零序励磁电抗也相当大，也可近似认为 $x_{m(0)} = \infty$。

三相三柱式变压器的零序励磁电抗将大不相同。这种变压器的铁心如图 11.11(a) 所示 (每相只画出了一个绕组)。在三相绕组上施加零序电压后，三相磁通同相位，磁通只能由箱壁返回。同时由于磁通经油箱返回，在箱壁中将感应电流，如图 11.11(b) 所示。这样，油箱类似一个具有一定阻抗的短路绕组。因此，这种变压器的零序励磁电抗较小，其值可用试验方法求得，它的标幺值一般很少超过 1.0。

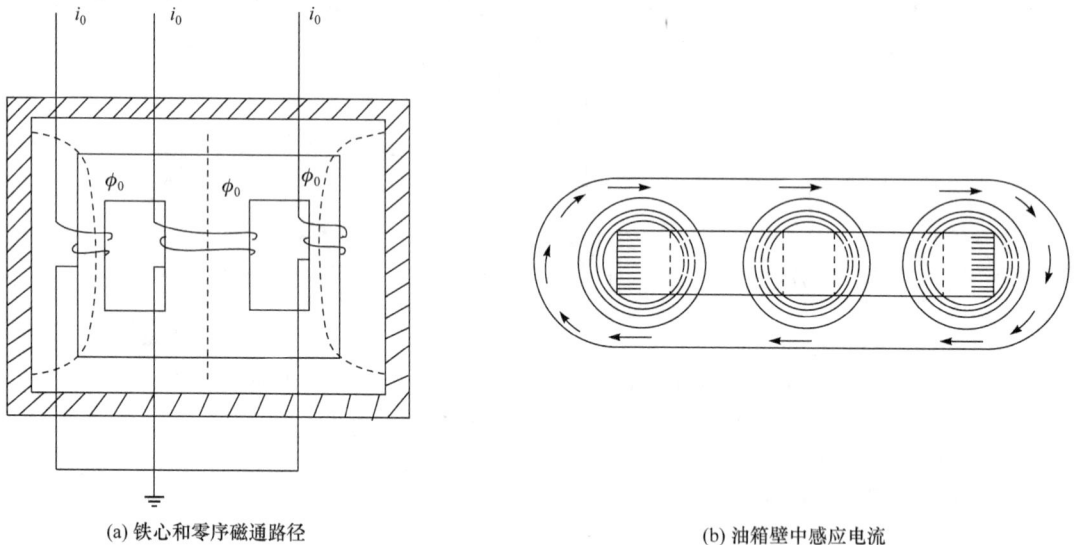

(a) 铁心和零序磁通路径   (b) 油箱壁中感应电流

图 11.11　三相三柱式变压器

综上所述，三个单相变压器组成的变压器组或其他非三相三柱式变压器，由于 $x_{m(0)} = \infty$，当接线为 YNd 和 YNyn 时，$x_{(0)} = x_{\mathrm{I}} + x_{\mathrm{II}} = x_{(1)}$；当接线为 YNy 时，$x_{(0)} = \infty$。对三相三柱式变压器，由于 $x_{m(0)} \neq \infty$，需计入 $x_{m(0)}$ 的具体数值。在 YNd 接线变压器的零序等值电路中，励磁电抗 $x_{m(0)}$ 与二次绕组漏电抗 x_{II} 并联，$x_{m(0)}$ 远比 x_{II} 大，在实用计算中可以近似取

$x_{(0)} \approx x_I + x_{II} = x_{(1)}$。

如果变压器星形侧中性点经过阻抗接地，在变压器流过正序或负序电流时，三相电流之和为零，中性线中没有电流通过，当然中性点的阻抗不需要反映在正、负序等值电路中。当三相为零序电流时，在图 11.12(a)所示的情况下，中性点阻抗上流过 $3\dot{I}_{(0)}$ 电流，变压器中性点电位为 $3\dot{I}_{(0)}Z_n$，因此中性点阻抗必须反映在等值电路中。由于等值电路是单相的，其中流过电流为 $\dot{I}_{(0)}$，所以在等值电路中应以 $3Z_n$ 反映中性点阻抗。图 11.12(b)是 YNd 连接的变压器星形侧中性点经阻抗 z_n 接地时的等值电路。

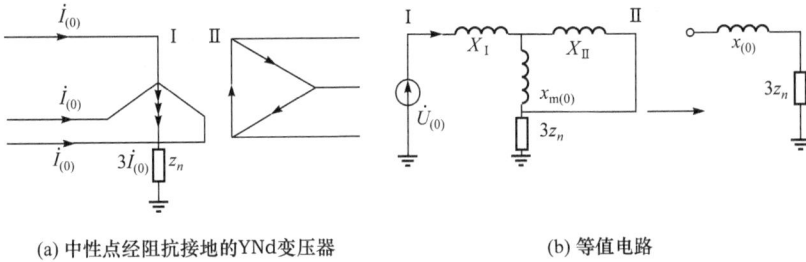

(a) 中性点经阻抗接地的YNd变压器　　　　(b) 等值电路

图 11.12　中性点经阻抗接地的 YNd 变压器及其等值电路

在分析具有中性点接地阻抗的其他类型变压器的零序等值电路时，同样要注意中性点阻抗中实际流过的电流，以便将中性点阻抗正确地反映在等值电路中。

11.3.2　三绕组变压器

在三绕组变压器中，为了消除三次谐波磁通的影响，使变压器的电动势接近正弦波，一般总有一个绕组是连成三角形的，以提供三次谐波电流的通路。通常的接线形式为 YNdy($Y_0/\triangle/Y$)、YNdyn($Y_0/\triangle/Y_0$)和 YNdd($Y_0/\triangle/\triangle$)等。因为三绕组变压器有一个绕组是三角形连接的，可以不计入 $x_{m(0)}$。

图 11.13(a)示出 YNdy 连接的变压器。绕组Ⅲ中没有零序电流通过，因此变压器的零序电抗为

$$x_{(0)} = x_I + x_{II} = x_{I\text{-}II} \tag{11-21}$$

图 11.13(b)示出了 YNdyn 连接的变压器、绕组Ⅱ、Ⅲ都可通过零序电流，Ⅲ绕组中能否有零序电流取决于外电路中有无接地点。

图 11.13(c)示出了 YNdd 连接的变压器，Ⅱ侧和Ⅲ侧绕组各自成为零序电流的闭合回路。Ⅱ侧和Ⅲ侧绕组中的电压降相等，并等于变压器的感应电动势，因而在等值电路中 x_{II} 和 x_{III} 并联。此时变压器的零序电抗为

$$x_{(0)} = x_I + \frac{x_{II} x_{III}}{x_{II} + x_{III}} \tag{11-22}$$

应当指出，在三绕组变压器零序等值电路中的电抗 x_I、x_{II} 和 x_{III} 和正序的情况一样，它们不是各绕组的漏电抗，而是等值的电抗。

(a) YNdy连接

(b) YNdyn连接

(c) YNdd连接

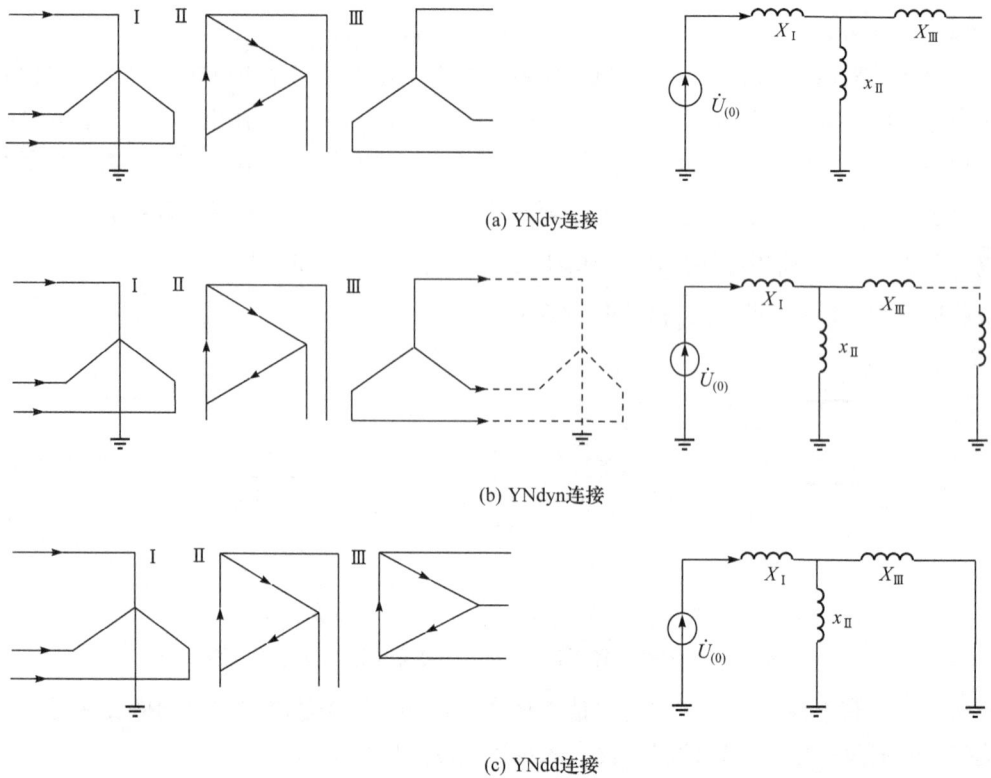

图 11.13　三绕组变压器零序等值电路

11.3.3　自耦变压器

自耦变压器一般用于联系两个中性点接地系统，它本身的中性点一般也是接地的。因此，自耦变压器一、二次绕组都是星形(YN)接线。如果有第三绕组，一般是三角形接线。

1. 中性点直接接地的 YNa(Y_0/Y_0)和 YNad($Y_0/Y_0/\triangle$)接线自耦变压器

图 11.14 示出这两种变压器零序电流流通情况和零序等值电路，设 $x_{m(0)}=\infty$。它们的等值电路和普通的双绕组、三绕组变压器的完全相同。需要注意的是，由于自耦变压器绕组间有直接电的联系，从等值电路中不能直接求取中性点的入地电流，而必须算出一、二次侧的电流有名值 $\dot{I}_{(0)I}$、$\dot{I}_{(0)II}$，则中性点的电流为 $3(\dot{I}_{(0)I}-\dot{I}_{(0)II})$。

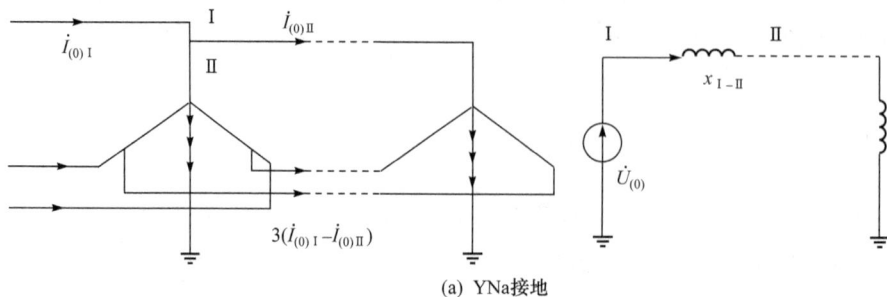

(a) YNa接地

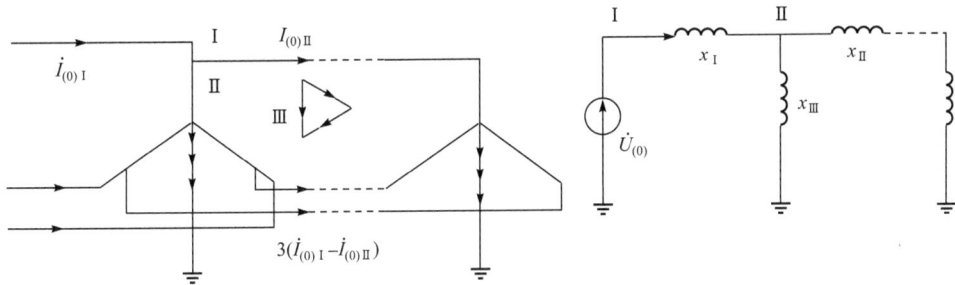

(b) YNad 连接

图 11.14　中性点直接接地的自耦变压器的零序等值电路

2. 中性点经电抗接地的 YNa 和 YNad 接线自耦变压器

这种情形如图 11.15 所示。对于 YNa 接线变压器，设一、二次侧端点与中性点之间的电位差的有名值分别为 $U_{\mathrm{I}n}$、$U_{\mathrm{II}n}$，中性点电位为 U_n，则当中性点直接地时 $U_n = 0$，折算到一次侧的一次和二次绕组端点间的电位差为 $U_{\mathrm{I}n} - U_{\mathrm{II}n} \times \dfrac{U_{\mathrm{I}N}}{U_{\mathrm{II}N}}$（$U_{\mathrm{I}N}$ 和 $U_{\mathrm{II}N}$ 是一次和二次的额定电压）。因此，折算到一次侧的等值零序电抗(即为 I - II 间漏电抗)为

$$x_{\mathrm{I\text{-}II}} = \frac{U_{\mathrm{I}n} - U_{\mathrm{II}n} \times \dfrac{U_{\mathrm{I}N}}{U_{\mathrm{II}N}}}{I_{(0)\,\mathrm{I}}}$$

当中性点经电抗接地时，则折算到一次侧的等值零序电抗为

$$
\begin{aligned}
x'_{\mathrm{I\text{-}II}} &= \frac{(U_{\mathrm{I}n} + U_n) - (U_{\mathrm{II}n} + U_n)\dfrac{U_{\mathrm{I}N}}{U_{\mathrm{II}N}}}{I_{(0)\,\mathrm{I}}} = \frac{U_{\mathrm{I}n} - \dfrac{U_{\mathrm{II}n}U_{\mathrm{I}N}}{U_{\mathrm{II}N}}}{I_{(0)\mathrm{I}}} + \frac{U_n}{I_{(0)\mathrm{I}}}\left(1 - \frac{U_{\mathrm{I}N}}{U_{\mathrm{II}N}}\right) \\
&= x_{\mathrm{I\text{-}II}} + \frac{3x_n(I_{(0)\mathrm{I}} - I_{(0)\mathrm{II}})}{I_{(0)\mathrm{I}}}\left(1 - \frac{U_{\mathrm{I}N}}{U_{\mathrm{II}N}}\right) \\
&= x_{\mathrm{I\text{-}II}} + 3x_n\left(1 - \frac{I_{(0)\mathrm{I}}}{I_{(0)\mathrm{II}}}\right)\left(1 - \frac{U_{\mathrm{I}N}}{U_{\mathrm{II}N}}\right) \\
&= x_{\mathrm{I\text{-}II}} + 3x_n\left(1 - \frac{U_{\mathrm{I}N}}{U_{\mathrm{II}N}}\right)^2
\end{aligned}
\tag{11-23}
$$

其等值电路如图 11.15(a)所示。

对于 YNad 变压器，除了上述的 III 绕组断开时的 $x'_{\mathrm{I\text{-}II}}$，还可以列出将 II 回路开路，折算到 I 侧的 I、III 侧之间的零序电抗为

$$x'_{\mathrm{I\text{-}III}} = x_{\mathrm{I\text{-}III}} + 3x_n \tag{11-24}$$

I 侧绕组断开，折算到 I 侧的 II、III 侧之间的零序电抗为

$$x'_{\mathrm{II\text{-}III}} = x_{\mathrm{II\text{-}III}} + 3x_n\left(\frac{U_{\mathrm{I}N}}{U_{\mathrm{II}N}}\right)^2 \tag{11-25}$$

(a) YNa连接

(b) YNad连接

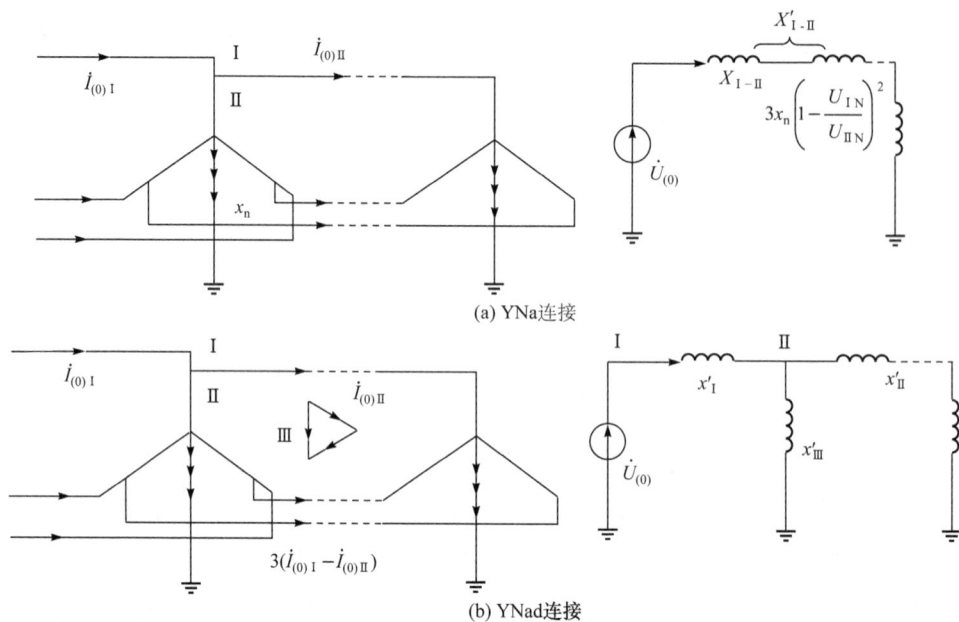

图 11.15　中性点经电抗接地的自耦变压器零序电路

按照求三绕组变压器各绕组等值电抗的计算公式，可求得星形零序等值电路中折算到一次侧的各电抗为

$$
\left.\begin{aligned}
x'_{\text{I}} &= \frac{1}{2}(x'_{\text{I-II}} + x'_{\text{I-III}} - x'_{\text{II-III}}) = x_{\text{I}} + 3x_{\text{n}}\left(1 - \frac{U_{\text{IN}}}{U_{\text{IIN}}}\right) \\
x'_{\text{II}} &= \frac{1}{2}(x'_{\text{I-II}} + x'_{\text{II-III}} - x'_{\text{I-III}}) = x_{\text{II}} + 3x_{\text{n}}\frac{(U_{\text{IN}} - U_{\text{IIN}})U_{\text{IN}}}{U_{\text{IIN}}^2} \\
x'_{\text{III}} &= \frac{1}{2}(x'_{\text{I-III}} + x'_{\text{II-III}} - x'_{\text{I-II}}) = x_{\text{III}} + 3x_{\text{n}}\frac{U_{\text{IN}}}{U_{\text{IIN}}}
\end{aligned}\right\}
\tag{11-26}
$$

以上是按有名值讨论的。如果用标幺值表示，只需将以上所得各电抗除以相应于一次侧的电抗基准值即可。

11.4　输电线路的零序阻抗

11.4.1　输电线路的零序阻抗的物理意义

三相输电线路的零序阻抗，是当三相线路流过零序电流——完全相同的三相交流电流时每相的等值阻抗。这时三相电流之和不为零，不能像三相流过正、负序电流那样，三相线路互为回路，三相零序电流必须另有回路。图 11.16 表示三相架空输电线路零序电流以大地和架空地线(接地避雷线)作为回路的情形。

以下将主要讨论架空输电线的零序阻抗。为便于进行讨论，先介绍单根导线以地为回路时的阻抗。

1. 一个导线—大地回路的自阻抗

图 11.17(a)所示的一根导线 aa'，其中流过电流 I_a，经大地流回。电流在大地中要流经相当大的范围，分析表明，在导线垂直下方大地表面的电流密度较大，越往大地纵深电流密度越小，而且，这种倾向随电流频率和土壤电导系数的增大而越显著。这种回路的阻抗参数的分析计算是比较复杂的。20 世纪 20 年代，卡尔逊(Carson)曾经比较精确地分析了这种"导线—大地"回路的阻抗。分析结果表明，这种回路中的大地可以用一根虚设的导线 gg' 来代替，如图 11.17(b)所示。其中 D_{ag} 为实际导线与虚构导线之间的距离。

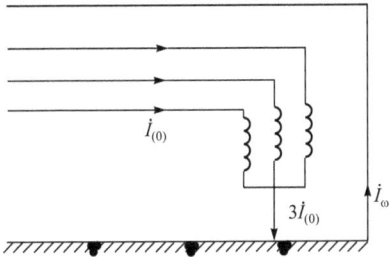

图 11.16　零序电流流通示意图　　　　图 11.17　一个导线—大地回路

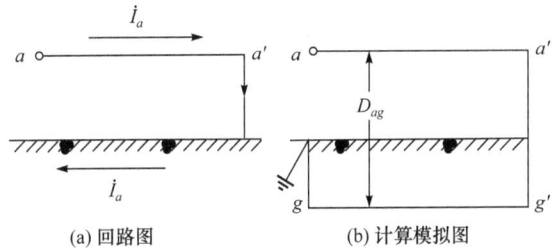

在此回路中，导线 aa' 的电阻 $R_a(\Omega/\text{km})$ 一般是已知的。大地电阻 R_g，根据卡尔逊的推导为

$$R_g = \pi^2 \times 10^{-4} \times f = 9.869 \times 10^{-4} \times f(\Omega/\text{km})$$

在 f=50Hz 时，$R_g = 0.05\Omega/\text{km}$。

下面分析回路的电抗。当在一根导线(严格说应为无限长导线)中通以电流 I 时，沿导线单位长度，从导线中心线到距导线中心线距离为 D 处，交链导线的磁链(包括导线内部的磁链)的公式为

$$\psi = I \times 2 \times 10^{-7} \times \ln\frac{D}{r'}(\text{Wb/m}) \tag{11-27}$$

式中，r' 为计及导线内部电感后的导线的等值半径。若 r 为单根导线的实际半径，则对非铁磁材料的圆形实心线，$r'=0.779r$；对铜或铝的绞线 r' 与绞线股数有关，一般 $r'=0.724\sim0.771r$；钢芯铝线取 $r'=0.81r$；若为分裂导线，r' 应为导线的相应等值半径 r_{eq}，$r_{eq} = \sqrt[n]{r'd_{12}d_{13}\ldots d_{1n}}$，其中 n 为分裂导线根数，$d_{12}, d_{13}, \cdots, d_{1n}$ 为同一相中一根导体与其余 $n-1$ 根导体之间的距离。

应用式(11-27)可得图 11.18(b)中 $aa'g'g$ 回路所交链的磁链为

$$\psi = I_a \times 2 \times 10^{-7}\ln\frac{D_{ag}}{r'} + I_a \times 2 \times 10^{-7} \times \ln\frac{D_{ag}}{r_g}(\text{Wb/m})$$

式中，r_g 为虚构导线的等值半径。

回路的单位长度电抗为

$$x = \frac{\omega \psi}{I_a} = 2\pi f \times 2 \times 10^{-7} \ln \frac{D_{ag}^2}{r' r_g} = 0.1445 \lg \frac{D_{ag}^2}{r' r_g}$$

$$= 0.1445 \lg \frac{D_g}{r'} (\Omega / \text{km}) \tag{11-28}$$

式中， D_g 称为等值深度。

根据卡尔逊的推导， D_g 计算式为

$$D_g = D_{ag}^2 / r_g = \frac{660}{\sqrt{f / \rho}} = \frac{660}{\sqrt{f\gamma}} (\text{m}) \tag{11-29}$$

式中， ρ 为土壤电阻率 (Ω/m) ； γ 为土壤电导率 (S/m) 。

当土壤电导率不明确时，在一般计算中可取 $D_g = 1000\text{m}$ 。

综上所述，单根导线—大地回路单位长度的自阻抗为

$$z_s = R_a + R_g + \text{j}0.1445 \lg \frac{D_g}{r'} (\Omega / \text{km}) \tag{11-30}$$

2. 两个导线—大地回路的互阻抗

图 11.18(a)示出两根导线均以大地作回路，图 11.18(b)为其等值导线模型，其中两根地线回路是重合的。当在图 11.18 中的 bg 回路通过电流 $\dot{I}_b$ 时，则会在 ag 回路产生电压 $\dot{U}_a$ (V/km)，于是两个回路之间的互阻抗为

$$z_{ab} = \dot{U}_a / \dot{I}_b = R_g + \text{j}x_{ab} (\Omega / \text{km})$$

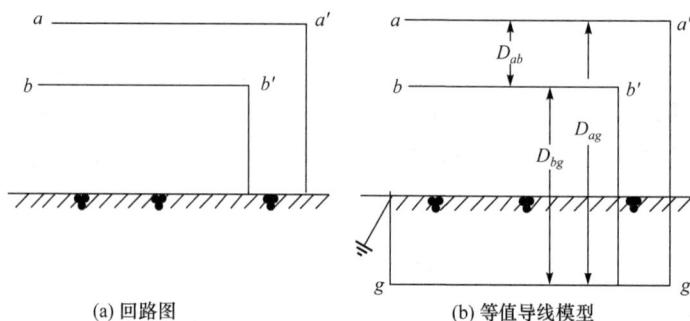

(a) 回路图　　(b) 等值导线模型

图 11.18　两个导线—大地回路

为了确定互感抗 x_{ab} ，先分析两个回路磁链的交链情况。当在 bg 回路中流过电流 $\dot{I}_b$ 时，在 ag 回路所产生的磁链由两部分组成：一部分是由 bb' 中 $\dot{I}_b$ 产生，另一部分由 gg' 中的 $\dot{I}_b$ 产生。已知在一根导线中流过电流 I 时，沿导线单位长度，在距离导线中心为 D_1 和 D_2 之间的磁链为

$$\psi = I \times 2 \times 10^{-7} \times \ln \frac{D_2}{D_1} (\text{Wb/m}) \tag{11-31}$$

应用式(11-31)可求得图 11.18(b)中 a 、 b 两回路的互磁链为

$$\psi_{ab} = 2 \times 10^{-7} \times \left(I_b \ln \frac{D_{bg}}{D_{ab}} + I_b \ln \frac{D_{ag}}{r_g} \right) = 2 \times 10^{-7} \times I_b \ln \frac{D_{bg} D_{ag}}{D_{ab} r_g} \, (\text{Wb/m})$$

因为 $D_{bg} \approx D_{ag}$，所以 $D_{bg} D_{ag} / r_g \approx D_g$，代入上式后，得两回路之间的互感抗为

$$x_{ab} = \omega \frac{\psi_{ab}}{I_b} = 2 \times 10^{-7} \times 2\pi f \ln \frac{D_g}{D_{ab}} (\Omega/\text{km})$$

所以，两回路间单位长度的互阻抗为

$$z_m = R_g + j0.1445 \lg \frac{D_g}{D_{ab}} (\Omega/\text{km}) \tag{11-32}$$

三相架空输电线路可看作由三个导线—大地回路组成，下面就以导线—大地回路的自阻抗 z_s 和互阻抗 z_m 为基础分析各类架空输电线路的零序阻抗。

11.4.2　单回路架空输电线路的零序阻抗

如果三相导线不是对称排列，则每两个导线—大地回路间的互电抗是不相等的，即

$$x_{ab} = 0.1445 \lg \frac{D_g}{D_{ab}}, \quad x_{ac} = 0.1445 \lg \frac{D_g}{D_{ac}}, \quad x_{bc} = 0.1445 \lg \frac{D_g}{D_{bc}}$$

但若经过完全换位，互电抗就可能接近相等，即

$$x_m = \frac{1}{3}(x_{ab} + x_{ac} + x_{bc}) = 0.1445 \lg \frac{D_g}{D_m} (\Omega/\text{km}) \tag{11-33}$$

式中，$D_m = \sqrt[3]{D_{ab} D_{ac} D_{bc}}$，$D_m$ 称为三相导线间的互几何均距。当三相零序电流 $\dot{I}_{(0)}$ 流过三相输电线路，从大地流回时，每一相的等值零序阻抗为 $z_{(0)}$ 则有如下关系：

$$\dot{I}_{(0)} z_0 = \dot{I}_{(0)} z_s + \dot{I}_{(0)} z_m + \dot{I}_{(0)} z_m = \dot{I}_{(0)}(z_s + 2z_m)$$

即

$$z_0 = z_s + 2z_m = R_a + R_g + j0.1445 \lg \frac{D_g}{r'} + 2R_g + j2 \times 0.1445 \lg \frac{D_g}{D_m}$$

$$= (R_a + 3R_g) + j0.4335 \lg \frac{D_g}{D_s} (\Omega/\text{km}) \tag{11-34}$$

式中，$D_s = \sqrt[3]{r' D_m}$，D_s 称为三相导线的自几何均距。

这个零序阻抗也可以从图 11.19 的等值图中推导。在图 11.19 中将三根输电线路看作一根组合导线，其中流过 $3\dot{I}_{(0)}$ 电流，组合导线的等值半径为 D_s，则组合导线的压降为

$$\dot{U}_{(0)} = 3\dot{I}_{(0)} \left(\frac{R_a}{3} + R_g + j0.1445 \lg \frac{D_g}{D_s} \right) (\text{V/km})$$

每相的零序等值阻抗为

$$z_{(0)} = \frac{\dot{U}_{(0)}}{\dot{I}_{(0)}} = 3\left(\frac{R_a}{3} + R_g + j0.1445\lg\frac{D_g}{D_s}\right)$$

$$= R_a + 3R_g + j0.4335\lg\frac{D_g}{D_s}(\Omega/\text{km})$$

与式(11-34)是一致的。

由式(11-34)可见,零序电抗较之正序电抗几乎大三倍,这是由于零序电流三相同相位,相间的互感使每相的等值电感增大的缘故。零序阻抗(包括以后讨论的各种情况)与大地状况有关,一般需通过实测才能得出较准确的数值。在近似估算时可以根据土壤情况选择合适的电导率用公式计算。

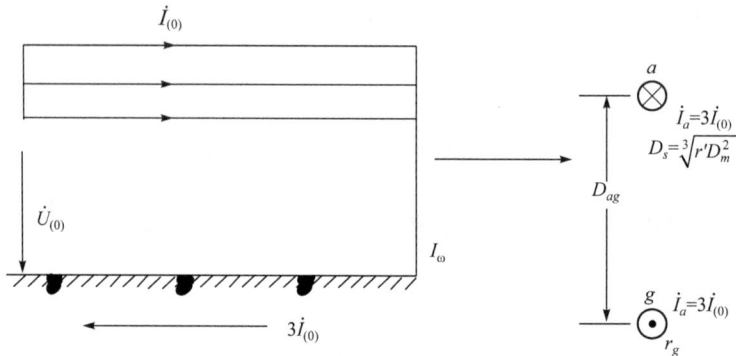

图 11.19　三相零序回路及其等值图

11.4.3　双回路架空输电线路的零序阻抗

平行架设的两回三相架空输电线路中通过方向相同的零序电流时,不仅第一回路的任意两相对第三相的互感产生助磁作用,而且第二回路的所有三相对第一回路的第三相的互感也产生助磁作用,反过来也一样。这就使这种线路的零序阻抗进一步增大。

先讨论两平行回路间的互阻抗。如果不进行完全换位,两回路间任意两相的互阻抗是不相等的。在某一段内,第二回路 a'、b'、c' 对第一回路中 a 相的互阻抗为

$$z_{\text{I-II}(0)} = \left(R_a + j0.1445\lg\frac{D_g}{D_s}\right) + \left(R_g + j0.1445\lg\frac{D_g}{D_{ab'}}\right) + \left(R_g + j0.1445\lg\frac{D_g}{D_{ac'}}\right)$$

$$= 3R_g + j0.4335\lg\frac{D_g}{\sqrt[3]{D_{aa'}D_{ab'}D_{ac'}}}$$

经过完全换位后,第二回路对第一回路 a 相(对其他两相也如此)的互阻抗为

$$z_{\text{I-II}(0)} = \frac{1}{3}\left[\left(3R_g + j0.4335\lg\frac{D_g}{\sqrt[3]{D_{aa'}D_{ab'}D_{ac'}}}\right)\right.$$

$$\left. + \left(3R_g + j0.4335\lg\frac{D_g}{\sqrt[3]{D_{ba'}D_{bb'}D_{bc'}}}\right)\right.$$

$$+\left(3R_g + \text{j}0.4335\lg\frac{D_g}{\sqrt[3]{D_{ca'}D_{cb'}D_{cc'}}}\right)\Bigg]$$

$$=3R_g + \text{j}0.4335\lg\frac{D_g}{\sqrt[3]{D_{aa'}D_{ab'}D_{ac'}D_{ba'}D_{bb'}D_{bc'}D_{ca'}D_{cb'}D_{cc'}}}$$

$$=3R_g + \text{j}0.4335\lg(D_g / D_{\text{I-II}}) \quad (\Omega/\text{km}) \tag{11-35}$$

式中，$D_{\text{I-II}} = \sqrt[9]{D_{aa'}D_{ab'}D_{ac'}D_{ba'}D_{bb'}D_{bc'}D_{ca'}D_{cb'}D_{cc'}}$ ，$D_{\text{I-II}}$ 称为两个回路之间的互几何均距。$D_{\text{I-II}}$ 越大，则互感值越小。

下面讨论图 11.20(a)所示的双回线路的零序阻抗。如果两个回路参数不同，零序自阻抗分别为 $z_{\text{I}(0)}$ 和 $z_{\text{II}(0)}$，由图 11.20(a)可列出这种双回线路的电压方程式为

$$\left.\begin{aligned}\Delta\dot{U}_{(0)} &= z_{\text{I}(0)}\dot{I}_{\text{I}(0)} + z_{\text{I-II}(0)}\dot{I}_{\text{II}(0)}\\ \Delta\dot{U}_{(0)} &= z_{\text{II}(0)}\dot{I}_{\text{II}(0)} + z_{\text{I-II}(0)}\dot{I}_{\text{I}(0)}\end{aligned}\right\} \tag{11-36}$$

将式(11-36)改写为

$$\left.\begin{aligned}\Delta\dot{U}_{(0)} &= \left[z_{\text{I}(0)} - z_{\text{I-II}(0)}\right]\dot{I}_{\text{I}(0)} + z_{\text{I-II}(0)}(\dot{I}_{\text{I}(0)} + \dot{I}_{\text{II}(0)})\\ &= z_{\text{I }\sigma(0)}\dot{I}_{\text{I}(0)} + z_{\text{I-II}(0)}(\dot{I}_{\text{I}(0)} + \dot{I}_{\text{II}(0)})\\ \Delta\dot{U}_{(0)} &= \left[z_{\text{II}(0)} - z_{\text{I-II}(0)}\right]\dot{I}_{\text{II}(0)} + z_{\text{I-II}(0)}(\dot{I}_{\text{I}(0)} + \dot{I}_{\text{II}(0)})\\ &= z_{\text{II }\sigma(0)}\dot{I}_{\text{II}(0)} + z_{\text{I-II}(0)}(\dot{I}_{\text{I}(0)} + \dot{I}_{\text{II}(0)})\end{aligned}\right\} \tag{11-37}$$

式中

$$z_{\text{I }\sigma(0)} = \left(r_{\text{I}} + 3R_g + \text{j}0.4335\lg\frac{D_g}{D_{s\text{I}}}\right) - \left(3R_g + \text{j}0.4335\lg\frac{D_g}{D_{\text{I-II}}}\right)$$

$$= r_{\text{I}} + \text{j}0.4335\lg\frac{D_{\text{I-II}}}{D_{s\text{I}}}(\Omega/\text{km})$$

$$z_{\text{II }\sigma(0)} = (r_{\text{II}} + 3R_g + \text{j}0.4335\lg\frac{D_g}{D_{s\text{II}}}) - (3R_g + \text{j}0.4335\lg\frac{D_g}{D_{\text{I-II}}})$$

$$= r_{\text{I}} + \text{j}0.4335\lg\frac{D_{\text{I-II}}}{D_{s\text{II}}}(\Omega/\text{km})$$

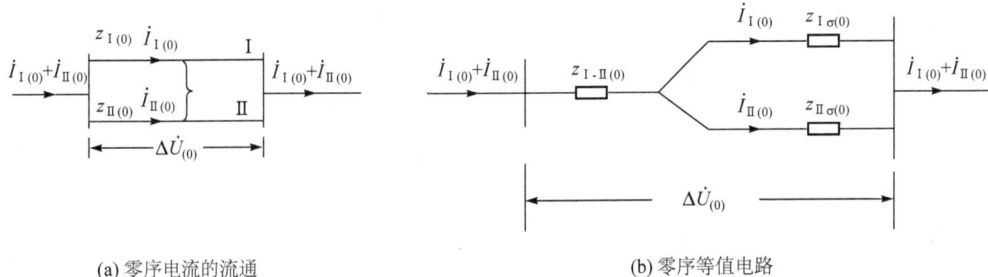

(a) 零序电流的流通　　　　　　　　　　(b) 零序等值电路

图 11.20　平行双回线路的零序等值电路

按式(11-37)可绘制平行双回线路的零序等值电路如图 11.20(b)所示。如果两个回路完全相同，$z_{I(0)} = z_{II(0)} = z_{(0)}$，则每一回路的零序阻抗为

$$z_{(0)}^{(2)} = z_{(0)} + z_{I\text{-}II(0)}(\Omega / km) \tag{11-38}$$

如果零序电流并不如图 11.20(a)所示从双回线路端流入，而是从某回路当中流入，如图 11.21(a)和图 11.22(a)所示，即不对称故障发生在线路中间，则可对于故障点两侧应用等值电路，如图 11.21(b)和图 11.22(b)所示。

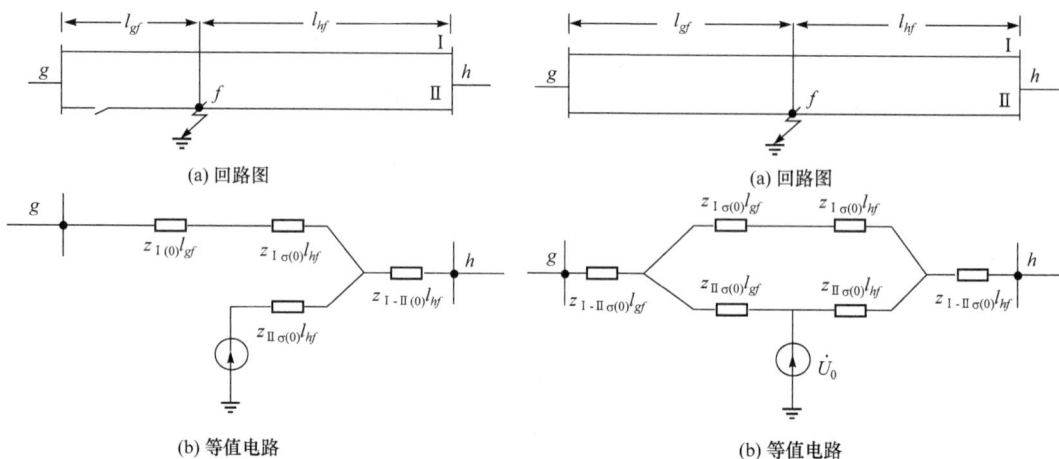

(a) 回路图   (a) 回路图

(b) 等值电路   (b) 等值电路

图 11.21 故障回路一段断开的零序等值电路   图 11.22 一回线路故障的零序等值电路

11.4.4 架空地线的影响

1. 有架空地线的单回线路

图 11.23(a)所示为有一根架空地线的单回线路，其导线中零序电流以大地和架空地线为回路，如图 11.23(b)所示。设流经大地和架空地线的电流分别为 $\dot{I}_g$ 和 $\dot{I}_\omega$，则有

$$\dot{I}_g + \dot{I}_\omega = 3\dot{I}_{(0)}$$

相对于一相电流来讲，大地中和架空地线中的零序电流分别为

$$\dot{I}_{g(0)} = \frac{1}{3}\dot{I}_g, \quad \dot{I}_{\omega(0)} = \frac{1}{3}\dot{I}_\omega$$

架空地线也可看作一个导线—大地回路。它的自阻抗也可以用式(11-30)表示。由于 $\dot{I}_{\omega(0)} = \frac{1}{3}\dot{I}_\omega$，在以一相表示的等值电路中，它的阻抗应放大三倍，即架空地线的零序自阻抗为

$$z_{\omega(0)} = 3R_\omega + 3R_g + j0.4335\lg\frac{D_g}{r'_\omega}(\Omega / km) \tag{11-39}$$

式中，r'_ω 为架空地线的等值半径。

架空地线多用钢绞线，由于是磁性材料，内部电抗较大，一般生产厂家提供内电抗 x_{in}，则可将式(11-39)中电抗改写为

$$x_\omega = 0.1445 \lg \frac{D_g}{r'_\omega} = 0.1445 \lg \frac{D_g}{r_\omega} + x_{in}$$

式中，r_ω 为架空地线实际半径。由上式可得计及内电抗后的等值半径为

$$r'_\omega = r_\omega \times 10^{\frac{-x_{in}}{0.1445}} = r_\omega e^{-15.93 x_{in}} \tag{11-40}$$

三相导线和架空地线间的零序互阻抗为

$$z_{c\omega(0)} = 3R_g + j0.4335 \lg \frac{D_g}{D_{c-\omega}} (\Omega/km) \tag{11-41}$$

式中，$D_{c-\omega} = \sqrt[3]{D_{a\omega} D_{b\omega} D_{c\omega}}$，$D_{c-\omega}$ 为三相导线和架空地线间的互几何均距。

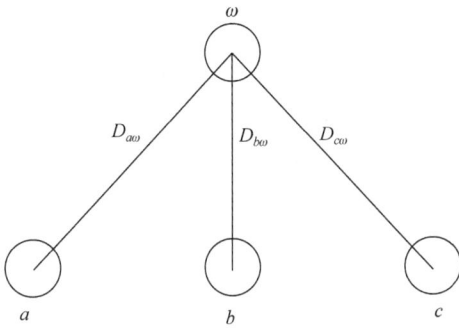

(a) 导线和架空地线布置图

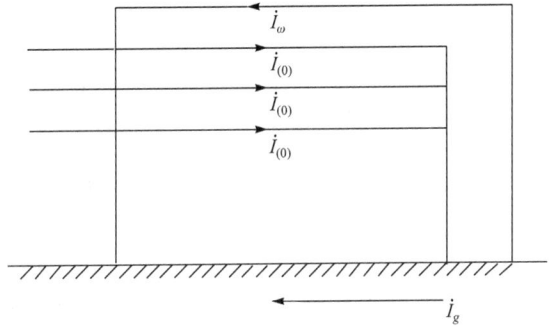

(b) 零序电流流通图

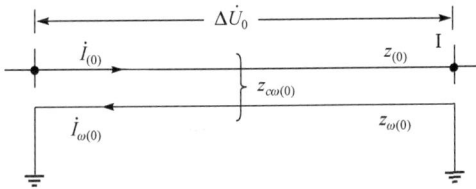

(c) 单相回路图

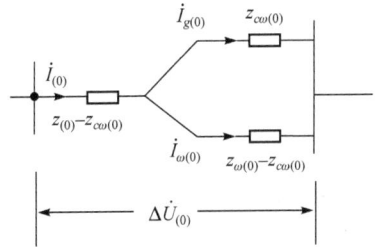

(d) 零序等值电路

图 11.23　有架空地线的单回线路的零序等值电路

以一相表示的回路图如图 11.23(c)所示。可列出其电压方程式为

$$\left.\begin{array}{l} \Delta \dot{U}_{(0)} = z_{(0)} \dot{I}_{(0)} - z_{c\omega(0)} \dot{I}_{\omega(0)} \\ 0 = z_{\omega(0)} \dot{I}_{\omega(0)} - z_{c\omega(0)} \dot{I}_{(0)} \end{array}\right\} \tag{11-42}$$

由第二式可得

$$\dot{I}_{\omega(0)} = \frac{z_{c\omega(0)}}{z_{\omega(0)}} \dot{I}_{(0)}$$

代入第一式后得

$$\Delta \dot{U}_{(0)} = \left(z_{(0)} - \frac{z_{c\omega(0)}^2}{z_{\omega(0)}} \right) \dot{I}_{(0)}$$

由此可得有架空地线的单回路架空输电线路的每相零序阻抗为

$$z_{(0)}^{(\omega)} = z_{(0)} - \frac{z_{c\omega(0)}^2}{z_{\omega(0)}} = (z_{(0)} - z_{c\omega(0)}) + \frac{z_{c\omega(0)}(z_{\omega(0)} - z_{c\omega(0)})}{z_{c\omega(0)} + (z_{\omega(0)} - z_{c\omega(0)})} (\Omega / \text{km}) \tag{11-43}$$

按此式绘制的零序等值电路如图 11.23(d)所示。

由式(11-43)可见，由于架空地线的影响，线路的零序阻抗将减小。这是因为架空地线相当于导线旁边的一个短路线圈，它对导线起去磁作用。架空地线距导线越近，$z_{c\omega(0)}$越大，这种去磁作用也越大。

如果架空地线由两根组成，如图 11.24 所示。线路的零序阻抗仍可用式(11-43)表示，只是其中

$$z_{\omega(0)} = 3 \times \frac{R_\omega}{2} + 3R_g + \text{j}0.4335 \lg \frac{D_g}{D_{s\omega}} (\Omega / \text{km})$$

$$\tag{11-44}$$

图 11.24　有两根架空地线的单回线路

式中，$D_{s\omega} = \sqrt{r'_\omega D_\omega}$ 称为架空地线的自几何均距，也是把两根架空地线看作组合导线时的等值半径。

另外，$z_{c\text{-}\omega}$ 的表达式(11-41)中的 $D_{c\text{-}\omega}$ 应改为

$$D_{c\text{-}\omega} = \sqrt[6]{D_{a\omega 1}D_{b\omega 1}D_{c\omega 1}D_{a\omega 2}D_{b\omega 2}D_{c\omega 2}} \tag{11-45}$$

2. 有架空地线的同杆双回线路

图 11.25(a)示出一同杆双回线路的地线和导线的布置图。与前类似，可作出一相的回路图，如图 11.25(b)所示，其中将架空地线 ω_1、ω_2 组成组合导线。

假设两回线路完全相同，两架空地线也完全相同，且对两回线路的相对位置对称。则图 11.25 中：$z_{\text{I}(0)} = z_{\text{II}(0)} = z_{(0)}$ 为每回线路的零序自阻抗式(11-34)；$z_{\text{I-II}}$ 为两回线路间互阻抗式(11-35)；$z_{\omega(0)}$ 为架空地线自阻抗式(11-44)；$z_{\text{I}\,\omega(0)} = z_{\text{II}\,\omega(0)} = z_{c\text{-}\omega(0)}$ 分别为 I、II 回路与架空地线的互阻抗(式(11-41)和式(11-45))，写出电压降方程：

$$\left. \begin{array}{l} \Delta \dot{U}_{(0)} = z_{(0)} \dot{I}_{\text{I}(0)} + z_{\text{I-II}(0)} \dot{I}_{\text{II}(0)} - z_{c\omega(0)} \dot{I}_{\omega(0)} \\ \Delta \dot{U}_{(0)} = z_{(0)} \dot{I}_{\text{II}(0)} + z_{\text{I-II}(0)} \dot{I}_{\text{I}(0)} - z_{c\omega(0)} \dot{I}_{\omega(0)} \\ 0 = z_{\omega(0)} \dot{I}_{\omega(0)} - z_{c\omega(0)} \dot{I}_{\text{I}(0)} - z_{c\omega(0)} \dot{I}_{\text{II}(0)} \end{array} \right\} \tag{11-46}$$

从方程中消去 $\dot{I}_{\omega(0)}$ 得

$$\left. \begin{array}{l} \Delta \dot{U}_{(0)} = z_{(0)}^{(\omega)} \dot{I}_{\text{I}(0)} + z_{\text{I-II}(0)}^{(\omega)} \dot{I}_{\text{II}(0)} \\ \Delta \dot{U}_{(0)} = z_{(0)}^{(\omega)} \dot{I}_{\text{II}(0)} + z_{\text{I-II}(0)}^{(\omega)} \dot{I}_{\text{I}(0)} \end{array} \right\} \tag{11-47}$$

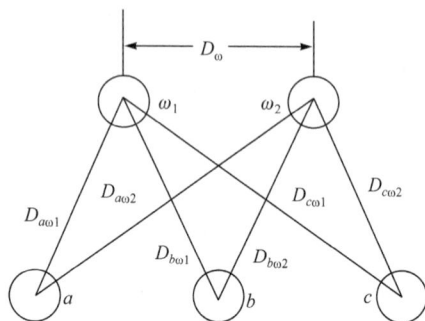

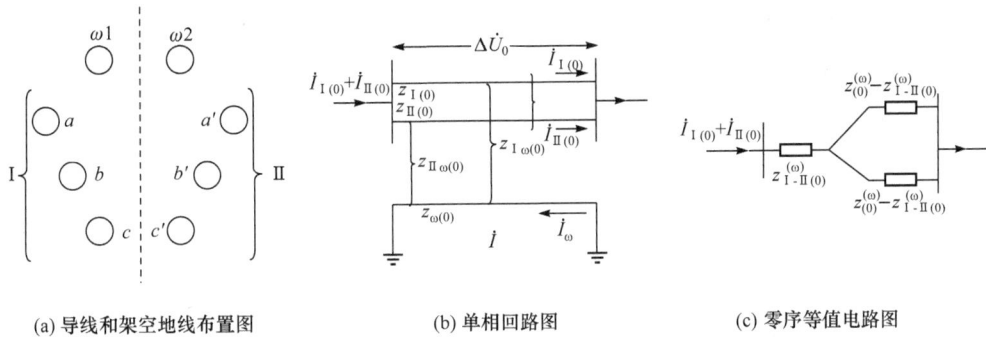

| (a) 导线和架空地线布置图 | (b) 单相回路图 | (c) 零序等值电路图 |

图 11.25 有架空地线的同杆双回线路

式中

$$z_{(0)}^{(\omega)} = z_{(0)} - \frac{z_{c\omega(0)}^2}{z_{\omega(0)}}, \quad z_{\text{I-II}(0)}^{(\omega)} = z_{\text{I-II}(0)} - \frac{z_{c\omega(0)}^2}{z_{\omega(0)}}$$

分别为计及架空地线影响后，Ⅰ、Ⅱ回线路的零序自、互阻抗。

式(11-47)与式(11-36)类似，其零序等值电路图 11.25(c)也与图 11.20(b)类似，因而计及架空地线影响后每回线路的一相零序阻抗可按式(11-48)写出，即

$$z_{(0)}^{(2,\omega)} = z_{(0)}^{(\omega)} + z_{\text{I-II}(0)}^{(\omega)} = z_{(0)} - \frac{z_{c\omega(0)}^2}{z_{\omega(0)}} + z_{\text{I-II}(0)} - \frac{z_{c\omega(0)}^2}{z_{\omega(0)}}$$

$$= z_{(0)}^{(2)} - 2\frac{z_{c\omega(0)}^2}{z_{\omega(0)}} \tag{11-48}$$

零序阻抗在计及架空地线影响后当然减小。

实际上，架空线路沿线情况复杂，地形、土壤电导系数、导线在杆塔上的布置等变化不一，特别是在山区的线路，运用前列公式计算其零序阻抗未必准确。因此，对已建成的线路一般均通过实测确定其零序阻抗。对于一般高压线路，当线路情况不明时，作为近似估计可参考表 11.2。

表 11.2 架空线路零序电抗与正序电抗比值

线路类型	$x_{(0)}/x_{(1)}$	线路类型	$x_{(0)}/x_{(1)}$
无架空地线单回线路	3.5	有铁磁导体架空地线双线回路	4.7
无架空地线双回线路	5.5	有良导体架空地线单线回路	2.0
有铁磁导体架空地线单回线路	3.0	有良导体架空地线双线回路	3.0

近年来，一般在超高压线路采用两根架空地线。其中：一根采用内部有通信用光纤、外层的恺装部分由铝包钢绞线或铝合金绞线或镀锌钢绞线等组成的光纤复合架空地线——OPGW(Optical Fiber Composite Overhead Ground Wire)，此线全线接地；而另一根仍为普通架空地线，为减少正常运行时地线中的电能损耗(地线对三相导线不对称引起)，此地线是分段的。每段 5～6km，其首端接地，末端接有放电间隙，其余全段均由绝缘子支撑。显然，放电间隙未击穿时每段地线均不成回路。

11.4.5 电缆线路的零序阻抗

电缆芯间距离较小,其线路的正序(或负序)电抗比架空线路的要小得多。通常电缆的正序电阻和电抗的数值由制造厂提供。

关于电缆的零序阻抗,由于电缆的铅(铝)包护层在电缆的两端和中间一些点是接地的,电缆线路的零序电流可以同时经大地和铅(铝)包护层返回,护层相当于架空地线。但返回的零序电流在大地和护层之间的分配则与护层本身的阻抗和它的接地阻抗有关,而后者又因电缆的敷设方式等因素而异。因此,准确计算电缆线路的零序阻抗比较困难,一般通过实测确定。在近似估算中可取 $r_{(0)} = 10 r_{(1)}$, $x_{(0)} = (3.5 \sim 4.6) x_{(1)}$。

11.5 零序网络的构成

零序网络中不包含电源的电动势。只有在不对称故障点,根据不对称的边界条件,分解出零序电压,才可看作零序分量的电源。零序电流如何流通,则和网络的结构,特别是变压器的接线方式与中性点的接地方式有关。一般情况下,零序网络结构和正、负序网络是不一样的,而且元件参数也不一样。

图 11.26 示出一个构成零序网络的例子。图 11.26(a)为系统图;图 11.26(b)为零序网络图,其绘制方法是将各元件的零序等值电路连起来(忽略电阻),其中忽略了 T3 的励磁电抗。由图 11.26(b)可见,不对称短路在不同的地方,零序电流流通情况是不同的。如果故障点在 L1 上,零序电流流通情况如图 11.26(c)所示,零序网络中不包括 x_1 和 x_9,另外 x_5 应分成两部分。如果故障点在 G1 的端点,则零序电流只能流过 G1,零序网络中只有 x_1。若故障点在 G2 的端点,则没有零序电流,即零序网络是断开的。因此,一般在计算中只按故障点来画零序网络,即在故障点加零序电压的情况下,以零序电流可能流通的回路作出零序网络图。

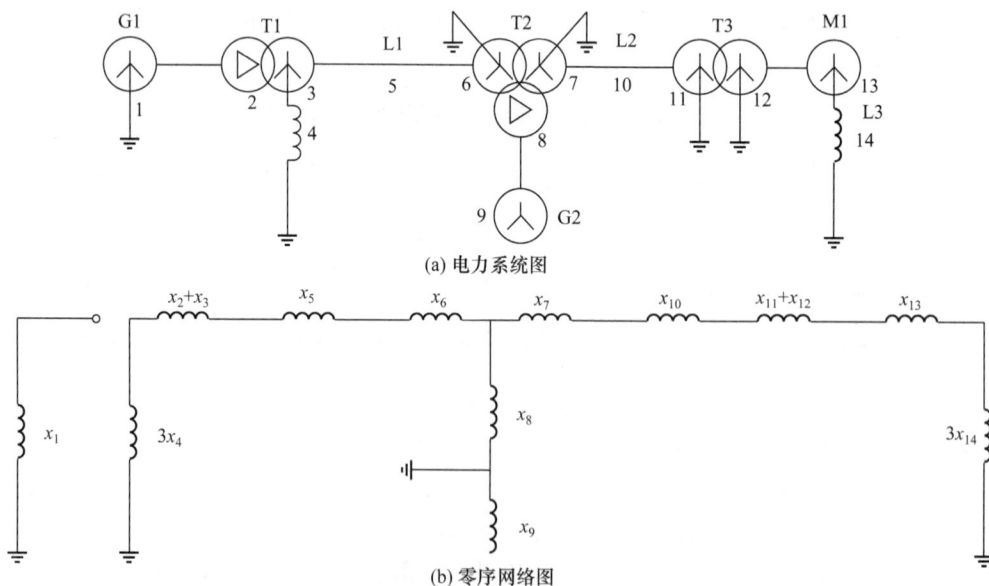

(a) 电力系统图

(b) 零序网络图

(c) 线路L1发生不对称故障时的零序电流流通图

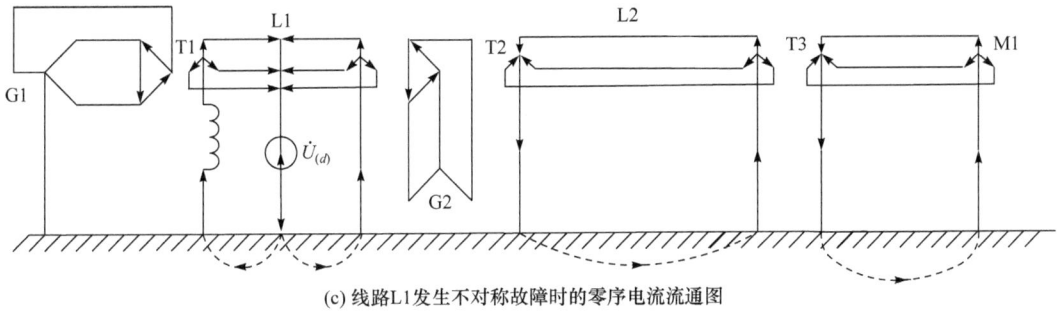

图 11.26 制定零序网络

图 11.27(b)、(c)分别是如图 11.27(a)所示的系统在 f 点发生不对称短路时的正序和零序网络图。正序网络图和系统接线图相比仅仅是少了与负荷相连的变压器。画零序网络时从 f 点出发，在图 11.27(a)中 f 点的下方有 T7 可以作为零序电流的通路，f 点的上方经过 7 条线路和 T2、T3、T6 作为零序电流通路。进一步简化网络可以求得从 f 点看进网络的等值正序和零序阻抗 $Z_{ff(1)}$ 和 $Z_{ff(0)}$。

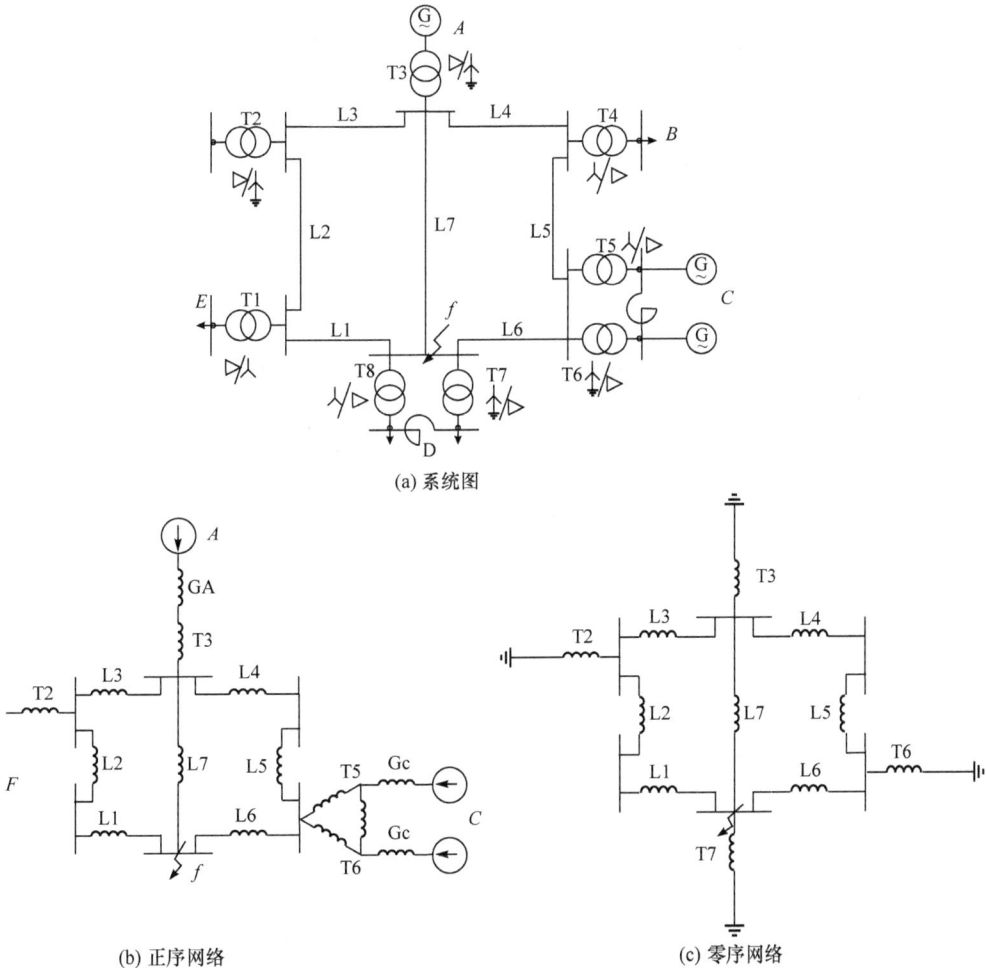

(a) 系统图

(b) 正序网络

(c) 零序网络

图 11.27 序图图例

第 12 章　电力系统不对称故障分析

电力系统正常运行时可认为是三相对称的，即各元件三相阻抗相同，各处三相电压和电流对称，且具有正弦波形和正常相序。电力系统对称运行方式的破坏主要与故障有关。如发生不对称短路或个别地方一相或两相断开等。电力系统对称运行方式遭到破坏时，三相电压和电流将不对称，而且波形也发生不同程度的畸变，即除基波，还含有一系列谐波分量。

从突然三相短路的物理过程分析可知，短路的物理过程非常复杂，严格的分析计算比较困难，而近似的实用计算则比较简单。实际电力系统中的短路故障大多数是不对称的，要准确地分析不对称短路的过程是相当复杂的，本书介绍分析不对称故障时电力系统中基频分量的方法，且假定在暂态过程的任一瞬间系统的电压和电流都为正弦波。这样，不对称运行方式的分析就可简化为正弦电势作用下三相不对称电路的分析，可以用相量法计算。由于只有个别地点发生不对称短路或开断导致三相阻抗不相等，系统其他各元件的三相阻抗及三相互感之间仍保持相等，所以一般不使用直接求解复杂的三相不对称电路的方法，而采用更简单的对称分量法进行分析。

12.1　不对称短路时故障处的短路电流和电压

图 12.1(a)表示一个任意复杂的电力系统，在 f 点发生不对称短路，将故障点短路电流和对地电压分解成对称分量。正序网络及其应用戴维南定理对短路点的等值电路如图 12.1(b)所示，f 点自阻抗 $z_{ff(1)}$ 即为从 f 点看进网络的等值阻抗 $z_{\Sigma(1)}$。$\dot{U}_{f|0|}$ 为 f 点正常时电压，即开路电压。负序网络及其等值电路如图 12.1(c)所示，发电机的负序电抗为 x_{G2}，可近似等于 x''_d。同样，$z_{ff(2)} = z_{\Sigma(2)}$。

零序网络及其等值电路如图 12.1(d)所示。由于发电机中性点往往是不接地的，其零序阻抗开路。零序网络结构和正序网络是不相同的。同样，$z_{ff(0)} = z_{\Sigma(0)}$。根据三个序网的等值电路，可写出一般的三序电压平衡方程：

$$\left.\begin{array}{l} \dot{U}_{f|0|} - \dot{U}_{f(1)} = \dot{I}_{f(1)} z_{\Sigma(1)} \\ 0 - \dot{U}_{f(2)} = \dot{I}_{f(2)} z_{\Sigma 1} \\ 0 - \dot{U}_{f(0)} = \dot{I}_{f(0)} z_{\Sigma(0)} \end{array}\right\} \tag{12-1}$$

式中省略了下标 a。式(12-1)是式(11-15)的一般形式。

下面结合各种不对称短路故障处的边界条件，分析短路电流和电压。

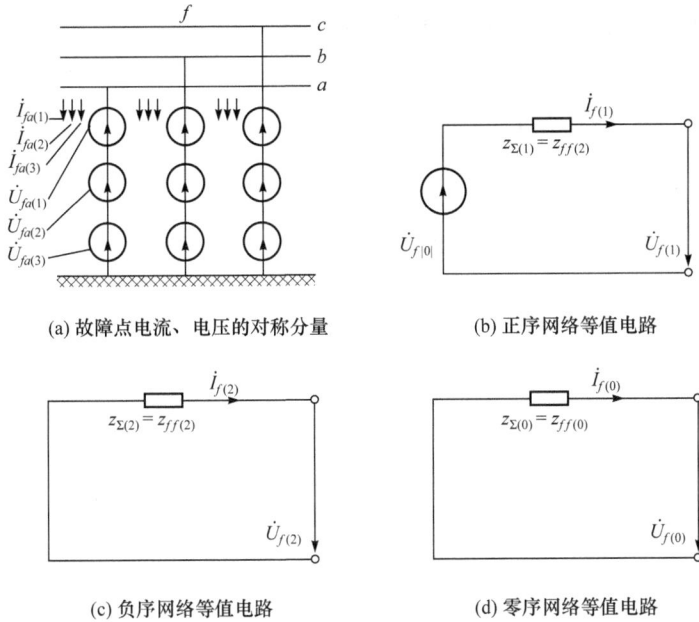

(a) 故障点电流、电压的对称分量   (b) 正序网络等值电路

(c) 负序网络等值电路   (d) 零序网络等值电路

图 12.1 系统各序等值电路

12.1.1 单相接地短路

给出 a 相接地时边界条件，略去下标 a 则为

$$\left.\begin{array}{l} \dot{U}_{f(1)} + \dot{U}_{f(2)} + \dot{U}_{f(0)} = 0 \\ \dot{I}_{f(1)} = \dot{I}_{f(2)} = \dot{I}_{f(0)} \end{array}\right\} \tag{12-2}$$

解联立方程式(12-1)和式(12-2)，或者直接由图 11.6 所示的复合序网均可解得故障处的三序电流为

$$\dot{I}_{f(1)} = \dot{I}_{f(2)} = \dot{I}_{f(0)} = \frac{\dot{U}_{f|0|}}{z_{\Sigma(1)} + z_{\Sigma(2)} + z_{\Sigma(0)}} \tag{12-3}$$

故障相(a 相)的短路电流为

$$\dot{I}_f = \dot{I}_{f(1)} + \dot{I}_{f(2)} + \dot{I}_{f(0)} = \frac{3\dot{U}_{f|0|}}{z_{\Sigma(1)} + z_{\Sigma(2)} + z_{\Sigma(0)}} \tag{12-4}$$

一般 $z_{\Sigma(1)}$ 和 $z_{\Sigma(2)}$ 接近相等。因此如果 $z_{\Sigma(0)}$ 小于 $z_{\Sigma(1)}$，则单相短路电流大于同一地点的三相短路电流($\dot{U}_{f|0|} / z_{\Sigma(1)}$)；反之，则单相短路电流小于三相短路电流。

故障处 b、c 相的电流当然为零。故障处各序电压由式(12-1)或者从复合序网求得，即

$$\left.\begin{array}{l} \dot{U}_{f(1)} = \dot{U}_{f|0|} - \dot{I}_{f(1)} z_{\Sigma(1)} \\ \dot{U}_{f(2)} = 0 - \dot{I}_{f(2)} z_{\Sigma(2)} \\ \dot{U}_{f(0)} = 0 - \dot{I}_{f(0)} z_{\Sigma(0)} \end{array}\right\} \tag{12-5}$$

则故障处三相电压可由转换关系式(11-4)求得为

$$\left.\begin{array}{l} \dot{U}_{fa} = \dot{U}_{f(1)} + \dot{U}_{f(2)} + \dot{U}_{f(0)} = 0 \\ U_{fh} = a^2 \dot{U}_{f(1)} + a\dot{U}_{f(2)} + \dot{U}_{f(0)} \\ \dot{U}_{fc} = a\dot{U}_{f(1)} + a^2\dot{U}_{f(2)} + \dot{U}_{f(0)} \end{array}\right\} \tag{12-6}$$

如果忽略电阻，则

$$\begin{aligned} \dot{U}_{fb} &= a^2 \dot{U}_{f(1)} + a\dot{U}_{f(2)} + \dot{U}_{f(0)} \\ &= a^2(\dot{U}_{fa|0|} - \dot{I}_{f(1)}jx_{\Sigma(1)}) + a(-\dot{I}_{f(2)}jx_{\Sigma(2)}) - \dot{I}_{f(0)}jx_{\Sigma(0)} \\ &= \dot{U}_{fb|0|} - \dot{I}_{f(1)}j(x_{\Sigma(0)} - x_{\Sigma(1)}) \\ &= \dot{U}_{fb|0|} - \frac{\dot{U}_{fa|0|}}{f(2x_{\Sigma(1)} + x_{\Sigma(0)})}j(x_{\Sigma(0)} - x_{\Sigma(1)}) \\ &= \dot{U}_{fb|0|} - \dot{U}_{fa|0|}\frac{k_0 - 1}{2 + k_0} \end{aligned} \tag{12-7}$$

同理可得

$$\dot{U}_{fc} = \dot{U}_{fc|0|} - \dot{U}_{fa|0|}\frac{k_0 - 1}{2 + k_0} \tag{12-8}$$

式中

$$k_0 = x_{\Sigma(0)} / x_{\Sigma(1)}$$

当 $k_0 < 0$，即 $x_{\Sigma(0)} < x_{\Sigma(1)}$ 时，非故障相电压较正常时有些降低。如果 $k_0 = 0$，则

$$\dot{U}_{fb} = \dot{U}_{fb|0|} + \frac{1}{2}\dot{U}_{fa|0|} = \frac{\sqrt{3}}{2}\dot{U}_{fb|0|}\angle 30°, \quad \dot{U}_{fc} = \frac{\sqrt{3}}{2}\dot{U}_{c|0|}\angle -30°$$

当 $k_0 = 1$，即 $x_{\Sigma(0)} = x_{\Sigma(1)}$ 时，则 $\dot{U}_{fb} = \dot{U}_{fb|0|}$，$\dot{U}_{fc} = \dot{U}_{fc|0|}$，故障后非故障相电压不变；

当 $k_0 > 1$，即 $x_{\Sigma(0)} > x_{\Sigma(1)}$ 时，故障时非故障相电压较正常时升高，最严重的情况为 $z_{\Sigma(0)} = \infty$，则

$$\dot{U}_{fb} = \dot{U}_{fb|0|} - \dot{U}_{fa|0|} = \sqrt{3}\dot{U}_{fb|0|}\angle -30°$$
$$\dot{U}_{fc} = \dot{U}_{fc|0|} - \dot{U}_{fa|0|} = \sqrt{3}\dot{U}_{fc|0|}\angle 30°$$

即相当于中性点不接地系统发生单相接地短路时，中性点电位升至相电压，而非故障相电压升至线电压。

图 12.2(a)和(b)中画出了 a 相短路接地时，故障点各序电流、电压的相量，以及由各序量合成的各相的量。图中假设各序阻抗为纯电抗，而且 $z_{\Sigma(0)} > z_{\Sigma(1)}$，所有相量以 $\dot{U}_{fa|0|}$ 为参考相量。显然，这两个相量图与边界条件是一致的。图 12.2(c)给出了非故障相电压变化的轨迹。

(a) 电流相量图　　　　(b) 电压相量图　　　　(c) 非故障相电压变化轨迹

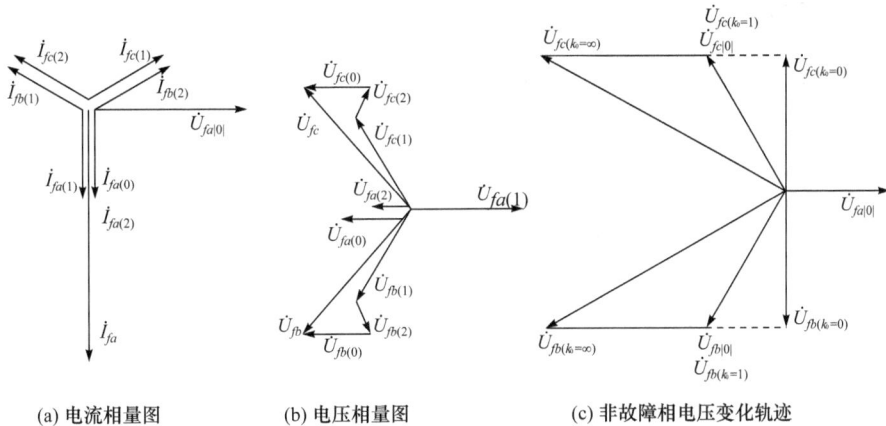

图 12.2　a 相短路接地故障处相量图

如果单相短路经过阻抗接地，如图 12.3(a)所示，此时故障点的边界条件为

$$\left.\begin{array}{l} \dot{U}_{fa} = \dot{I}_{fa} z_f \\ \dot{I}_{fb} = \dot{I}_{fc} = 0 \end{array}\right\} \tag{12-9}$$

将其转换为对称分量，则得

$$\left.\begin{array}{l} \dot{U}_{f(1)} + \dot{U}_{f(2)} + \dot{U}_{f(0)} = \left(\dot{I}_{f(1)} + \dot{I}_{f(2)} + \dot{I}_{f(0)} \right) z_f \\ \dot{I}_{f(1)} = \dot{I}_{f(2)} = \dot{I}_{f(0)} \end{array}\right\} \tag{12-10}$$

由式(12-10)和式(12-1)即可联立解得故障处各序电流、电压。这里介绍另一种简便方法。作图 12.3(b)，它完全等效于图 12.3(a)。这样，可以看作系统在 f' 处发生 a 相直接接地。因此，以前的分析方法完全适用，只是把 z_f 看作故障点 f' 与 f 间的串联阻抗。这时的复合序网如图 12.3(c)所示，它显然与式(12-10)是相符的。由复合序网立即可得故障点 f 的各序电流和电压为

$$\dot{I}_{f(1)} = \dot{I}_{f(2)} = \dot{I}_{f(0)} = \frac{\dot{U}_{f|0|}}{z_{\Sigma(1)} + z_{\Sigma(2)} + z_{\Sigma(0)} + 3z_f} \tag{12-11}$$

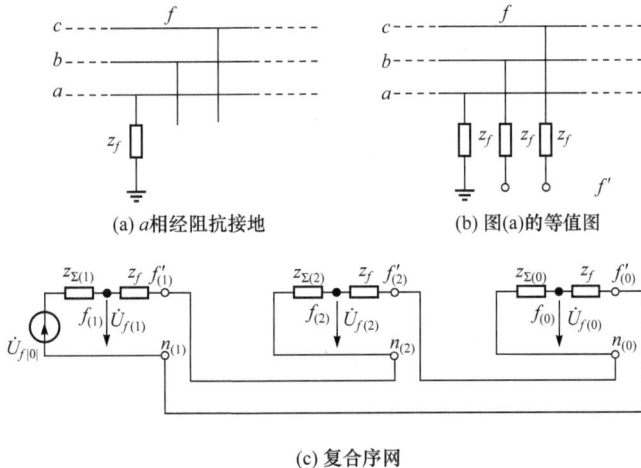

(a) a 相经阻抗接地　　　　(b) 图(a)的等值图

(c) 复合序网

图 12.3　a 相经阻抗接地的复合序网

12.1.2 两相短路 $f^{(2)}$

图 12.4 表示 f 点发生两相(b、c 相)短路，该点三相对地电压及流出该点的相电流(短路电流)具有下列边界条件：

$$\dot{I}_{fa} = 0, \quad \dot{I}_{fb} = -\dot{I}_{fc}, \quad \dot{U}_{fb} = \dot{U}_{fc} \tag{12-12}$$

将它们转换为用对称分量表示，先转换电流

$$\begin{bmatrix} \dot{I}_{f(1)} \\ \dot{I}_{f(2)} \\ \dot{I}_{f(0)} \end{bmatrix} = \frac{1}{3}\begin{bmatrix} 1 & a & a^2 \\ 1 & a^2 & a \\ 1 & 1 & 1 \end{bmatrix}\begin{bmatrix} 0 \\ \dot{I}_{fb} \\ -\dot{I}_{fc} \end{bmatrix} = \frac{\mathrm{j}\dot{I}_{fb}}{\sqrt{3}}\begin{bmatrix} 1 \\ -1 \\ 0 \end{bmatrix}$$

即为

$$\left.\begin{array}{l} \dot{I}_{f(0)} = 0 \\ \dot{I}_{f(1)} = -\dot{I}_{f(2)} \end{array}\right\} \tag{12-13}$$

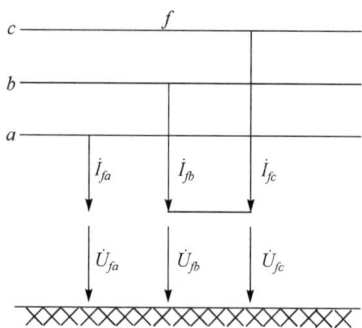

图 12.4 两相短路故障点电流、电压

说明两相短路故障点没有零序电流,因为故障点不与地相连，零序电流没有通路。

由式(12-12)中电压关系可得

$$\dot{U}_{fb} = a^2\dot{U}_{f(1)} + a\dot{U}_{f(2)} + \dot{U}_{f(0)} = \dot{U}_{f(c)} = a\dot{U}_{f(1)} + a^2\dot{U}_{f(2)} + \dot{U}_{f(0)}$$

即

$$\dot{U}_{f(1)} = \dot{U}_{f(2)} \tag{12-14}$$

式(12-13)和式(12-14)为两相短路的三个边界条件，即

$$\dot{I}_{f(0)} = 0, \quad \dot{I}_{f(1)} = -\dot{I}_{f(2)}, \quad \dot{U}_{f(1)} = \dot{U}_{f(2)} \tag{12-15}$$

根据边界条件式(12-15)两相短路时复合序网如图 12.5 所示，即正序网络和负序网络在故障点并联，零序网络断开，两相短路时没有零序分量。

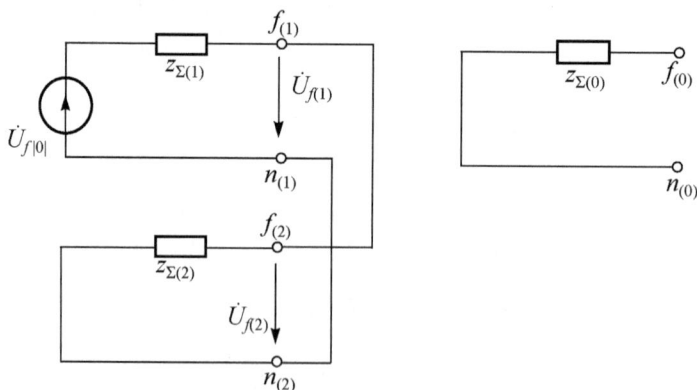

图 12.5 两相短路的复合序网

解联立方程式(12-1)和式(12-15)或直接由复合序网可解得

$$\dot{I}_{f(1)} = -\dot{I}_{f(2)} = \frac{\dot{U}_{f|0|}}{z_{\Sigma(1)} + z_{\Sigma(2)}} \tag{12-16}$$

故障相短路电流为

$$\dot{I}_{fb} = a^2 \dot{I}_{f(1)} + a\dot{I}_{f(2)} = (a^2 - a)\frac{\dot{U}_{f|0|}}{z_{\Sigma(1)} + z_{\Sigma(2)}} = -\mathrm{j}\sqrt{3}\frac{\dot{U}_{f|0|}}{z_{\Sigma(1)} + z_{\Sigma(2)}} \tag{12-17}$$

$$I_{fc} = a\dot{I}_{f(1)} + a^2 I_{f(2)} = (a - a^2)\frac{\dot{U}_{f|0|}}{z_{\Sigma(1)} + z_{\Sigma(2)}} = \mathrm{j}\sqrt{3}\frac{\dot{U}_{f|0|}}{z_{\Sigma(1)} + z_{\Sigma(2)}} \tag{12-18}$$

由此可见，当 $z_{\Sigma(1)} = z_{\Sigma(2)}$ 时，两相短路电流是三相短路电流的 $\sqrt{3}/2$ 倍。所以，一般，电力系统两相短路电流小于三相短路电流。

由复合序网可知，当 $z_{\Sigma(1)} = z_{\Sigma(2)}$ 时，则

$$\dot{U}_{f(1)} = \dot{U}_{f(2)} = \frac{1}{2}\dot{U}_{fa|0|}$$

$$\dot{U}_{fa} = \dot{U}_{f(1)} + \dot{U}_{f(2)} = \dot{U}_{fa|0|}$$

$$\dot{U}_{fb} = \dot{U}_{fc} = \left(a^2 + a\right)\dot{U}_{f(1)} = -\frac{1}{2}\dot{U}_{fa|0|}$$

即非故障相电压等于故障前电压。故障相电压幅值降低一半。图 12.6 给出 b、c 相短路时，故障点各序电流、电压相量以及合成而得的各相的量。图中假设 $z_{\Sigma(1)}$ 等于 $z_{\Sigma(2)}$。

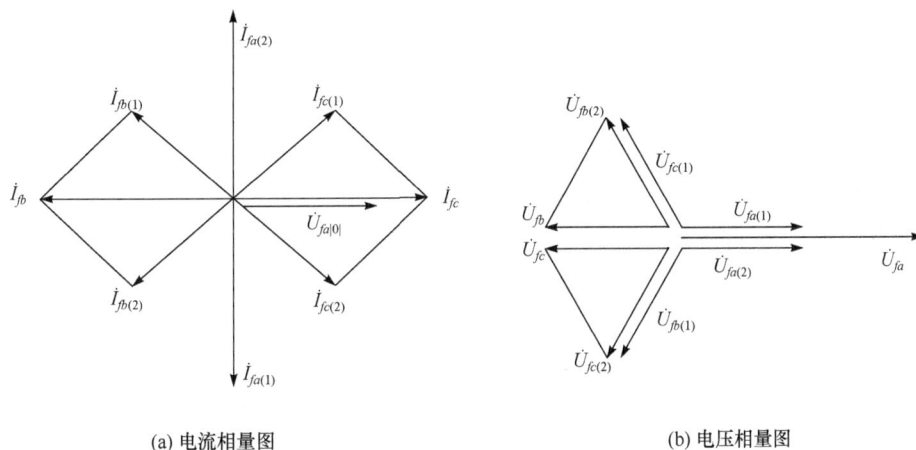

(a) 电流相量图　　　　　　　　　　　　(b) 电压相量图

图 12.6　两相短路故障处相量图

如果两相通过阻抗短路，如图 12.7(a)所示。则边界条件为

$$\dot{I}_{fa} = 0, \quad \dot{I}_{fb} = -\dot{I}_{fc}, \quad \dot{U}_{fb} - \dot{U}_{fc} = z_f \dot{I}_{fb} \tag{12-19}$$

转换为对称分量为

$$\dot{I}_{f(0)} = 0, \quad \dot{I}_{f(1)} = -\dot{I}_{f(2)}, \quad \dot{U}_{f(1)} - \dot{U}_{f(2)} = z_f \dot{I}_{f(1)} \tag{12-20}$$

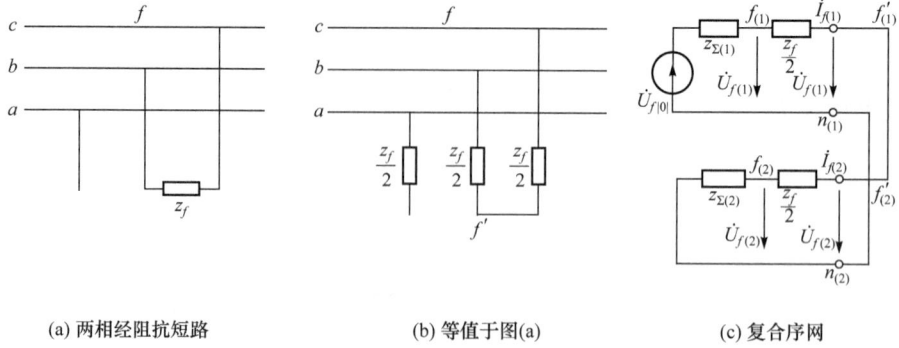

(a) 两相经阻抗短路　　　　　(b) 等值于图(a)　　　　　(c) 复合序网

图 12.7　两相经阻抗短路的复合序网

此边界条件与网络方程联立求解即得故障处电流、电压。但若直接将故障情况处理成如图 12.7(b)所示，则可视为 f' 点两相直接短路，立即可作出图 12.7(c)的复合序网。则

$$\dot{I}_{f(1)} = -\dot{I}_{f(2)} = \frac{\dot{U}_{f|0|}}{z_{\Sigma(1)} + z_{\Sigma(2)} + z_f} \tag{12-21}$$

$$\dot{I}_{fb} = -\dot{I}_{fc} = -\mathrm{j}\sqrt{3}\,\frac{\dot{U}_{f|0|}}{z_{\Sigma(1)} + z_{\Sigma(2)} + z_f} \tag{12-22}$$

12.1.3　两相短路接地

图 12.8 表示 f 点发生两相(b、c 相)短路接地，其边界条件显然是

$$\dot{I}_{fa} = 0, \quad \dot{U}_{fb} = \dot{U}_{fc} = 0 \tag{12-23}$$

式(12-23)与单相短路接地的边界条件很类似，只是电压和电流互换，因此其转换为对称分量的形式为

$$\left.\begin{array}{l} \dot{U}_{f(1)} = \dot{U}_{f(2)} = \dot{U}_{f(0)} \\ \dot{I}_{f(1)} + \dot{I}_{f(2)} + \dot{I}_{f(0)} = 0 \end{array}\right\} \tag{12-24}$$

显然，满足此边界条件的复合序网如图 12.9 所示，即三个序网在故障点并联。

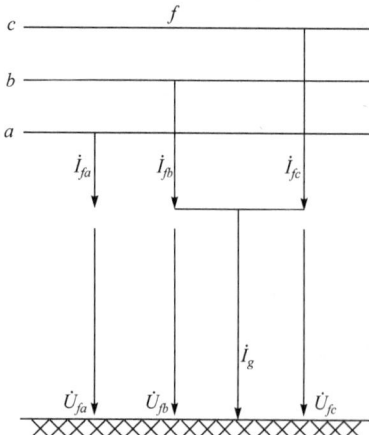

图 12.8　两相接地短路

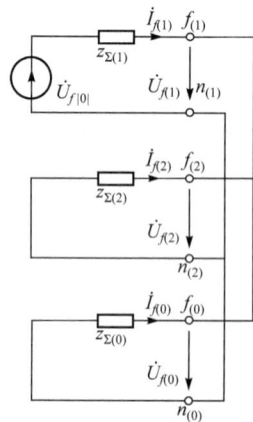

图 12.9　两相短路接地复合序网

由复合序网可求得故障处各序电流为

$$
\left.\begin{array}{l}
\dot{I}_{f(1)} = \dfrac{\dot{U}_{f|0|}}{z_{\Sigma(1)} + \dfrac{z_{\Sigma(2)} z_{\Sigma(0)}}{z_{\Sigma(2)} + z_{\Sigma(0)}}} \\[4mm]
\dot{I}_{f(2)} = -\dot{I}_{f(1)} \dfrac{z_{\Sigma(0)}}{z_{\Sigma(2)} + z_{\Sigma(0)}} \\[4mm]
\dot{I}_{f(0)} = -\dot{I}_{f(1)} \dfrac{z_{\Sigma(2)}}{z_{\Sigma(0)} + z_{\Sigma(2)}}
\end{array}\right\}
\tag{12-25}
$$

故障相的短路电流为

$$
\left.\begin{array}{l}
\dot{I}_{fb} = a^2 \dot{I}_{f(1)} + a\dot{I}_{f(2)} + \dot{I}_{f(0)} = \dot{I}_{f(1)}\left(a^2 - \dfrac{z_{\Sigma(2)} + az_{\Sigma(0)}}{z_{\Sigma(2)} + z_{\Sigma(0)}}\right) \\[4mm]
\dot{I}_{fc} = a\dot{I}_{f(1)} + a^2\dot{I}_{f(2)} + \dot{I}_{f(0)} = \dot{I}_{f(1)}\left(a - \dfrac{z_{\Sigma(2)} + a^2 z_{\Sigma(0)}}{z_{\Sigma(2)} + z_{\Sigma(0)}}\right)
\end{array}\right\}
\tag{12-26}
$$

当各序阻抗为纯电抗时，式(12-26)可表达为

$$
\left.\begin{array}{l}
\dot{I}_{fb} = \dot{I}_{f(1)}\left(a^2 - \dfrac{x_{\Sigma(2)} + ax_{\Sigma(0)}}{x_{\Sigma(2)} + x_{\Sigma(0)}}\right) \\[4mm]
\dot{I}_{fc} = \dot{I}_{f(1)}\left(a - \dfrac{x_{\Sigma(2)} + a^2 x_{\Sigma(0)}}{x_{\Sigma(2)} + x_{\Sigma(0)}}\right)
\end{array}\right\}
\tag{12-27}
$$

对式(12-27)两端取模值，经整理后可得故障相短路电流的有效值为

$$
I_{fb} = I_{fc} = \sqrt{3} \times \sqrt{1 - \frac{x_{\Sigma(2)} x_{\Sigma(0)}}{(x_{\Sigma(2)} + x_{\Sigma(0)})^2}} I_{f(1)}
\tag{12-28}
$$

如果 $x_{\Sigma(1)} = x_{\Sigma(2)}$，令 $k_0 = x_{\Sigma(0)} / x_{\Sigma(2)}$，则

$$
I_{fb} = I_{fc} = \sqrt{3} \times \sqrt{1 - \frac{k_0}{(1+k_0)^2} \frac{1+k_0}{1+2k_0}} I_f^{(3)}
\tag{12-29}
$$

式中，$I_f^{(3)}$ 为 f 点三相短路时短路电流。

(1) 当 $k_0 = 0$ 时，$I_{fb} = I_{fc} = \sqrt{3}\, I_f^{(3)}$；

(2) 当 $k_0 = 1$ 时，$I_{fb} = I_{fc} = I_f^{(3)}$；

(3) 当 $k_0 = \infty$ 时，$I_{fb} = I_{fc} = (\sqrt{3}/2)\, I_f^{(3)}$。

两相短路接地时流入地中的电流为

$$
\dot{I}_g = \dot{I}_{fb} + \dot{I}_{fc} = 3\dot{I}_{f(0)} = -3\dot{I}_{f(1)} \frac{z_{\Sigma(2)}}{z_{\Sigma(2)} + z_{\Sigma(0)}}
\tag{12-30}
$$

由复合序网可求得短路处电压的各序分量为

$$\dot{U}_{f(1)} = \dot{U}_{f(2)} = \dot{U}_{f(0)} = \dot{U}_{fa|0|} \frac{z_{\Sigma(2)}z_{\Sigma(0)}}{z_{\Sigma(1)}z_{\Sigma(2)} + z_{\Sigma(1)}z_{\Sigma(0)} + z_{\Sigma(2)}z_{\Sigma(0)}} \qquad (12\text{-}31)$$

则短路处非故障相电压为

$$\dot{U}_{fa} = \dot{U}_{f(1)} + \dot{U}_{f(2)} + \dot{U}_{f(0)} = 3\dot{U}_{f(1)} \qquad (12\text{-}32)$$

若为纯电抗,且 $x_{\Sigma(1)} = x_{\Sigma(2)}$,则

(1) 当 $k_0 = 0$ 时, $\dot{U}_{fa} = 0$;

(2) 当 $k_0 = 1$ 时, $\dot{U}_{fa} = \dot{U}_{fa|0|}$;

(3) 当 $k_0 = \infty$ 时, $\dot{U}_{fa} = 1.5\dot{U}_{fa|0|}$ 。

即对于中性点不接地系统,非故障相电压升高最多,为正常电压的 1.5 倍,但仍小于单相接地时电压的升高。

图 12.10 画出了故障处短路电流及电压的相量图。其电流相量图与单相接地时电压相量图类似;其电压相量图则与单接接地时电流相量图类似。

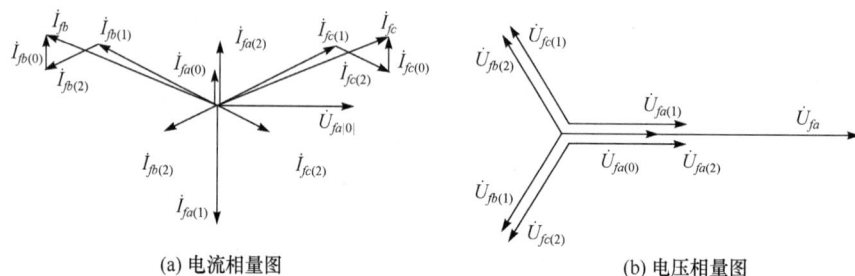

(a) 电流相量图   (b) 电压相量图

图 12.10 两相短路接地故障处相量图

假定 b、c 两相短路后经 z_g 接地,如图 12.11(a)所示。则故障点的边界条件为

$$\dot{I}_{fa} = 0, \quad \dot{U}_{fb} = \dot{U}_{fc} = (\dot{I}_{fb} + \dot{I}_{fc})z_g \qquad (12\text{-}33)$$

由 $\dot{I}_{fa} = 0$ 及 $\dot{I}_{fb} = \dot{I}_{fc}$,可得各序分量关系为

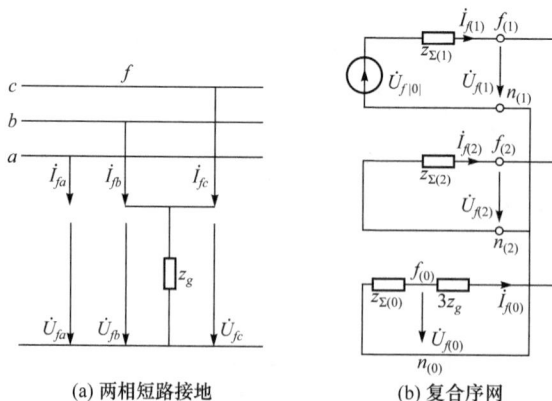

(a) 两相短路接地   (b) 复合序网

图 12.11 两相短路经阻抗接地的复合序网

$$\dot{I}_{f(1)} + \dot{I}_{f(2)} + \dot{I}_{f(0)} = 0, \quad \dot{U}_{f(1)} = \dot{U}_{f(2)} \tag{12-34}$$

另由 $\dot{U}_{fb} = (\dot{I}_{fb} + \dot{I}_{fc})z_g$ 可得

$$\dot{U}_{fb} = a^2\dot{U}_{f(1)} + a\dot{U}_{f(2)} + \dot{U}_{f(0)} = (a^2 + a)\dot{U}_{f(1)} + \dot{U}_{f(0)} = -\dot{U}_{f(1)} + \dot{U}_{f(0)} = 3\dot{I}_{f(0)}z_g$$

总的边界条件为

$$\dot{I}_{f(1)} + \dot{I}_{f(2)} + \dot{I}_{f(0)} = 0, \quad \dot{U}_{f(1)} = \dot{U}_{f(2)} - 3\dot{I}_{f(0)}z_g \tag{12-35}$$

其复合序网如图 12.11(b)所示，即零序网络串联 $3z_g$ 后在短路点和正序、负序网并联。这是不难理解的，因为 z_g 上只有三倍零序电流流过形成的压降为 $3\dot{I}_{f(0)}z_g$。

在两相短路经阻抗接地的计算中，仍可用式(12-25)～式(12-30)来计算电流，但只需将其中 $z_{\Sigma(0)}$ 以 $z_{\Sigma(0)} + 3z_g$ 替代。

电压计算公式为

$$\dot{U}_{fa} = \dot{U}_{f(1)} + \dot{U}_{f(2)} + \dot{U}_{f(0)} = 2\dot{I}_{f(1)}\frac{z_{\Sigma(2)}(z_{\Sigma(0)} + 3z_g)}{z_{\Sigma(2)} + z_{\Sigma(0)} + 3z_g} + \dot{I}_{f(1)}\frac{z_{\Sigma(2)}z_{\Sigma(0)}}{z_{\Sigma(2)} + z_{\Sigma(0)} + 3z_g}$$

$$= 3\dot{I}_{f(1)}\frac{z_{\Sigma(2)}(z_{\Sigma(0)} + 2z_g)}{z_{\Sigma(2)} + z_{\Sigma(0)} + 3z_g} \tag{12-36}$$

$$\dot{U}_{fb} = \dot{U}_{fc} = 3\dot{I}_{f(0)}z_g = -3\dot{I}_{f(1)}\frac{z_{\Sigma(2)}z_g}{z_{\Sigma(2)} + z_{\Sigma(0)} + 3z_g} \tag{12-37}$$

【例 12-1】 图 12.12(a)所示为一环形(或称网形)网络，已知各元件的参数为

发电机：G1～G3 100MW，10.5kV，$\cos\varphi_N = 0.86$，$x_d'' = 0.183$。

变压器：T1～T3 120MV·A，115/10.5kV，$U_s(\%) = 10.5$。

线路：三条线路完全相同，长 50km，电抗 0.44Ω/km。

在系统中，又已知三台发电机中性点均不接地；三台变压器均为 YNd 接线(发电机侧为三角形)；经试验测得三条输电线路的零序电抗均为 0.20(以 60MV·A 为基准值)。

要求计算节点③分别发生单相短路接地、两相短路和两相短路接地时故障处的短路电流和电压(基波分量初始值)。

解 (1) 形成系统的三个序网图。正序网络图如图 12.12(b)所示；负序网络与正序网络相同，但无电源，其中假设发电机负序电抗近似等于 x_d''，如图 12.12(c)所示；零序网络见图 12.12(d)。

(2) 计算三个序网络对故障点的等值阻抗。求得正序和负序电抗为

$$z_{\Sigma(1)} = j0.1015, \quad z_{\Sigma(2)} = z_{\Sigma(1)} = j0.1015$$

零序网络的化简过程示于图 12.12(e)，得

$$z_{\Sigma(0)} = j0.1188$$

(3) 计算故障处各序电流(假设故障点在正常时电压为 1)。

① a 相短路接地，此时

$$\dot{I}_{3(1)} = \dot{I}_{3(2)} = \dot{I}_{3(0)} = \frac{1}{j0.1015 + j0.1015 + j0.1188} = -j3.11$$

(a) 系统图　　　　(b) 正序网络　　　　(c) 负序网络

(d) 零序网络　　　　　　(e) 零序网络化简

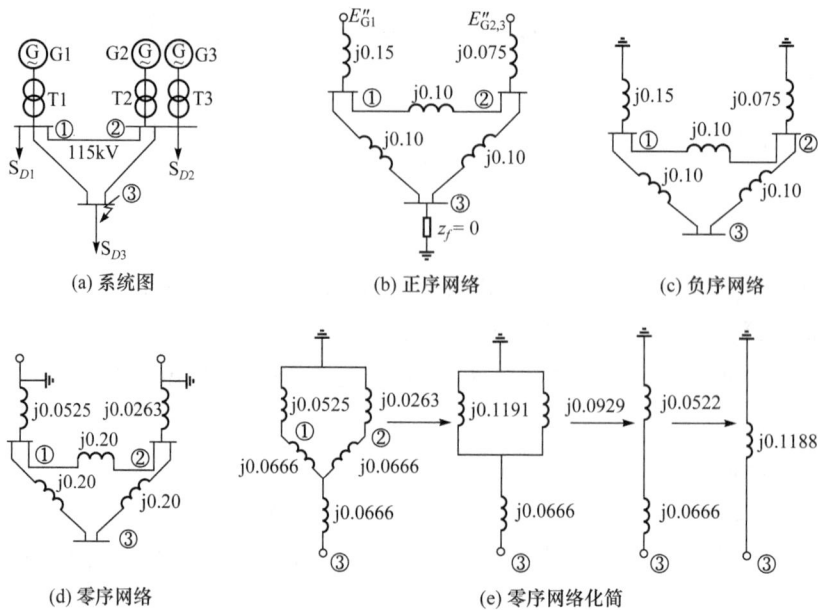

图 12.12　例 12-1 图

② b、c 两相短路，则

$$\dot{I}_{3(1)} = -\dot{I}_{3(2)} = \frac{1}{\mathrm{j}0.1015 + \mathrm{j}0.1015} = -\mathrm{j}4.93$$

③ b、c 两相短路接地，则

$$\dot{I}_{3(1)} = \frac{1}{\mathrm{j}0.1015 + \dfrac{\mathrm{j}0.1188 \times \mathrm{j}0.1015}{\mathrm{j}0.1188 + \mathrm{j}0.1015}} = -\mathrm{j}6.40$$

$$\dot{I}_{3(2)} = \mathrm{j}6.40 \frac{\mathrm{j}0.1188}{\mathrm{j}0.1015 + \mathrm{j}0.1188} = \mathrm{j}3.45$$

$$\dot{I}_{3(0)} = \mathrm{j}6.40 \frac{\mathrm{j}0.1015}{\mathrm{j}0.1015 + \mathrm{j}0.1188} = \mathrm{j}2.95$$

(4) 计算故障处相电流有名值。

① a 相短路接地时，a 相短路电流为

$$\dot{I}_{3a} = 3\dot{I}_{3(1)}\dot{I}_B = 3(-\mathrm{j}3.11) \times \frac{60}{\sqrt{3} \times 115} = -\mathrm{j}9.33 \times 0.3 = -\mathrm{j}2.81(\mathrm{kA})$$

② b、c 相短路时，b、c 相短路电流为

$$\dot{I}_{3b} = -\mathrm{j}\sqrt{3}\dot{I}_{3(1)}\dot{I}_B = -\mathrm{j}\sqrt{3}(-\mathrm{j}4.93) \times 0.3 = -2.56(\mathrm{kA})$$

$$\dot{I}_{3c} = -\dot{I}_{3b} = 2.56\mathrm{kA}$$

③ b、c 两相短路接地时，b、c 相短路电流为

$$\dot{I}_{3b} = [a^2 \dot{I}_{3(1)} + a\dot{I}_{3(2)} + \dot{I}_{3(0)}]\dot{I}_B$$
$$= [(-0.5 - j0.866)(-j6.40) + (-0.5 + j0.866)(j3.46) + j2.95] \times 0.3$$
$$= (-8.54 + j4.42) \times 0.3 = -2.56 + j1.33(kA)$$
$$\dot{I}_{3c} = [a\dot{I}_{3(1)} + a^2\dot{I}_{3(2)} + \dot{I}_{3(0)}]\dot{I}_B = 2.56 + j1.33kA$$
$$\dot{I}_{3b} = \dot{I}_{3c} = 2.88kA$$

(5) 计算故障处相电压(先用式(12-1)求各序电压，然后求相电压)。

① a 相短路接地，则

$$\dot{U}_{3(1)} = 1 - j0.1015(-j3.11) = 1 - 0.316 = 0.684$$

$$\dot{U}_{3(2)} = -j0.1015(-j3.11) = -0.316$$

$$\dot{U}_{3(0)} = -j0.1188(-j3.11) = -0.369$$

$$\dot{U}_{3b} = a^2\dot{U}_{3(1)} + a\dot{U}_{3(2)} + \dot{U}_{3(0)}$$
$$= (-0.5 - j0.886) \times 0.684 + (-0.5 + j0.866)(-0.316) - 0.369$$
$$= -0.552 - j0.866$$

$$\dot{U}_{3c} = -0.552 + j0.866$$

$$U_{3b} = U_{3c} = 1.03$$

② b、c 两相短路，则

$$\dot{U}_{3(1)} = \dot{U}_{3(2)} = -j4.93 \times j0.1015 = 0.5$$

$$\dot{U}_{3a} = \dot{U}_{3(1)} + \dot{U}_{3(2)} = 1$$

$$\dot{U}_{3b} = (a^2 + a)\dot{U}_{3(1)} = -0.5$$

$$\dot{U}_{3c} = -0.5$$

③ b、c 两相短路接地，则

$$\dot{U}_{3(1)} = \dot{U}_{3(2)} = \dot{U}_{3(0)} = -j3.46 \times j0.1015 = 0.35$$

$$\dot{U}_{3a} = 3\dot{U}_{3(1)} = 3 \times 0.35 = 1.05$$

以上电压均为标幺值。

12.1.4 正序增广网络(正序等效定则)的应用

1. 正序增广网络

综合上面讨论的三种不对称短路电流的分析结果，可以看出这三种情况下短路电流的正序分量的计算式(12-11)、式(12-21)、式(12-25)和三相短路电流 $\dot{U}_{f|0|}/z_{\Sigma(1)}$ 在形式上很相似，只是阻抗为 $z_{\Sigma(1)} + z_\Delta$ ，z_Δ 是附加阻抗。在单相短路时附加阻抗为 $z_{\Sigma(2)}$ 和 $z_{\Sigma(0)}$ (或 $z_{\Sigma(0)} + 3z_f$)的串联；两相短路时附加阻抗为 $z_{\Sigma(2)}$ (或 $z_{\Sigma(2)} + z_f$)；两相短路接地时为 $z_{\Sigma(2)}$ 和

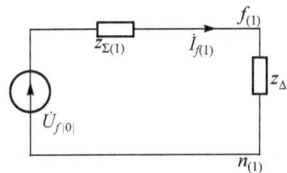

图 12.13　正序增广网络

$z_{\Sigma(0)}$（或$z_{\Sigma(0)}+3z_g$）的并联。这些结论也可直接从复合序网图 12.3(c)、图 12.7(c)、图 12.11(b) 观察到。因此，对于任一种不对称短路，其短路电流的正序分量可以利用图 12.13 示出的正序增广网络计算。

由式(12-4)、式(12-22)、式(12-28)可看出，故障相短路电流的值和正序分量有一定关系。因此，可以归纳得出下面的公式：

$$\left.\begin{aligned} \dot{I}_{f(1)} &= \frac{\dot{U}_{f|0|}}{z_{\Sigma(1)}+z_\Delta} \\ I_f &= MI_{f(1)} \end{aligned}\right\} \tag{12-38}$$

式中，z_Δ 为正序增广网络中附加阻抗；M 为故障相短路电流对正序分量的倍数。表 12.1 列出了各种短路时 z_Δ 和 M 的值，对于两相短路接地，表中的 M 值只适用于纯电抗的情况。

表 12.1　各种短路时的 z_Δ 和 M 值

短路种类	z_Δ	M
三相短路	0	1
单相短路	$z_{\Sigma(2)}+(z_{\Sigma(0)}+3z_f)$	3
两相短路	$z_{\Sigma(2)}+z_f$	$\sqrt{3}$
两相短路接地	$\dfrac{z_{\Sigma(2)}\times(z_{\Sigma(0)}+3z_g)}{z_{\Sigma(2)}+z_{\Sigma(0)}+3z_g}$	$\sqrt{3}\sqrt{1-\dfrac{x_{\Sigma(2)}(x_{\Sigma(0)}+3x_g)}{(x_{\Sigma(2)}+x_{\Sigma(0)}+3x_g)^2}}$

例题

2. 应用运算曲线求故障处正序短路电流

前面介绍的方法只能用来计算 $t=0$ 时的短路电流。如果要求计算任意时刻的电流(电压)，可以应用运算曲线。如前所述，在各种不对称短路时，故障处的正序电流相当于故障点 f 经过阻抗 z_Δ 后发生三相短路时的短路电流(显然是正序的)。因此，可以在正序网络中的故障点 f 上接一 z_Δ 阻抗，然后应用运算曲线求得在经过 z_Δ 后发生三相短路时任意时刻的电流，即为 f 点不对称短路时的正序电流。z_Δ 必须通过负序和零序网络化简后才能求得。求得正序电流后的其他计算步骤则与前述的完全相同。

【例 12-2】　应用运算曲线计算例 12-1 的系统中节点③发生单相短路接地时，$t=0\mathrm{s}$ 和 $t=0.2\mathrm{s}$ 的短路电流。

解　(1) 作出正序增广网络如图 12.14 所示。

将数值代入下式，则

$$z_\Delta = z_{33(2)}+z_{33(0)} = \mathrm{j}0.1015+\mathrm{j}0.1188 = \mathrm{j}0.2203$$

经过网络化简得电源 1、2 对 f' 的转移阻抗为

$$x_{1f'} = \mathrm{j}0.1833+\mathrm{j}0.2536+\frac{\mathrm{j}0.1833\times\mathrm{j}0.2536}{\mathrm{j}0.1083} = \mathrm{j}0.866$$

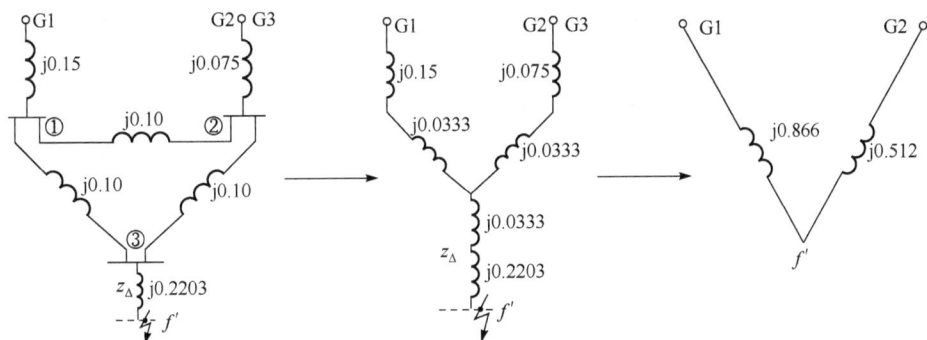

图 12.14　例 12-2 图

$$x_{2f'} = \text{j}0.1083 + \text{j}0.2536 + \frac{\text{j}0.1083 \times \text{j}0.2536}{\text{j}0.1833} = \text{j}0.512$$

计算电抗分别为

$$x_{1js} = 0.866 \times \frac{100}{60} = 1.44$$

$$x_{2js} = 0.512 \times \frac{200}{60} = 1.71$$

(2) 查运算曲线计算正序电流。查运算曲线得 G1 和 G2、G3 送出的正序电流：

$$I''_{1(1)} = 0.70, \quad I_{1,0.2(1)} = 0.67$$

$$I''_{2(1)} = 0.60, \quad I_{2,0.2(1)} = 0.55$$

短路处正序电流为

$$I''_{(1)} = 0.70 \times \frac{100}{\sqrt{3} \times 115} + 0.6 \times \frac{200}{\sqrt{3} \times 115} = 0.953(\text{kA})$$

$$I_{0.2(1)} = 0.67 \times \frac{100}{\sqrt{3} \times 115} + 0.55 \times \frac{200}{\sqrt{3} \times 115} = 0.888(\text{kA})$$

(3) 故障处短路电流，即

$$I'' = 3 \times I''_{(1)} = 3 \times 0.953 = 2.86(\text{kA})$$

$$I_{0.2} = 3 \times I_{0.2(1)} = 3 \times 0.888 = 2.66(\text{kA})$$

12.2　非全相运行的分析计算

非全相运行是指一相或两相断开的运行状态。造成非全相运行的原因很多，例如，某一线路单相接地短路后，故障相断路器跳闸，导线一相或两相断线等。电力系统在非全相运行时，一般情况下不产生危险的大电流或高电压(在某些情况下，例如，对于带有并联电抗器的超高压线路，在一定条件下会产生工频谐振过电压)。但负序电流的出现对发电机转子有危害，零序电流对输电线路附近的通信线路有干扰。另外，负序和零序电流也可能引起某些继电保护误动作。因此，必须掌握非全相运行的分析方法。

电力系统中某处发生一相或两相断线的情况，如图 12.15(a) 和 (b) 所示，图中 z_{qk} 表示未断线相 qk 间的阻抗，如果 qk 表示断路器断口，则 $z_{qk}=0$，这种情况直接引起三相线路电流(从断口一侧流到另一侧)和三相断口两端间电压不对称，而系统其他各处的参数仍是对称的，所以把非全相运行称为纵向故障。在不对称短路时，故障引起短路点三相电流(从短路点流出的)和短路点对地的三相电压不对称。因此通常称短路故障为横向故障。

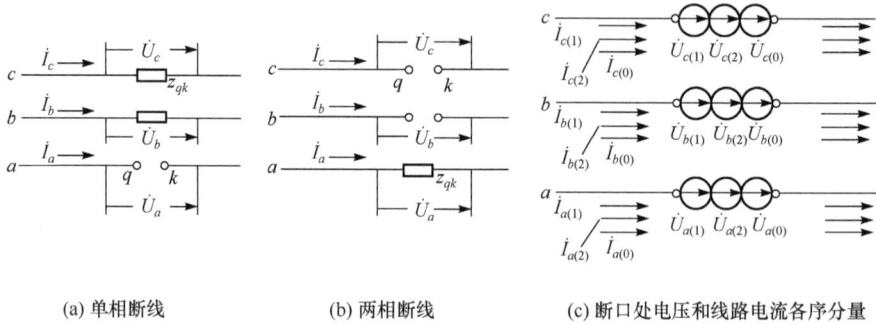

(a) 单相断线　　　　(b) 两相断线　　　　(c) 断口处电压和线路电流各序分量

图 12.15　非全相运行示意图

12.2.1　三序网络及其电压方程

和分析不对称短路时类似，将故障处电流、电压，即线路电流和断口间电压分解成三个序分量，如图 12.15(c) 所示。由于系统其他地方参数是三相对称的，因此三序电压方程是互为独立的。可以与不对称短路时一样作出三个序的等值网络。图 12.16 中画出一个任意复杂系统的三序网络示意图。这三个序网图与图 12.1 中的三个序网图不同，图 12.16 中的故障点 q 和 k 均为网络中的节点。

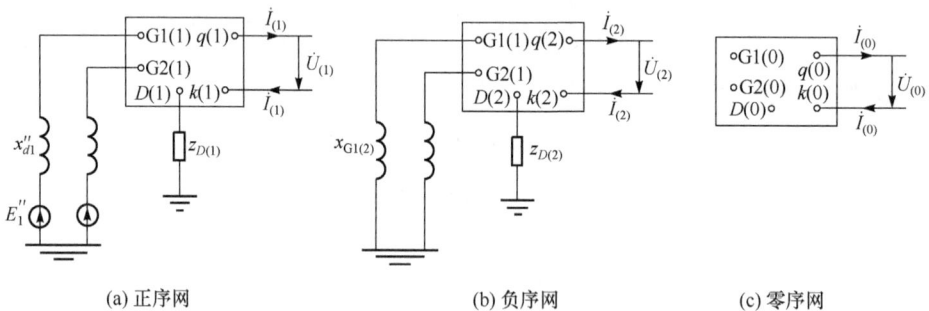

(a) 正序网　　　　　(b) 负序网　　　　　(c) 零序网

图 12.16　非全相运行的三序网络图

图 12.16 中发电机参数仍用次暂态电抗 x_d''，因为对应于电流突然变化前后，发电机磁链总保持不变。由于断线故障时电流不会像短路电流那样大，电压也不致很低，所以要计及负荷的等值阻抗(一般负荷零序电流为零，即零序阻抗为无穷大)。

同样，对于这三个序网，可以按戴维南定理写出其对故障端口的电压平衡方程式为

$$\left. \begin{array}{l} \dot{U}_{qk|0|} - \dot{I}_{(1)}z_{(1)} = \dot{U}_{(1)} \\ 0 - \dot{I}_{(2)}z_{(2)} = \dot{U}_{(2)} \\ 0 - \dot{I}_{(0)}z_{(0)} = \dot{U}_{(0)} \end{array} \right\} \tag{12-39}$$

式中，$\dot{U}_{qk|0|}$ 为 q、k 两点间的开路电压，即当 q、k 两点间三相断开时，在电源作用下 q、k 两点间的电压；$z_{(1)}$、$z_{(2)}$、$z_{(0)}$ 分别为正、负、零序网络从端口 q、k 看入的等值阻抗(正序电压源短路)。

对于图 12.17(a)所示的两个并联电源间发生非全相运行时，其三序网络很简明，如图 12.17(b)所示，相应地有

$$z_{(1)} = z_{M(1)} + z_{N(1)}$$

$$z_{(2)} = z_{M(2)} + z_{N(2)}$$

$$z_{(0)} = z_{M(0)} + z_{N(0)}$$

$$\dot{U}_{qk|0|} = \dot{E}_M - \dot{E}_N$$

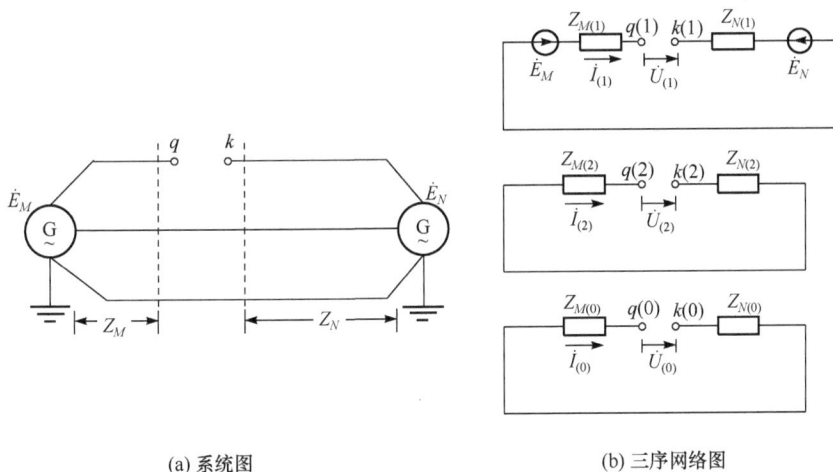

(a) 系统图   (b) 三序网络图

图 12.17 两个非全相并联电源

如果系统复杂，手算时必须经过网络化简才能求得三序等值阻抗。对于 $\dot{U}_{qk|0|}$，显然不能像发生短路时由正常潮流计算求得或近似取 $\dot{U}_{f|0|} \approx 1$ 那样简单，而是先由正常(q、k 未断开)潮流求得各电源的 $\dot{E}''$，然后应用图 12.16(a)中正序网络计算 q、k 断开情况下的 $\dot{U}_{qk|0|}$，手算过程较为繁杂。

应用计算机程序计算过程简便。三序网对端口的等值阻抗 $z_{(1)}$、$z_{(2)}$、$z_{(0)}$ 和三序网的节点阻抗矩阵元素有一定关系。以 $z_{(1)}$ 为例，当电压源短路，从 q、k 通过一单位电流(从 q 流进，k 流出，即 $\dot{I}_{(1)} = -1$)，则由式(12-39)知，这时 q、k 间的电压值即为 $z_{(1)}$ 的数值。根据叠加原理，这也就相当于分别从 q 通入一正单位电流时 q、k 间电压值(即 $Z_{qq(1)} - Z_{qk(1)}$)与 k 通入一负单位电流时 q、k 间电压值(即 $Z_{kk(1)} - Z_{qk(1)}$)之和，即

$$z_{(1)} = Z_{qq(1)} + Z_{kk(1)} - 2Z_{qk(1)} \tag{12-40}$$

同理

$$\left.\begin{array}{l} z_{(2)} = Z_{qq(2)} + Z_{kk(2)} - 2Z_{qk(2)} \\ z_{(0)} = Z_{qq(0)} + Z_{kk(0)} - 2Z_{qk(0)} \end{array}\right\} \tag{12-41}$$

$\dot{U}_{qk|0|}$ 的求解可应用图 12.16(a)正序网的节点导纳矩阵的因子表,在节点 G1,G2,···注入电流 $\dot{E}_1''/\mathrm{j}\,x_{d1}''$,$\dot{E}_2''/\mathrm{j}\,x_{d2}''$,···即可求得在电源作用下各节点电压,则有

$$\dot{U}_{qk|0|} = \dot{U}_{q|0|} - \dot{U}_{k|0|} \tag{12-42}$$

式(12-39)给出了各序网对断口的电压平衡方程,还必须结合断口处的边界条件,才能计算出断口处电压、电流各序分量。下面分别讨论一相断线和两相断线的情况。

12.2.2 一相断线

若 a 相断线,不难从图 12.15(a)直接看出故障处的边界条件为

$$\left.\begin{array}{l} \dot{I}_a = 0 \\ \dot{U}_b = z_{qk}\dot{I}_b \\ \dot{U}_c = z_{qk}\dot{I}_c \end{array}\right\} \tag{12-43}$$

将其转换为各序分量(略去下标 a)

$$\dot{I}_{(1)} + \dot{I}_{(2)} + \dot{I}_{(0)} = 0$$

$$a^2\dot{U}_{(1)} + a\dot{U}_{(2)} + \dot{U}_{(0)} = z_{qk}(a^2\dot{I}_{(1)} + a\dot{I}_{(2)} + \dot{I}_{(0)})$$

$$a\dot{U}_{(1)} + a^2\dot{U}_{(2)} + \dot{U}_{(0)} = z_{qk}(a\dot{I}_{(1)} + a^2\dot{I}_{(2)} + \dot{I}_{(0)})$$

后二式又可改写为

$$a^2(\dot{U}_{(1)} - z_{qk}\dot{I}_{(1)}) + a(\dot{U}_{(2)} - z_{qk}\dot{I}_{(2)}) + (\dot{U}_{(0)} - z_{qk}\dot{I}_{(0)}) = 0$$

$$a(\dot{U}_{(1)} - z_{qk}\dot{I}_{(1)}) + a^2(\dot{U}_{(2)} - z_{qk}\dot{I}_{(2)}) + (\dot{U}_{(0)} - z_{qk}\dot{I}_{(0)}) = 0$$

最后得序分量的边界条件为

$$\left.\begin{array}{l} \dot{I}_{(1)} + \dot{I}_{(2)} + \dot{I}_{(0)} = 0 \\ \dot{U}_{(1)} - z_{qk}\dot{I}_{(1)} = \dot{U}_{(2)} - z_{qk}\dot{I}_{(2)} = \dot{U}_{(0)} - z_{qk}\dot{I}_{(0)} \end{array}\right\} \tag{12-44}$$

将式(12-44)与式(12-39)联立求解即可求得故障处的各序分量电流、电压。也可以按边界条件将三序网连接成复合序网,如图 12.18(a)所示,即在三序故障点 $q_{(1)}$、$q_{(2)}$、$q_{(0)}$ 串联 z_{qk} 后再并联。此复合序网与两相短路接地时的有些类似。应该注意的是,现在的故障处电流是流过断线线路上的电流;故障处的电压是断口间的电压。由复合序网可直接写出断线线路上各序电流(即断口电流)为

$$\dot{I}_{(1)} = \frac{\dot{U}_{qk|0|}}{(z_{(1)} + z_{qk}) + \frac{(z_{(2)} + z_{qk})(z_{(0)} + z_{qk})}{z_{(2)} + z_{(0)} + 2z_{qk}}}$$

$$\dot{I}_{(2)} = -\dot{I}_{(1)} = \frac{z_{(0)} + z_{qk}}{z_{(2)} + z_{(0)} + 2z_{qk}} \qquad (12\text{-}45)$$

$$\dot{I}_{(0)} = -\dot{I}_{(1)} = \frac{z_{(2)} + z_{qk}}{z_{(2)} + z_{(0)} + 2z_{qk}}$$

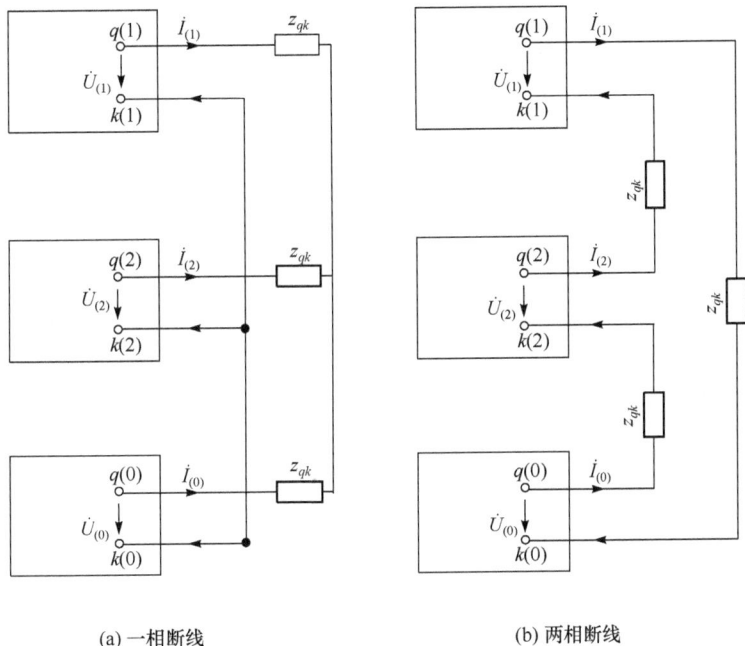

(a) 一相断线   (b) 两相断线

图 12.18 断线故障的复合序网连接方式

将式(12-45)的结果代入电压方程式(12-39)即可得断口三序电压 $\dot{U}_{(1)}$、$\dot{U}_{(2)}$、$\dot{U}_{(0)}$。

由故障处的三序电流、电压可以求得三相电流、电压。如果 $z_{qk} = 0$，而且三序等值阻抗均为纯电抗，则断线线路的 b、c 相电流可套用两相短路接地时的 b、c 相短路电流公式，即式(12-27)和式(12-28)：

$$\dot{I}_b = \dot{I}_{(1)}\left(a^2 - \frac{x_{(2)} + ax_{(0)}}{x_{(2)} + x_{(0)}}\right)$$

$$\dot{I}_c = \dot{I}_{(1)}\left(a - \frac{x_{(2)} + a^2 x_{(0)}}{x_{(2)} + x_{(0)}}\right) \qquad (12\text{-}46)$$

$$\dot{I}_b = \dot{I}_c = \sqrt{3} \times \sqrt{1 - \frac{x_{(2)} x_{(0)}}{(x_{(2)} + x_{(0)})^2} I_{(1)}}$$

式中

$$\dot{I}_{(1)} = \frac{\dot{U}_{qk|0|}}{j\left(x_{(1)} + \dfrac{x_{(2)} \times x_{(0)}}{x_{(2)} + x_{(0)}}\right)}$$

故障相断口电压则与式(12-31)、式(12-32)类似，即

$$\dot{U}_{qk,a} = 3\dot{U}_{(1)} = 3\dot{I}_{(1)}\frac{x_{(2)}x_{(0)}}{x_{(2)} + x_{(0)}} = \dot{U}_{qk|0|}\frac{x_{(2)}x_{(0)}}{x_{(1)}x_{(2)} + x_{(1)}x_{(0)} + x_{(2)}x_{(0)}} \tag{12-47}$$

12.2.3 两相断线

由图 12.15(b)得 b、c 相断线处的边界条件为

$$\dot{U}_a = z_{pk}\dot{I}_a, \quad \dot{I}_b = \dot{I}_c = 0 \tag{12-48}$$

其相应的各序分量边界条件为

$$\left.\begin{array}{l} \dot{U}_{(1)} + \dot{U}_{(2)} + \dot{U}_{(0)} = (\dot{I}_{(1)} + \dot{I}_{(2)} + \dot{I}_{(0)})z_{pk} \\ \dot{I}_{(1)} = \dot{I}_{(2)} = \dot{I}_{(0)} \end{array}\right\} \tag{12-49}$$

和单相经阻抗短路接地的边界条件形式上完全一致。其复合序网连接方式如图 12.18(b)所示，即三序网故障点经 z_{qk} 串联。

断线线路上各序电流为

$$\dot{I}_{(1)} = \dot{I}_{(2)} = \dot{I}_{(0)} = \frac{\dot{U}_{qk|0|}}{z_{(1)} + z_{(2)} + z_{(0)}3z_{qk}} \tag{12-50}$$

a 相电流为

$$\dot{I}_a = 3\dot{I}_{(1)} = \frac{3\dot{U}_{qk|0|}}{z_{(1)} + z_{(2)} + z_{(0)}3z_{qk}} \tag{12-51}$$

断口处三序电压同样应用三序电压方程式(12-39)求得。

根据式(12-45)和式(12-50)，求得断口处三序电流，可以和短路故障一样，在三序网中分别求得电压和电流的分布。

第 4 篇

第 13 章 电力系统稳定性的基本概念

本章叙述电力系统稳定性的含义和分类，介绍静态稳定、暂态稳定及电压稳定等初步概念。

电力系统稳定性问题就是当系统在某一正常运行状态下受到某种干扰后，能否经过一定的时间后回到原来的运行状态或者过渡到一个新的稳态运行状态的问题。如果能，则认为系统在该正常运行状态下是稳定的。反之，若系统不能回到原来的运行状态或者不能建立一个新的稳态运行状态，则说明系统的状态变量没有一个稳态值，而是随着时间不断增大或振荡，系统是不稳定的。

13.1 电力系统稳定性概述

13.1.1 电力系统的运行状态描述

电力系统是由发电机、变压器、输电线路、用电设备(负荷)组成的网络，它包括通过电的或机械的方式连接在网络中的所有设备。电力系统中的这些互连元件可以分为两类：一类是电力元件，它们对电能进行生产(发电机)、变换(变压器、整流器、逆变器)、输送、分配(电力传输线、配电网)和消费(负荷)；另一类是控制元件，它们改变系统的运行状态，如同步发电机的励磁调节器、调速器以及继电器等。

电力系统的运行状态由运行参量来描述，或者说运行参量定量地确定系统的运行状态。运行参量包括功率、电压、电流、频率以及电动势相量间的角位移(电压相角差)等。系统元件参数由系统元件的物理性质决定，代表元件的特性，如电阻、电抗、电导、输入阻抗和转移阻抗、变压器变比、时间常数和放大倍数等。电力系统的元件参数直接影响运行参量的大小。

电力系统的运行状态有两种，即稳态和暂态。当电力系统处于稳态时，严格地说，其运行参量并不是一直保持不变的常量，而是持续地在某一平均值附近变化的量，但这种变化是很小的，因而实际上可以认为运行参量是常量。

电力系统在运行中常常受到各种突然的扰动，这些扰动使电力系统处于暂态过程之中，这时运行参量可能发生较大的变化。暂态过程中运行参量的变化可能会造成对系统的危害。例如，由于断路器操作引起的过电压可能会危及设备的绝缘；短路故障引起比正常电流大得多的短路电流，其热效应也可能损坏设备，而且短路故障改变了网络结构，因而改变了各发电机的输出功率，造成各发电机组输入功率和输出功率不平衡，有可能引起发电机组互相失去同步等。电力系统是一个统一体，在暂态过程中各种运行参量都在变化，互相影响，互相制约。

电力系统中的变压器、输电线等元件中，由于并不牵涉角位移、角速度等机械量，故其暂态过程称为电磁过程。而系统中的转动元件，如发电机和电动机，其暂态过程主要是由机械和电磁转矩(或功率)之间的不平衡引起的，通常称为机电过程。电力系统受到扰动后，各种暂态过程是同时进行的。

交流电力系统中发生短路故障后的电磁暂态过程以及电力系统受到各种扰动后的机电暂态过程(稳定问题)，是电力系统中普遍遇到的问题。研究电磁暂态过程的重点在于分析短路故障后电网中电流、电压的变化，在一般情况下可以不计发电机组间角位移的变化(即各发电机组转速不变)，这是因为机械运动过程比电磁过程要慢得多。电力系统稳定问题的重点在于分析发电机组转子运动规律，可以对一些电磁运行参量的变化规律作某些近似的假设。

13.1.2 电力系统稳定性的基本问题

电力系统正常运行的一个重要标志，是系统中的同步电机(主要是发电机)都处于同步运行状态。所谓同步运行状态是指所有并联运行的同步电机都有相同的电角速度。在这种情况下，表征运行状态的参数具有接近于不变的数值，通常称此情况为稳定运行状态。

随着电力系统的发展和扩大，往往会有这样一些情况。例如，水电厂或坑口火电厂通过长距离交流输电线路将大量的电力输送到中心系统，在输送功率大到一定的数值后，电力系统稍微有点小的扰动都有可能出现电流、电压、功率等运行参数剧烈变化和振荡的现象，这表明系统中的发电机之间失去了同步，电力系统不能保持稳定运行状态；又如，当电力系统中个别元件发生故障时，虽然自动保护装置已将故障元件切除，但是，电力系统受到这种大的扰动后，也有可能出现上述运行参数剧烈变化和振荡现象；此外，甚至运行人员的正常操作，如切除输电线路、发电机等，也有可能导致电力系统稳定运行状态的破坏。

通常，人们把电力系统在运行中受到微小的或大的扰动之后能否继续保持系统中同步电机(最主要的是同步发电机)间同步运行的问题，称为电力系统同步稳定性问题。电力系统同步运行的稳定性是根据受扰后系统中并联运行的同步发电机转子之间的相对位移角(或发电机电势之间的相角差)的变化规律来判断的，因此，这种性质的稳定性又称为功角稳定性。

电力系统中电源的配置与负荷的实际分布总是不一致的，当系统通过输电线路向电源配置不足的负荷中心地区大量传送功率时，随着传送功率的增加，受端系统的电压将会逐渐下降。在有些情况下，可能出现不可逆转的电压持续下降，或者电压长期滞留在安全运行所不能容许的低水平上而不能恢复。这就是说电力系统发生了电压失稳，它将造成局部地区的供电中断，在严重的情况下还可能导致电力系统的功角稳定丧失。

电力系统稳定性的破坏,将造成大量用户供电中断,甚至导致整个系统的瓦解,后果极为严重。因此,保持电力系统运行的稳定性,对于电力系统安全可靠运行,具有非常重要的意义。

13.1.3 功角稳定性(同步稳定性)

电力系统中的所有同步发电机均同步运行(电气角速度相同)是系统正常运行的重要标志。如果机组间失去同步,系统的电压、电流和功率等状态变量就会大幅度地、周期性地振荡变化,以致系统不能向负荷正常供电。

下面用一个简单系统说明功角稳定性的概念。图 13.1(a)示出一台发电机经变压器、线路和无限大容量系统相连的简单系统。图 13.1(b)中实线部分画出了正常运行时的相量图。图中忽略了各元件的电阻及线路导纳,$x_\Sigma = x_G + x_T + x_L$;假设发电机为隐极机,其等值电动势 $\dot{E}$ 的幅值为常数。正常运行时发电机和无限大容量系统(相当于一个电压和频率为常数的无限大容量等值机)是同步的,即在相量图中 $\dot{E}$ 和 $\dot{U}$ 以同一角速度(ω_0)旋转。因此,$\dot{E}$ 和 $\dot{U}$ 之间的相角差 δ,又称为功角,在一定负荷下是常数,即各相量之间的关系维持不变。发电机送出的电流和功率都是一定的,它们都是 δ 的函数。当然,这时系统任一点的电压,如相量图中画出的线路始端电压也是一定的。显然,功角 δ 是这个系统的状态变量。如果由于某种干扰使发电机的转速不再保持同步转速,若比同步转速快,则相量 $\dot{E}$ 的速度比 $\dot{U}$ 旋转的速度快,则 $\dot{E}$ 和 $\dot{U}$ 间的相角差 δ 不再是常数。图 13.1(b)中虚线表示了 $\dot{E}$ 和 $\dot{U}$ 的相对运动。很明显,如果 $\dot{E}$ 和 $\dot{U}$ 一直不同步,即 δ 不断地变化,由相量图即可看出电流 $\dot{I}$ 和系统中任一点电压的幅值将不断地振荡,输送功率也不断地振荡,以致系统不能正常工作。这种情况即为系统功角不稳定。

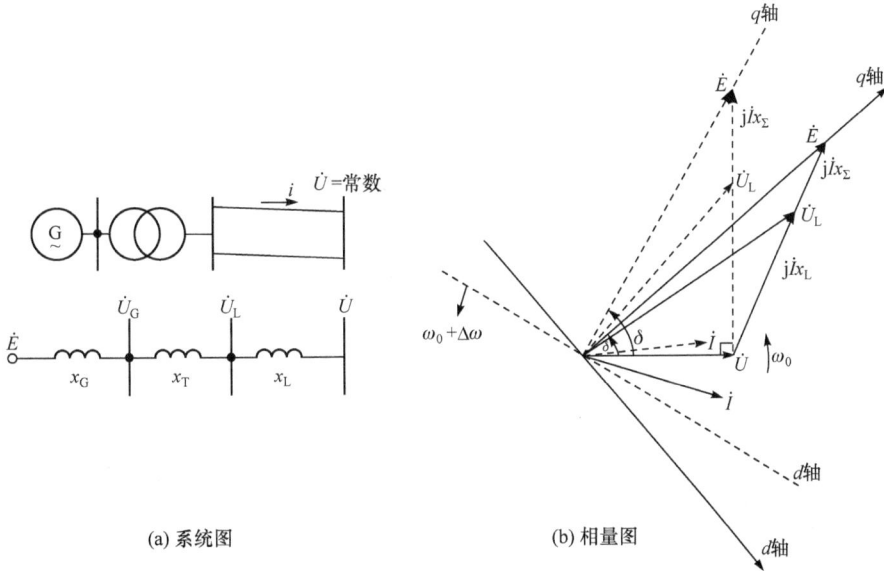

(a) 系统图　　　　　　　　　(b) 相量图

图 13.1　简单系统及其相量图

发电机组的转速是由作用在它转子上的转矩决定的，作用在转子上的转矩主要包括原动机作用在转子上的机械转矩和发电机的电磁转矩两部分。当转子维持同步转速时，上述两部分转矩是平衡的，一旦这两部分转矩不平衡就会引起转子的加速或减速，转子就脱离了同步转速。原动机的机械转矩由发电厂动力部分(如火电厂的锅炉和汽轮机)的运行状态决定，发电机的电磁转矩由发电机及其连接的电力系统中的运行状态决定，在这些运行状态中如发生任意干扰都会使作用在转子上的转矩不平衡，也就会使转速发生变化。在实际运行中，这些干扰是不可避免的，小的干扰经常不断地发生，例如，电力系统中负荷的小波动；大的干扰也是时常出现的，例如，电网中突然发生短路引起电流的变化而造成发电机电磁转矩的大变化；等等。因此要求系统在受到各种干扰后，发电机组经过一段过程的运动变化后仍能恢复同步运行，即 δ 角能达到一个稳态值。能满足这一点，系统就是功角稳定的，否则就是功角不稳定的，而必须采取相应的措施以保证系统的稳定。

电力系统在发生功角失稳的动态过程中表现出不同的特征，导致在分析研究功角稳定性时将其分类并采取不同的分析方法和控制对策。

2001 年，我国电网运行与控制标准化技术委员会制定的 DL755—2001《电力系统安全稳定导则》中将功角稳定性分为下列三类。

(1) 静态稳定：是指电力系统受到小干扰后，不发生非周期性失步，自动恢复到初始运行状态的能力。

(2) 暂态稳定：是指电力系统受到大扰动后，各同步电机保持同步运行并过渡到新的或恢复到原来稳态运行方式的能力。通常指保持第一或第二个振荡周期不失步的功角稳定。

(3) 动态稳定：是指电力系统受到小的或大的干扰后，在自动调节和控制装置的作用下，保持长过程的运行稳定性的能力。

由于动态稳定的过程较长，参与动作的元件和控制系统更多、更复杂，而且电压失稳问题也可能与长过程动态有关。

13.2　静态稳定的概念

电力系统静态稳定是指电力系统受到小干扰后，不发生自发振荡或非周期性失步，自动恢复到初始运行状态的能力。电力系统几乎时刻都受到小的干扰。例如，系统中负荷的小量变化；架空输电线因风吹摆动引起的线间距离(影响线路电抗)的微小变化；等等。因此，电力系统的静态稳定问题实际上就是确定系统的某个运行稳态能否保持的问题。

13.2.1　静态稳定的物理意义

图 13.2　简单电力系统

如图 13.2 所示，一台发电机经变压器、线路与无限大容量系统并联运行的简单系统中，假设发电机是隐极机，则在某稳态运行下发电机的相量图如图 13.3(a)所示。

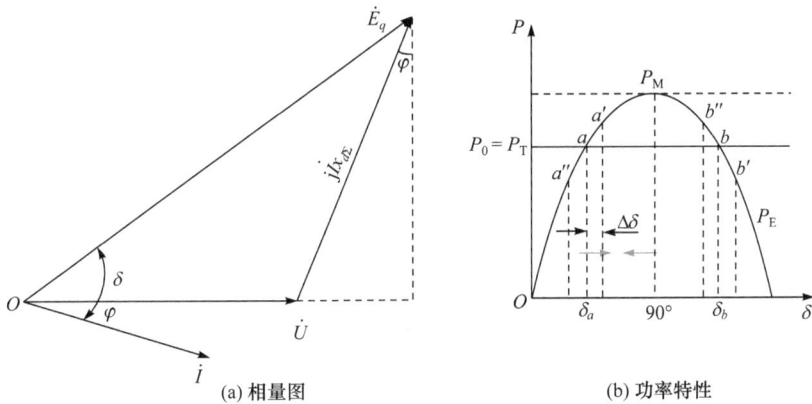

(a) 相量图　　　　　(b) 功率特性

图 13.3　简单系统的功率特性

　　假设：① 忽略发电机励磁调节器的作用，即认为发电机的空载电动势恒定；② 忽略原动机调速器的作用，则原动机的机械功率 P_T 不变，此时发电机输出的电磁功率为

$$P_E = UI\cos\varphi = \frac{E_q U}{x_{d\Sigma}}\sin\delta \tag{13-1}$$

发电机的功角特性曲线如图 13.3(b)所示的正弦曲线。

　　假定在某一正常运行情况下，发电机向无限大系统输送的功率为 P_0，由于忽略了电阻损耗以及机组的摩擦、风阻等损耗，P_0 即等于原动机输出的机械功率 P_T。由图 13.3(b)可见，当输送 P_0 时，可能有两个运行点 a 和 b(即有两个 δ 值，其 $P_E = P_0 = P_T$)。

1. a 点的运行情况

　　在 a 点，如果系统中出现某种瞬时的微小扰动，使功角 δ_a 增加了一个微小增量 $\Delta\delta$，则发电机输出的电磁功率达到与图中 a' 相对应的值。这时，由于原动机的机械功率 P_T 保持不变，仍为 P_0，因此，发电机输出的电磁功率大于原动机的机械功率，即转子过剩转矩为负值，因而，由转子运动方程可知，发电机转子将减速，δ 将减小。由于在运动过程中存在阻尼作用(后详)，经过一系列微小振荡后运行点又回到 a 点。图 13.4(a)中给出了功角 δ 变化的情形。同样，如果小扰动使 δ_a 减小了 $\Delta\delta$，则发电机输出的电磁功率为点 a'' 的对应值，这时输出的电磁功率小于输入的机械功率，转子过剩转矩为正，转子将加速，δ 将增加。同样经过一系列振荡后又回到运行点 a。由上可见，在运行点 a，当系统受到小扰动后能够自行恢复到原先的平衡状态，因此是稳定的。

2. b 点的运行情况

　　在 b 点，如果小扰动使 δ_b 有个增量 $\Delta\delta$，则发电机输出的电磁功率将减少到与 b' 点对应的值，小于机械功率。过剩的转矩为正，功角 δ 将进一步增大。而功角增大时，与之相应的电磁功率又将进一步减小。这样继续下去，功角不断增大，运行点不再回到 b 点，图 13.4(b)中画出 δ 随时间不断增大的情形。δ 的不断增大标志着发电机与无限大系统非周期性地失去同步，系统中电流、电压和功率大幅度地波动，系统无法正常运行，最终将导致系统瓦解。如果小扰动使 δ_b 有一个负的增量 $\Delta\delta$，情况又不同，电磁功率将增加到与 b'' 点相对应的值，大于机械功率，因而转子减速，δ 将减小，一直减小到小于 δ_a，转子又获得加速，然后又经过一系列振荡，在 a 点抵达新的平衡。运行点也不再回到 b 点。因此，对于 b 点而言，在受到小扰动后，不是转移到运行点 a，就是与系统失去同步，故 b 点是不稳定的，即系统本身没有能力维持在 b 点运行。

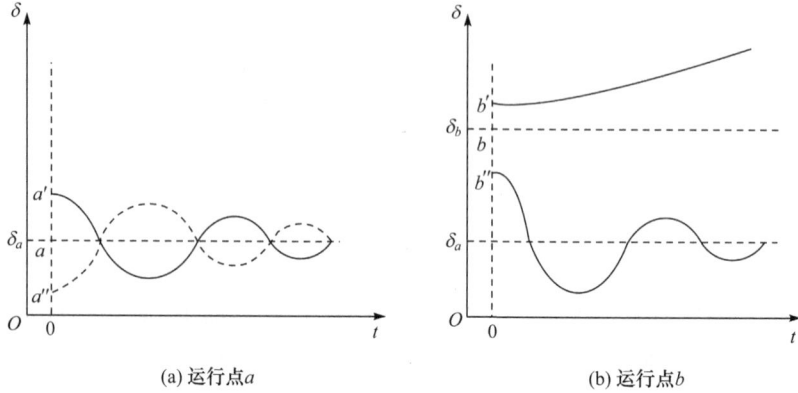

(a) 运行点 a　　　　　　　　　　(b) 运行点 b

图 13.4　受小扰动后功角变化特性

3. 静态稳定的基本概念

由以上的分析，可以得到静态稳定的初步概念。所谓电力系统静态稳定性，一般是指电力系统在运行中受到微小扰动后，独立地恢复到它原来的运行状态的能力。

根据以上分析可知，对于简单电力系统，要具有运行的静态稳定性，必须运行在功率特性的上升部分，而不能运行在功率特性的下降部分。

13.2.2　静态稳定判据

观察 a、b 两个运行点的异同，以便找出某些规律来判断系统的稳定与否。a、b 两点对应的电磁功率都等于 P_0，这是它们的共同点。但 a 点对应的功角 δ_a 小于 $90°$，在 a 点运行时，随着功角 δ 的增大电磁功率也增大，随功角 δ 的减小电磁功率也减小。而 b 点对应的功角 δ_b 则大于 $90°$，在 b 点运行时，随功角 δ 的增大电磁功率反而减小，随功角 δ 的减小电磁功率反而增大。在 a 点，两个变量 ΔP_E 与 $\Delta\delta$ 的符号相同，即 $\Delta P_E/\Delta\delta > 0$ 或改写为微分的形式 $dP_E/d\delta > 0$；在 b 点，两个变量 ΔP_E 和 $\Delta\delta$ 的符号相反，即 $\Delta P_E/\Delta\delta < 0$ 或 $dP_E/d\delta < 0$，这是它们的不同点。因此，可以得出结论：$dP_E/d\delta > 0$ 时，系统是稳定的；$dP_E/d\delta < 0$ 时，系统是不稳定的。因此，根据 $dP_E/d\delta$ 是否大于零可以判断系统静态稳定与否。

综上所述，对于目前所讨论的简单系统，其静态稳定的判据为

$$\frac{dP_E}{d\delta} > 0 \tag{13-2}$$

导数 $dP_E/d\delta$ 称为整步功率系数，其大小可以说明发电机维持同步运行的能力，即说明静态稳定的程度。由功率公式(13-1)可以求得

$$\frac{\mathrm{d}P_{\mathrm{E}}}{\mathrm{d}\delta} = \frac{E_q U}{x_{d\Sigma}}\cos\delta \tag{13-3}$$

13.2.3 静态稳定极限和储备系数

图 13.5 画出了 $\mathrm{d}P_{\mathrm{E}}/\mathrm{d}\delta$ 和 P_{E} 的特性曲线。当 δ 小于 90°时，$\mathrm{d}P_{\mathrm{E}}/\mathrm{d}\delta$ 为正值，在这个范围内发电机的运行是稳定的，但当 δ 越接近 90°，其值越小，稳定的程度越低。δ 等于 90°，是稳定与不稳定的分界点，称为静态稳定极限。在所讨论的简单系统情况下，静态稳定极限所对应的功角正好与最大功率或功率极限的功角一致。

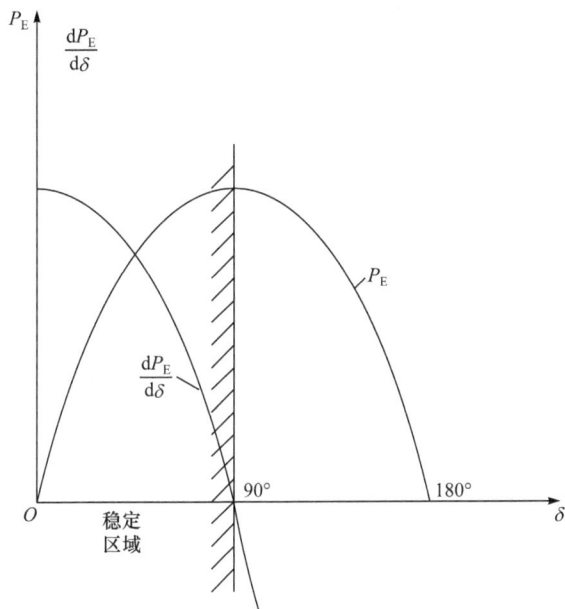

图 13.5　$\mathrm{d}P_{\mathrm{E}}/\mathrm{d}\delta$ 的变化特性

当然，电力系统不应在接近稳定极限的情况下运行，而应保持一定的储备，其储备系数为

$$K_P = \frac{P_{\mathrm{M}} - P_0}{P_0}\times 100\% \tag{13-4}$$

式中，P_{M} 为最大功率；P_0 为某一运行情况下的输送功率。我国现行的《电力系统安全稳定导则》规定：系统在正常运行方式下，K_P 应不小于 14%～20%；在事故后的运行方式下，K_P 应不小于 10%。所谓事故后的运行方式，是指事故后系统尚未恢复到它原始的正常运行方式的情况，例如，事故使双回路中的一回路被切除，有待重新投入。这时系统的联系被削弱了，即 $x_{d\Sigma}$ 增大，P_{M} 减小，可以暂时降低对稳定储备的要求。

13.3　暂态稳定的概念

暂态稳定是指电力系统在某个运行情况下突然受到大的干扰后，能否经过暂态过程达到新的稳态运行状态或者恢复到原来的状态。

13.3.1　大扰动及其作用下的稳定性问题

这里所谓的大扰动，是相对于前面所提到的小扰动而言的，一般是指短路故障、突然断开线路或发电机等。如果系统受到大的扰动后仍能达到稳态运行，则系统在这种运行情况下是暂态稳定的。反之，如果系统受到大的扰动后不能再建立稳态运行状态，而是各发电机组转子间一直有相对运动，相对角不断变化，因而系统的功率、电流和电压都不断振荡，以致整个系统不能再继续运行下去，则称为系统在这种运行情况下不能保持暂态稳定。

显然，一个系统的暂态稳定情况和系统原来的运行方式以及扰动的方式是有关的，也就是说，同样一个系统在某个运行方式和某种扰动下是暂态稳定的，而在另一个运行方式和另一种扰动下它可能是不稳定的。因此，在分析一个系统的暂态稳定性时，首先必须结合系统的实际情况决定系统的初始运行方式。关于扰动方式，我国现行的《电力系统安全稳定导则》对 220kV 以上电压等级的系统，规定系统必须能够承受的扰动方式。例如，任何线路上发生单相瞬时接地故障，故障后断路器跳开并重合成功，系统应能保持稳定运行和电网的正常供电。

电力系统受到大扰动，经过一段时间后，或是逐步趋向稳态运行或是趋向失去同步。这段时间的长短与系统本身的状况和扰动大小有关，有的约 1s(如联系紧密的系统)，有的则要几秒钟甚至若干分钟。也就是说，在某些情况下只要分析扰动后 1s 左右的暂态过程就可以判断系统能否保持稳定，而在另一些情况下则必须分析更长的时间。由于在扰动后的不同时间里系统各部分的反应不同，在分析大扰动后的暂态过程时往往按下面三种不同的时间阶段分类。

(1) 起始阶段：指故障后约 1s 内的时间段。在这期间系统中的保护和自动装置有一系列的动作，如切除故障线路和重新合闸、切除发电机等。但是在这个时间段中发电机的调节系统还来不及起到明显的作用。

(2) 中间阶段：在起始阶段后，大约持续 5s 左右的时间段。在此期间发电机组的调节系统已发挥作用。

(3) 后期阶段：中间阶段以后的时间。这时动力设备(如锅炉等)中的过程将影响到电力系统的暂态过程。另外，系统中还将由于频率和电压的下降，发生自动装置切除部分负荷等操作。

13.3.2　暂态稳定的物理意义

讨论简单电力系统突然切除一回输电线路的情况。如图 13.6 所示，在正常运行时，系统的总电抗为

$$x_{d\Sigma\mathrm{I}} = x_d + x_{\mathrm{T1}} + \frac{1}{2}x_{\mathrm{L}} + x_{\mathrm{T2}}$$

此时的功率特性为

$$P_{\mathrm{I}} = \frac{E_q U}{x_{d\Sigma\mathrm{I}}}\sin\delta$$

突然切除一回线路，系统的总阻抗为

$$x_{d\Sigma\mathrm{II}} = x_d + x_{\mathrm{T1}} + x_{\mathrm{L}} + x_{\mathrm{T2}}$$

功率特性变为

$$P_{\mathrm{II}} = \frac{E_q U}{x_{d\Sigma\mathrm{II}}} \sin\delta$$

同样也假设发电机的空载电动势恒定，原动机的机械功率 P_{T} 不变。由于线路电抗 $x_{d\Sigma\mathrm{II}} > x_{d\Sigma\mathrm{I}}$，使得 $P_{\mathrm{II}} < P_{\mathrm{I}}$。

在切除线路瞬间，原动机功率大于电磁功率，作用在转子上的不平衡转矩(用功率表示为 $\Delta P_a = P_{\mathrm{T}} - P_{\mathrm{II}}$)是加速性质的，因而使发电机转子加速。于是在送、受端发电机之间出现了正的相对速度 $\Delta\omega = \omega_{\mathrm{G}} - \omega_{\mathrm{N}}$，发电机功角开始增大，工作点将沿着 P_{II}，由 b 点向 c 点变动，发电机发出的电磁功率也随之逐渐增大。在到达 c 点以前，虽然加速性质的不平衡转矩逐渐减小，但它一直是加速性的，因此相对速度 $\Delta\omega$ 不断增大，如图 13.7(a)所示。

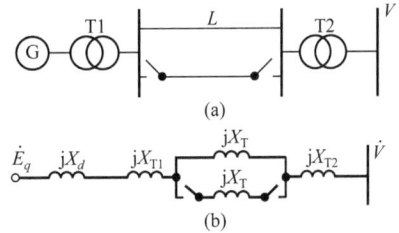

图 13.6　切除一回输电线路

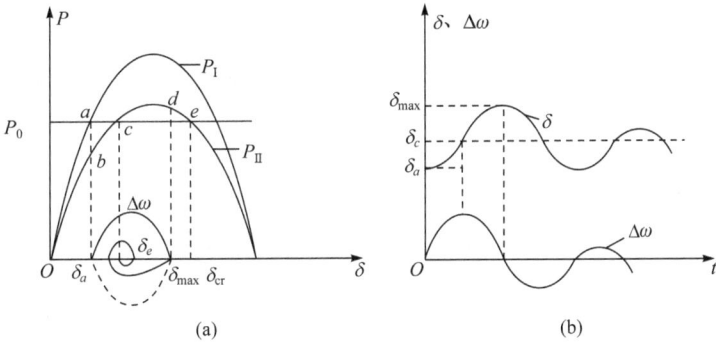

图 13.7　暂态稳定的概念

到达 c 点时，虽然转子上的转矩又相互平衡，但转子的运动过程并不会到此结束。因为此刻送端发电机的转速已高于受端发电机的转速，由于转子的惯性，功角将继续增大而越过 c 点。在转子越过 c 点后，当功角继续增大时，电磁功率将超过原动机的功率，不平衡转矩由加速性质变成减速性质。在此不平衡转矩作用下，发电机开始减速，相对速度 $\Delta\omega$ 也开始减小。

(1) 若 $\Delta\omega$ 在功率曲线 P_{II} 上的某一点 d 减小到零。在 d 点，送、受端发电机恢复了同步，功角不再增大并抵达它的最大值 $\delta_{\max}$。此刻电磁功率仍大于原动机的功率，发电机仍受减速性的不平衡转矩作用而继续减速。于是发电机的转速开始小于受端发电机的转速，相对速度 $\Delta\omega < 0$，功角开始减小，工作点将沿相反方向变动到 c 点，且由于惯性作用它将越过 c 点。而在 b 点附近 $\Delta\omega$ 再次等于零，功角不再减小并抵达它的最小值 $\delta_{\min}$。之后功角又开始增大，重复上述过程。由于各种损耗，功角变化将是一种减幅振荡。最后在 c 点处达到新的平衡，建立新的稳定运行状态。

(2) 若 $\Delta\omega$ 在功率曲线 P_{II} 上的 c 点仍未减小到零。如图 13.8 所示，从 c 点开始，转子减速，相对速度 $\Delta\omega$ 减小。因为 $\Delta\omega$ 是大于零的，所以功角仍继续增大。如果 $\Delta\omega$ 还未降到零时，功角已达到临界角 δ_{cr}，则因为 $\Delta\omega > 0$，故功角将继续增大而越过 c' 点，因而转子上的不平衡转矩又变成加速性。于是相对速度 $\Delta\omega$ 又开始增加，功角将继续增大，使发电机与受端系统失去同步，破坏了电力系统的稳定运行。

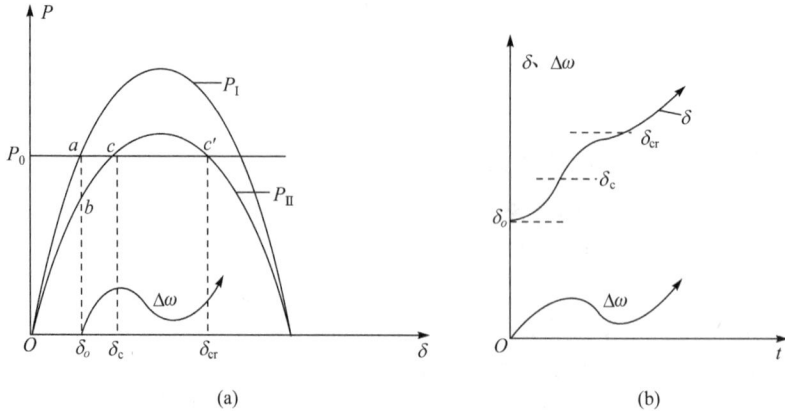

图 13.8　失去暂态稳定

13.3.3　暂态稳定的基本概念

由以上分析可以得到暂态稳定的初步概念。电力系统具有暂态稳定性，一般是指电力系统在正常运行时，受到一个大的扰动后，能从原来的运行状态(平衡点)，不失去同步地过渡到新的运行状态，并在新运行状态下稳定地运行(以后可以看到，也可能经多个大扰动后回到原来的运行状态)。

从以上的讨论中可以看到，功角变化的特性，表明了电力系统受大扰动后发电机转子相对运动的情况。若功角 δ 经过振荡后能稳定在某一个数值，则表明发电机之间重新恢复了同步运行，系统具有暂态稳定性。如果电力系统受大扰动后功角不断增大，则表明发电机之间已不再同步，系统失去了暂态稳定。因此，可以用电力系统受大扰动后功角随时间变化的特性作为暂态稳定的判据。

13.4　电压稳定性的概念

发电机同步并联运行的稳定性，以发电机转子间相对角的运动规律作为判断稳定性的依据，因此，也称为功角稳定性。但是，在实际电力系统中还存在另一种性质的稳定问题，即负荷节点的电压稳定性。发电厂经过一定距离的输电线向负荷中心地区供电的系统中，当电源电压和网络结构不变时，负荷节点的电压会随着负荷功率的增加而缓慢下降，当负荷功率增加到一定限值时，节点电压将不可控制地急剧下降，这就是所谓的"电压崩溃"现象。

电压失稳主要同负荷的动态特性有关。在图 13.9 所示的简单系统中，一台同步发电机经过一段线路向负荷节点供电，在这样的简单系统中，只有一台发电机，不存在功角稳定性问题，但是电压稳定问题则是确实存在的。

图 13.9 中发电机和输电线路的总阻抗为 $z_\mathrm{s}=|z_\mathrm{s}|\angle\theta$，$z_\mathrm{LD}=|z_\mathrm{LD}|\angle\varphi$。由简单系统相量图，应用余弦定理可知负荷点接收的功率为

$$P = \frac{E^2 \cos\varphi / |z_s|}{\left|\dfrac{z_{LD}}{z_s}\right| + \left|\dfrac{z_s}{z_{LD}}\right| + 2\cos(\theta - \varphi)}$$

负荷点电压为

$$U^2 = \frac{E^2}{1 + \left|\dfrac{z_s}{z_{LD}}\right|^2 + 2\left|\dfrac{z_s}{z_{LD}}\right|\cos(\theta - \varphi)}$$

在分析电压稳定问题时，假定系统频率不变，发电机电势不变，阻抗 z_s 不变，这时的唯一变量是负荷的等值阻抗 z_{LD}。给定功率因数下的 $P\text{-}|z_s/z_{LD}|$ 曲线和相应的 $U\text{-}|z_s/z_{LD}|$ 曲线，见图 13.10，当负荷运行在 $|z_s/z_{LD}| < 1$ 的区段内，只要减小阻抗，总可以从电网得到更多的功率供应。当 $|z_s/z_{LD}| = 1$ 时，负荷节点可得到最大功率。在 $|z_s/z_{LD}| > 1$ 以后，继续减小负荷阻抗将导致电网送达功率的减小。这种功率传输特性，如同发电机的功角特性一样是电力网络所固有的，它由电路本身的规律决定。$U\text{-}|z_s/z_{LD}|$ 曲线表明，随着负荷阻抗的减小，负荷节点电压呈单调下降的趋势，这也是电力网络的固有特性。顺便说明，这里讨论的是负荷吸收感性无功功率的情况。当负荷功率因数超前时，在一定的参数下，随着负荷阻抗的减小，$U\text{-}|z_s/z_{LD}|$ 曲线可能先上升，然后再单调下降。

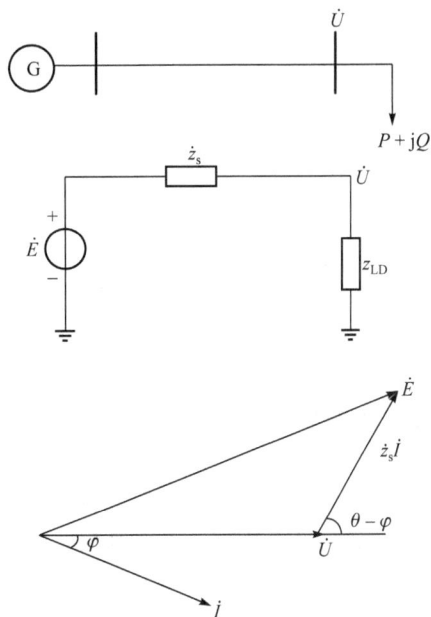

图 13.9　简单供电系统电压关系图

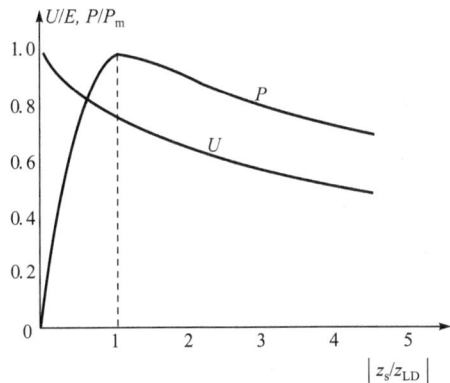

图 13.10　受端电压变化曲线

用户的用电设备对于电网来说，呈现为某种阻抗，以取得功率，同时又将从电网吸取的电磁功率转化为别种形式的功率，以满足生产和人们生活的各种需要，例如，异步电动机将电磁功率转化为机械功率，以带动旋转机械工作。当机械功率超过电磁功率时，电动机转速下降，转差增大，等值阻抗减小，试图从电网吸收更多的电磁功率来实现新的功率平衡。实际上，不仅电动机如此，系统中其他动态负荷都具有同样特性；当负荷吸取的电磁功率和输出的其他形式的功率失去平衡时，会自动调整其等值阻抗的大小，以求得新的功率平衡。当输入的电磁功率大于输出功率时，等值阻抗将增大，反之则减小。

当系统运行在 $P\text{-}|z_s/z_{LD}|$ 曲线的上升段时，负荷有功功率的暂时供需失衡，依靠网络和负荷本身的固有特性可以恢复平衡，系统是稳定的，只是随着负荷阻抗的减小，节点电压有所下降。当系统运行在 $P\text{-}|z_s/z_{LD}|$ 曲线的下降段时，负荷因需求功率的增加而减小阻抗，电网送达的功率反而减少，导致功率不平衡的加剧。根据上述负荷动态特性，负荷阻

抗将继续减小，负荷节点电压随之迅速下降，于是出现了电压崩溃现象。由此可见，电压失稳是负荷维持功率平衡而调节阻抗的特性与网络的功率传输特性相互作用的结果。

负荷的功率因数(滞后)不同时，P-$|z_s/z_{LD}|$曲线和U-$|z_s/z_{LD}|$曲线的形状没有变。功率因数变小时，对应于相同$|z_s/z_{LD}|$值的功率和电压U都要减小。对于以异步电动机为主要成分的综合负荷，当机械功率增大，电动机转差增大时，功率因数下降很快，因此，实际的P-$|z_s/z_{LD}|$曲线要比恒功率因数时的曲线低得多。电压下降过多时，由于负荷的功率因数迅速下降，所需的无功功率剧增，加大了输电线中的电压损耗，从而加剧了电压崩溃的过程。

在实际系统中，电压崩溃主要发生在系统遭受大扰动、发电机保持暂态稳定性的故障后运行状态下。1978年12月法国电网的电压崩溃和1987年7月日本东京电网的电压失稳的电压崩溃都是在大扰动后十几分钟才发生的。法国电网的电压失稳发生在冬季早上8点多钟，日本东京电网的电压失稳则发生在夏季特别炎热的中午，都处于负荷迅速增长的时段。故障后的系统由于切除了故障线路，网络结构发生了变化，传输能力有所下降，随着故障后稳态的建立，在暂态过程中失去的负荷逐渐恢复，而且还继续大幅度地增长，当负荷功率达到一定限值时，便诱发了电压崩溃的现象。

在实用计算中，可采用如图13.11所示的P-U曲线作为分析系统电压稳定性的手段。曲线的右半支相当于P-$|z_s/z_{LD}|$线的上升段，在这段曲线运行时，负荷节点电压的下降总可以换取网络送达功率的增加，系统的运行是稳定的。但是有功功率的增加是有限度的，当功率达到最大值P_{max}时，即是电压稳定的临界点。在P-U曲线的左半支，电压的降低将导致功率的减少，由于负荷本身固有的动态特性，将不能稳定运行。

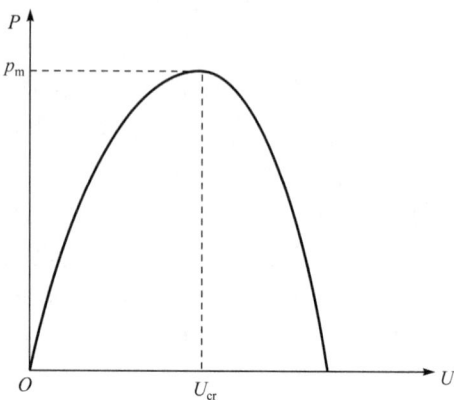

图13.11 受端功率和电压关系图

$$\frac{\mathrm{d}P}{\mathrm{d}U} < 0$$

可以用作负荷节点静态电压稳定的一种判据，在系统实际运行中，通过监视各负荷节点P-U曲线的变化和$\dfrac{\mathrm{d}P}{\mathrm{d}U}$判据的计算，可以对系统的电压稳定性有较清楚的认识。严格地讲，采用P-U曲线进行电压稳定性分析，并没有考虑负荷动态特性的影响，只是把网络传送功率的极限点当作电压稳定的临界点。对电压稳定问题的进一步分析研究，选择合适的负荷模型是至关重要的。

电力系统供电点接入的负荷代表了多种类型的用电设备和与其相关的配电网络元件的组合，要确定综合负荷的输出功率特性是不容易的。如果用一台等值电动机来代替综合负荷，当供电点电压下降过多时，虽然从综合负荷特性来看仍能保持稳定，但是个别电动机或其他用电设备可能已失去稳定或者因电压过低而退出运行。大负荷(或大量负荷)失去稳定时，系统的有功负荷骤减，使各发电机的有功功率发生大的变化，引起发电机间的相对运动，严重时也可能导致电力系统同步运行稳定性的丧失。

第 14 章　电力系统静态稳定性

电力系统静态稳定是指电力系统在小干扰的作用下能够自动恢复到初始运行状态或达到新的稳定运行状态的能力。电力系统几乎时刻都受到小的干扰。本章将应用运动稳定性理论阐述静态稳定判据及采用小扰动法进行简单电力系统静态稳定性研究的方法。

在以后的分析讨论中，若不加说明，均以标幺值表示各量，不再区别相电压和线电压、单相功率和三相功率。

14.1　小扰动法原理

针对稳定性问题，可以将电力系统作为一个动力学系统来进行研究，即可用一组微分方程来描述其运动状态。例如，电力系统用转子运动方程来描述发电机转子的机械运动；用同步电机的基本方程——派克方程来描述发电机的电磁运动；等等。

一个动力学系统的微分方程组的解，直接表征了该动力学系统的运动状态及其性质。动力学系统运动的稳定性，在数学上反映为微分方程组的解的稳定性。运动稳定性的理论基础，是由著名学者李雅普诺夫(Lyapunov)奠定的。

14.1.1　动力学系统状态方程

设一动力学系统，其状态方程为

$$\frac{\mathrm{d}\boldsymbol{X}(t)}{\mathrm{d}t} = \dot{\boldsymbol{X}}(t) = \boldsymbol{F}[t, \boldsymbol{X}(t)] \tag{14-1}$$

式中，$\boldsymbol{X}(t)$ 为系统状态变量构成的向量，对于电力系统，状态变量就是运行参数；$\dot{\boldsymbol{X}}(t)$ 为状态变量对时间的导数；$\boldsymbol{F}$ 为非线性函数构成的向量。

在给定初值的条件下求解微分方程，是微分方程的初值问题。一组初值 $\boldsymbol{X}(t_0)$ 确定了式(14-1)的一组特解 $\boldsymbol{X}(t)$，这组特解描述的是该动力学系统在初始状态 $\boldsymbol{X}(t_0)$ 下的运动状态。如果系统受到扰动，数学上相当于改变了初值，新的初值确定新特解，描述的是系统的另一种运动状态。

在系统稳定性的研究中，人们最关心的是系统平衡状态的稳定性。若对于一切 $t > t_0$，恒有 $\boldsymbol{X}(t) = \boldsymbol{X}(t_0) = \boldsymbol{X}_e$，则称 $\boldsymbol{X}_e$ 为系统的一个平衡状态。在平衡状态下有

$$\left. \frac{\mathrm{d}\boldsymbol{X}(t)}{\mathrm{d}t} \right|_{X=X_e} = 0 \tag{14-2}$$

则平衡状态可用下面代数方程 $\boldsymbol{F}[t, \boldsymbol{X}_e] = 0$ 的解来描述。对于线性定常系统，$\boldsymbol{F}[t, \boldsymbol{X}_e] = \boldsymbol{A}\boldsymbol{X}$，若矩阵 $\boldsymbol{A}$ 非奇，系统只有一个平衡状态；若矩阵 $\boldsymbol{A}$ 奇异，则系统将有无限多个平衡状态。对于非线性系统，则可能有一个或多个平衡状态，这些状态都与方程 $\boldsymbol{F}[t, \boldsymbol{X}_e] = 0$ 的

常值解相对应。

14.1.2 李雅普诺夫运动稳定性定义

已知系统 $F[t, X(t)] = 0$。设 X_e 为系统一个平衡状态，则以 X_e 为圆心，以 c 为半径的球域为

$$\|X(t) - X_e\| \leqslant c \tag{14-3}$$

式中，$\|X(t) - X_e\|$ 为向量 $(X(t) - X_e)$ 的欧氏长度(或称欧氏范数)。

李雅普诺夫稳定性的定义如下：

(1) 对于任给实数 $\varepsilon > 0$，存在实数 $\eta(\varepsilon, t_0) > 0$，使所有满足

$$\|X_0(t) - X_e\| \leqslant \eta(\varepsilon, t_0) \tag{14-4}$$

的初值 $X_0(t)$ 所确定的运动 $X(t)$，恒满足

$$\|X(t) - X_e\| \leqslant \varepsilon$$

则称系统的平衡状态 X_e 是稳定的。

(2) 如果 η 与 t_0 无关，则系统 $F[t, X(t)] = 0$ 是一致稳定的。

(3) 如果平衡状态 X_e 是稳定的，而且还有

$$\lim_{t \to \infty} \|X(t) - X_e\| = 0$$

则称平衡状态 X_e 是渐近稳定的。

(4) 如果对于某个实数 $\varepsilon > 0$，无论 η 多么小，在满足

$$\|X_0(t) - X_e\| \leqslant \eta$$

的初值 $X_0(t)$ 所确定的运动 $X(t)$ 中，只要有一个运动，$t \geqslant t_0$ 的某一时刻不满足

$$\|X(t) - X_e\| \leqslant \varepsilon$$

则称平衡状态 X_e 是不稳定的。

电力系统静态稳定属于渐近稳定性。因此，在以后的叙述中所涉及的稳定概念，均指渐近稳定。

14.1.3 非线性系统稳定性的线性近似判断法

实际工程中的电力系统是非线性系统。设有一个不显含时间变量 t 的非线性系统，其状态方程为

$$\frac{\mathrm{d}X}{\mathrm{d}t} = F(X) \tag{14-5}$$

X_e 是系统的一个平衡状态，若系统受小干扰偏离平衡状态，记 $X = X_e + \Delta X$，将其代入式(14-5)，并将该式右端展开成泰勒级数，可得

$$\frac{\mathrm{d}(X_e + \Delta X)}{\mathrm{d}t} = F(X_e) + \frac{\mathrm{d}F(X_e + \Delta X)}{\mathrm{d}t}\bigg|_{X=X_e} \Delta X + R(\Delta X) \tag{14-6}$$

式中，$R(\Delta X)$ 为 ΔX 的二阶及以上阶次各项之和。

令

$$A = \frac{\mathrm{d}F(X_e + \Delta X)}{\mathrm{d}t}\Bigg|_{X=X_e}$$

矩阵

$$A = \begin{bmatrix} \dfrac{\partial f_1}{\partial x_1} \cdots \dfrac{\partial f_1}{\partial x_n} \\ \vdots \qquad \vdots \\ \dfrac{\partial f_n}{\partial x_1} \cdots \dfrac{\partial f_n}{\partial x_n} \end{bmatrix}$$

称为雅可比矩阵。

对于式(14-6)，因

$$\begin{cases} \dfrac{\mathrm{d}(X_e)}{\mathrm{d}t} = 0 \\ F(X_e) = 0 \end{cases}$$

并同时略去二阶及以上高次项，可得

$$\frac{\mathrm{d}(\Delta X)}{\mathrm{d}t} = A\Delta X$$

即为原非线性方程(14-5)的线性近似(一次近似)方程，称为线性化的小扰动方程。

如果式(14-5)的系统满足

$$\lim_{\|\Delta X\| \to 0} \|R(\Delta X)\| = 0$$

则可得，基于线性化小扰动方程的李雅普诺夫稳定性判据为：当线性化方程中的 A 矩阵没有零值和实部为零值的特征值时，该非线性系统的稳定性，可以完全由线性化方程的稳定性来决定。

(1) 若线性化方程 A 矩阵的所有特征值的实部均为负值，线性化方程的解是稳定的，则非线性系统也是稳定的；

(2) 若线性化方程的 A 矩阵至少有一个实部为正值的特征值，线性化方程的解是不稳定的，则非线性系统也是不稳定的；

(3) 若线性化方程的 A 矩阵有零值或实部为零的特征值，则非线性系统的稳定性需要计及非线性部分 $R(\Delta X)$ 才能判定。

由上可知，对于一个非线性系统，当扰动很小时，稳定性问题可以通过将其转化为线性系统来研究。电力系统静态稳定的研究和判断，就采用这种方法，称为小扰动法或小干扰法。由于不需求解扰动方程，因而在静态稳定性的分析计算中，可以不必再去注意具有随机性质的扰动形式和初值。因此可知，电力系统受微小扰动的静态稳定性与受大扰动的暂态稳定性，在性质上是不同的。更明确地说，微小扰动的静态稳定性是研究电力系统在平衡点附近的"邻域"特性问题，而大扰动的暂态稳定性是研究电力系统从一个平衡点向另一个新的平衡点(或经多次大扰动后回到原来的平衡点)的过渡特性问题。

14.2 小扰动法分析简单系统静态稳定

14.2.1 系统状态变量偏移量的线性状态方程

在简单系统中只有一个发电机元件需要列出其状态方程。因为，变压器和线路的电抗可看作发电机漏抗的一部分，无限大容量系统相当于一个无限大容量的发电机，其电压和频率不变，不必列出状态方程。严格地讲，发电机的状态方程应包括第 4 章中的回路方程和转子运动方程，但由于采取了假设，简单系统中发电机的电磁功率已表达为 E_q (为常数)、U 和 δ 的函数。这样，发电机的状态方程就只有转子运动方程，即

$$
\left.
\begin{aligned}
\frac{\mathrm{d}\delta}{\mathrm{d}t} &= (\omega - 1)\omega_0 \\
\frac{\mathrm{d}\omega}{\mathrm{d}t} &= \frac{1}{T_\mathrm{J}}\left(P_\mathrm{T} - \frac{E_q U}{x_{d\Sigma}}\sin\delta \right)
\end{aligned}
\right\}
\tag{14-7}
$$

这是一组非线性的状态方程。由于静态稳定是研究系统在某一个运行方式下受到小的干扰后的运行状况，故可以把系统的状态变量的变化看作在原来的运行情况上叠加了一个小的偏移。对于简单系统，其状态变量可表示为

$$
\left.
\begin{aligned}
\delta &= \delta_0 + \Delta\delta \\
\omega &= 1 + \Delta\omega
\end{aligned}
\right\}
\tag{14-8}
$$

代入状态方程(14-7)后得

$$
\left.
\begin{aligned}
\frac{\mathrm{d}(\delta_0 + \Delta\delta)}{\mathrm{d}t} &= \frac{\mathrm{d}\Delta\delta}{\mathrm{d}t} = \Delta\omega\omega_0 \\
\frac{\mathrm{d}(1 + \Delta\omega)}{\mathrm{d}t} &= \frac{\mathrm{d}\Delta\omega}{\mathrm{d}t} = \frac{1}{T_1}\left[P_\mathrm{T} - \frac{E_q U}{x_{d\Sigma}}\sin(\delta_0 + \Delta\delta) \right]
\end{aligned}
\right\}
\tag{14-9}
$$

在式(14-9)中含有非线性函数($P_\mathrm{E} \sim \delta$)，但由于假定了偏移量 $\Delta\delta$ 很小，可以将 P_E 在 δ_0 附近按泰勒级数展开，然后略去偏移量的二次及以上的高次项，则可近似得 P_E 与 δ_0 的线性关系，即

$$
\begin{aligned}
P_\mathrm{E} &= \frac{E_q U}{x_{d\Sigma}}\sin(\delta_0 + \Delta\delta) \\
&= \frac{E_q U}{x_{d\Sigma}}\sin\delta_0 + \left(\frac{\mathrm{d}P_\mathrm{E}}{\mathrm{d}\delta}\right)_{\delta=\delta_0}\Delta\delta + \frac{1}{2!}\left(\frac{\mathrm{d}_2 P_\mathrm{E}}{\mathrm{d}\delta^2}\right)_{\delta=\delta_0} + \cdots \\
&\approx \frac{E_q U}{x_{d\Sigma}}\sin\delta_0 + \left(\frac{\mathrm{d}P_\mathrm{E}}{\mathrm{d}\delta}\right)_{\delta=\delta_0}\Delta\delta = P_0 + \Delta P_\mathrm{E} = P_\mathrm{T} + \Delta P_\mathrm{E}
\end{aligned}
\tag{14-10}
$$

将式(14-10)代入式(14-9)后可得

$$
\left.
\begin{aligned}
\frac{\mathrm{d}\Delta\delta}{\mathrm{d}t} &= \Delta\omega\omega_0 \\
\frac{\mathrm{d}\Delta\omega}{\mathrm{d}t} &= -\frac{1}{T_1}\Delta P_\mathrm{E} = -\frac{1}{T}\left(\frac{\mathrm{d}P_\mathrm{E}}{\mathrm{d}\delta}\right)_{\delta=\delta_0}\Delta\delta
\end{aligned}
\right\}
\tag{14-11}
$$

式(14-11)是系统状态变量偏移量的线性微分方程组。图14.1就是与此方程组对应的框图，其结构是不难理解的。

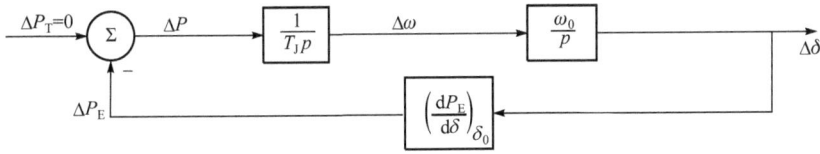

图 14.1　简单系统中发电机的框图

式(14-11)的矩阵形式为

$$\begin{bmatrix} \Delta\dot{\delta} \\ \Delta\dot{\omega} \end{bmatrix} = \begin{bmatrix} 0 & \omega_0 \\ \dfrac{-1}{T_J}\left(\dfrac{\mathrm{d}P_E}{\mathrm{d}\delta}\right)_{\delta_0} & 0 \end{bmatrix} \begin{bmatrix} \Delta\delta \\ \Delta\omega \end{bmatrix} \tag{14-12}$$

它的一般形式与式(14-6)一致，即

$$\Delta\dot{\boldsymbol{X}} = \boldsymbol{A}\Delta\boldsymbol{X} \tag{14-13}$$

式中，$\boldsymbol{A}$ 为状态方程组的系数矩阵；$\Delta\boldsymbol{X}$ 为状态变量偏移量组成的向量；$\Delta\dot{\boldsymbol{X}}$ 为状态变量偏移量的导数所组成的向量。

14.2.2　根据特征值判断系统的稳定性

对于式(14-12)这样的二阶微分方程组，其特征值很容易求得，即从下面的特征方程

$$\begin{vmatrix} (0-p) & \omega_0 \\ \dfrac{-1}{T_J}\left(\dfrac{\mathrm{d}P_E}{\mathrm{d}\delta}\right)_{\delta_0} & (0-p) \end{vmatrix} = 0 \tag{14-14}$$

求得特征值 p 为

$$p_{1,2} = \pm\sqrt{\dfrac{-\omega_0}{T_J}\left(\dfrac{\mathrm{d}P_E}{\mathrm{d}\delta}\right)_{\delta_0}} \tag{14-15}$$

很明显，当 $\left(\dfrac{\mathrm{d}P_E}{\mathrm{d}\delta}\right)_{\delta_0}$ 小于零时，$p_{1,2}$ 为一个正实根和一个负实根，即 $\Delta\delta$ 有随 $\Delta\omega$ 不断单调增加的趋势，发电机相对于无限大系统非周期性地失去同步，故系统是不稳定的。当 $\left(\dfrac{\mathrm{d}P_E}{\mathrm{d}\delta}\right)_{\delta_0}$ 大于零时，$p_{1,2}$ 为一对虚根，从理论上讲，$\Delta\delta$ 和 $\Delta\omega$ 将不断地进行等幅振荡。振荡频率为

$$f = \dfrac{1}{2\pi}\sqrt{\dfrac{\omega_0}{T_J}\left(\dfrac{\mathrm{d}P_E}{\mathrm{d}\delta}\right)_{\delta_0}} \tag{14-16}$$

一般 T_J 为 5～10s；$\left(\dfrac{\mathrm{d}P_E}{\mathrm{d}\delta}\right)_{\delta_0}$ 为 0.5～1，则 f 为 1Hz 左右，故通常称为低频振荡。若系统中存在着正的阻尼因素，则 $\Delta\delta$ 和 $\Delta\omega$ 进行衰减振荡，即系统受到小干扰后经过衰减振荡，最后恢复同步。

由上可见，用小扰动法对简单系统分析的结果表明，其静态稳定的判据与式(14-2)是一致的，即

$$\frac{\mathrm{d}P_\mathrm{E}}{\mathrm{d}\delta} > 0$$

当假设发电机的空载电动势为常数时，对于隐极机和凸极机，电磁功率表达式分别为

$$\left.\begin{aligned} P_{E_q} &= \frac{E_q U}{x_{d\Sigma}}\sin\delta \\ P_{E_q} &= \frac{E_q U}{x_{d\Sigma}}\sin\delta + \frac{U^2}{2}\times\frac{x_{d\Sigma}-x_{q\Sigma}}{x_{d\Sigma}x_{q\Sigma}}\sin(2\delta) \end{aligned}\right\} \tag{14-17}$$

其整步功率系数则分别为

$$\left.\begin{aligned} S_{E_q} &= \frac{\mathrm{d}P_{E_q}}{\mathrm{d}\delta} = \frac{E_q U}{x_{d\Sigma}}\cos\delta \\ S_{E_q} &= \frac{\mathrm{d}P_{E_q}}{\mathrm{d}\delta} = \frac{E_q U}{x_{d\Sigma}}\cos\delta + U^2\frac{x_{d\Sigma}-x_{q\Sigma}}{x_{d\Sigma}x_{q\Sigma}}\cos(2\delta) \end{aligned}\right\} \tag{14-18}$$

总之，系统必须运行在 $S_{E_q} > 0$ 的状况下。S_{E_q} 的大小则标志着同步发电机维持同步运行的能力，因为 $S_{E_q}\Delta\delta$ 代表着当 δ 有一偏移量 $\Delta\delta$ 时同步功率的偏移量的大小。随着功角的逐步增大，整步功率系数将逐步减小。当整步功率系数减小为零并进而改变符号时，发电机就再没有能力维持同步运行，系统将非周期地丧失稳定。

【例 14-1】 图 14.2(a)示出一简单电力系统，图中标明了发电机(隐极机)的同步电抗、变压器和线路电抗以及惯性时间常数 T_J(均以发电机额定功率为基准值)。无限大系统母线电压为 $1\angle0°$。如果在发电机端电压为 1.05 时发电机向系统输送功率为 0.8，试计算此运行式下系统的静态稳定储备系数(设 E_q 为常数)以及振荡频率。

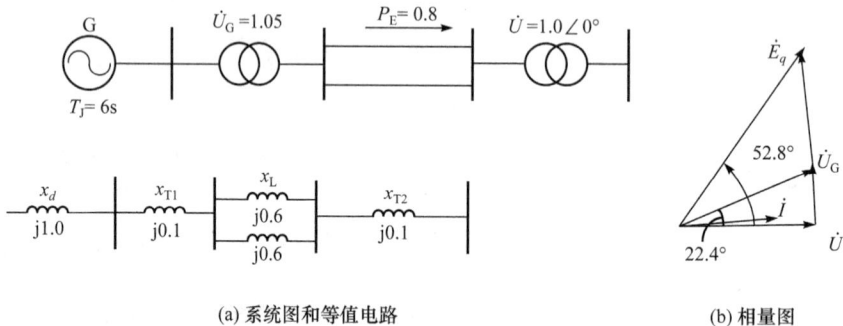

(a) 系统图和等值电路　　　　　　　　(b) 相量图

图 14.2　例 14-1 系统图和向量图

解 (1) 静态稳定储备系数。此系统的静态稳定极限对应 $\delta = 90°$ 的功率极限 $E_q U / x_{d\Sigma}$。按下列步骤计算空载电动势 E_q。

① 计算 $\dot{U}_\mathrm{G}$ 的相角 δ_G，电磁功率表达式为

$$P_\mathrm{E} = \frac{UU_\mathrm{G}}{x_{\mathrm{T}1}+x_\mathrm{L}+x_{\mathrm{T}2}}\sin\delta_\mathrm{G} = \frac{1\times1.05}{0.5}\sin\delta_\mathrm{G} = 0.8$$

求得

$$\delta_{\mathrm{G}} = 22.4°$$

② 计算电流，即

$$\dot{I} = \frac{\dot{U}_{\mathrm{G}} - \dot{U}}{\mathrm{j}(x_{\mathrm{T1}} + x_{\mathrm{L}} + x_{\mathrm{T2}})} = \frac{1.05\angle 22.4° - 1\angle 0°}{\mathrm{j}0.5} = 0.8\angle 4.29°$$

③ 计算 $\dot{E}_q$，即

$$\dot{E}_q = \dot{U} + \mathrm{j}I_{xd\Sigma} = 1\angle 0° + \mathrm{j}0.8\angle 4.29° \times 1.5 = 1.51\angle 52.8°$$

则空载电势 $\dot{E}_q$ 与无限大系统母线电压 $\dot{U}$ 之间的相角为 $\delta_0 = 52.8°$。以上计算结果示于图 14.2(b)。

功率极限及静态稳定储备系数为

$$P_{\mathrm{M}} = P_{E_qM} = \frac{E_q U}{x_{d\Sigma}} = \frac{1.51 \times 1}{1.5} \approx 1$$

$$K_{\mathrm{p}} = \frac{1 - 0.8}{0.8} = 25\%$$

(2) 振荡频率 f，可计算为

$$\left(\frac{\mathrm{d}P_{\mathrm{E}}}{\mathrm{d}\delta}\right)_{\delta_0} = \frac{E_q U}{x_{d\Sigma}}\cos\delta_0 = 1 \times \cos 52.8° = 0.605$$

$$f = \frac{1}{2\pi}\sqrt{\frac{2\pi \times 50}{6} \times 0.605} \approx 0.9(\mathrm{Hz})$$

14.3　阻尼作用对静态稳定的影响

发电机组除了转子在转动过程中具有机械阻尼作用，还有发电机转子闭合回路所产生的电气阻尼作用。当发电机与无限大系统之间发生振荡($\Delta\delta$ 和 $\Delta\omega$ 振荡)或失去同步时，在发电机的转子回路中，特别是在阻尼绕组中将有感应电流而产生阻尼转矩或异步转矩。总的阻尼功率可近似表达为

$$P_{\mathrm{D}} = D\Delta\omega \tag{14-19}$$

式中，D 称为阻尼功率系数。

计及阻尼功率后发电机的转子运动方程式为

$$\left.\begin{array}{l}\dfrac{\mathrm{d}\Delta\delta}{\mathrm{d}t} = \Delta\omega\omega_0 \\[3mm] \dfrac{\mathrm{d}\Delta\delta}{\mathrm{d}t} = \dfrac{-1}{T_{\mathrm{J}}}\left[D\Delta\omega + \left(\dfrac{\mathrm{d}P_{\mathrm{E}}}{\mathrm{d}\delta}\right)_{\delta_0}\Delta\delta\right]\end{array}\right\} \tag{14-20}$$

其对应的框图如图 14.3 所示，它与图 14.1 的差别(增加了一个阻尼环节)是不难理解的。方程式(14-20)的矩阵形式为

$$\begin{bmatrix} \Delta\dot{\delta} \\ \Delta\dot{\omega} \end{bmatrix} = \begin{bmatrix} 0 & \omega_0 \\ \dfrac{-1}{T_J}\left(\dfrac{\mathrm{d}P_E}{\mathrm{d}\delta}\right)_{\delta_0} & -\dfrac{D}{T_J} \end{bmatrix} \begin{bmatrix} \Delta\delta \\ \Delta\omega \end{bmatrix} \tag{14-21}$$

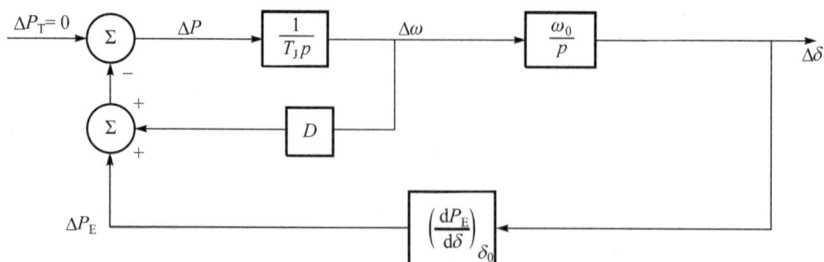

图 14.3　计及阻尼功率的发电机框图

其系数矩阵的特征值可通过下列特征方程

$$\begin{vmatrix} (0-p) & \omega_0 \\ \dfrac{-1}{T_J}\left(\dfrac{\mathrm{d}P_E}{\mathrm{d}\delta}\right)_{\delta_0} & \left(\dfrac{-1}{T_J}D-p\right) \end{vmatrix} = p^2 + \dfrac{D}{T_J}p + \dfrac{\omega_0}{T_J}\left(\dfrac{\mathrm{d}P_E}{\mathrm{d}\delta}\right)_{\delta_0} = 0$$

求得特征值为

$$p_{1,2} = \frac{-D}{2T_J} \pm \frac{1}{2T_J}\sqrt{D^2 - 4\omega_0 T_J\left(\frac{\mathrm{d}P_E}{\mathrm{d}\delta}\right)_{\delta_0}} \tag{14-22}$$

特征值 p 具有负实部的条件为

$$D > 0, \quad S_{E_q} = \left(\frac{\mathrm{d}P_E}{\mathrm{d}\delta}\right)_{\delta_0} > 0 \tag{14-23}$$

显然，由式(14-22)可知：

(1) 若 $S_{E_q} > 0$，则不论 D 是正或负，p 总有一正实根，系统均将非周期性地失去稳定，只是在正阻尼时过程会慢一些。

(2) 若 $S_{E_q} < 0$，则 D 的正、负将决定系统是否稳定。

① $D > 0$，系统总是稳定的。由于一般 D 不是很大，p 为负实部的共轭根，即系统受到小扰动后，$\Delta\delta$ 和 $\Delta\omega$ 作衰减振荡。

② $D < 0$，系统不稳定。一般 p 为正实部的共轭根，系统受到小扰动后，$\Delta\delta$ 和 $\Delta\omega$ 振荡发散，即系统振荡失稳。

从物理意义上，很容易理解 $D > 0$ 时的阻尼作用。当 $\Delta\omega > 0$，即转子转速高于同步转速时，阻尼功率为正，即发电机多送出电磁功率，阻止转速升高；反之，当 $\Delta\omega < 0$ 时，转子转速低于同步转速，阻尼功率为负，阻止转速进一步降低。$D < 0$ 则与上述情况相反，因而会促使系统振荡失稳。

如果不计发电机自动励磁调节器的作用，一般发电机的阻尼功率系数为正数，只有在初始功角较小或者定子外电路中有串联电容使定子回路总电阻相对于总电抗较大等的极少数情况下，D 可能为负数。下面讨论自动励磁调节器对静态稳定影响时会发现，快速励磁调节系统有可能产生 D 为负数的情形，这是选择励磁调节系统时应注意的问题。如果励磁调节系统配置适当，系统不可能发生低频自发振荡，则可仅以整步功率系数大于零作为判断静态稳定性的判据。

14.4　自动调节励磁系统对静态稳定的影响

发电机装设自动励磁调节器后，当功角增大，U_G 下降时，调节器将增大励磁电流，使发电机电势 E_q 增大，直到端电压恢复(或接近)整定值 U_{G0}。由功率特性

$$P_{E_q} = \frac{E_q U}{X_{d\Sigma}} \sin \delta$$

可以看出，调节器使 E_q 随功角 δ 增大而增大，故功率特性与功角 δ 不再是正弦关系。为了定性分析调节器对功率特性的影响，我们用不同的 E_q 值，作出一组正弦功率特性族，它们的幅值与 E_q 成正比，如图 14.4 所示。当发电机由某一给定的运行初态(对应 P_0、δ_0、U_0、E_{q0}、U_{G0} 等)开始增加输送功率时，若调节器能保持 $U_G = U_{G0} =$ 常数，则随着 δ 增大，电势 E_q 也增大，发电机的工作点，将从 E_q 较小的正弦曲线过渡到 E_q 较大的正弦曲线上，如图 14.4 所示。于是我们便得到一条保持 $U_G = U_{G0} =$ 常数的功率特性曲线。我们看到，它在 $\delta > 90°$ 的某一范围内，仍然具有上升的性质。这是因为在 $\delta > 90°$ 附近，当 δ 增大时，E_q 的增大要超过 $\sin\delta$ 的减小。同时保持 $U_G = U_{G0} =$ 常数时的功率极限 $P_{U_{G}m}$，也比无励磁调节器时的 $P_{E_q m}$ 大得多；功率极限对应的角度 $\delta_{U_{G}m}$ 也将大于 $90°$。还应指出，当发电机从给定的初始运行条件减小输送功率时，随着功角的减小，为保持 $U_G = U_{G0}$ 不变，调节器将减小 E_q，因而发电机的工作点将向 E_q 较小的正弦曲线过渡。

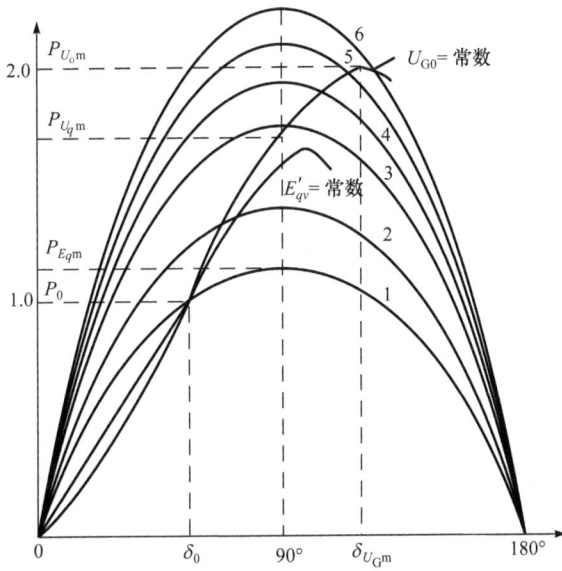

图 14.4　自动励磁调节器对功率特性的影响

1- $E_{q0} = 100\%$ ；2- $E_q = 120\%$ ；3- $E_q = 140\%$ ；4- $E_q = 160\%$ ；5- $E_q = 180\%$ ；6- $E_q = 200\%$ =常数

实际上，一般的励磁调节器并不能完全保持 U_G 不变，因而 U_G 将随功率 P 及功角 δ 的增大而有所下降。但 E_q 则将随 P 及 δ 的增大而增大。在实际计算中，可以根据调节器的性能，认为它能保持发电机内某一个电势(如 E_q'、E' 等)为恒定，并以此作为计算功率特性的条件(通常称为发电机的计算条件或叫维持电压的能力)。$E_q' = E_{q0}' =$ 常数的功率特性，介于保持 U_G 不变和 E_q 不变的功率特性之间(图 14.4)。

由此可见自动励磁调节器对提高系统静态稳定性的作用。

图 14.5 示出了比例式励磁调节器(励磁调节器时间常数 $T_e = 0$)使静态极限由 $S_{E_q} = 0$($\delta = 90°$)、$P_M = P_{E_q M}$ 增加到 $S'_{E_q} = 0$、$P_M = P_{E'_q M}$ 的情形。此时

$$\Delta E_q = -K_e \Delta U_G$$

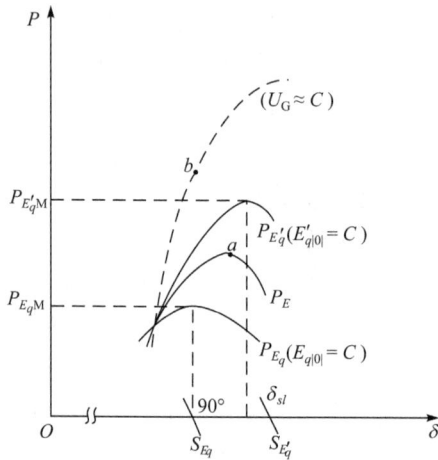

图 14.5 按电压偏差调节的比例式励磁调节器的静态稳定极限

但是由于 K_e 的值不大，仅能维持 $E_q' \approx C$，而不能保持发电机端电压 $U_G \approx C$，没有完全达到调整电压的目的。

但是如果 K_e 过大，系统将周期性地振荡，失去稳定。这是因为 K_e 过大时发电机电磁功率中会出现负的阻尼功率。

以上假设 $T_e \approx 0$，仅适用于快速可控硅励磁系统，一般励磁调节系统时间常数 T_e 为 $0.5 \sim$ 1s。若计及 T_e，此时有

$$\Delta E_q = \frac{-K_e}{1 + T_e} \Delta U_G$$

K_e 可以取得比 $T_e = 0$ 时大很多。由于 K_e 可以选得大些，甚至可能使 $U_G = C$，但对应的功率极限角下降，系统的稳定极限运行点可能为图 14.7 中虚线上的 b 点(一般与 $P_{E'_q}$ 的功率极限点相差不大)。

总之，比例式励磁调节器可以提高静态稳定性，即扩大了稳定范围($\delta_{sl} > 90°$)以及增大了功率极限，但调节器放大倍数是一个需要特别注意的问题。

针对快速比例式调节器容易产生低频振荡失稳而不能提高放大倍数的情况，人们自然

会考虑到如何引入能产生正阻尼功率的调节信号。现在比较普遍应用的是电力系统稳定器(PPS)，即将 $\Delta\omega$ 也作为励磁调节器的输入信号。为了使引入 $\Delta\omega$ 后产生的附加电磁功率能与 $\Delta\omega$ 同相位，即为正阻尼功率。

加装了 PSS 后，励磁调节器的放大倍数可以大大提高，以致有可能保持发电机的端电压恒定，稳定极限达到 P_{U_G} 功率特性的最大值。强力式调节器是按某些运行参数如电压、功角、角速度、功率等的一阶甚至二阶导数调节励磁的，即调节器的输入信号为 $p\Delta U_G$、$p^2\Delta U_G$ 等的统称。这类调节器也有可能保持发电机端电压为常数。

调节励磁对静态稳定的影响可总结如下。

(1) 无励磁调节时，系统静态稳定极限由 $S_{E_q}=0$ 确定，它与 P_{E_q} 的功率极限一致，为图 14.6 中的 a 点。

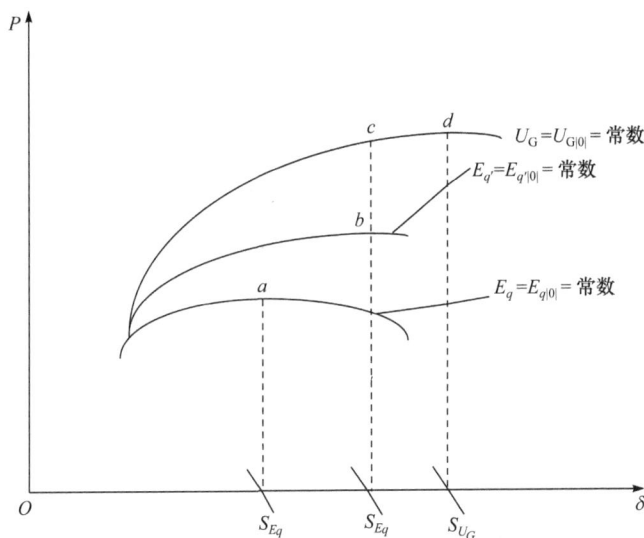

图 14.6　不同励磁调节方式的稳定极限

(2) 当发电机装有按某运行参数偏移量调节的比例式调节器时，如果放大倍数选择合适，可以大致保持 $E_q' = E_{q|0}' = $ 常数。静态稳定极限由 $S_{E_q'}=0$ 确定，它与 $P_{E_q'}$ 的功率极限一致，即图 14.6 中的 b 点。

(3) 当发电机装有按两个运行参数偏移量调节的比例式调节器，如带电压校正器的复式励磁装置时，若电流放大倍数合适，其稳定极限同样可与 $S_{E_q'}=0$ 对应，同时电压校正器也可使发电机端电压大致保持恒定，则稳定极限运行点为图 14.6 中的 c 点。

(4) 在装有 PSS 或强力式调节器情况下，系统稳定极限运行点可达图 14.6 中的 d 点，即 P_{U_G} 的最大功率，对应 $S_{U_G}=0$。

14.5　多机系统的静态稳定近似分析

14.2 节～14.4 节对一台发电机与无限大容量系统并联运行的简单系统，进行了静态稳定的分析。由分析情况可知，如果要计及各种对发电机有影响的因素，即使是一台发电机也是相当复杂的。实际的系统中发电机台数很多，在工程计算中往往采用一些简化的措施。首先是对发电机采用简化的模型。由 14.3 节知，如果励磁调节器的参数选择得适当，将不致引起系统振荡失去稳定，这时可以把发电机看作一个有恒定暂态电动势 E_q' 的电源，而不再计及调节器的影响。为了计算方便，还可以近似地认为发电机暂态电抗后电动势 E' 为常数。其次，是关于电力系统负荷的近似处理。在前述的简单系统中没有出现负荷，负荷已并入无限大系统中，在实际系统中必须计及负荷的影响。在近似计算中，负荷以恒定阻抗来代表。

本节仅介绍两机系统静态稳定的近似工程分析方法，它可以很方便地推广到更复杂的系统。

在图 14.7(a)中示出两机系统，其中包含一个用恒定阻抗表示的负荷。设发电机暂态电动势 E' 为恒定，它们对于某一参考坐标(如负荷节点的电压)的角度为 δ_1 和 δ_2 (严格讲应为 δ_1' 和 δ_2')，如图 14.7(b)所示。

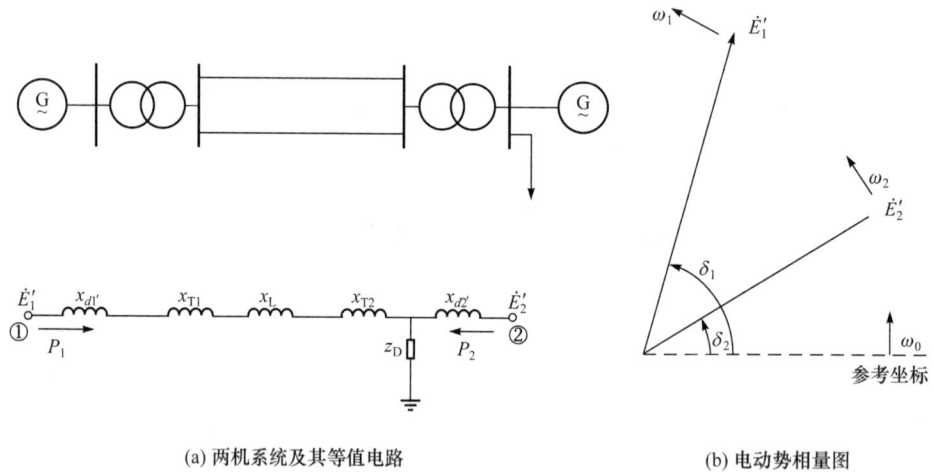

(a) 两机系统及其等值电路   (b) 电动势相量图

图 14.7 负荷为恒定阻抗的两机系统

这样的两机系统其状态方程就是两台机的转子运动方程。现在的问题是如何求得每台机的电磁功率偏移量 ΔP_E：

$$\left.\begin{aligned}
P_{E1} &= E_1'^2 G_{11} + E_1' E_2' (B_{12}\sin\delta_{12} + G_{12}\cos\delta_{12}) \\
P_{E2} &= E_2'^2 G_{22} + E_1' E_2' (-B_{12}\sin\delta_{12} + G_{12}\cos\delta_{12})
\end{aligned}\right\} \tag{14-24}$$

式(14-24)表明发电机的电磁功率是相对角 δ_{12} 的函数。

以下以相对角偏移量 $\Delta\delta_{12}(\Delta\delta_1 - \Delta\delta_2)$ 为状态变量。若仍以 $\Delta\delta_1$、$\Delta\delta_2$ 为状态变量，则多一个变量和方程，特征值会多一个无意义的零根。

将功率偏移量表示为 $\Delta\delta_{12}$ 的函数，即

$$\left.\begin{aligned}
\Delta P_{E1} &= \frac{\mathrm{d}P_{E1}}{\mathrm{d}\delta_{12}}\Delta\delta_{12} = S_{E1}\Delta\delta_{12} \\
\Delta P_{E2} &= \frac{\mathrm{d}P_{E2}}{\mathrm{d}\delta_{12}}\Delta\delta_{12} = S_{E2}\Delta\delta_{12}
\end{aligned}\right\} \tag{14-25}$$

式中

$$S_{E1} = E_1' E_2' (-G_{12} \sin \delta_{12} + B_{12} \cos \delta_{12}) \\ S_{E2} = E_1' E_2' (-G_{12} \sin \delta_{12} - B_{12} \cos \delta_{12}) \Bigg\}$$ (14-26)

将 ΔP_{E1} 和 ΔP_{E2} 代入转子运动方程，再加上阻尼功率 $D_1 \Delta \omega_1$ 和 $D_2 \Delta \omega_2$，两机系统的发电机转子运动方程，即系统状态方程为

$$\frac{d(\Delta \delta_{12})}{dt} = (\Delta \omega_1 - \Delta \omega_2) \omega_0 \\ \frac{d(\Delta \omega_2)}{dt} = \frac{-1}{T_{J2}} (S_{E2} \Delta \delta_{12} + D_2 \Delta \omega_2) \\ \frac{d(\Delta \omega_1)}{dt} = \frac{-1}{T_{J1}} (S_{E1} \Delta \delta_{12} + D_1 \Delta \omega_1) \Bigg\}$$ (14-27)

其矩阵形式为

$$\begin{bmatrix} \Delta \dot{\delta}_{12} \\ \Delta \dot{\omega}_1 \\ \Delta \dot{\omega}_2 \end{bmatrix} = \begin{bmatrix} 0 & \omega_0 & -\omega_0 \\ -\dfrac{S_{E1}}{T_{J1}} & \dfrac{-D_1}{T_{J1}} & 0 \\ -\dfrac{S_{E2}}{T_{J2}} & 0 & \dfrac{-D_2}{T_{J2}} \end{bmatrix} \begin{bmatrix} \Delta \delta_{12} \\ \Delta \omega_1 \\ \Delta \omega_2 \end{bmatrix}$$ (14-28)

系数矩阵的特征方程为

$$\begin{vmatrix} 0-p & \omega_0 & -\omega_0 \\ -\dfrac{S_{E1}}{T_{J1}} & \dfrac{-D_1}{T_{J1}}-p & 0 \\ -\dfrac{S_{E2}}{T_{J2}} & 0 & -\dfrac{D_2}{T_{J2}}-p \end{vmatrix} = -P^3 + P^2 \left(\frac{D_1}{T_{J1}} + \frac{D_2}{T_{J2}} \right)$$ (14-29)

$$-p \left(\frac{\omega_0 S_{E1}}{T_{J1}} - \frac{\omega_0 S_{E2}}{T_{J2}} + \frac{D_1 D_2}{T_{J1} T_{J2}} \right) - \frac{\omega_0}{T_{J1} T_{J2}} (S_{E1} D_2 - S_{E2} D_1) = 0$$

如果忽略阻尼功率 $D_1 = D_2 = 0$，式(14-29)转化为

$$p_3 + p_{\omega 0} \left(\frac{S_{E1}}{T_{J1}} - \frac{S_{E2}}{T_{J2}} \right) = 0$$ (14-30)

可得特征方程的根为

$$p_1 = 0 \\ p_{2,3} = \pm \sqrt{-\omega_0 \left(\frac{S_{E1}}{T_{J1}} - \frac{S_{E2}}{T_{J2}} \right)} \Bigg\}$$ (14-31)

其中零根是因为未计阻尼，若计及正阻尼(已假设调节器配置适当，不产生负阻尼)，此零根将为负实根。当然，可以在开始列出系统状态方程时就不计阻尼，则状态方程式(14-27)中可以用相对角速度偏移量 $\Delta \omega_{12} = \Delta \omega_1 - \Delta \omega_2$ 作状态变量，式(14-27)可改写为

$$\left.\begin{aligned}\frac{\mathrm{d}\Delta\delta_{12}}{\mathrm{d}t} &= \Delta\omega_{12}\omega_0 \\ \frac{\mathrm{d}\Delta\delta_{12}}{\mathrm{d}t} &= \Delta\delta_{12}\left(-\frac{1}{T_{\mathrm{J1}}}S_{\mathrm{E1}}+\frac{1}{T_{\mathrm{J2}}}S_{\mathrm{E2}}\right)\end{aligned}\right\} \tag{14-32}$$

式(14-28)改写为

$$\begin{bmatrix}\Delta\dot{\delta}_{12}\\[4pt]\Delta\dot{\omega}_{12}\end{bmatrix}=\begin{bmatrix}0 & \omega_0\\[6pt]\dfrac{-S_{\mathrm{E1}}}{T_{\mathrm{J1}}}+\dfrac{S_{\mathrm{E2}}}{T_{\mathrm{J2}}} & 0\end{bmatrix}\begin{bmatrix}\Delta\delta_{12}\\[4pt]\Delta\omega_{12}\end{bmatrix} \tag{14-33}$$

特征方程则为

$$p_2+\omega_0\left(\frac{S_{\mathrm{E1}}}{T_{\mathrm{J1}}}-\frac{S_{\mathrm{E2}}}{T_{\mathrm{J2}}}\right)=0 \tag{14-34}$$

比式(14-30)降了一阶,少了一零根。

由式(14-31)知,系统的静态稳定判据为

$$\left.\begin{aligned}\frac{S_{\mathrm{E1}}}{T_{\mathrm{J1}}}-\frac{S_{\mathrm{E2}}}{T_{\mathrm{J2}}} &> 0\\[6pt]\frac{1}{Tn}\frac{\mathrm{d}P_{\mathrm{E1}}}{\mathrm{d}\delta_{12}}-\frac{1}{T_{\mathrm{J2}}}\frac{\mathrm{d}P_{\mathrm{E2}}}{\mathrm{d}\delta_{12}} &= 0\end{aligned}\right\} \tag{14-35}$$

当系统运行点满足式(14-35)时,p 为一对共轭虚根,实际上由于存在正阻尼,p 为具有负实部的共轭复根,系统是静态稳定的。若不满足式(14-35),则 p 有一正实根,系统将非周期地失去稳定。

下面再从功率特性上分析满足式(14-35)的运行情况。根据图 14.8 所示两台发电机电磁功率的关系曲线,图中绘出的是 $\delta_{12}>0$ 的部分曲线,即对应于 $\delta_1>\delta_2$ 的运行情况。由曲线知,在 δ'_{12} 处 P_{E1} 达到最大值,在 δ''_{12} 处 P_{E2} 达到最小值。若正常运行时 δ_{12} 小于 δ''_{12},系统总是满足式(14-35)条件的,即系统是静态稳定的。当正常运行的 δ_{12} 大于 δ''_{12} 时,系统不能满足式(14-35)的条件,系统将不能保持静态稳定。因此,系统静态稳定的极限一定落在 δ'_{12} 和 δ''_{12} 之间的区域。

$$\delta'_{12}=90°-\beta_{12},\qquad \delta''_{12}=90°+\beta_{12}$$

其究竟对应多大的角度应由下式:

$$\frac{1}{T_{\mathrm{J1}}}\frac{\mathrm{d}P_{\mathrm{E1}}}{\mathrm{d}\delta_{12}}-\frac{1}{T_{\mathrm{J2}}}\frac{\mathrm{d}P_{\mathrm{E2}}}{\mathrm{d}\delta_{12}}=0$$

得出。因此,在两机系统中静态稳定极限与发电机的功率极限是不一致的,即系统的稳定区域将扩展到发电机的功率极限以外。这

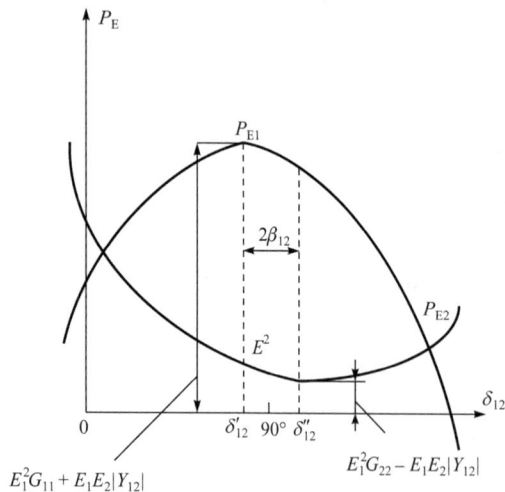

图 14.8 两机系统的功率特性

一现象可以作如下的物理解释:当运行点处于 $\delta'_{12}\sim\delta''_{12}$ 的某一角度 δ_{12} 时,两个功率特性曲线的斜率均小于零。如果某一扰动使 δ_{12} 产生一增量,即 $\Delta\delta_{12}>0$,则使两台发电机的 ΔP_{E1} 和

ΔP_{E2} 均小于零，于是两台发电机的转子都开始加速，其加速度与 $-\Delta P_E / T_J$ 成正比。当满足稳定判据式(14-35)时，$-\Delta P_{E1} / T_{J2} > -\Delta P_{E1} / T_{J1}$，说明发电机 2 的加速度大于发电机 1 的加速度，即 δ_2 增加得比 δ_1 更快，结果使 δ_{12} 开始减小而逐渐回到扰动前的运行点。

由于 δ_{12}' 和 δ_{12}'' 之间的区间较小，同时稳定区域的扩展并没有使送端发电机 1 的最大输出功率增加，而实际上关心的问题是送端发电机 1 能稳定地发出功率，因此通常就近似地把对应送端发电机功率极限的功角看作是稳定极限。

用小扰动法分析系统静态稳定的问题是，当状态方程阶数过大时，特征值的数值解会遇到困难。工程实用上往往对于大电源送出线路或跨大地区的网间联络线路或网络中薄弱断面进行静态稳定分析时，采用 $dP / d\delta > 0$ 作为静态稳定的判据。

14.6　提高系统静态稳定性的措施

电力系统静态稳定性的基本性质说明，发电机可能输送的功率极限越高，则静态稳定性越高。以一机对无限大系统的情形来看，减少发电机与系统之间的联系电抗就可以增加发电机的功率极限。从物理意义上讲，这就是加强发电机与无限大系统的电气联系。联系紧密的系统显然是不容易失去静态稳定的，当然，这种系统的短路电流较大。

加强电气联系，即缩短"电气距离"，也就是减小各元件的阻抗，主要是电抗。以下介绍的几种提高静态稳定性的措施，都是直接或间接地减小电抗的措施。

14.6.1　采用自动调节励磁装置

在分析一机对无限大系统的静态稳定时曾经指出，当发电机装设比例型励磁调节器时，发电机可看作具有 E_d' (或 E') 为常数的功率特性，这也就相当于将发电机的电抗从同步电抗 x_d 减小为暂态电抗 x_d'。如果采用按运行参数的变化率调节励磁则甚至可以维持发电机端电压为常数，这就相当于将发电机的电抗减小为零。因此，发电机装设先进的调节器就相当于缩短了发电机与系统间的电气距离，从而提高了静态稳定性。因为调节器在总投资中所占的比重很小，所以在各种提高静态稳定性的措施中，总是优先考虑安装自动励磁调节器。

14.6.2　减小元件的电抗

发电机之间的联系电抗由发电机、变压器和线路的电抗组成。减少线路电抗有很大的实际意义，具体做法有下列几种。

1. 采用分裂导线

高压输电线路采用分裂导线的主要目的是避免电晕，同时，分裂导线可以减小线路电抗。

例如，对于 500kV 的线路，采用单根导线时电抗大约为 $0.42\Omega/km$；采用两根分裂导线时约为 $0.32\Omega/km$；采用三根分裂导线时电抗约为 $0.30\Omega/km$；采用四根分裂导线时约为 $0.29\Omega/km$。图 14.9 示出采用分裂导线的 500kV 线路单位长度参数。

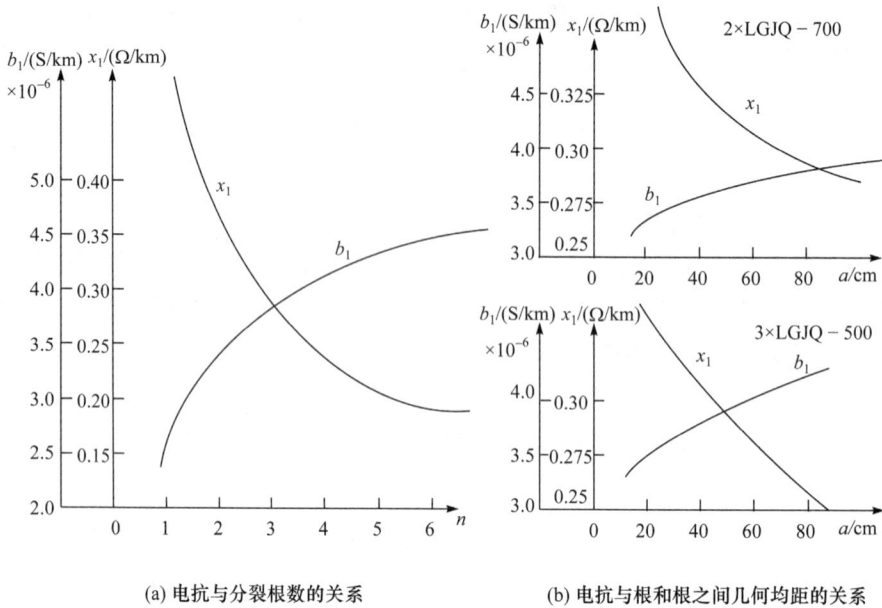

(a) 电抗与分裂根数的关系   (b) 电抗与根和根之间几何均距的关系

图 14.9　分裂导线参数

2. 提高线路额定电压等级

功率极限和电压的平方成正比，因而提高线路额定电压等级可以提高功率极限。提高线路额定电压等级也可以等值地看作减小线路电抗。当用统一的基准值计算各元件电抗的标幺值时，发电机的电抗为

$$x_{G*(B)} = x_{G*(N)} \frac{S_B}{S_{NG}}$$

变压器电抗为

$$x_{T*(B)} = \frac{U_s(\%)}{100} \frac{S_B}{S_{NT}}$$

线路电抗为

$$x_{L*(B)} = xl \frac{S_B}{U_{NL}^2}$$

式中，U_{NL} 为线路的额定电压。由此可见，线路电抗标幺值与其电压平方成反比。

当然，提高线路额定电压势必要加强线路的绝缘、加大杆塔的尺寸并增加变电所的投资。因此，一定的输送功率和输送距离对应一个经济上合理的线路额定电压等级。

3. 采用串联电容补偿

在较高电压等级的输电线路上装设串联电容以补偿线路电抗，可以提高该线路传输功率的能力以及系统的稳定性。特别是若采用 TCSC，串联电容的等值电抗是可变的，则进一步提升了串联电容补偿的效果。此外，TCSC 控制系统中的阻尼控制环节可以抑制系统的低

频振荡。该环节(采用 PID 控制)的输入信号为线路当前的实测功率 P_L 与稳态功率 P_{L0} 的差,若 P_L 大于 P_{L0} 时增大 X_{TCSC} ,即减小容抗绝对值,显然可以抑制功率振荡。

一般说,串联电容补偿度 $K_C (= x_c / x_L)$ 越大,线路等值电抗越小,对提高稳定性越有利。但 K_C 的增大要受到很多条件的限制。首先是短路电流不能过大。当补偿度过大时,在离电源较近的高压输电线路上的电容器后方短路时,电容器的容抗可能大于变压器和电容器前面输电线路的电抗之和。这时,短路电流就会大于发电机端短路时的短路电流,这显然是不合适的。而且,短路电流还可能呈容性。这时电流、电压相位关系的紊乱将引起某些保护装置的误动作。

此外,补偿度过大还可能有其他问题,如自励磁现象。若发电机外部电抗呈现容性,电枢反应可能起助磁作用,使发电机的电流和电压无法控制地上升,直至发电机磁路饱和。

14.6.3 改善系统的结构和采用中间补偿设备

1. 改善系统的结构

有多种方法可以改善系统的结构,加强系统的联系。例如,增加输电线路的回路数。另外,当输电线路通过的地区原来就有电力系统时,将这些中间电力系统与输电线路连接起来也是有利的。这样可以使长距离的输电线路中间点的电压得到维持,相当于将输电线路分成两段,缩小了"电气距离"。而且,中间系统还可与输电线路交换有功功率,起到互为备用的作用。

2. 采用中间补偿设备

如果在输电线路中间的降压变电所内装设 SVC,则可以维持 SVC 端点电压甚至高压母线电压恒定。这样,输电线路也就等值地分为两段,功率极限得到提高。

以上提高静态稳定的措施均是从减小电抗这一点着眼,在正常运行中提高发电机的电动势和电网的运行电压也可以提高功率极限。为使电网具有较高的电压水平,必须在系统中设置足够的无功功率电源。

第15章　电力系统暂态稳定性

15.1　暂态稳定性分析的基本假设

本章主要论述系统受大扰动后发电机转子相对运动的物理过程，暂态稳定的基本算法以及暂态稳定判据。

如前所述，暂态稳定是指电力系统在某运行情况下受到大扰动后能否经过暂态过程达到新的稳态运行状态或者恢复到原来的状态的能力。根据对暂态过程的 3 种不同的时间阶段分类：起始阶段、中间阶段、后期阶段，本书中的暂态稳定性分析只涉及前两个阶段中电力系统的动态行为。在分析中，考虑到机电特性是暂态稳定的主要问题，因此对系统进行一些基本假设。

15.1.1　系统电磁特性的基本假设

(1) 由于发电机组惯性较大，在所研究的短暂时间里各机组的电角速度相对于同步角速度(313rad/s)的偏离是不大的。所以，在分析系统的暂态稳定时往往假定在故障后的暂态过程中，网络中的频率仍为 50Hz。

(2) 忽略突然发生故障后网络中的非周期分量电流。这一方面是由于它衰减较快；另一方面，非周期分量电流产生的磁场在空间不动，它和转子绕组电流产生的磁场相互作用将产生以同步频率交变、平均值接近于零的制动转矩。此转矩对发电机的机电暂态过程影响不大，可以略去不计。

(3) 根据以上两个假定，网络中的电流、电压只有频率为 50Hz 的分量，则描述网络的方程仍可以用代数方程。

(4) 当故障为不对称故障时，发电机定子回路中将流过负序电流。负序电流产生的磁场和转子绕组电流的磁场形成的转矩，主要是以两倍同步频率交变的，平均值接近于零的制动转矩。它对发电机即对电力系统的机电暂态过程也没有明显影响，也可略去不计。如果有零序电流流过发电机，由于零序电流在转子空间的合成磁场为零，它不产生转矩，完全可以略去。这样，以前讨论过的只计及正序分量的电磁功率公式都可以继续应用。

15.1.2　系统元件特性的基本假设

除了电力系统中电磁特性的基本假设，根据对稳定问题分析计算的不同精度要求，对于系统主要元件还有近似简化，主要包括发电机、原动机以及负荷模型的简化。

(1) 发电机的等值电动势和电抗为 $\dot{E}'$ 和 x'_d 。

由于发电机阻尼绕组中自由直流电流衰减很快，可以不计阻尼绕组的作用。根据励磁回路磁链守恒原理,在故障瞬间暂态电动势 E'_q 是不变的,故障瞬间以后 E'_q 逐渐衰减,但考虑到励磁调节器的作用,可以近似地认为 E'_q 在暂态过程中一直保持常数。实际上,E' 与 E'_q 在数值上差别不大,因而在实用计算中往往更进一步近似地假定 E' 在暂态过程中保持常数,即发电机的简化模型为 $\dot{E}'$ 和 x'_d。值得注意的是 E' 的相角为 δ',而不是 $\dot{E}'_q$ 的相角 δ,不过在一般情况下 δ' 和 δ 的变化规律相似。当系统处于稳定的边界时,必须注意这种近似模型的可靠性。

(2) 不计原动机调速器的作用。

一般在短过程的暂态稳定计算中,考虑到调速系统惯性较大,假定原动机功率不变。

(3) 负荷为恒定阻抗。

必须强调指出,暂态稳定是研究电力系统受到大干扰后的过程,不能像分析静态稳定时那样将状态方程线性化,而且在暂态过程中往往还伴随着系统结构的变化。

本章主要以短路故障作为扰动,介绍扰动后的暂态过程以及分析方法,对于其他扰动,分析方法基本类似。

15.2 简单系统的暂态稳定性

15.2.1 物理过程分析

1. 功率特性的变化

图 15.1(a)所示为一简单电力系统,正常运行时发电机经过变压器和双回线路向无限大系统送电。如果发电机用电动势 $\dot{E}'$ 作为其等值电动势,则电动势 $\dot{E}'$ 与无限大系统间的电抗为

$$x_{\mathrm{I}} = x'_d + x_{\mathrm{T1}} + \frac{x_{\mathrm{L}}}{2} + x_{\mathrm{T2}} \tag{15-1}$$

这时发电机发出的电磁功率可表达为

$$P_{\mathrm{I}} = \frac{E'U}{x_{\mathrm{I}}}\sin\delta \tag{15-2}$$

如果突然在一回输电线路始端发生不对称短路,如图 15.1(b)所示,则根据第 12 章的分析,只需在正序网络的故障点上接一附加电抗 (jx_Δ),这个正序增广网络即可用来计算不对称短路时的正序电流及相应的正序功率。附加电抗的大小可根据不对称故障的种类,由故障点等值的负序和零序电抗计算而得。综上所述,故障后系统的等值电路如图 15.1(b)所示。这时发电机电动势和无限大系统之间的联系电抗可由图 15.1(b)中的星形网络转化为三角形网络而得

$$x_{\mathrm{II}} = (x'_d + x_{\mathrm{T1}}) + \left(\frac{x_{\mathrm{L}}}{2} + x_{\mathrm{T2}}\right) + \frac{(x'_d + x_{\mathrm{T1}})\left(\dfrac{x_{\mathrm{L}}}{2} + x_{\mathrm{T2}}\right)}{x_\Delta} \tag{15-3}$$

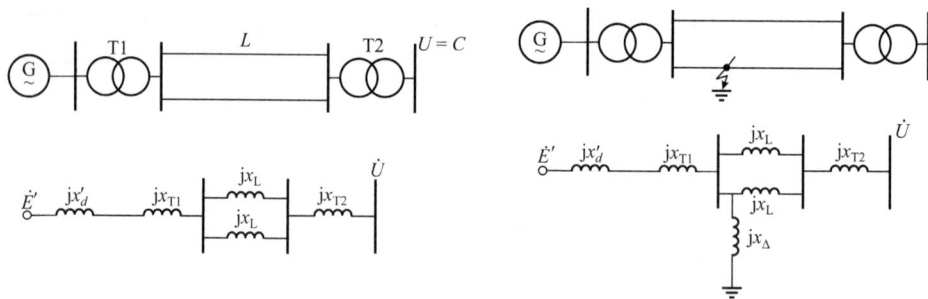

(a) 正常运行方式及其等值电路

(b) 故障情况及其等值电路

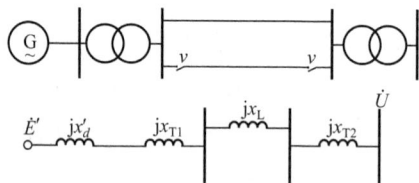

(c) 故障切除后及其等值电路

图 15.1　简单电力系统及其等值电路

这个电抗总是大于正常运行时的电抗 x_I 的。如果是三相短路,则 x_Δ 为零, x_{II} 为无限大,即三相短路截断了发电机和系统间的联系。

故障情况下发电机输出的功率为

$$P_{II} = \frac{E'U}{x_{II}}\sin\delta \qquad (15\text{-}4)$$

三相短路时发电机输出功率为零(忽略了电阻)。

短路故障发生后,线路继电保护装置将迅速地断开故障线路两端的断路器,这时发电机电动势与无限大系统间的联系电抗如图 15.1(c) 所示为

$$x_{III} = x_d' + x_{T1} + x_L + x_{T2} \qquad (15\text{-}5)$$

发电机输出的功率为

$$P_{III} = \frac{E'U}{x_{III}}\sin\delta \qquad (15\text{-}6)$$

在图 15.2 中画出了发电机在正常运行(Ⅰ)、故障(Ⅱ)和故障切除后(Ⅲ)三种状态下的功率特性曲线。

2. 系统在扰动前的运行方式和扰动后发电机转子的运动情况

(1) 正常运行方式。如果正常运行时发电机向无限大系统输送的功率为 P_0,则原动机输出的机械功率 P_T 等于 P_0。假设扰动后 P_T 保持此值不变,图 15.2 中 a 点即为正常运行发电机的运行点,此时功角为 δ_0。

(2) 故障阶段。发生短路后功率特性立即降为 P_{II},但由于转子的惯性,转子角度不会立即变化,其相对于无限大系统母线 $\dot{U}$ 的角度 δ_0 仍保持不变。因此发电机的运行点由

a 点突然变至 b 点，输出功率显著减少，而原动机机械功率 P_T 不变，故产生较大的过剩功率。故障情况越严重，P_II 功率曲线幅值越低(三相短路时为零)，过剩功率越大。在过剩转矩的作用下发电机转子将加速，其相对速度(相对于同步转速)和相对角度 δ 逐渐增大，使运行点由 b 点向 c 点移动。如果故障永久存在下去，则始终存在过剩转矩，发电机将不断加速，最终与无限大系统失去同步。

(3) 故障及时切除。实际上，短路故障后继电保护装置将迅速动作切除故障路线。假设在 c 点时将故障切除，则发电机的功率特性变为 P_III，发电机的运行点从 c 点突然变至 e 点(同样由于 δ 不能突变)。这时发电机的输出功率比原动机的机械功率大，使转子受到制动，转子速度逐渐减慢。但由于此时的速度已经大于同步转速，所以相对角度还要继续增大。假设制动过程延续到 f 点时转子转速才回到同步转速，则 δ 角不再增大。但是，在 f 点是不能持续运行的，因为这时机械功率和电磁功率仍不平衡，前者小于后者。转子将继续减速，δ 开始减小，运行点沿功率特性 P_III 由 f 点向 e、k 点转移。在达到 k 点以前转子一直减速，转子转速低于同步转速。在 k 点虽然机械功率与电磁功率平衡，但由于这时转子转速低于同步转速，δ 继续减小。但越过 k 点以后机械功率开始大于电磁功率，转子又加速，因而 δ 一直减小到转速恢复同步转速后又开始增大。此后运行点沿着 P_III 开始第二次振荡。如果振荡过程中没有任何能量损耗，则第二次 δ 又将增大至 f 点的对应角度 δ_m，以后就一直沿着 P_III 往复不已地振荡。振荡的频率可以近似地(认为在振荡范围内功率特性是线性的)用式(14-16)估算，一般为 1Hz 左右。实际上，振荡过程中总有能量损耗，或者说总存在着阻尼作用，因而振荡逐渐衰减，发电机最后停留在一个新的运行点 k 上持续运行。k 点即故障切除后功率特性 P_III 与 P_T 的交点。在图 15.3 中画出了上述振荡过程中负的过剩功率，转子角速度 ω 和相对角度 δ 随时间变化的情形(计及阻尼作用)。

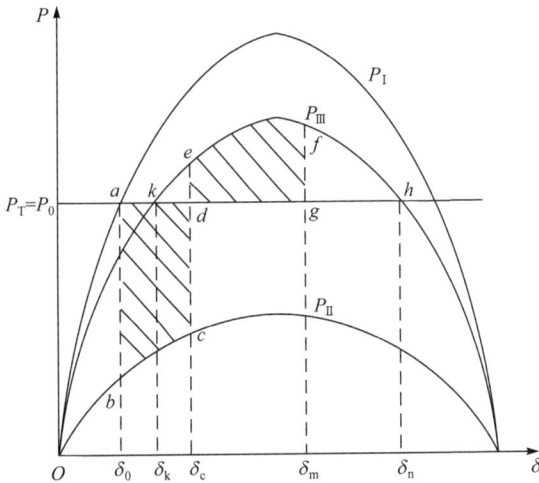

图 15.2 简单系统正常故障运行

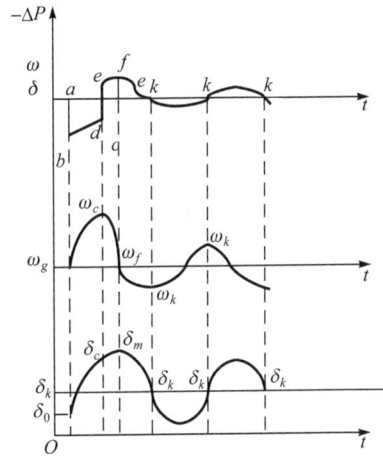

图 15.3 振荡过程故障切除后的功率特性曲线

如果故障线路切除得比较晚，如图 15.4 所示。这时在故障线路切除前转子加速已比较严重，因此当故障线路切除后，再到达与图 15.2 中相应的 f 点时，转子转速仍大于同步转速。甚至在到达 h 点时转速还未降至同步转速，因此 δ 就将越过 h 点对应的角度 δ_h。而当运行点越过 h 点后，转子又立即承受加速转矩，转速又开始升高，而且加速度越来越大，δ 将不断增大，发电机和无限大系统之间最终失去同步。这种情况如图 15.5 中所示。

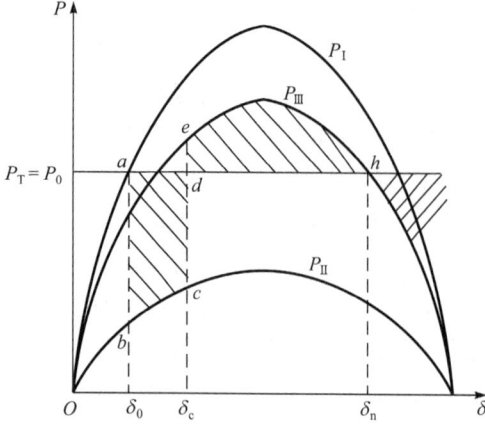

图 15.4　故障切除时间过晚的情形　　　　　图 15.5　失步过程

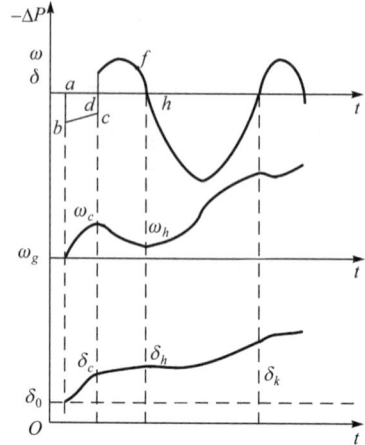

由上可见，快速切除故障是保证暂态稳定的有效措施。前面定性地叙述了简单系统发生短路故障后，两种暂态过程的结局，前者显然是暂态稳定的，后者是不稳定的。由两者的 δ 变化曲线可见，前者的 δ 第一次逐渐增大至 δ_m(小于 180°)后即开始减小，以后振荡逐渐衰减；后者的 δ 在接近 180°(δ_h)时仍继续增大。因此，在第一个振荡周期即可判断稳定与否。

由以上分析可看出，系统暂态稳定与否是和正常运行的情况(决定 P_T 和 E' 大小)以及扰动情况(发生什么故障、何时切除)直接有关的。为了确切判断系统在某个运行方式下，受到某种扰动后能否保持暂态稳定，必须通过定量的分析计算。下面将介绍几种分析计算的方法。

15.2.2　等面积定则

根据图 15.2 和图 15.4 分析简单系统暂态稳定性的物理过程，在故障发生后，从起始角 δ_0 到故障切除瞬间所对应的角 δ_c 这段时间里，发电机转子受到过剩转矩的作用而加速。可以证明，过剩转矩(当转速变化不大时近似等于过剩功率)对相对角位移所做的功等于转子在相对运动中动能的增加。现证明如下。

故障后转子运动方程为

$$\frac{T_J}{\omega_0}\frac{d^2\delta}{dt^2} = P_T - P_{II}$$

由于

$$\frac{d^2\delta}{dt^2} = \frac{d}{dt}\left(\frac{d\delta}{dt}\right) = \frac{d\dot{\delta}}{dt} = \frac{d\delta}{dt}\frac{d\dot{\delta}}{d\delta} = \dot{\delta}\frac{d\dot{\delta}}{d\delta}$$

代入上列转子运动方程得

$$\frac{T_{\mathrm{J}}}{\omega_0}\dot{\delta}\mathrm{d}\dot{\delta} = (P_{\mathrm{T}} - P_{\mathrm{II}})\mathrm{d}\delta$$

将上式两边积分

$$\int_{\dot{\delta}_0}^{\dot{\delta}_c}\frac{T_{\mathrm{J}}}{\omega_0}\dot{\delta}\mathrm{d}\dot{\delta} = \int_{\delta_0}^{\delta_c}(P_{\mathrm{T}} - P_{\mathrm{II}})\mathrm{d}\delta$$

得

$$\frac{1}{2}\frac{T_{\mathrm{J}}}{\omega_0}\left(\dot{\delta}_c^2 - \dot{\delta}_0^2\right) = \frac{1}{2}\frac{T_{\mathrm{J}}}{\omega_0}\dot{\delta}_c^2 = \int_{\delta_0}^{\delta_c}(P_{\mathrm{T}} - P_{\mathrm{II}})\mathrm{d}\delta \tag{15-7}$$

式中，$\dot{\delta}_c$ 为角度为 δ_c 时转子的相对角速度；$\dot{\delta}_0$ 为角度为 δ_0 时转子的相对角速度，总是零。式(15-7)左端表示转子在相对运动中动能的增加，右端对应于过剩转矩对相对角位移所做的功。而且右端项即为图 15.2 中 *abcd* 所包围的面积，故称为加速面积。类似地，可以推得故障切除后，转子在制动过程中动能的减少就等于制动转矩所做的功，即有

$$\frac{1}{2}\frac{T_{\mathrm{J}}}{\omega_0}\left(\dot{\delta}^2 - \dot{\delta}_c^2\right) = \int_{\delta_c}^{\delta}(P_{\mathrm{T}} - P_{\mathrm{III}})\mathrm{d}\delta \tag{15-8}$$

式中，δ 为减速过程中任意的角度；$\dot{\delta}$ 为对应于 δ 角的相对角速度。

由图 15.2 可见，当 δ 等于 δ_{m} 时角速度又恢复到同步角速度，即 $\dot{\delta}_{\mathrm{m}} = 0$。式(15-8)变为

$$\frac{1}{2}\frac{T_{\mathrm{J}}}{\omega_0}\left(-\dot{\delta}_c^2\right) = \int_{\delta_c}^{\delta_{\mathrm{m}}}(P_{\mathrm{T}} - P_{\mathrm{III}})\mathrm{d}\delta$$

或为

$$\frac{1}{2}\frac{T_{\mathrm{J}}}{\omega_0}\dot{\delta}_c^2 = \int_{\delta_c}^{\delta_{\mathrm{m}}}(P_{\mathrm{III}} - P_{\mathrm{T}})\mathrm{d}\delta \tag{15-9}$$

式(15-9)左端表示转子减速到 δ_{m} 时动能的减少，右端表示制动转矩所做的功，它对应于图 15.2 中 *defg* 所包围的面积，称为减速面积。比较式(15-7)和式(15-9)可以看出，转子在减速过程中动能的减少正好等于加速时动能的增加，并可推得

$$\int_{\delta_0}^{\delta_c}(P_{\mathrm{T}} - P_{\mathrm{II}})\mathrm{d}\delta = \int_{\delta_c}^{\delta_{\mathrm{m}}}(P_{\mathrm{III}} - P_{\mathrm{T}})\mathrm{d}\delta \tag{15-10}$$

式(15-10)即为等面积定则，即当减速面积等于加速面积时，转子角速度恢复到同步速度，δ 达到 δ_{m} 并开始减小。

利用上述的等面积定则，可以决定极限切除角度，即最大可能的 δ_c。根据前面的分析可知，为了保持系统的稳定，必须在到达 h 点以前使转子恢复同步速度。极限的情况是正好达到 h 点时转子恢复同步速度，这时的切除角度称为极限切除角度 δ_{cm}，根据等面积定则有以下关系：

$$\int_{\delta_0}^{\delta_{\mathrm{cm}}}(P_{\mathrm{T}} - P_{\mathrm{II}})\mathrm{d}\delta = \int_{\delta_{\mathrm{cm}}}^{\delta_{\mathrm{h}}}(P_{\mathrm{III}} - P_{\mathrm{T}})\mathrm{d}\delta$$

即

$$\int_{\delta_0}^{\delta_{cm}} (P_T - P_{IIM} \sin \delta) \mathrm{d}\delta = \int_{\delta_{cm}}^{\delta_h} (P_{IIIM} \sin \delta - P_T) \mathrm{d}\delta$$

可推得极限切除角为

$$\cos \delta_{cm} = \frac{P_T(\delta_h - \delta_0) + P_{IIIM} \cos \delta_h - P_{IIM} \cos \delta_0}{P_{IIIM} - P_{IIM}} \tag{15-11}$$

式中，角度用弧度表示，$\delta_h = \pi - \arcsin \dfrac{P_0}{P_{IIIM}}$。

在极限切除角时切除故障线路，已利用了最大可能的减速面积。如果切除角大于极限切除角，就会造成加速面积大于减速面积，暂态过程中运行点就会越过 h 点而使系统失去同步。相反，只要切除角小于极限切除角，系统总是稳定的。但是，求得极限切除角并没有解决实际问题。实际需要知道的是，为保证系统稳定必须在多少时间之内切除故障线路，也就是要知道极限切除角所对应的极限切除时间。要解决这个问题并不困难，只需求出从故障开始到故障切除这段时间内的 δ 随时间变化的曲线，则从此曲线上找到对应于极限切除角的时间即为极限切除时间。这就需要解决转子运动方程的求解问题，将在后面讨论。

如果线路上装有重合闸装置，则断路器断开故障线路后经过一定时间会重新合闸。重新合闸后有两种情况：一种是短路故障已消除，系统恢复正常运行；另一种是短路故障依旧存在，断路器再次断开。图 15.6 示出这两种情况下的加速面积和减速面积，图中 δ_R 对应于重合闸时的角度，δ_{RC} 为断路器第二次断开时的角度。由图 15.6 可见：第一种情况可以显著地增加减速面积；第二种情况减少了减速面积，系统能否稳定，取决于再次切除故障的快慢。

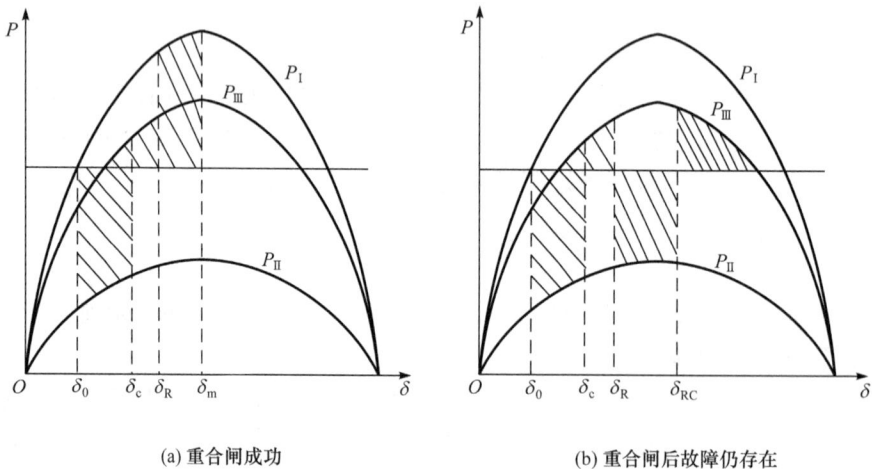

(a) 重合闸成功　　　　　　　　　(b) 重合闸后故障仍存在

图 15.6　简单系统有重合闸装置时的面积图形

【例 15-1】　图 15.7 是本例的系统图，其中标明了有关参数。若输电线路一回线路的始端发生两相短路接地，试计算能保持系统暂态稳定的极限切除角度。

· 280 ·

$$P_{|U|}=220\text{MW}$$
$$\cos \varphi_{|0|}= 0.98$$
$$U=115\text{kV}$$

```
300MW
18kV
cos φ = 0.85
x_d = x_q ≈ 2.36
x'_d = 0.32
x_2 = 0.23
T_J = 6s

360MV·A
18kV / 242kV
U_s(%)= 14

200km
x_1 = 0.14Ω / km
x_0 = 4x_1

360MV·A
220kV / 121kV
U_s(%)= 14
```

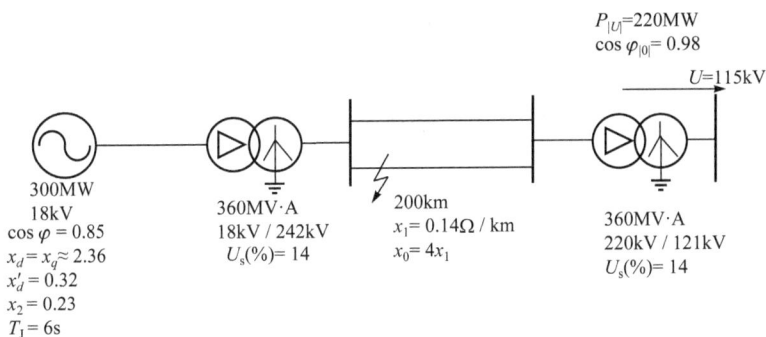

图 15.7　例 15-1 电力系统图

解　(1) 计算正常运行时的暂态电动势 E' 和功角 δ_0 (即 δ'_0)。

正常运行的等值电路如图 15.8(a)所示。可知 $x'_{d\Sigma} = 0.777$，则

$$E' = \sqrt{(1+0.2\times 0.777)^2 + 0.777^2} = 1.392 , \quad \delta_0 = \arctan \frac{0.777}{1+0.2\times 0.777} = 33.92°$$

(2) 故障后的功率特性。图 15.8(b)示出系统的负序和零序网络，其中发电机负序电抗为

$$x_2 = 0.23 \times \frac{250\times 0.85}{300} \times \left(\frac{242}{209}\right)^2 = 0.218$$

线路零序电抗为

$$x_{L0} = 4\times 0.235 = 0.94$$

故障点的负序和零序等值电抗为

$$x_{2\Sigma} = \frac{(0.218+0.130)(0.235+0.108)}{(0.218+0.130)+(0.235+0.108)} = 0.173$$

$$x_{0\Sigma} = \frac{0.130(0.94+0.108)}{0.130+(0.94+0.108)} = 0.116$$

所以，加在正序网络故障点上的附加电抗为

$$x_\Delta = \frac{0.173\times 0.116}{0.173+0.116} = 0.069$$

于是故障时等值电路如图 15.8(c)所示，故

$$x_{II} = 0.434 + 0.343 + \frac{0.434\times 0.343}{0.069} = 2.934$$

故障时发电机的最大功率为

$$P_{IIM} = \frac{E'U}{x_{II}} = \frac{1.392}{2.934} = 0.474$$

(3) 故障切除后的功率特性。故障切除后的等值电路如图 15.8(d)所示，故

$$x_{III} = 0.304 + 0.130 + 2\times 0.235 + 0.108 = 1.012$$

此时最大功率为

$$P_{\text{III M}} = \frac{E'U}{x_{\text{III}}} = \frac{1.392}{1.012} = 1.38$$

$$\delta_h = 180° - \arcsin\frac{-1}{1.38} = 133.6°$$

(4) 极限切除角。由于

$$\cos\delta_{\text{cm}} = \frac{P_{\text{T}}(\delta_h - \delta_0) + P_{\text{III}}\cos\delta_h - P_{\text{II}}\cos\delta_0}{P_{\text{III M}} - P_{\text{II M}}}$$

$$= \frac{1 \times \dfrac{\pi}{180}(133.6° - 33.92°) + 1.38\cos133.6° - 0.48\cos33.92°}{1.38 - 0.48}$$

$$= 0.433$$

得

$$\delta_{\text{cm}} = 64.3°$$

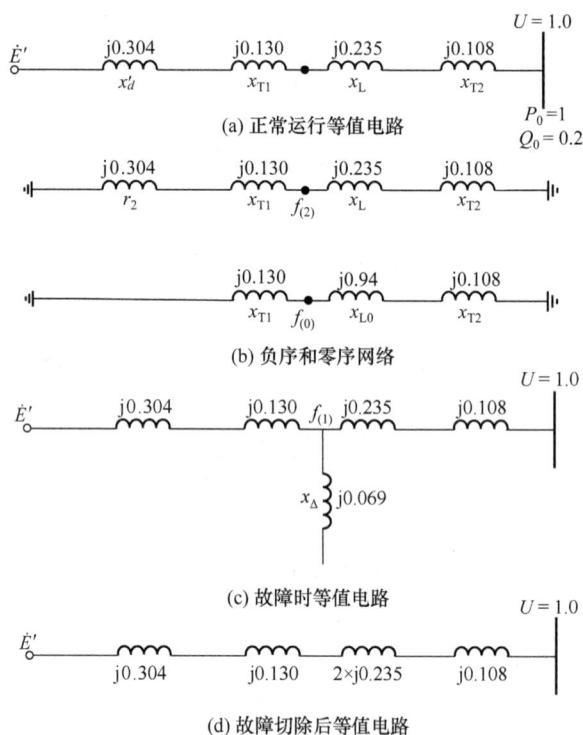

图 15.8 系统的等值电路图

除了短路故障引起的扰动，等面积定则还可用来分析简单系统受到其他扰动的稳定问题。例如，发电机(或线路)断路器因故障突然断开，使发电机失去负荷，导致转子加速，随后断路器又重新合上，系统能否保持暂态稳定回复原来的运行状态，图 15.9 示出此种状况下等面积定则的应用，图中 δ_{Rm} 表示极限重合角，此时加速面积 $A_a(abcd)$ 等于最大可能减速面积 $A_d(deh)$。如果重合角度小于 δ_{Rm}，发电机的运行点将沿着 P_E 曲线，δ 经过衰减振荡后回到初始运行点 a。否则 δ 将越过 δ_h，转子不断加速而导致失去同步，即暂态不稳。

【例 15-2】 已知一单机—无限大系统，发电机的功率特性为 $P_E = 1.3\sin\delta$，$P_0 = 0.5$，发电机组惯性时间常数 $T_J = 10\text{s}$。

若发电机断路器因故障突然断开又很快重合，试计算为保持暂态稳定断路器重合的极限时间。

解 (1) 极限重合角。已知

$$\delta_0 = \arcsin\frac{0.5}{1.3} = 22.62° = 0.395(\text{rad})$$

应用图 15.9 所示的等面积定则。为了简化计算，在 A_a 和 A_d 上均加一相等的面积 ΔA（dh 和横坐标之间的长方形），则有

$$A_a + \Delta A = 0.5(\pi - \delta_0 - \delta_0) = 1.176 = A_d + \Delta A$$

$$= \int_{\delta_{Rm}}^{\pi-\delta_0} 1.3\sin\delta\,\mathrm{d}\delta = 1.3(\cos\delta_{Rm} + 0.293)$$

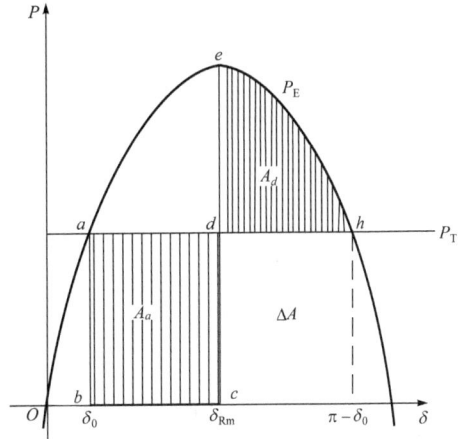

图 15.9 发电机断路器突然断开后再重合

解得

$$\delta_{Rm} = 91.05° = 1.589\text{rad}$$

(2) 极限重合时间。在转子加速期间转子运动方程为

$$\frac{T_J}{\omega_0}\frac{\mathrm{d}^2\delta}{\mathrm{d}t^2} = P_T - 0$$

即

$$\frac{\mathrm{d}^2\delta}{\mathrm{d}t^2} = 5\pi$$

表明 δ 做等加速运动，可直接求得 $\delta(t)$ 的解析解，而不需要用数值积分法计算。

$$\delta(t) = \frac{1}{2} \times 5\pi \times t^2 + \delta_0$$

$$1.589 = \frac{5\pi}{2}t^2 + 0.395$$

由此求得

$$t_{Rm} = 0.39\text{s}$$

15.2.3 发电机转子运动方程的求解

解发电机转子运动方程可以得出 δ-t，ω-t 的关系曲线。一般称 δ-t 为摇摆曲线，可用于判断系统是否暂态稳定。

1. 一般过程

以上述简单系统发生短路故障随后切除故障线路为例说明。

发生短路故障后故障期间转子的运动方程为

$$\frac{\mathrm{d}\delta}{\mathrm{d}t} = (\omega - 1)\omega_0$$
$$\frac{\mathrm{d}\delta}{\mathrm{d}t} = \frac{1}{T_\mathrm{J}}\left(P_\mathrm{T} - \frac{E'U}{x_\mathrm{II}}\sin\delta\right)$$
(15-12)

这是两个一阶的非线性常微分方程，它们的起始条件是已知的，即

$$t = 0, \quad \omega = 1, \quad \delta = \delta_0 = \arcsin\frac{P_\mathrm{T}}{P_\mathrm{IM}}$$

要求得这样简单的两个非线性一阶微分方程的解析解是很困难的。下面将介绍一种常微分方程数值解法——改进欧拉法。

当应用数值计算法计算出故障期间的 δ-t 曲线后，就可由曲线找到与极限切除角相应的极限切除时间。

如果问题是已知切除时间，而需要求出 δ-t 曲线来判断系统的稳定性，则当 δ-t 曲线计算到故障切除时，由于系统参数改变，发电机功率特性发生变化，则必须开始求解另一组微分方程，即

$$\frac{\mathrm{d}\delta}{\mathrm{d}t} = (\omega - 1)\omega_0$$
$$\frac{\mathrm{d}\omega}{\mathrm{d}t} = \frac{1}{T_\mathrm{J}}\left(P_\mathrm{T} - \frac{E'U}{x_\mathrm{III}}\sin\delta\right)$$
(15-13)

这组方程的起始条件为

$$t = t_\mathrm{c}, \quad \delta = \delta_\mathrm{c}, \quad \omega = \omega_\mathrm{c}$$

式中，t_c 为给定的切除时间；δ_c、ω_c 为 t_c 时刻相对应的 δ 和 ω。

δ_c 和 ω_c 可由故障期间的 δ-t 和 ω-t 曲线中求得（δ 和 ω 都是不能突变的）。这样，由式 (15-13) 可继续算得 δ 和 ω 随时间变化的曲线。一般讲，在计算几秒钟的过程中，如果 δ 始终不超过 $180°$，而且振荡幅值越来越小，则系统是暂态稳定的。

2. 改进欧拉法

常微分方程初值问题的数值解法，就是对于一阶的微分方程式：

$$\dot{x} = \frac{\mathrm{d}x}{\mathrm{d}t} = f(x)$$
(15-14)

不是直接求其解析解 $x(t)$，而是从已知的初值 $(t = 0, x = x_0)$ 开始，离散地逐点求出对应于时间 $t_0, t_1, \cdots, t_n$ 的函数 x 的近似值 $x_0, x_1, \cdots, x_n$。一般 $t_0, t_1, \cdots, t_n$ 取成等步长的，即

$$t_1 - t_0 = h, \quad t_2 - t_1 = h$$

也有变步长的。当 h 选择得足够小时，计算结果有足够的准确度。如果采用的计算方法是由 x_0 算 x_1，然后由 x_1 算 x_2，如此递推地算出各个时间的函数值，称为单步法。另一类多步法准确度较高，它在推算 x_n 时要用到 $x_{n-1}, x_{n-2}, \cdots, x_{n-k}$。

这里介绍的改进欧拉法是一种单步法。先介绍它的计算步骤，由已知的 x_n 求 x_{n+1}：

(1) 计算 t_n 时 x 的变化率，即

$$\dot{x}_n = f(x_n)$$
(15-15)

(2) 假定在 $t_n \to t_{n-1}$ 区间内 x 以变换率 $\dot{x}_n$ 增长，则 t_{n+1} 时 x 的初步估计值为

$$x_{n+1}^{(0)} = x_n + \dot{x}_n h \tag{15-16}$$

(3) 根据初步估计值 $x_{n+1}^{(0)}$ 算出 t_{n+1} 时 x 的变化率，即

$$\dot{x}_{n+1}^{(0)} = f(x_{n+1}^{(0)}) \tag{15-17}$$

(4) 用 $\dot{x}_n$ 和 $\dot{x}_{n+1}^{(0)}$ 的平均值来计算 t_{n+1} 时的 x 值，即 x_{n+1} 为

$$x_{n+1} = x_n + \frac{1}{2}(\dot{x}_n + \dot{x}_{n+1}^{(0)}) h \tag{15-18}$$

下面说明改进欧拉法的数学根据。

对于函数 $x(t)$，它在 $t_n + h$ 处的值可以用泰勒级数表示为

$$x(t_n + h) = x(t_n) + h\dot{x}(t_n) + \frac{h^2}{2!}\ddot{x}(t_n) + \cdots$$

$$= x(t_n) + hf[x(t_n)] + \frac{h^2}{2!}f'[x(t_n)] + \cdots \tag{15-19}$$

将式(15-19)各项改写为 $x(t)$ 的近似值为

$$x_{n+1} = x_n + hf(x_n) + \frac{h^2}{2!}f'(x_n) + \cdots \tag{15-20}$$

如果忽略 h^3 及以后的各项，则得

$$x_{n+1} = x_n + hf(x_n) + \frac{h^2}{2!}f'(x_n)$$

$$= x_n + hf(x_n) + \frac{h^2}{2!}\frac{f(x_{n+1}) - f(x_n)}{h}$$

$$= x_n + \frac{h}{2!}[f(x_n) + f(x_{n+1})] \tag{15-21}$$

这就是梯形积分法。由于式中等号右边含有未知量 x_{n+1}，式(15-21)是个隐式方程，一般要用迭代法求解。若用下式先求 x_{n+1} 的估计值：

$$x_{n+1}^{(0)} = x_n + hf(x_n)$$

代入式(15-21)中求 x_{n+1} 的第一次校正值为

$$x_{n+1}^{(1)} = x_n + \frac{h}{2}[f(x_n) + f(x_{n+1}^{(0)})]$$

再代入式(15-21)中求 x_{n+1} 的第二次校正值，即

$$x_{n+1}^{(2)} = x_n + \frac{h}{2}[f(x_n) + f(x_{n+1}^{(1)})]$$

如此继续迭代下去直到满足误差要求。

改进欧拉法只进行一次校正，故由 x_n 求 x_{n+1} 的递推计算公式可归纳为以下两式。

x_{n+1} 的估计值为

$$x_{n+1}^{(0)} = x_n + hf(x_n) \tag{15-22}$$

x_{n+1} 的校正值为

$$x_{n+1} = x_n + \frac{h}{2}[f(x_n) + f(x_{n+1}^{(0)})] \tag{15-23}$$

对于简单电力系统，发电机转子运动方程为含有两个一阶微分方程的方程组。这并不会增加计算的困难，只要同时对两个方程式进行求解计算即可。图 15.10 给出了用改进欧拉法计算简单系统摇摆曲线的原理框图。按照这个框图计算一次，即可得到简单系统在某个运行状态下，受到某种扰动后，角度 δ 和角速度 ω 随时间变化的曲线。如前所述，在某个故障切除时间下可能是稳定的，如果延长切除时间再算一次，系统就可能不稳定。为了决定极限切除时间(如果不求极限切除角)就必须进行多次计算。

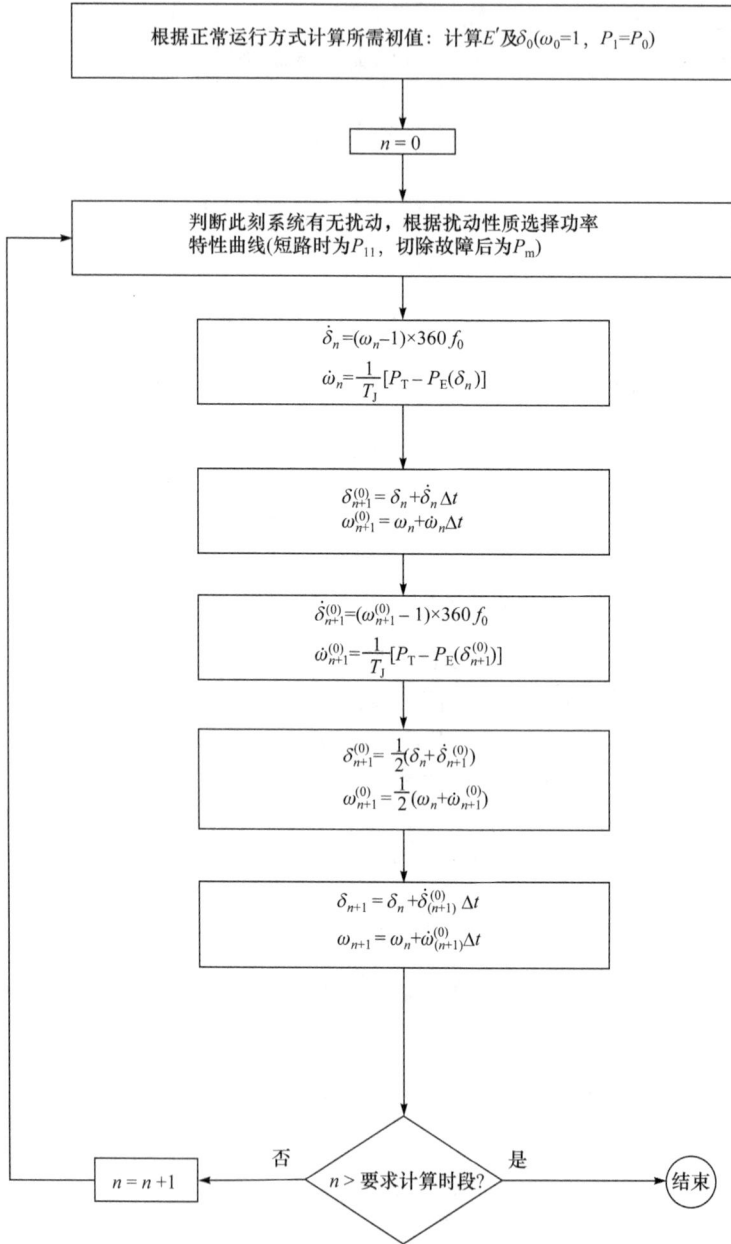

根据正常运行方式计算所需初值：计算E'及$\delta_0(\omega_0=1,\ P_1=P_0)$

$n=0$

判断此刻系统有无扰动，根据扰动性质选择功率特性曲线(短路时为P_{11}，切除故障后为P_m)

$$\dot{\delta}_n=(\omega_n-1)\times360\,f_0$$
$$\dot{\omega}_n=\frac{1}{T_J}[P_T-P_E(\delta_n)]$$

$$\delta_{n+1}^{(0)}=\delta_n+\dot{\delta}_n\Delta t$$
$$\omega_{n+1}^{(0)}=\omega_n+\dot{\omega}_n\Delta t$$

$$\dot{\delta}_{n+1}^{(0)}=(\omega_{n+1}^{(0)}-1)\times360\,f_0$$
$$\dot{\omega}_{n+1}^{(0)}=\frac{1}{T_J}[P_T-P_E(\delta_{n+1}^{(0)})]$$

$$\dot{\delta}_{n+1}^{(0)}=\frac{1}{2}(\dot{\delta}_n+\dot{\delta}_{n+1}^{(0)})$$
$$\dot{\omega}_{n+1}^{(0)}=\frac{1}{2}(\dot{\omega}_n+\dot{\omega}_{n+1}^{(0)})$$

$$\delta_{n+1}=\delta_n+\dot{\delta}_{(n+1)}^{(0)}\Delta t$$
$$\omega_{n+1}=\omega_n+\dot{\omega}_{(n+1)}^{(0)}\Delta t$$

否 $n>$ 要求计算时段?   是

$n=n+1$ 结束

图 15.10   用改进欧拉法计算简单系统摇摆曲线原理框图

15.3 发电机组自动调节系统对暂态稳定的影响

本节仍以简单系统为对象，讨论发电机组的自动调节励磁系统和自动调速系统对暂态稳定的影响，其中以前者为重点。

15.3.1 自动调节系统对暂态稳定的影响

1. 自动调节励磁系统的作用

在以上的讨论中，认为发电机暂态电抗 x'_d 后的电动势 E' 在整个暂态过程中保持恒定，这实际上仅是很粗略地考虑自动调节励磁装置的作用，因而有可能带来错误的结论。例如，若在发生短路后发电机在强行励磁作用下暂态电动势升高，则上述近似处理偏于保守，否则相反。

2. 自动调速系统的作用

在前面的讨论中，还认为原动机的机械功率 P_T 在整个暂态过程中保持恒定。这种假设是根据如下的考虑而提出的，即调速系统有一定的失灵区，而且，其中各个环节的时间常数也较大，以致往往在调速系统动作(减小或增大原动机的机械功率)时，系统的暂态稳定已被破坏，或者已从一种运行状态安全地向另一种运行状态过渡。但由于调速系统的性能日益改善，失灵区缩小，各环节的时间常数减小，以致有可能借调速系统调节原动机的机械功率以提高系统的暂态稳定性。特别是在采用快速关闭气门的措施后，更需要在计算暂态稳定时计及原动机机械功率的变化。图 15.11 示出快速关闭气门使机械功率变为 P'_T，因而加速面积由 $abcd$ 减为 $abcd'$，减速面积由 def 增大至 $d'ef'$。

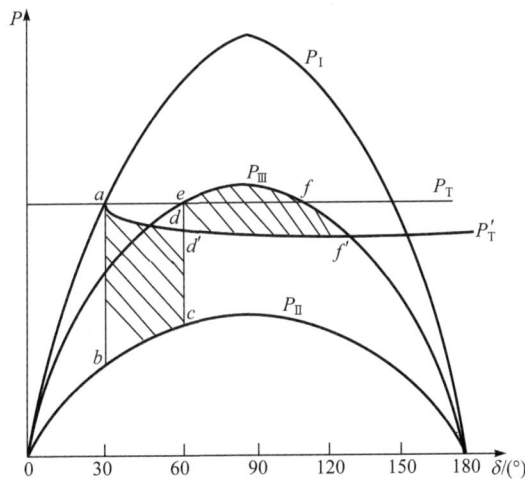

图 15.11　快速关闭气门的作用

15.3.2 计及自动调节励磁系统作用时的暂态稳定分析

为使以下的讨论不致过于烦琐，假设短路后，励磁机的励磁电压在强行励磁装置作用下立即升到最大值 $u_{\text{ff max}}$。

(1) 短路后发电机的微分方程。由于强励的作用，发电机待求解的微分方程共有四个。一是励磁机的微分方程，即

$$T_{\text{ff}} \frac{\mathrm{d}E_{qe}}{\mathrm{d}t} = E_{qem} - E_{qe} \tag{15-24}$$

第二个是励磁绕组微分方程，即

$$T'_{do} \frac{\mathrm{d}E'_q}{\mathrm{d}t} = E_{qe} - E_q \tag{15-25}$$

还有两个发电机的转子运动方程，即

$$\left. \begin{array}{l} \dfrac{\mathrm{d}\delta}{\mathrm{d}t} = (\omega - 1)\omega_0 \\[3mm] \dfrac{\mathrm{d}\omega}{\mathrm{d}t} = \dfrac{1}{T_{\text{J}}}(P_{\text{T}} - P_{\text{E}}) \end{array} \right\} \tag{15-26}$$

这四个微分方程必须联立求解，因为 P_{E} 是 E_q（或 E'_q）的函数。在这四个方程中含有六个变量：E_{qe}、E'_q、δ、ω、E_q 和 P_{E}。必须找到 E_q、P_{E} 对其他几个变量的代数关系才能利用上述四个方程求得 E_{qe}、E'_q、δ 和 ω 随时间变化的曲线。利用 $\delta\text{-}t$ 曲线即可判断系统是否暂态稳定。

(2) 短路期间 E_q 和 P_{E} 的表达式。过去曾经推得过简单系统(发电机经串联阻抗与无限大系统相连)中 E_q 和 E'_q、δ 的关系式以及 P_{E} 表达为 E_q、δ 或 E'_q、δ 的关系式。在短路故障期间发电机与无限大系统间的联系比较复杂，如图 15.12(a)所示。现以凸极机为例，讨论发电机与无限大系统间经复杂网络连接时 E_q 和 P_{E} 与其他变量的关系。

图 15.12(b)为一凸极式发电机与无限大系统间的等值电路，发电机只能以 $\dot{E}_Q$ 和 x_q 作为其电动势和等值电抗。图 15.12(c)中 Y_{11}、…、Y_{22} 为节点导纳矩阵元素，图 15.12(d)中 y_{10}、y_{12}、y_{20} 为等值 π 电路中的导纳。二者有如下关系：

$$Y_{11} = y_{10} + y_{12}, \quad Y_{22} = y_{20} + y_{12}, \quad Y_{12} = Y_{21} = -y_{12} = -y_{21}$$

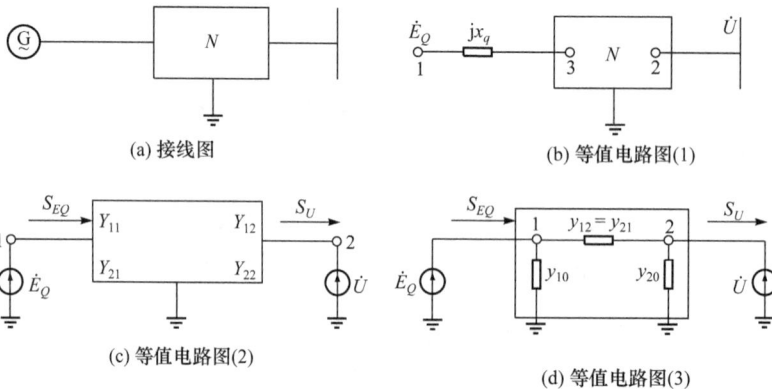

(a) 接线图   (b) 等值电路图(1)

(c) 等值电路图(2)   (d) 等值电路图(3)

图 15.12 凸极发电机经复杂网络与无限大容量母线相连时的等值电路

根据 E_Q 的定义，E_Q 和 E_q、E'_q 的关系为

$$\left.\begin{array}{c} E_q = E_Q + I_d(x_d - x_q) \\ E'_q = E_Q + I_d(x'_d - x_q) \end{array}\right\} \tag{15-27}$$

式中，I_d 为发电机电流 I 在 d 轴的分量。若假设 q 轴在垂轴方向，即 $\dot{E}_Q$、$\dot{E}_q$、E'_q 均在垂轴方向，则 I_d 为 $\dot{I}$ 在水平轴线上的分量，即

$$\begin{aligned} I_d &= \mathrm{Re}(\dot{I}) = \mathrm{Re}(\dot{E}_Q Y_{11} + \dot{U} Y_{11}) \\ &= \mathrm{Re}[E_Q \angle 90° |Y_{11}| \angle(90° - \beta_{11}) + U\angle(90° - \delta)|Y_{12}|\angle(90° - \beta_{12})] \\ &= -E_Q |Y_{11}|\cos\beta_{11} - U|Y_{12}|\cos(\delta + \beta_{12}) \end{aligned}$$

代入式(15-27)中后可得

$$\left.\begin{array}{c} E_Q = \dfrac{E_q - (x_q - x_d)U|Y_{12}|\cos(\delta + \beta_{12})}{1 + (x_q - x_d)|Y_{11}|\cos\beta_{11}} \\[3mm] E_q = \dfrac{E'_q - (x_q - x'_d)U|Y_{12}|\cos(\delta + \beta_{12})}{1 + (x_q - x'_d)|Y_{11}|\cos\beta_{11}} \end{array}\right\} \tag{15-28}$$

消去式(15-28)中的 E_Q 即可得 E_q 与 E'_q、δ 的关系。

发电机的功率方程可表达为

$$P_E = E_Q^2 |Y_{11}|\sin\beta_{11} + E_Q U|Y_{12}|\sin(\delta_{12} + \beta_{12}) \tag{15-29}$$

若将式(15-28)代入，即可得 P_E 与 E_q、δ 的或是 E'_q、δ 的关系式。

如果是隐极机，由于 $E_Q = E_q$，故有

$$E_q = \dfrac{E'_q - (x_q - x'_d)U|Y_{12}|\cos(\delta + \beta_{12})}{1 + (x_q - x'_d)|Y_{11}|\cos\beta_{11}} \tag{15-30}$$

隐极机功率方程由式(15-29)改写为

$$P_E = E_q^2 |Y_{11}|\sin\beta_{11} + E_q U|Y_{12}|\sin(\delta_{12} + \beta_{12}) \tag{15-31}$$

(3) 短路期间计算过程。应用四个微分方程式(15-24)~式(15-26)和两个代数方程式(15-28)和式(15-29)或式(15-30)和式(15-31)，经过两种方程的交替求解即可求得 δ-t、ω-t 等曲线。

计算的步骤综合如下。

① 根据正常运行方式确定 $E_{qe|0|}$（即 $E_{q|0|}$）、$E'_{q|0|}$、$\delta_{|0|}$ 和 $\omega_{|0|}$。它们也就是 E_{qe}、E'_q、δ 和 ω 的初值。这些状态变量在扰动前后是不突变的。

② 在 $t=0$ 时刻发生扰动后，利用式(15-28)和式(15-29)可计算扰动后的 E_Q、E_q 和 P_E，这三个变量在扰动前后是突变的。

③ 根据①和②的计算结果，微分方程式(15-24)~式(15-26)的右端项均已知，可求得 $t=0$ 时的 E_{qe}、E'_q、δ 和 ω 的变化率。

④ 根据改进欧拉法的递推公式(15-15)，计算经过 Δt 后 E_{qe}、E'_q、δ 和 ω 的估计值。

⑤ 应用④的结果，再利用式(15-28)和式(15-29)计算经过 Δt 后的 E_Q、E_q 和 P_E 的估计值。

⑥ 应用④，⑤结果，类似③求得对应 Δt 时估计值的状态变量变化率。

⑦ 根据递推公式(15-18)计算经过 Δt 后 E_{qe}、E_q'、δ 和 ω 的校正值。

到此为止，结束了经过一个时段的计算。再返回②的计算步骤又可计算下一个时段的量。

(4) 短路切除后的计算公式。短路切除后发电机又仅通过串联电抗与无限大系统相连，即又是简单系统。

一般短路切除后发电机端电压将上升，如果达到强行励磁退出工作的电压，强行励磁将退出工作，则强制空载电动势将由强励退出时刻的值按指数规律衰减至正常运行时的 $E_{qe|0|}$，即可代替式(15-24)的计算式为

$$T_{ff}' \frac{\mathrm{d}E_{qe}}{\mathrm{d}t} = E_{qe|0|} - E_{qe} \tag{15-32}$$

式中，T_{ff}' 为强励退出后励磁机的时间常数。

微分方程和代数方程交替求解的过程仍与短路时类似。应该注意的是，短路切除时刻前后 E_{qe}、E_q'、δ 和 ω 仍是不突变的，而 E_q 和 P_E 是有突变的，最终可得 δ(和其他变量)-t 的变化曲线。

最后需指出，计及自动调节励磁的作用时，已不能再运用等面积定则先求极限切除角后计算极限切除时间，而是只能先给定一个切除时间 t_c，然后计算按此切除时间切除短路时系统能否保持暂态稳定。

以上分析自动调节励磁系统的方法完全适用于自动调速系统，只需补充描述 P_T 变化的微分方程，然后联立求解即可。

15.4　提高暂态稳定性的措施

第14章中介绍的缩短电气距离以提高静态稳定性的措施对提高暂态稳定性也是有作用的。

提高暂态稳定的措施，一般首先考虑的是减少扰动后功率差额的临时措施，因为在大扰动后发电机机械功率和电磁功率的差额是导致暂态稳定破坏的主要原因。下面将介绍几种常用的措施。

15.4.1　故障的快速切除和自动重合闸装置的应用

这两项措施可以较大地减少功率差额，也比较经济。

快速切除故障对于提高系统的暂态稳定性有决定性的作用，因为快速切除故障减小了加速面积，增加了减速面积，提高了发电机之间并列运行的稳定性。另外，快速切除故障也可使负荷中的电动机端电压迅速回升，减小电动机失速的危险。切除故障时间是继电保护装置动作时间和断路器动作时间的总和。目前已可做到短路后 0.06s 切除故障线路，其中 0.02s 为保护装置动作时间，0.04s 为断路器动作时间。

电力系统的故障特别是高压输电线路的故障大多数是短路故障，而这些短路故障大多数又是暂时性的。采用自动重合闸装置，在发生故障的线路上，先切除线路，经过一定时间再合上断路器，如果故障消失则重合闸成功。重合闸的成功率是很高的，可达 90% 以上。这个措施可以提高供电的可靠性，对于提高系统的暂态稳定性也有十分明显的作用。图 15.6 中所示为在简单系统中重合闸成功使减速面积增加的情形。重合闸动作越快对稳定越有利，

但是重合闸的时间受到短路处去游离时间的限制。如果在原来短路处产生电弧的地方，气体还处在游离的状态下而过早地重合线路断路器，将引起再度燃弧，使重合闸不成功甚至扩大故障。去游离的时间主要取决于线路的电压等级和故障电流的大小，电压越高，故障电流越大，则去游离时间越长。

超高压输电线路的短路故障大多数是单相接地故障，因此在这些线路上往往采用单相重合闸，这种装置在切除故障相后经过一段时间再将该相重合。由于切除的只是故障相而不是三相，从切除故障相后到重合闸前的一段时间里，即使是单回路输电的场合，送电端的发电厂和受端系统也没有完全失去联系，故可以提高系统的暂态稳定。图 15.13 所示为单回路输电系统采用单相重合闸和三相重合闸两种情况的对比。图 15.13(a)为等值电路，其中示出了单相切除时的等值电路，表明发电机仍能向系统送电($P_{\text{III}} \neq 0$)。由图 15.13(b)和(c)可知，采用单相重合闸时，加速面积大大减小。

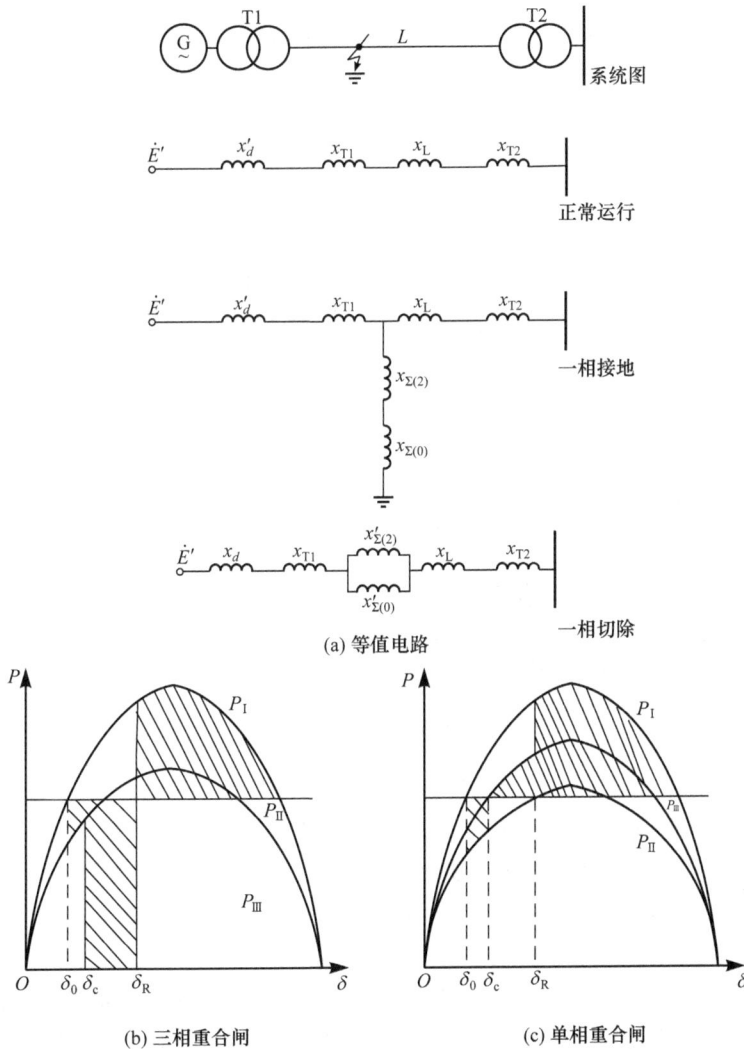

(a) 等值电路

(b) 三相重合闸   (c) 单相重合闸

图 15.13 单相重合闸的作用

必须指出，采用单相重合闸时，去游离的时间比采用三相重合闸时要有所加长，因为切除一相后其余两相仍处在带电状态，尽管故障电流被切断了，带电的两相仍将通过导线之间的电容和电感耦合向故障点继续供给电流(称为潜供电流)，因此维持了电弧的燃烧，对去游离不利。

15.4.2 提高发电机输出的电磁功率

1. 对发电机施行强行励磁

发电机都备有强行励磁的装置，以保证当系统发生故障而使发电机端电压一般为85%~90%额定电压时迅速而大幅度地增加励磁，从而提高发电机电动势，增加发电机输出的电磁功率。

在用直流励磁机的励磁系统中，强行励磁多半是借助于装设在发电机端电压的低电压继电器启动一个接触器去短接副励磁机的磁场变阻器，因而称为继电式强行励磁。在晶闸管励磁中，强行励磁则是靠增大晶闸管整流器的导通角而实现的。强行励磁的作用随励磁电压增长速度和强行励磁倍数——最大可能励磁电压与额定运行时励磁电压之比的增大而越发显著。

2. 电气制动

电气制动就是当系统中发生故障后迅速地投入电阻以消耗发电机的有功功率(增大电磁功率)，从而减少功率差额。图 15.14(c)表示了两种制动电阻的接入方式。当电阻串联接入时，旁路开关正常闭合，投入制动电阻时打开旁路开关；并联接入时，开关正常打开，投入制动电阻时闭合。如果系统中有自动重合闸装置，则当线路开关重合时应将制动电阻短路(制动电阻串联接入时)或切除(制动电阻并联接入时)。

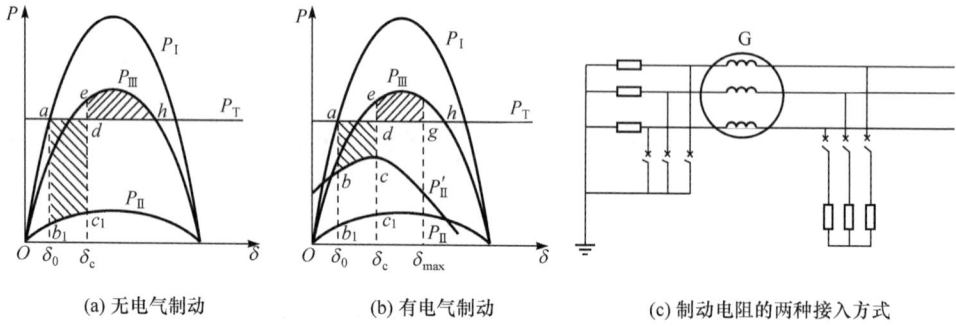

(a) 无电气制动　　　　　　(b) 有电气制动　　　　　　(c) 制动电阻的两种接入方式

图 15.14　电气制动的作用

电气制动的作用也可用等面积定则解释。图 15.14(a)和(b)中比较了有无电气制动的情况。图中假设故障发生后瞬时投入制动电阻；切除故障线路的同时切除制动电阻。由图 15.14(b)可见，若切除故障角 δ_c 不变，由于采用了电气制动，减少了加速面积 bb_1c_1cb，原来不能保证的暂态稳定得到了保证。

运用电气制动提高暂态稳定性时，制动电阻的大小及其投切时间要选择恰当。否则，会发生所谓欠制动，即制动作用过小，发电机仍要失步；或者会发生过制动，发电机虽在第一次振荡中没有失步，但却因制动作用过大，导致第二次振荡开始时的角度过小，因而加速面积过大，而造成在切除故障和制动电阻后的第二次振荡失步。

3. 变压器中性点经小电阻接地

变压器中性点经小电阻接地就是接地短路故障时的电气制动。图 15.15 所示为变压器中性点经小电阻接地的系统发生单相接地短路时的情形。因为变压器中性点连接电阻，零序网络中增加了电阻，零序电流流过电阻时引起了附加的功率损耗。这个情况对应于故障期间的功率特性 P_{II} 升高，因为 $r_{\sum(0)}$ 反映在正序增广网络中。与电气制动类似，必须经过计算来确定电阻值。

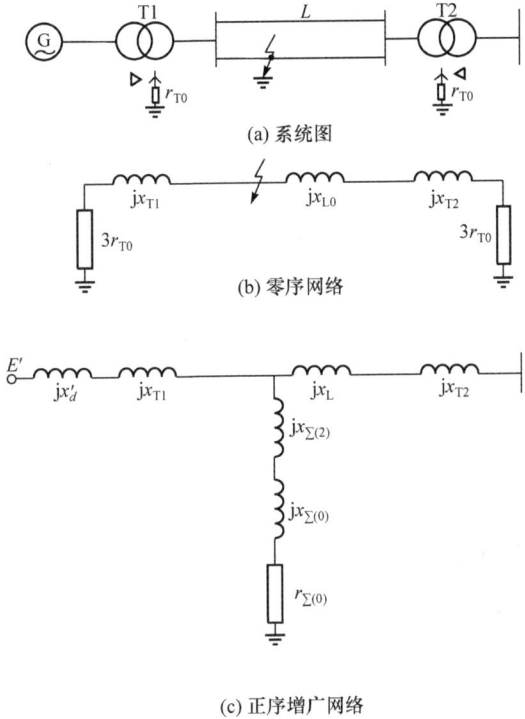

图 15.15　变压器中性点经小电阻接地

15.4.3　减少原动机输出的机械功率

减少原动机输出的机械功率也可以减少过剩功率。

对于汽轮机可以采用快速的自动调速系统或者快速关闭进气门的措施。水轮机由于水锤现象不能快速关闭进水门，因此有时采用在故障时从送端发电厂中切掉一台发电机的方法，这等值于减少原动机功率。当然，这时发电厂的电磁功率由于发电机的总的等值阻抗略有增加(切了一台机)而略有减少。图 15.16(a)为不切机，图 15.16(b)示出在切除故障同时从送端发电厂的四台机中切除一台机后减速面积大为增加的情形。必须指出，这种切机的方法使系统少了一台机，电源减少了，这是不利的。

除了上述措施，还有其他提高暂态稳定性的方法，例如，在串联电容补偿装置中附加强行补偿，即在切除故障线路的同时增大串联补偿电容的容抗，以抵偿由于切除故障线路而增加的线路电抗。TCSC 控制系统根据线路故障的信息对 TCSC 实施强补。强补时容抗值约为正常时的 2.5 倍。

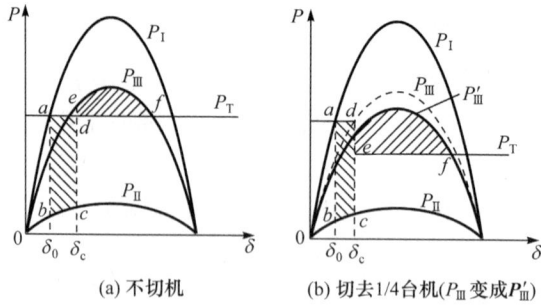

(a) 不切机　　　　(b) 切去1/4台机(P_{III}变成P'_{III})

图 15.16　切机对提高暂态稳定性的作用

15.4.4　系统失去稳定后的措施

电力系统的设计和运行中尽管都采取了一系列提高稳定性的措施，但是系统还是不可避免地会遇到没有估计到的故障情况以致系统丧失稳定。因此必须了解系统失去稳定后的现象并采取措施以减轻丧失稳定所带来的危害，迅速地使系统恢复同步运行。

1. 设置解列点

如果所有其他提高稳定的措施均不能保持系统的稳定，可以有计划地手动或靠解列装置自动断开系统某些断路器，将系统分解成几个独立部分，这些解列点是预先设置的。应该尽量做到解列后的每个独立部分的电源和负荷基本平衡，从而使各部分频率和电压接近正常值，当然，各独立部分相互间不再保持同步。这种把系统分解成几个部分的解列措施是不得已的临时措施，一旦将各部分的运行参数调整好后，就要尽快将各部分重新并列运行。

2. 短期异步运行和再同步的可能性

电力系统若失去稳定，一些发电机处于不同步的运行状态，即为异步运行状态。异步运行可能给系统(包含发电机组)带来严重危害，但若发电机和系统能承受短时的异步运行，并有可能再次拉入同步，这样可以缩短系统恢复正常运行所需要的时间。

1) 系统失去稳定的过程

这里仅讨论一台机与系统失去同步的过程。发电机受扰动后若功角不断增大，其同步功率随着时间振荡，平均值几乎为零。而原动机机械功率的调整较慢，因此发电机的过剩功率继续使发电机转子加速。但是这个过程不会持续下去，因为发电机的转速大于同步转速而处于异步运行状态时，发电机将发出异步功率。当平均异步功率与减少了的机械功率达到平衡时，发电机即进入稳态的异步运行。

同步发电机在异步运行时发出异步功率的原理与异步发电机类似，即由于定子磁场在转子绕组和铁心内产生感应电流，后者的磁场与定子磁场相互作用产生异步转矩，使发电机发出电磁功率即异步功率。平均异步转矩(功率)与端电压平方成正比，是转差率的函数。图 15.17 示出几种发电机的平均异步转矩特性曲线，其中汽轮发电机的最高。另外，与异步机一样，在异步运行时发电机从系统吸收无功功率。

图 15.18 为简单系统中一回线路断路器突然跳开，经过一段时间又重合后，发电机进入异

步运行的示意图，图中转差率 s 和异步功率 P_{as} 均为平均值。在扰动后的开始阶段发电机转子经历加速和减速过程，转差率有波动，但很小，这一阶段称为同步振荡。由于减速面积不够大，δ 角越过 5 点后转子又加速，转差率逐步增加，因而异步功率也逐步增加。与此同时，原动机机械功率在调速器作用下逐步减小，发电机会达到稳态的异步运行状态。图 15.19 示出稳态异步运行时平均异步功率和原动机机械功率的平衡状态。

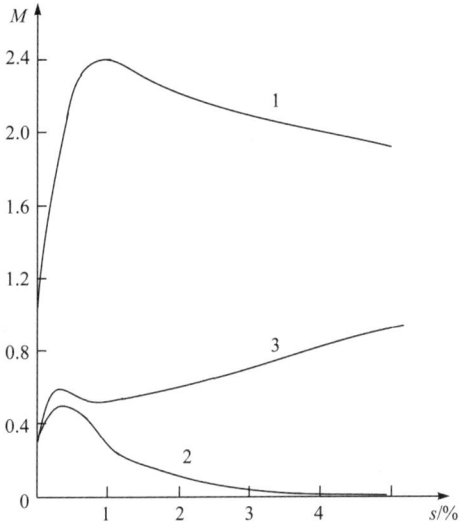

图 15.17　平均异步转矩(功率)特性曲线

1-汽轮发电机；2-无阻尼绕阻的水轮发电机；
3-有阻尼绕组的水轮发电机

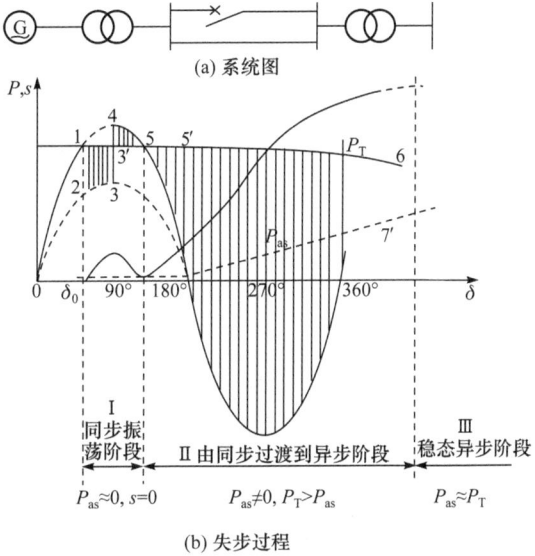

(a) 系统图

(b) 失步过程

图 15.18　发电机失去同步的过程

2) 异步运行时的问题

首先，对处于异步运行的发电机，其机组的振动和转子的过热等均可能造成本身的损伤。此外，异步运行对系统的影响如下。

(1) 异步运行的发电机从系统吸收无功功率，如果系统无功功率储备不充分，势必降低系统的电压水平，甚至使系统陷入"电压崩溃"。

(2) 异步运行时系统中有些地方电压极低，在这些地方将丧失大量负荷。在图 15.20(a)所示的简单系统中，设送端发电厂电动势 E' 保持不变，送端发电厂与受端无限大容量系统失步后，随着功角 δ 的不断增加，系统中一些点的电压相量如图 15.20(c)所示那样不断变化，它们的幅值则如图 15.20(d)所示，不断地波动。当 δ 为 180° 时某些点的电压降得很低，

在距无限大母线电气距离为 $\dfrac{U}{E'+U}x_\Sigma$ 处电压降为零，这一点

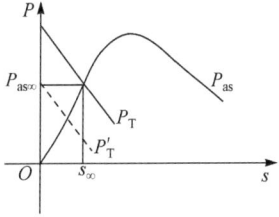

图 15.19　稳态异步运行时的
平衡状态

称为振荡中心。靠近振荡中心的地区负荷，由于电压周期性地大幅度降低，电动机将失速、停顿，或者在低电压保护装置作用下自动脱离系统。

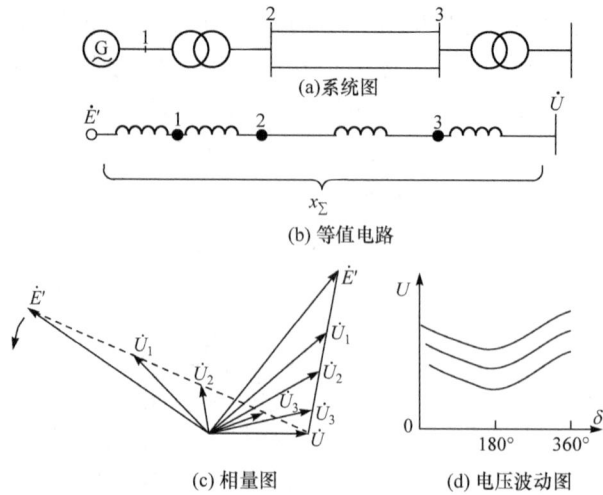

图 15.20 失步时电压的波动

(3) 系统异步运行时电流、电压变化情况复杂，可能引起保护装置的误动作而进一步扩大事故。

3) 再同步的可能性

如果系统无功储备充分，异步运行的发电机组能提供相当的平均异步功率，而且机组和系统均能承受短期异步运行，则可利用这短时的异步状态将机组再拉入同步状态。

再同步的措施一般分为两个方面，一方面是调整调速器如图 15.19 中原动机功率特性，以减小平均转差率,造成瞬时转差率过零的条件,另一方面调节励磁,增大电动势，即同步功率，以便使机组进入持续同步状态。

参 考 文 献

陈衍, 2007. 电力系统稳态分析. 3 版. 北京：中国电力出版社.

陈怡, 蒋平, 万秋兰, 等, 2005. 电力系统分析. 北京：中国电力出版社.

辜承林, 陈乔夫, 熊永前, 2001. 电机学. 武汉：华中科技大学出版社.

何仰赞, 温增银, 2005. 电力系统分析(上、下册). 武汉：华中科技大学出版社.

何永华, 2012. 发电厂及变电站的二次回路. 2 版. 北京：中国电力出版社.

鞠萍, 吴峰, 金宇清, 等, 2014. 可再生能源发电系统的建模与控制. 北京：科学出版社.

李光琦, 2006. 电力系统暂态分析. 3 版. 北京：中国电力出版社.

刘万顺, 黄少锋, 徐玉琴, 2009. 电力系统故障分析. 3 版. 北京：中国电力出版社.

陆敏政, 1990. 电力系统习题集. 北京：水利电力出版社.

马大强, 1988. 电力系统机电暂态过程. 北京：水利电力出版社.

南京工学院, 1980. 电力系统. 北京：电力工业出版社.

王奎, 孙莹, 2012. 电力系统自动化. 3 版. 北京：中国电力出版社.

王锡凡, 方万良, 杜正春, 2003. 现代电力系统分析. 北京：科学出版社.

吴文传, 张伯明, 巨文涛, 2016. 主动配电网网络分析与运行调控. 北京：科学出版社.

夏道止, 2004. 电力系统分析. 北京：中国电力出版社.

夏道止, 2011. 电力系统分析. 2 版. 北京：中国电力出版社.

熊信银, 张步涵, 2005. 电气工程基础. 武汉：华中科技大学出版社.

杨冠城, 1995. 电力系统自动装置原理. 北京：水利电力出版社.

周荣光, 1988. 电力系统故障分析. 北京：清华大学出版社.

邹森, 1995. 电力系统安全分析与控制. 北京：水利电力出版社.

ANDERSON P M, 1973. Analysis of faulted power systems. Ames: Iowa State University Press.

ANDERSON P M, FOUAD A A, 2003. Power system control and stability. New York: Wiley-IEEE Press.

BERGEN A R, 1986 .Power system analysis. London:Prentice-Hall.

BERGEN A R,VITTAL V, 2000. Power systems analysis.London: Prentice-Hall.

DAS J C, 2002. Power system analysis: short-circuit, load flow and harmonics. New York: Marvel Dekker Inc.

GRAINGER J J,STEVENSON W D, 1994. Elements of power system analysis.New York: McGraw-Hill.

MILLER T J E, 1982. Reactive power control in electric systems. NewYork: John Wiley&Sons.

SAADAT H, 1999. Power system analysis. New York: McGraw-Hill.

VENIKOV V A, 1980. Transient processes in electrical power systems. Moscow: Mir Publishers.

WEEDY B M, CORY B J, 1998. Electric power systems.forth Edition. NewYork: John Wiley&Sons.